MONOGRAPHIE GÉOLOGIQUE

DES

ANCIENS GLACIERS

ET DU TERRAIN ERRATIQUE

DE LA

PARTIE MOYENNE DU BASSIN DU RHONE

Extrait des Annales de la Société d'agriculture, histoire naturelle et arts utiles de Lyon
Tomes VII, X (quatrième série) et I (cinquième série).

MONOGRAPHIE GÉOLOGIQUE

DES

ANCIENS GLACIERS

ET

DU TERRAIN ERRATIQUE

DE

LA PARTIE MOYENNE DU BASSIN DU RHONE

PAR

A. FALSAN ET E. CHANTRE

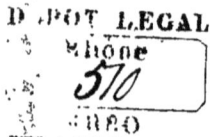
TOME SECOND

LYON

IMPRIMERIE PITRAT AINÉ

4, RUE GENTIL

1880

ÉTUDE

SUR

LES ANCIENS GLACIERS

ET SUR

LE TERRAIN ERRATIQUE

DE

LA PARTIE MOYENNE DU BASSIN DU RHONE

AVANT-PROPOS

L'extension des anciens glaciers du versant occidental des Alpes jusque vers Bourg, Lyon, Vienne et Thodure, n'a pas été un phénomème produit violemment, et effacé avec la même rapidité. Son évolution a exigé une longue série de siècles. Les neiges se sont d'abord accumulées sur les sommets les plus élevés, en de vastes nevés, puis elles ont glissé lentement dans toutes les vallées inférieures pour se trans-former en glaciers et envahir les plaines étendues au pied de ces hautes montagnes. Mais avant de déborder par les échancrures des chaînes secondaires qui les séparaient des

1

plateaux de la Bresse et du Dauphiné, ces glaciers ont subi sans doute plusieurs phases de retrait et d'extension.

Après cette période d'oscillations dont nous ne trouvons pas de traces près de nous, mais qu'on parait avoir constatées en Suisse, ces immenses nappes de glace, par suite d'une cause mal déterminée ou peut-être même encore inconnue, atteignirent par degrés leur entier développement. Arrivées à leurs extrêmes limites, ces glaces, après être restées stationnaires, commencèrent à fondre et opérèrent progressivement leur retrait, avec une vitesse qu'on ne saurait apprécier, jusque vers ces hautes vallées qui leur avaient servi de premiers bassins de réception. Là, dans ces régions alpestres, le phénomène glaciaire fonctionne encore, et ces neiges éblouissantes que nous voyons briller à l'est de notre horizon, ne sont en quelque sorte que les derniers vestiges de ces glaciers gigantesques qui ont transporté jadis, jusque sur nos plaines et nos collines, la terre fertile qui les recouvre et ces blocs dont la grandeur nous étonne.

L'histoire des glaciers des Alpes et de leurs terrains subordonnés devrait donc embrasser une longue succession de siècles, depuis les temps tertiaires jusqu'à nos jours, et s'appliquer à d'immenses régions ; mais nous n'avons pas tracé à notre étude d'aussi vastes limites dans le temps ni dans l'espace. D'ailleurs bien des pages de cette histoire ont déjà été écrites, et, comme nous l'avons déjà dit précédemment, nous ne nous occuperons que des anciens glaciers du bassin moyen du Rhône, pour étudier d'une manière spéciale leur marche, leur développement et les phénomènes qui s'y rattachent, pendant leur plus grande extension.

Cependant pour mieux saisir les causes qui ont présidé à la formation de ces anciennes moraines et pour indiquer plus exactement leur position stratigraphique au milieu des autres dépôts géologiques, nous croyons qu'il est convenable d'étudier les climats qui ont précédé et suivi l'étrange abaissement de température qui a marqué la fin des temps tertiaires, et de passer rapidement en revue les divers terrains qui ont été déposés avant et après le transport du terrain erratique.

Nous diviserons donc cette dernière partie de notre monographie en trois chapitres : dans le premier, nous traiterons de la géologie et de la climatologie des époques tertiaires ; dans le second nous nous occuperons du grand développement des anciens glaciers ainsi que du climat et des terrains qui leur étaient subordonnés ; enfin dans le troisième nous exposerons des considérations sur les phénomènes géologiques, climatériques, paléontologiques et orographiques postérieurs à ce dernier grand phénomène naturel dont l'homme a été le témoin. Nous serons ainsi amenés à parler de ces races primitives qui ont laissé près de nous tant de souvenirs, si tardivement évoqués.

PREMIÈRE SECTION

DES FORMATIONS GÉOLOGIQUES ET DES CLIMATS
QUI ONT PRÉCÉDÉ
LA PLUS GRANDE EXTENSION DES ANCIENS GLACIERS
DANS LE BASSIN MOYEN DU RHONE

CHAPITRE PREMIER

TERRAINS JURASSIQUES ET TERRAINS CRÉTACÉS
TERRAINS ÉOCÈNES

Coup d'œil général sur les terrains jurassiques et crétacés de la région. — Terrains tertiaires. — Brèche éocène. — Argile à silex du Mâconnais. — Prétendu lehm de Saint-Didier et de la Roussilière au Mont-d'Or.—Calcaire éocène supérieur à *Limnæa longis:ata*,— Sidérolithique du Bugey. — Climat et flore de l'époque éocène

COUP D'OEIL GÉNÉRAL SUR LES TERRAINS JURASSIQUES ET CRÉ-TACÉS DE LA RÉGION. — Pendant le dépôt des terrains juras-siques et crétacés, les montagnes du Beaujolais et du Lyonnais formaient à l'ouest le rivage d'une mer qui s'étendait à l'est jusque vers les premiers bourrelets des Alpes. Ces deux groupes montagneux constituaient deux grandes îles dépen-dantes de l'archipel qui représentait alors le continent euro-péen actuel. A la fin de la période jurassique, le fond de la partie de cette mer qui occupait l'emplacement de la vallée du Rhône s'était élevé par suite de mouvements oscillatoires du sol et de l'accumulation successive de sédi-ments. Cette mer, peu profonde près des Alpes, s'était remplie de récifs de polypiers, de coraux, « qui furent bientôt recouverts par des sédiments d'une extrême finesse, déposés régulièrement dans des golfes tranquilles, à l'abri de toute agitation. De nombreuses sources chargées de carbure d'hydrogène répandirent sur plusieurs points, dans ces eaux paisibles, une espèce de bitume qui se combina avec les sédiments terreux pour produire les schistes d'Orbagnoux, d'Armailles, de Parves, etc. Peut-être doit-on attribuer à ces émanations méphitiques la mort de ces nombreux poissons qui ont laissé leurs superbes empreintes sur les pierres lithographiques de Cerin, ou sur les schistes du Haut et du Bas-Bugey.

« De grandes terres émergées entouraient cette mer kimméridgienne et se couvraient de végétation. Des sauriens, des tortues, parcouraient leurs rivages, et des cours d'eau entraînaient dans la mer des débris de végétaux ; c'étaient des Algues, des Fougères, des Cycadées, des Conifères, des Monocotylédones et surtout ces superbes *Zamites Fenconis* si élégants, si caractéristiques de cette zone (1). » « La végétation européenne, dit M. le comte de Saporta (2), avait revêtu un aspect bien différent de celui qu'elle avait eu du temps des houilles, et cependant elle était aussi incomplète que lors de cette première époque, plus incomplète même, puisqu'elle avait perdu en richesse et en profusion, sans acquérir encore ce qui lui manquait, sauf un petit nombre de Monocotylédones. On distingue dans cette flore un ensemble de formes ayant toutes quelque chose de sec, de maigre, de coriace, de peu varié, dont l'aspect devait ressembler aux paysages du Cap ou de l'Australie. »

Après le dépôt des couches d'eau douce du purbeck qui

(1) Falsan. *Histoire géologique des environs de Lyon*, lue dans la séance générale de l'Association lyonnaise des amis des sciences naturelles, le 11 janvier 1874.

(2) *Les anciens Climats d'Europe*, etc , p. 25. Conférence donnée au congrès de l'Association française au Havre.

indique la continuation du mouvement ascensionnel du fond
de la mer et même l'émersion d'une partie de sa surface, il
se produisit une oscillation en sens inverse ; la mer devint
plus profonde, et dans le Bugey, ainsi que dans le Jura, se
stratifièrent les couches compactes du Valangien qui devaient
servir de fondement à toute la série des terrains crétacés.
Mais ces dépôts ne s'opérèrent pas d'une manière uniforme :
en Dauphiné, des assises marneuses ont précédé le dépôt
de ces calcaires durs, et le long des montagnes du Beaujolais
et du Lyonnais, on ne trouve aucune trace des terrains crétacés. En Mâconnais seulement, on peut recueillir quelques
fossiles remaniés du turonien et du sénonien, terrains qui
se retrouvent en place plus au nord ainsi qu'au sommet
des montagnes de la Grande-Chartreuse et du Bugey.
Quoique nous ne puissions étudier les roches déposées au
fond de la grande dépression qui séparait déjà les Alpes des
dépendances du plateau central, roches qui nous sont voilées
par des sédiments plus modernes, cet examen des anciens
rivages nous suffit pour savoir que près de nous la série
complète des terrains crétacés s'est déposée dans une mer
dont le calme, pendant une longue période de siècles, n'a
été troublé par aucun grand cataclysme. Mais nous verrons
bientôt que ce repos devait être, à un certain moment, inter-
rompu par une suite d'accidents orographiques qui amenè-
rent l'apparition d'un monde nouveau plus semblable au
nôtre.

L'étude de la flore des terrains crétacés a permis aux paléo-
phytologues de tirer une foule de déductions sur le climat
de ces lointaines époques. Malheureusement la partie moyenne
du bassin du Rhône n'a fourni jusqu'à ce jour aucune empreinte végétale pour faire suite à celles des terrains jurassiques supérieurs ; cependant, comme il importe dans cette
monographie de se rendre compte de tous les climats qui ont

précédé la grande extension des glaciers, nous ferons encore
quelques emprunts à l'importante notice que M. le comte de
Saporta vient de publier sur *les anciens climats de l'Europe*.
« Le cénomanien, dit-il (1), est bien l'étage qui correspond en
Europe, comme du reste en Amérique, à l'introduction et à
l'extension première des dicotylédones. Aucune de ces plantes
ne paraît avant cet étage ; au contraire, dès qu'on l'aborde, à
quelque endroit qu'on se place, dans la vallée du Rhône
comme dans la Sarthe, en Bohême comme en Moravie et dans
le Harz ou au Groenland, les Dicotylédones ne manquent pas
de se faire voir plus ou moins abondantes selon les lieux.
seules ou associées encore à des types plus anciens, mais
enfin toujours présentes, tandis que jusqu'à la craie de Rouen,
on n'en trouve nulle part de vestiges, à l'exception d'une
seule empreinte recueillie à Eckorfat dans le Groenland septentrional. »

La flore jurassique s'est transformée ; « ce n'était plus cette
végétation à l'aspect étrange, si monotone dans son origi-
nalité, si dépourvue d'ombrage et de massifs de feuillages,
entremêlée de tiges épaisses, de troncs courts, couronnés de
frondes coriaces et de maigres fougères.

« L'aspect était celui qu'on aurait à l'île Maurice, dans
certains parages de l Amérique du Sud ou vers le Midi de la
Chine.

« Les Dicotylédones associées à des Monocotylédones dominaient et reléguaient au deuxième plan les Conifères et les
Fougères (2). »

« Les Fougères appartenaient généralement au groupe tropi-
cal des Gleicheniées, reconnaissables à leurs frondes légères. A
côté des plus anciens palmiers apparus en Europe, s'élevaient

---

(1) P. 31.
(2) *Op. cit.* p. 32, 33.

de rares Cycadées, des Pandanées, des *Araucaria ;* des *Se - quoia* peu différents des nôtres dressaient leurs grandes pyramides, et des Araliacées, des Légumineuses-Cœsalpiniées, des Magnolias, des Laurinées, des *Credneriana*, type maintenant disparu, représentaient les principales Dicotylédones de cette époque (1).

« Pendant le dépôt de la craie supérieure, la distinction des latitudes commence à se laisser entrevoir, et la végétation considérée dans le Sud de l'Europe n'offre pas les mêmes caractères que dans le Nord de ce continent. Les Palmiers ont disparu dans la région polaire, et le mouvement une fois inauguré ne s'arrêtera plus; il marchera avec lenteur, mais sans discontinuité. La divergence climatérique entre la zone arctique et la nôtre ira en s'accentuant (2).

« Lorsque finit la grande période de craie, l'espace continental se trouva agrandi. Les Dicotylédones en profitèrent pour s'étendre, se multiplier et se compléter; une foule de types qui survivaient comme des épaves d'un passé très reculé ou qui jouaient un rôle prépondérant, s'amoindrirent ou disparurent complètement (3). »

TERRAINS TERTIAIRES. — Cette terre parée de cette belle végétation de la zone tempérée chaude se fendit, se bouleversa; d'immenses failles, dirigées du nord au sud, vinrent détruire la solidité des assises et en rompre l'horizontalité, tandis que des pressions latérales refoulèrent les terrains en leur faisant subir d'énormes dénivellations. En même temps, par l'effet d'un mouvement de flexion considérable, le bassin de la mer se creusa, tandis que les rivages se relevèrent en gradins gigantesques vers les Alpes d'un côté, et vers le Beau-

(1) De Saporta, *ouv. cit.*, p. 33.
(2) De Saporta, *ouv. cit.*, p. 36, 3 .
(3) De Saporta, *ouv. cit.*, p.

jolais et le Lyonnais de l'autre. Ce fut ainsi que s'accentuèrent davantage les vallées de la Saône et du Rhône, au nord et au sud de Lyon, vallées qui étaient à peine esquissées durant les périodes précédentes. Alors le Mont-d'Or lyonnais et toutes les montagnes qui bordent la Saône à l'ouest, depuis le cours de l'Azergues jusqu'au delà de Châlon, prirent leur principal relief. Il en fut de même pour les chaines secondaires des Alpes et leurs contreforts qui s'élèvent à l'est des plaines du Dauphiné et de la Bresse.

Des mouvements orographiques analogues se produisirent à la même époque dans toute l'Europe et en Amérique, pour mettre fin à un ancien ordre de choses et faire naître une ère nouvelle. Les terrains tertiaires allaient succéder aux formations secondaires. Les conditions climatologiques, en se modifiant, allaient remplacer en partie par d'autres les formes contemporaines des époques jurassiques et crétacées.

BRÈCHE ÉOCÈNE. — Ces fractures, ces dénivellations (1), ces plissements du sol, ne purent s'effectuer toujours sans produire une masse énorme de débris, sans agiter violemment les eaux de la mer. On peut appliquer aux mouvements d'impulsion de ces immenses nappes aqueuses tous les calculs des théories diluviennes pour mesurer la grandeur des érosions qu'elles ont engendrées. Ainsi, dans le Mont-d'Or lyonnais (2), tous les étages de la grande oolithe et du jurassique supérieur ont été enlevés et même, autour de ce massif calcaire, les roches cristallines qui lui servent de piédestal, ont été mises à nu par l'ablation de tous les terrains secondaires qui les avaient primitivement recouvertes. Dans le Mâconnais, dans le Dauphiné, dans le Bugey, ces phénomènes de

----

(1) Falsan. *Histoire géologique des environs de Lyon, etc.* Association lyonnaise des amis des sciences naturelles, le 11 janvier 1874.
(2) Falsan et Locard. *Monographie du Mont-d'Or lyonnais,* passim.

dénudation ont été produits avec une analogie complète, si bien qu'il est impossible de fixer aujourd'hui, près de Lyon, les limites des anciennes mers avec une certaine approximation. En résumé, formation d'une masse prodigieuse de débris et érosions puissantes ; ces deux facteurs doivent nous permettre de préciser l'origine de plusieurs terrains clastiques placardés contre les flancs de nos montagnes ou appliqués ordinairement contre la lèvre abaissée des failles : telle est, à nos yeux du moins, celle des brèches à ciment rougeâtre du Mont-d'Or et de la vallée de la Saône, des stations de Saint-Lager, de Romanèche, ainsi que des argiles à silex des environs de Mâcon.

Ces brèches de Collonges, de Curis, de Dardilly au-Mont-d'Or et leurs congénères du Beaujolais, paraissent avoir « une liaison avec la roche détritique que M. Ebray (1) a découverte contre la grande faille de la Chassagne, à Pagneux, en dessous d'un calcaire d'eau douce à *Limnœa longiscata*. La position constante de ces brèches le long des failles nord-sud, et l'affleurement de l'une d'elles en dessous d'un calcaire lacustre éocène du niveau de Saint-Ouen, offrent des motifs suffisants pour qu'on puisse en faire le premier groupe de nos terrains tertiaires et les séparer des conglomérats grossiers qui forment la base de la mollasse, près de Lyon et dans le Bugey, ainsi que du conglomérat avec blocs, des environs de Dijon, qui est une dépendance du miocène inférieur (2).

La faille qui sert aujourd'hui de lit à la Saône et qui sépare la montagne de Curis des gneiss ou micaschistes de Fleurieux, peut servir de type à cause de son importance. Le bajocien supérieur se dirige sous les alluvions de la Saône,

---

(1) Sur la stratigraphie de l'arète jurassique de la Chassagne (*Ann. de la Soc. d'agr. de Lyon*, 1865.)

(2) Falsan. Etudes sur la position stratigraphique des tufs de Meximieux. *Archives du Muséum de Lyon*, t. 1er, p. 140.

et, en face, de l'autre côté de la rivière, affleurent des roches
de cristallisation entièrement dénudées et simplement recou -
vertes par les alluvions anciennes.

La brèche de Curis se trouve donc réellement placardée
sur la lèvre abaissée, quoique maintenant elle apparaisse à
une grande hauteur au-dessus de la Saône et de tous les terrains environnants. En face de Curis a dû se dresser l'escarp-
pement de la lèvre relevée, présentant la tranche de tous les
terrains stratifiés du Mont d'Or, et l'espace compris entre cet
escarpement et les pentes du Mont-Toux a probablement été
comblé par des débris. Les eaux ont déblayé tous ces terrains,
et il ne reste plus, comme témoin, que la brèche placardée
sur la lèvre abaissée. Cette brèche est entièrement composée
de roches locales, ou plutôt de roches d'une origine peu éloignée et d'une nature semblable à celle des couches supé -
rieures du Mont-d'Or ; les fragments sont cimentés par une
pâte rougeâtre. Il en est de même pour tous les affleurements
qui nous entourent immédiatement.

La constatation de ce fait nous a été utile pour chercher à
découvrir le mode de formation d'un autre terrain qui a beaucoup préoccupé les géologues : nous voulons parler de l'argile à silex du Mâconnais et du Châlonnais.

ARGILE A SILEX DU MACONNAIS. — L'un de nous s'est déjà
occupé à plusieurs reprises de l'étude de cette argile à silex (1).
Nous n'avons donc qu'à répéter ici les conclusions de sa dernière notice.

M. Jules Martin (2) ayant fait de l'argile à silex de la Bourgo-

---

(1) Falsan. *Monographie géologique du Mont-d'Or lyonnais, etc.*, p. 309.
Etudes sur la position stratigraphique des tufs de Meximieux, etc. *Archives du Muséum de Lyon.* t. I, p. 145, 1875.
Note sur l'argile à silex. *Mémoires de la Société des sciences naturelles de Saône-et-Loire;* t. II, p. 79, 1878.
(2) *Observations sur divers produits d'origine glaciaire en Bourgogne.* Savy, édit. 1875.

gne un terrain glaciaire, nous avons dû naturellement nous
préoccuper d'une manière toute particulière de cette théorie ;
mais toutes les recherches auxquelles nous nous sommes
livrés ne nous ont pas permis d'adopter cette manière de voir.

Dans l'argile à silex nous n'avons rien trouvé qui pût nous
rappeler la disposition des moraines profondes, latérales et
frontales des anciens glaciers, et nous n'avons pas été plus
heureux pour découvrir dans cette argile les autres caractères distinctifs des terrains glaciaires.

Du reste, pour nous, la formation de l'argile à silex date de
l'époque éocène, et comme il ne nous est pas possible de
reculer si loin l'apparition des anciens glaciers dans le bassin
de la Saône, il en résulte nécessairement que nous ne pouvons attribuer à ce terrain une origine glaciaire.

D'autres géologues se sont aussi occupés de cette formation locale. Voici le résumé de leurs manières de voir :

Pour M. Arcelin (1) l'argile à silex a été produite par une dis-
solution sur place des assises crétacées sous l'influence de
sources acides qui, à la fin de la période crétacée, se sont fait
jour au fond de la mer, en même temps que des émissions
d'argiles kaoliniques, de matières siliceuses et ferrugineuses.

Le démantellement et l'arasement des couches calcaires
du Mâconnais sont des phénomènes postérieurs à la formation
de l'argile à silex et contemporains des débuts de la période
tertiaire (2).

M. Delafond pense, au contraire (3), que l'argile à silex résulte d'une modification locale de la sédimentation des derniers terrains crétacés. A la place du calcaire crayeux, c'est
l'argile qui s'est déposée elle-même pendant que se formaient
dans d'autres contrées le turonien et le sénonien de compo-

(1) Les formations tertiaires et quaternaires des environs de Mâcon. Savy. édit. 1877.
(2) Ouv. cit. p. 33.
(3) Argiles à silex de la côte chàlonnaise. Bulletin de la Société géologique. 3ᵉ série, t. IV.
p. 665. 1876.

sition normale. Les oscillations du sol, les puissantes dénudations qui ont donné au Châlonnais son relief actuel ont donc affecté l'argile à silex.

Pour nous, les faits ne se sont pas passés ainsi (1). L'argile à silex, reposant sur les couches brisées, soulevées et dénudées profondément, des calcaires jurassiques supérieurs du Mâconnais, n'a pu être formée ni sur place ni avant les oscillations du sol, qui ont mis en mouvement les eaux marines avec une force suffisante pour enlever des masses de calcaires durs de plusieurs centaines de mètres de puissance.

Si cette argile n'a pu être formée sur place, elle a dû être entraînée de loin par des courants moins violents qui en ont emprunté les éléments aux terrains sénoniens et turoniens déposés plus au nord. Les rognons siliceux renfermant des fossiles de ces deux étages sont arrivés emballés, pour ainsi dire, dans une eau très boueuse qui les a garantis en quelque sorte de l'usure par frottement, ou qui a diminué les effets du roulement.

D'autres courants ont pu charrier des sables enlevés aux roches silicatées des collines voisines, pendant que se produisaient peut-être le long des failles de véritables phénomènes sidérolithiques, émissions de sables éruptifs et de sources ferrugineuses ou acides.

Les mouvements orographiques qui ont chassé la mer miocène de nos environs et qui ont soulevé la mollasse marine à plusieurs centaines de mètres dans la chaîne du Jura, ont dû avoir leur contre coup en Bourgogne et affecter parfois l'argile à silex.

En définitive, nous reconnaissons à l'argile à silex du Mâconnais, non pas une origine glaciaire, mais bien une origine diluvienne, et nous faisons remonter au début de l'éocène la date de sa formation.

(1) Falsan, *ouvrage cité.*

Prétendu lehm de la Roussilière et de Saint-Didier au Mont-d'Or. — Nous rattachons encore à l'éocène, c'est-à-dire à l'époque des grandes fractures qui ont esquissé la vallée de la Saône, le dépôt ou plutôt le glissement d'une terre jaunâtre qui ressemble, comme aspect, au lehm et qui recouvre les plateaux de la Roussilière, sur le versant ouest du Mont-d'Or, commune de Limonest, et qui s'étale sur les collines qui entourent l'église de Saint-Didier au Mont-d'Or.

Nous pensons que c'est bien à tort qu'on a confondu ce terrain avec le véritable lehm ou lœss, qui est d'origine glaciaire et que nous étudierons plus loin. On s'est laissé tromper par une fausse apparence, par une similitude de couleur. En adoptant cette manière de voir, il faudrait donner le nom de lehm à toutes les terres jaunâtres des environs de Lyon ; c'est bien ce qu'on a fait, mais nous croyons qu'il est temps de réagir contre cette méthode de classification et qu'il faut établir plusieurs divisions dans ce groupe constitué d'une manière trop artificielle. D'abord nous séparons du véritable lehm ou lœss glaciaire le prétendu lehm, plus ou moins durci, de la Roussilière et de Saint-Didier. En effet, pourquoi réunir deux terrains dont la composition chimique est si différente? Le lehm du plateau des Dombes renferme, de 12 à 15 0/0 de carbonate de chaux et souvent beaucoup moins, tandis que le lehm de la Roussilière en renferme d'après M. Sauvanau (1), 6! 0/0 ! Cette différence de composition nous paraît très importante et nous engage à adopter les idées de M. Fournet (2), qui pensait que ce terrain n'était composé que de marnes liasiques, balayées des hauteurs de la Barrollière et de Giverdy. Effectivement les marnes du vallon de la Bar-

.

(1) Recherches analytiques sur la composition des terres végétales des départements du Rhône et de l'Ain. Ann. de la Soc. d'agr. etc., de Lyon. 1845.
(2) Etudes au sujet du lehm et des cailloux diluviens, etc. Ann. Soc. scien. ind. de Lyon, 24 juin 1868. — Drian, Minéralogie et pétralogie des environs de Lyon, p. 241.

rollière nous semblent avoir glissé le long d'une terrasse de gneiss qui formait d'abord un gradin continu sur les pentes du mont Narcel.

A l'est de la Roussilière, les talus élevés du chemin neuf de Limonest à Saint-Dider nous ont montré une coupe dont la disposition vient à l'appui de notre système sur l'origine de ce faux lehm.

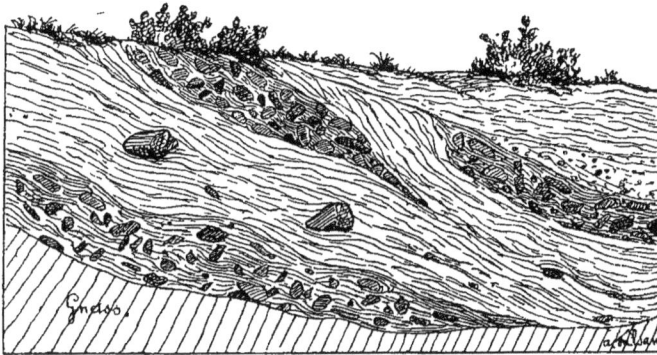

Au niveau du chemin il y a une espèce de gouttière creusée dans le gneiss et sur la tranche des feuillets. Cette gouttière est remplie de débris de gneiss, de grès triasique, de calcaires du lias et de divers étages; le tout est emballé dans une terre jaunâtre. Plus haut on voit une couche épaisse d'une terre également jaunâtre renfermant des blocs de grès et de calcaire de 30 à 40 centimètres de côté en moyenne. Au-dessus apparaît une autre couche dans laquelle la terre est souvent durcie ; de distance en distance, il y a des amas bréchiformes de gneiss, de grès, de calcaire Puis une terre jaunâtre, semblable à celle qui renferme tous ces fragments de rochers, recouvre toute cette formation.

Dans cet ensemble, il est facile de retrouver tous les caractères d'un glissement. Tous les débris de roches sont de provenance voisine et appartiennent tous à des affleurements situés au-dessus du point où nous les voyons aujourd'hui.

Dans ce terrain on ne voit aucune stratification, il est vrai, mais ses éléments présentent pourtant des couches irrégulières et disposées sans ordre ; ce qui indique plusieurs glissements successifs ou des récurrences dans la formation de ce terrain. Inutile de dire que la disposition du lehm bressan est bien différente. Plus loin nous en ferons une étude spéciale, et on pourra comparer les descriptions de ces deux dépôts.

Une fois parvenues sur ce gradin, ces marnes liasiques ont été exposées à l'influence des agents atmosphériques ; les parcelles de sulfure de fer qu'elles renfermaient ont passé à l'état de peroxyde hydraté ; le terrain, au lieu de rester d'une teinte grise normale, est devenu jaunâtre, et son aspect, au lieu de se rapprocher de celui des marnes de lias, est devenu identique à celui du véritable lehm. Du reste des transformations analogues se voient au-dessus de presque toutes les carrières de calcaire à gryphées du Mont d'Or et des environs de Dardilly.

D'ailleurs la ressemblance qui finit par s'établir entre ces deux terrains d'âges si différents ne doit pas surprendre, puisque, en définitive, leur origine est pour ainsi dire analogue. Les marnes du lias ne sont que le résidu de la trituration, de la décomposition et du lavage de toutes les roches plus anciennes, soit par les agents atmosphériques, soit par l'action des eaux marines ou fluviales, et le lehm n'est pas autre chose que le produit de l'écrasement et du lavage de toutes les roches des Alpes et des chaînes secondaires par les anciens glaciers.

Les actions ont été analogues, l'agent seul n'est pas le même.

Le fer contenu dans les marnes liasiques n'a pas été seul soumis à des influences nouvelles. Le carbonate de chaux,

qui est un des éléments constitutifs des marnes, n'a pas tardé
à en ressentir de spéciales. Il s'est établi dans sa masse des
centres d'attraction qui ont formé des concrétions tubercu-
leuses et, par suite de l'extension de ces concrétionnements,
il est arrivé que ce terrain s'est solidifié en masse; ce qui lui
a donné une grande facilité pour résister plus tard aux actions
érosives des eaux pluviales. M. Fournet(1) a fait une étude
particulière des phénomènes divers qui se sont passés dans
ce terrain, production de farine minérale, de *kupstein*, de
lehm-kindchen, d'ostéocolles, d'oolithes, solidification de
bancs entiers; mais, pour ne pas dépasser les limites de notre
programme, nous ne pouvons que les mentionner rapidement.
Du rèste, si le véritable lehm n'était pas si pauvre en carbonate de chaux, si le calcaire n'en avait pas été presque
enlevé par les eaux d'infiltration à mesure que les glaciers
écrasaient les roches, le lehm aurait été le théâtre de phénomènes tout à fait semblables.

Après le glissement des marnes sur la terrasse gneissique
qui domine le ruisseau de Limonest, les eaux pluviales ont
creusé de petits ravins sensiblement parallèles dans tout cet
ensemble, aussi bien dans le gneiss que dans le terrain qui
le recouvrait, et aujourd'hui, au lieu d'un gradin uniforme,
les roches anciennes constituent des contreforts isolés qui
viennent soutenir les pentes du mont Narcel, et les marnes
du lias jaunies et durcies s'étalent sur la dorsale de chaque contrefort.

Il nous reste une observation importante à faire : le prétendu lehm de la Roussilière se trouve à 400 mètres d'altitude, à 100 mètres au-dessus du plateau bressan, de ses
moraines et de son lehm glaciaire. Si les deux terrains avaient
la même origine, comment pourrait-on expliquer cette diffé-

---

(1) Observations relatives à d s oolithes calcaires formées dans une terre végétale des environs de Lyon. — *Comptes rendus acad. des sciences*, t. XXXVI, p. 926.

rence de niveau ? Nous ne détaillerons même pas les difficultés qui seraient les conséquences de cette classification, il suffit, croyons-nous, de signaler cette hypothèse pour en faire comprendre le peu de valeur, car si le lehm de la Roussilière n'était pas simplement descendu des hauteurs du Mont-d'Or, quel agent faudrait-il faire intervenir pour expliquer son transport et son dépôt à une altitude aussi élevée ? Nous prouverons plus loin que les glaciers alpins ne sont pas même venus jusqu'au pied du Mont-d'Or.

Le faux lehm de Saint-Didier offre les rapports les plus intimes avec celui de la Roussilière : même origine, même phénomènes de coloration et de concrétionnement. Seulement il a glissé du vallon de Giverdy et du pied du Mont-Toux, au lieu de glisser du vallon de la Barrollière et du pied du Mont-Verdun ; puis il est allé s'étaler sur les plateaux légèrement accidentés de Saint-Didier. Si ces marnes sont venues se déposer ainsi, au lieu de continuer à glisser dans les vallons d'Arche et de Rochecardon, c'est que ces vallons ont été creusés postérieurement, en même temps que la terrasse gneissique de la Roussilière. Au moment du glissement de ces marnes, une espèce de plateau devait réunir Saint-Didier à la colline du Montellier ; des érosions tardives l'en ont séparé. Nous présumons que les premiers déplacements de marnes ont dû s'opérer peu après le soulèvement du Mont-d'Or, lorsque des cassures récentes multipliaient les surfaces des affleurements. C'est pourquoi nous rattachons à l'éocène la principale formation de ce terrain, tout en admettant que les actions qui l'ont façonné ont pu agir encore pendant longtemps.

Calcaire éocène supérieur a limnæa longiscata. — « Les affleurements des terrains éocènes sont très peu développés dans les environs de Lyon (1) ; presque partout ces formations sont ensevelies sous une couche épaisse de sédiments plus modernes qui sont venus postérieurement combler la grande vallée dont elles occupent le fond. Nous ne pouvons même citer que ce lambeau de calcaire lacustre à *Limnœa longiscata* dont nous avons parlé et qui par sa position élevée sur les flancs de la chaîne de la Chassagne a pu échapper au comblement général. Ce calcaire blanchâtre à cassure conchoïdale se charge, dans le bas, d'une multitude de grains de minerai de fer et renferme de rares moules de Limnées qui ont permis à M. Ébray de le synchroniser avec les calcaires de Saint-Ouen, caractérisés par la présence du même fossile. »

« Sans aller si loin, on trouve plus près de nous des types analogues dans les calcaires lacustres de la Haute-Saône et de la Côte-d'Or, cités par M. Tournouër (2), et même on pourrait peut-être relier le calcaire de Pagneux avec les couches inférieures de la formation d'eau douce de Coligny (Ain), dans lesquelles M. Jourdan avait recueilli des *Bythinia pyramidalis* (Desh.) et qu'il plaçait dans son épiocène (3). Mais il faut faire observer que les parties supérieures du calcaire lacustre de Coligny sont plus modernes et que le *Cerithium Lamarckii*, (Brongn.), que M. E. Benoît y a découvert, lui assigne une place au niveau du calcaire de la Beauce, miocène inférieur (4). »

« Si les *Limnœa longiscata* établissent des rapports entre le calcaire de la Chassagne-Pagneux et ceux de la Bourgogne, de la Bresse et du bassin de Paris, les grains de fer qu'il

---

(1) Falsan. Études sur la position stratigraphique des tufs de Meximieux, *Archives du Muséum de Lyon*. t. I, p. 146.

(2) Sur les terrains sup. de la vallée de la Saône. *Bull. de la Société géologique*, 2ᵉ série, t. XXIII. p. 796.

(3) Falsan et Locard, *Monographie du Mont-d'Or lyonnais*, p. 430.

(4) Sidérolithique de la Bresse. *Bulletin de la Société géologique* 2ᵉ Série, t. XVI, p. 446.

renferme le rattachent au terrain sidérolithique de la Suisse et du Bugey ainsi qu'à celui du Dauphiné qui sert de base à la mollasse. »

SIDÉROLITHIQUE DU BUGEY. — En Bugey et en Dauphiné ce terrain est peu développé. Ainsi dans cette première province nous ne pouvons citer dans le périmètre qui nous occupe que les minerais de fer en grains qui remplissent les crevasses du calcaire néocomien, au nord-ouest du château d'Andert, près de Belley, et dans le département de l'Isère, M. Lory mentionne des gisements de peu d'importance, près du Pont-de-Beauvoisin, dans le Royans et dans le massif de la Chartreuse etc., gisements la plupart du temps enfermés dans les crevasses du calcaire néocomien.

Quant aux formations nummulitiques, elles n'ont aucun affleurement dans la région qui forme le sujet spécial de cette étude. Pour retrouver ces terrains, il faudrait aller dans le Dauphiné et parcourir les hautes vallées du Drac et de la Romanche ou le bassin supérieur de la Durance (1), ou bien certaines montagnes de la Maurienne. Sans doute la mer nummulitique a occupé la vallée du Rhône et celle de la Saône, mais les sédiments qu'elle y a déposés sont recouverts par d'autres plus récents et échappent ainsi à nos investigations.

Dans les formations marines que nous venons de décrire, il n'y a pas de traces d'une faune ou d'une flore spéciales. Si on y rencontre quelques débris organiques, ce sont des fossiles remaniés appartenant à d'autres étages. En outre, sur les surfaces de terrains émergées près de nous au début des époques tertiaires, il paraît qu'il ne s'est pas rencontré un ensemble de conditions favorables pour conserver jusqu'à

_____

(1) Lory, *Description géologique du Dauphiné.* p. 289, 376, 465.

nous des spécimens des plantes et des animaux de cette
époque.

Cependant pour suivre de proche en proche les modifications qui se faisaient successivement dans notre climat avant
l'extension des anciens glaciers, nous aurons encore recours
à la science de M. le comte de Saporta, qui a pu faire porter
ses observations sur des contrées situées bien en dehors du
cadre que nous nous sommes tracé.

Ainsi malgré les conditions fâcheuses dans lesquelles nous
sommes placés, nous pourrons nous rendre compte de la
climatologie des temps éocènes.

CLIMAT ET FLORE DE L'ÉOCÈNE. — Il faut bien le dire, l'argile
à silex, les brèches, les poudingues, les terrains sidérolithiques du Mâconnais et du bassin de Lyon, au lieu de pouvoir être franchement rangés dans les terrains tertiaires, dépendent plutôt d'une zone intermédiaire placée entre ces
terrains et les dernières formations crétacées. Or M. le comte
de Saporta a constaté à ce niveau, en Europe, une lacune
dans la flore, due à l'absence ou à la stérilité des dépôts marins ou lacustres, et voici les raisons qu'il en donne : la mer,
à la fin de la craie s'est retirée de toutes parts ; elle a subi à
plusieurs reprises, surtout en Belgique et dans le bassin de
Paris (on pourrait également dire près de nous), des oscillations partielles ; mais enfin elle s'est retirée avec les dernières ammonites et, s'il y a eu des dépôts marins corres-
pondants à cet âge, ces dépôts sont cachés ou par la mer
ou par des terrains moins anciens ; ils n'affleurent nulle part.
La pauvreté de nos formations les plus inférieures de l'échelle
tertiaire n'est donc pas un fait local, exceptionnel, mais le
corollaire de tout ce qui se passait en Europe.

Après cette période de trouble et d'agitation, les choses re-
prennent leur cours normal, et les paléontologistes trouvent

une foule de documents à mettre en œuvre. Pour nous, nous restons privés des éléments d'étude et nous sommes forcés de suivre M. le comte de Saporta jusqu'à Sézanne, près de Paris et à Gelinden, non loin de Liège, pour retrouver les traces de la végétation éocène inférieure assez riches pour qu'on ait pu avec elles rétablir les conditions du climat de cette époque.

A la fin de la période de la craie, l'espace continental se trouva agrandi. Les dicotylédones en profitèrent pour s'étendre, se multiplier et se compléter; une foule de types, qui survivaient comme des épaves d'un passé très reculé ou qui jouaient un rôle prépondérant, s'amoindrissent ou disparaissent complètement. Ainsi les cycadées tendent à s'éclipser tout à fait, et les *Sequoia* diminuent en nombre et en importance : tout fait croire qu'au début de l'époque tertiaire l'Europe a dû jouir d'une température modérée, d'un climat égal, à la fois humide et tiède sans excès. Mais à l'époque suivante, c'est-à-dire au milieu de l'éocène, le climat européen se modifia; il devint à la fois plus sec, plus chaud et plus inégal (1). Il devait même y avoir une saison sèche, très marquée et très distincte d'une saison des pluies. Ces conditions climatologiques favorisèrent le développement d'une végétation tropicale et, sous l'influence de cette chaleur, des Palmiers, des Pandanées, des Bananiers, se multiplièrent dans l'Europe éocène, ainsi que beaucoup d'autres formes indiennes et africaines, et même de la région du Cap ou de l'Australie (2). Un des types de cette flore remarquable apparaît dans les gypses d'Aix qui se trouvent non pas très près de nous, mais cependant dépendent du bassin du Rhône.

. La période éocène, loin de se terminer brusquement, donna lieu à une lente et graduelle transformation qui intro-

---

(1) De Saporta, *ouv. cit.*, p. 40, 42.
(2) De Saporta, *ouv. cit.*, p. 46, 47.

duisit insensiblement de nouveaux types et changea peu à peu l'aspect de la flore en Europe, en éliminant un à un les végétaux qui y avaient longtemps dominé. C'est alors que les genres et quelques-unes des espèces que cette partie du monde a conservés depuis, commencèrent à s'établir définitivement sur notre sol, pour ne plus le quitter; mais ces plantes étaient encore très rares, et l'Europe d'alors était peuplée des types les plus variés, des formes exotiques ou disparues les plus riches. Cependant notre continent allait bientôt s'acheminer peu à peu vers l'état actuel et se dépouiller de ses richesses (1).

Quoi qu'il en soit de cette tendance, la belle végétation qui ornait les terrains éocènes et la douceur du climat qui régnait alors, étaient loin de faire prévoir l'époque où l'Europe allait être ensevelie sous un triste manteau de neige et de glaces. Il est vrai qu'on était encore séparé de ce remarquable abaissement de température par deux longues séries de siècles pendant lesquels allaient se déposer les terrains miocènes et pliocènes que nous allons essayer de décrire dans les deux chapitres suivants, avant d'aborder la question glaciaire.

---

(1) De Saporta, *ouv. cit.*, p. 58.

CHAPITRE II

MIOCÈNE

Calcaire miocène inférieur de Coligny. — Brèches osseuses de Préty et de la Grive-Saint-Alban, miocène moyen. — Mollasse marine, miocène supérieure, du Bugey à *Pecten scabrellus*. — Mollasse à *Nassa Michaudi*. — Mollasse à *Ostrea Falsani*. — Caractères transitoires, mio-pliocènes des couches inférieures des marnes et des lignites. — Tableau synoptique des terrains tertiaires et quaternaires des environs de Lyon — Faune et flore du miocène. — Climat.

CALCAIRE MIOCÈNE INFÉRIEUR DE COLIGNY. — La série des terrains miocènes n'apparaît pas avec son entier développement dans la partie moyenne du bassin du Rhône. Les couches inférieures, si elles y ont été déposées, nous sont caéchées par d'autres dépôts plus modernes, et nous ne pouvons citer, comme faisant exception à cette règle, que les calcaires lacustres à hélices des environs de Coligny. Encore faisons-nous quelques réserves en parlant de ces terrains qu'on a pas pu observer d'une manière assez complète.

BRÈCHES OSSEUSES DE PRÉTY ET DE LA GRIVE-SAINT-ALBAN, MIOCÈNE MOYEN. — Les gisements les plus anciens qui ont été étudiés sont donc ceux de Préty, près de Tournus et de la Grive-Saint-Alban, près de Bourgoin. M. le Dr Jourdan, qui a fouillé avec soin ces remplissages de crevasses, a placé dans notre Muséum les nombreux et intéressants débris qu'il y a recueillis. Ces remarquables fossiles seront bientôt décrits dans les *Archives du Muséum de Lyon* par M. le Dr Lortet et M. Chantre; nous n'avons donc qu'à citer les noms des principales espèces et à mentionner le niveau auquel on les a rapportées. Ce sont des ossements ou des dents de *Pithecus*, *Ichneugales*, *Dinocyon*, *Lutra*, *Mustella*, *Hypalurus*, *Machairodus*, *Prionodon*, *Dinotherium lœvius*, *Anchitherium*, *Rhinoceros Aurelianensis*, *Miochœrus*, *Chœromorus*, *Chalicotherium*, *Listriodon*, *Dicrocerus* (1). Il est facile de voir que cette faune correspond à celles de Simorre et de Sansan. Les terrains qui la renferment sont donc une dépendance du miocène moyen de Lyell, de la partie inférieure du falunien proprement dit de d'Orbigny, ou de l'aquitanien supérieur de M. Ch. Mayer.

MOLLASSE MIOCÈNE SUPÉRIEURE DU BUGEY A PECTEN SCABRELLUS. — La mollasse d'eau douce de la Suisse, de la Savoie et du midi du département de la Drôme, ainsi que la mollasse marine calcaire de Saint-Paul-Trois-Châteaux (1) ne présentent près de nous aucun affleurement. Le niveau le plus inférieur qu'on peut observer est donc celui de la mollasse marine de Saint-Martin-de-Bavel, en Bugey. Ce gisement, signalé par M. Millet, en 1835, a été décrit avec beaucoup de soin par M. E. Benoît dans le *Bulletin de la Société géologique* en 1859.

« Cette mollasse à *Pecten scabrellus* n'affleure près de Lyon qu'à Communay? Avec raison M. Benoît l'a parallélisée avec les mollasses sableuses à *Echinolampas scutiformis* du Dauphiné, de Saint-Paul-Trois-Châteaux, de Montségur.

« Cette formation se relie également par ses fossiles à la mollasse de Cucuron. C'est une dépendance de l'helvétien II de M. Charles Mayer. On peut la placer à la base du miocène

---

(1) Chantre, Les Faunes mammalogiques tertiaires et quaternaires du bassin du Rhône (*Association française pour l'avancement des sciences*, congrès de Lyon, 1873.

(2) Lory, *Description du Dauphiné*, p. 391, 406.

supérieur de Lyell et dans la partie moyenne du falunien de d'Orbigny.

« L'âge de cette mollasse n'est pas discuté ; son niveau forme donc un horizon important, bien établi au milieu des terrains tertiaires qui occupent le fond de notre grande vallée. Mais au-dessus de ces couches bien déterminées se succèdent d'énormes amas de sables qui sont parfois entrecoupés de terrains de composition différente et dont la classification a présenté beaucoup de difficultés (1). »

Nous rattachons à ce terrain le *diluvium rouge* des Étroits, signalé la première fois par M. Leymerie et décrit plus tard par M Fournet, comme un diluvium local provenant des montagnes du Lyonnais.

En effet après avoir étudié la coupe de la colline de Saint-Irénée au-dessus du grand tunnel du chemin de fer P.-L.-M., l'un de nous a déjà été forcé de modifier sa manière de voir sur la classification de ce diluvium. Il en avait d'abord fait une alluvion glaciaire lyonnaise qui était venue dans la plaine du Bas Dauphiné à l'encontre de l'alluvion glaciaire des Alpes et qui avait été recouverte par elle (2). Mais lorsqu'il put reconnaître que la mollasse marine miocène s'étendait au-dessus de cette formation, ainsi qu'on peut le voir en étudiant la coupe que nous donnons dans le chapitre consacré au terrain erratique des environs de Lyon, il lui fallut renoncer à ce système, et ne voir dans ce prétendu diluvium qu'une formation de rivage de la mer miocène se reliant au conglomérat marin du Vernay, du Jardin-des-Plantes et de Saint-Martin de Bavel, en Bugey (3). C'est cette classification que nous adoptons comme la plus exacte.

---

(1) Falsan, Etudes sur la position stratigraphique des tufs de Meximieux, p. 12, 13. 14. *Archives du Muséum de Lyon.*

(2) Falsan, *Archives des sciences de la Bibliothèque universelle,* juin 1870.

(3) Falsan, Note sur la constitution géologique des collines de Loyasse, de Fourvières et de Saint-Irénée. *Mémoires de l'Académie de Lyon,* 1873.

Ce n'est pas la peine de résumer ici les discussions des géologues lyonnais sur l'origine, l'âge, les divisions de la mollasse des environs de notre ville, nous exposerons seulement notre manière de voir d'après le mémoire que l'un de nous vient de publier dans le *Lyon scientifique* (2) et qui est résumé dans le tableau ci-contre.

MOLLASSE A NASSA MICHAUDI. — La vallée du Rhône formait jadis un golfe, un fiord profond, ou plutôt une sorte d'adriatique dont le fond subissait des mouvements alternatifs d'exhaussement et d'abaissement qui tantôt repoussaient la mer plus au sud, et tantôt la laissaient pénétrer plus au nord du côté de Lyon. Par exemple la mollasse calcaire à *Pecten benedictus* ne pénétra pas plus avant dans la vallée du Rhône que vers Saint Paul-Trois-Châteaux, Sainte-Juste et Saint-Restitut.

Après le dépôt de cette formation, le sol s'abaissa et la mer s'avança bien plus au nord pour abandonner sur toute la surface qu'elle occupait, les sables de la mollasse de Saint-Fons, les sables à Bryozoaires et à débris de Balanes qu'on voit affleurer jusque près de Lyon.

A Hauterives, ce groupe est très distinct, il sert de base à toutes les autres formations. A Tersannes, aux Ponçons, près du ruisseau de Merveille, on le voit recouvert par d'autres sables renfermant comme fossiles caractéristiques des *Nassa Michaudi* (Thiollière), *Dendrophyllia Colonjoni* (Thioll.) en grande abondance, ainsi que de nombreuses Patelles et une masse d'autres fossiles marins décrits d'abord par M. le capitaine Michaud (2) et plus tard par M. A. Locard (3). Cette faune

(1) Falsan, t. Iᵉʳ. p. 148. 1ᵉʳ mai 1879.
(2) Description des coquilles fossiles découvertes dans les environs de Hauterives (Drôme).
— *Troisième fascicule* 1877.
(3) *Archives du Muséum de Lyon*, 1878.

TABLEAU SYNOPTIQUE
des Terrains tertiaires supérieurs et quaternaires des environs de Lyon

FORMATIONS TERRESTRES ET D'EAU DOUCE	Terrains modernes		T. contemporains	**Terre végétale, éboulis, alluvions modernes** — Vallée de la Saône, Mont-d'Or, etc.	variable	Faune et flore contemporaines Bythinia tentaculata, Cyclas palustris, Dreissenia polymorpha.
	TERRAINS QUATERNAIRES	**PLEISTOCÈNE**	Terrains post glaciaires	**Argiles grises lacustres, lignite.** — La Saône, la Mouche, etc.	0m 20 à 1m	Bos longifrons, Byth. tentaculata, Valvata piscinalis, Limnœa peregra, L. palustris, etc.
				Lehm, terre à pisé — Dombes, Fourvière, Sainte-Foy, etc.	1m à 6m	Eleph. primigenius, Succinea oblonga, Helix arbustorum, H. hispida
			Terrain glaciaire	**Ancnes moraines à blocs erratiques et c. striés** — Dombes, Bas-Dauphiné, Fourvière	2m à 6m	Dans le bas, fossiles miocènes et pliocènes remaniés
		Pliocène sup.	Alluvions glaciaires	**Sable et gravier** — Dombes, Bas-Dauphiné, Fourvière	50m à 70m	Fossiles d'eau douce pliocènes, Fossiles marins miocènes remaniés.
				Sable et gravier — Dombes, Bas Dauphiné, etc.		
		Pliocène moyen		**Sable et gravier** — Dombes, Bas-Dauphiné, etc		Paludina Dresseli. Valvata Vanciana, Nassa Michaudi, Dendrophyllia Colonjoni, etc.
FORMATIONS MARINES	**TERRAINS TERTIAIRES**	Pliocène inf.		**Sable ferrugineux** Trévoux — *Tuf* Meximieux — Marnes marines Creure, Argiles à lignites, Domsure, La Dombes, Hauterives, Hauterives inf. Soblay	variable	Mastodon dissimilis. Clausilia Terveri, Helix Chaixi, H. Colonjoni, etc. Dans le bas faune mio-pliocène.
		Miocène supérieur		**Sable à Ostrea Falsani** — Château de Hauterives	0m 30	Ostrea Falsani. Balanus.
				Sable à Nassa Michaudi — Tersanne, le Vernay, etc.	10 ?	Nassa Michaudi, etc. faune de Tersanne.
				Sable et mollasse — St-Fons, Lyon, Hauterives, etc.	45 ?	Terebratula calathiscus, Calianassa minor, Balanus, Bryozoaires, etc.
				Mollasse à Pecten scabrellus — St-Martin-de-Bavel, Bugey	?	Nombreux Pecten.
		Miocène moyen		**Remplissage de crevasses** — La Grive-St-Alban	?	Pithecus, Dinocyon, Dinotherium levius Dicroceros, Machaïrodus.

Imp. Storck.

A. FALSAN.

donne à ces sables un caractère tout particulier; mais nous devons faire observer que, au milieu de ces fossiles spéciaux, on rencontre toujours les Bryozoaires et les débris de Balanes du groupe inférieur. Ce qui prouve que ces deux ensembles de sables sont moins distincts qu'on ne le croirait au premier abord.

Jusqu'à présent on n'a pas signalé la présence des sables à *Nassa Michaudi* à Hauterives, quoique ces deux stations ne soient séparées que par un intervalle de quelques kilomètres à peine. Mais il ne faut rien conclure de ce renseignement négatif, car il est bien possible que les éboulis qui recouvrent les pentes des collines de la vallée de la Galaure aient simplement masqué les affleurements des sables à *Nassa*. Du reste, cette formation avec les mêmes fossiles caractéristiques se retrouve bien plus au nord. Au delà de Lyon, au Vernay, en face de Collonges, l'un de nous a recueilli plusieurs échantillons de *Nassa Michaudi* (3), sans pouvoir juger de l'abondance relative de ces fossiles à cause de l'exiguïté de cet affleurement, aujourd'hui complètement voilé par des éboulis. Quoi qu'il en soit, la découverte de ce fossile avait une certaine importance, car elle prouvait clairement que les *Nassa Michaudi* avaient dépassé Tersannes. Du reste, d'autres preuves existent pour démontrer que dans le Bas-Dauphiné et peut-être au pied des collines du Bugey, les sables à *Nassa* s'étaient autrefois déposés à l'est de Lyon. Ainsi ces fossiles apparaissent remaniés dans toutes les alluvions glaciaires, pliocènes et quaternaires de la partie méridionale du triangle bressan; on les retrouve même dans la boue à cailloux striés qui recouvre ces alluvions. Il est évident que ces fossiles ne sont pas en place, et ces derniers proviennent du démantellement de couches sableuses, ravinées par les

---

(1) Falsan. Études sur la position des tufs de Meximieux, etc. — Tirage à part, p. 14. *Archives du Muséum de Lyon*, 1875.

eaux qui ont charrié jusque près de nous les roches des Alpes
pendant la période du développement des anciens glaciers (1). Les eaux du Rhône en entraînent encore. M. Grisard
en a recueilli près de l'embouchure de la rivière d'Ain (2).

Mais ce qu'il faut surtout observer, c'est que ces *Nassa*,
qui forment pour ainsi dire un horizon distinct à Tersannes,
semblent, au contraire, se confondre au Vernay avec des fossiles de la mollasse de Saint Fons, mollasse qui affleure à
Lyon, au Jardin des Plantes, à la gare de Saint-Paul, au tunnel de Gorge-de-Loup. A Hauterives, les deux groupes de couches sableuses sont superposés l'un au-dessus de l'autre, les
faunes sont en partie distinctes, mais tout est plus confus à
mesure qu'on remonte vers le nord : les eaux sont devenues
moins profondes, les influences des rivages se font mieux
sentir et donnent à la faune des caractères locaux. Les espèces les plus robustes, celles qui peuvent le mieux s'adapter
aux conditions nouvelles, remontent plus avant que les autres
et se mélangent aux types les plus anciens qui ont persisté
le plus longtemps.

MOLLASSE A OSTREA FALSANI. — Il en est de même pour
la couche à *Ostrea Falsani*, si remarquable dans les vignes à
l'est du château de Hauterives. On la voit dans le Midi ; cette
espèce d'huître apparaît avec d'autres types du même genre;
mais près de Lyon ce banc disparaît ou du moins n'est représenté que par de rares individus C'est donc encore une formation supplémentaire développée dans le Midi et s'atténuant
de plus en plus en remontant vers le Nord.

Du reste, à ces exemples on pourrait bien en ajouter d'autres, et il serait facile de citer d'autres couches dépendantes

---

(1) Falsan, Considérations stratigraphiques sur la présence des fossiles miocènes et pliocènes au milieu des alluvions glaciaires et du terrain erratique des environs de Lyon. *Bull.
de la Société géologique*. 3ᵉ série, t. III. p. 727, 1875.

(2) *Annales de la Société d'agriculture*, etc., de Lyon. 3ᵉ série, t. V. p. 52, 1861.

du miocène supérieur de la partie méridionale du bassin du Rhône et venant s'intercaler en coin au milieu des formations qui s'avancent plus au nord. Mais pour entreprendre cette démonstration il faudrait sortir des limites que nous nous sommes tracées.

D'ailleurs, dans le chapitre suivant nous aurons à signaler des faits analogues à propos des limites que la mer pliocène ou messinienne n'a pu franchir en remontant la vallée du Rhône.

En résumé, les terrains miocènes ne sont représentés près de nous que par des brèches osseuses, dans le bas, et par des sables plus ou moins grossiers, dans le haut. La plupart des terrains étant régulièrement déposés les uns au-dessus des autres, les couches inférieures n'offrent, pour ainsi dire, aucun affleurement.

CARACTÈRES TRANSITOIRES MIO-PLIOCÈNES DES COUCHES INFÉRIEURES DES MARNES ET DES LIGNITES. — TABLEAU SYNOPTIQUE DES TERRAINS TERTIAIRES ET QUATERNAIRES DES ENVIRONS DE LYON. — Les sables à *Nassa Michaudi* et à *Ostrea Falsani* terminent près de Lyon la série des formations marines. Au-dessus de cet ensemble on ne voit plus que des dépôts telluriques et d'eau douce. Les premiers terrains de ce nouveau groupe sont constitués par des amas de lignites et de marnes, dont l'âge n'est pas fixé d'une manière définitive. Quelques géologues voudraient les rattacher au miocène supérieur, d'autres préféreraient en faire la base du pliocène inférieur. Quant à nous, notre opinion est de reconnaître un *caractère transitoire* à la *partie inférieure* de ces lignites et de ces marnes; mais comme ces couches ne sont pas assez puissantes près de Lyon pour en faire un étage intermédiaire qui porterait le nom de *mio-pliocène*, pour exprimer la double affinité de ces fossiles, nous préférons les décrire avec les terrains pliocènes auxquels ils se relient d'une manière insensible pour commencer la série de nos forma-- tions terrestres ou d'eau douce.

On pourra facilement se rendre compte de la disposition générale de ces terrains en jetant un coup d'œil sur le tableau synoptique que nous avons placé ci-contre et dans lequel nous avons condensé ce que nous savons sur les terrains tertiaires et quaternaires de la partie moyenne de notre bassin.

Mais nous n'avons pas simplement à nous occuper de la stratigraphie; pour continuer la méthode que nous avons sui- vie jusqu'à présent, nous devons chercher à faire connaître quel était le climat qui devait régner dans notre région pen- dant la formation de ces brèches et le dépôt de ces sables, et nous emprunterons à la paléontologie tous les éléments qu'elle pourra nous fournir pour résoudre ce problème.

FAUNE ET FLORE DU MIOCÈNE; CLIMAT. — Disons d'abord que près de la Grive-Saint-Alban vivaient des quadrumanes, de grands pachydermes, des proboscidiens gigantesques, de ter- ribles carnassiers, des ruminants agiles, des solipèdes, c'est-à- dire, des *Pithecus*, des *Rhinoceros*, des *Dinotherium*, des *Ma- charoidus*, des *Anchitherium*, des *Dicrocerus*, etc., qui avaient besoin pour se développer de la température des régions tro- picales.

Un peu plus tard, la chaleur semble s'être abaissée, tout en restant bien plus douce que celle dont nous jouissons. Ainsi sur les deux cents espèces environ du miocène supérieur qui viennent d'être décrites par M. Locard (1), cinquante-deux espèces seulement ont survécu, soit 25 0/0. Les autres ont sans doute disparu successivement par suite d'un abaisse-

(1) Faune de la mollasse du Lyonnais et du Dauphiné. *Archives du Muséum de Lyon*, 1878.

ment de température, car tout l'ensemble de la faune offre
un caractère propre aux mers des pays plus chauds que
le nôtre. Nous devons ajouter que les cinquante deux
espèces qui vivent encore actuellement, habitent toutes la
Méditerranée et ses dépendances, ou la mer Rouge, ou même
l'océan Atlantique, dans les eaux qui baignent les côtes ouest
de l'Europe et de l'Afrique, depuis les îles Canaries jusqu'à la
Norvège. En outre, il ne faut pas oublier que sous ces latitudes nord la mer est réchauffée par le grand courant de Gulf-
stream. Une espèce même, le *Corbula revoluta*, se trouve à
Taïti et aux Philippines. Tout se réunit, comme on vient de
le voir, pour indiquer que la mer miocène qui pénétrait
jusqu'à Lyon était douée d'une température assez élevée.
D'ailleurs ces résultats donnés par l'étude de la faune
concordent avec ceux que fournit la paléontologie végétale, et
cette fois nous prendrons encore pour guide M. le comte de
Saporta (1). Jusqu'à présent, du moins, on n'a pas trouvé près
de Lyon des débris de végétaux fossiles déterminables appartenant au miocène. Ce n'est donc que par comparaison avec
les pays voisins qu'on peut se faire une idée des caractères
de notre flore dans ses rapports avec la température de cette
période géologique.

« Au moment de l'occupation de la mer de la mollasse,
notre continent était découpé de telle façon qu'il redevint un
grand archipel, comme au temps la mer nummulitique.

« Cette mer de la mollasse et celle des faluns qui la représente dans l'Ouest de la France, exercèrent leur influence
de deux façons.

« D'abord le climat, devenant maritime et par conséquent
tempéré, conserva longtemps une égalité, une douceur, qui
permirent aux éléments tropicaux que comprenait encore

---

(1) Ouvrage cité, page 64 et 66.

la végétation européenne, de se maintenir à côté des végétaux à feuilles caduques, d'une introduction plus récente, qui tendaient à se développer aux dépens des premiers. M. Heer évalue à 20° en moyenne la température de la Suisse, vers la fin de la période mollassique, alors que la riche flore d'Œningen existait auprès de Schaffouse et que la mer tendait à abandonner le centre de l'Europe par suite d'un mouvement d'érection de la région des Alpes, dont le relief commençait à s'accentuer. Il y avait alors en Suisse et en Autriche des Camphriers, de Cannelliers et quelques Palmiers, les derniers de tous, associés à des Peupliers, à des Bouleaux, à des Ormeaux, à des Érables, dont l'analogie avec celles de ces essences qui peuplent la zone tempérée boréale est évidente. Ils est vrai pourtant que ce sont plutôt les formes américaines et asiatiques qui dominent que nos espèces actuelles proprement dites.

« Tandis que s'opéraient de grands changements dans la flore du miocène supérieur et que beaucoup d'espèces, depuis éliminées de notre sol ou rejetées plus loin vers le sud, se trouvaient encore fixées au centre de l'Europe, dans l'âge immédiatement postérieur au retrait de la mer de la mollasse, le climat ne cessa de devenir plus inégal et plus rude ; cet abaissement, qui ne s'arrêta pas, accéléra les extinctions et les éliminations partielles ou totales, dont le dernier résultat fut d'amener enfin la flore européenne à son état actuel et de lui enlever en partie jusqu'aux acquisitions qu'elle avait faites récemment. C'est ainsi, et par suite d'oscillations répétées, que l'ordre de choses dont nous avons le spectacle a fini par s'établir, tandis que les régions polaires perdaient le peu de chaleur qu'elles avaient retenu, et se trouvaient finalement réduites à ne plus comprendre que des tapis clair-semés de plantes naines ou d'arbustes rampants, perdus au milieu des glaces. »

Ce fut cet abaissement de température qui favorisa petit à petit l'extension des glaciers alpins jusque vers les collines lyonnaises; mais entre le dépôt des terrains miocènes et l'arrivée des anciens glaciers à Lyon, il s'est passé une période de temps considérable dont nous devons tenir compte; il s'est formé une masse énorme de terrains que nous allons décrire dans le chapitre suivant.

Nous aurons d'abord à dire quelques mots des formations mixtes qui servent de passages entre les terrains miocènes et les terrains pliocènes, mais qui sont peu développées près de nous; puis nous décrirons succinctement les terrains pliocènes qui ont acquis dans notre région une grande puissance en épaisseur et en surface.

CHAPITRE III

PLIOCÈNE INFÉRIEUR

Marnes marines pliocènes inférieures à *Nassa semistriata* des environs de Saint-Vallier. — Marnes à lignites et à fossiles l'eau douce et terrestres du Bas-Dauphiné, de Hauterives, des Dombes et de Soblay, etc. — Sables à *Mastodon Arvernensis ou dissimilis.* — Tuf à empreintes végétales de Meximieux. — Climat, faune et flore du pliocene inférieur.

MARNES PLIOCÈNES INFÉRIEURES A NASSA SEMISTRIATA. — Après avoir jeté un coup d'œil rapide sur les terrains tertiaires moyens, nous allons continuer notre étude des formations géologiques qui ont précédé l'arrivée des anciens glaciers, en passant en revue les terrains pliocènes. Nous nous trouverons en face de terrains de composition pétrologique variée, d'aspects divers, mais qui cependant se relient les uns avec les autres par les caractères de leur faune et de leur flore. Ce sont des formations terrestres ou d'eau douce. La mer s'est retirée de la surface de notre bassin qu'occuperont bientôt les glaces qui vont descendre des Alpes et des montagnes du Lyonnais et du Beaujolais. Elle a été repoussée au sud de Lyon, soit par des ensablements, soit par un mouvement progressif de soulèvement du sol, et pour rencontrer ses dépôts, il faut descendre la vallée du Rhône jusque vers Saint-Vallier. Ce sont des marnes grises renfermant des coquilles marines et caractérisées par le *Nassa semistriata* qui apparaissent d'abord. Ces marnes, développées dans le midi de notre bassin, occupent un espace restreint au pied et à l'est du massif montagneux de l'Ardèche qui fait face à Saint-Vallier et qui domine Tournon. On les exploite aussi à Ponsas, à Creure, mais, dans la vallée de la Galaure, elles ne paraissent pas s'étaler, à l'est, bien au delà de Fay d'Albon. Nous n'avons pu les retrouver à Hauterives, malgré l'assertion de M. Fontannes. Au nord ce géologue les a retrouvées à Horpieux, près de Saint-Rambert d'Albon. Cet affleurement serait le plus septentrional du bassin du Rhône.

Les caractères paléontologiques de ces marnes ne paraissent pas bien tranchés. M. Mayer regarde cette faune comme messinienne, c'est-à-dire pliocène inférieure, et M. Tournouër serait tenté de leur reconnaître des affinités transitoires entre les terrains miocènes et les terrains pliocènes. M. Fontannes avec hésitation se range cependant du côté de M. Mayer (1) et place ce dépôt dans le messinien. En écrivant cette monographie du terrain erratique des environs de Lyon, nous ne pouvons prendre part à ces débats, et nous nous contenterons de citer ce terrain comme le dépôt que la mer pliocène a abandonné sur le point le plus raproché des anciennes moraines décrites par nous (2).

MARNES A LIGNITES ET A FOSSILES D'EAU DOUCE ET TERRESTRES DU BAS DAUPHINÉ, DES DOMBES ET DE SOBLAY. — En même temps que ces marnes étaient abandonnées par la mer, qui occupait le golfe de Saint-Vallier et de Tournon, d'autres marnes se déposaient dans des lagunes limitées parfois peut-être par les cordons littoraux de ces anciens rivages ou dans des marais remplis par des eaux douces.

Dans certaines localités, les arbres de grandes forêts dont

---

(1) Études sur la faune malacologique de Tersanne et de Hauterives *Revue des sciences naturelles de Montpellier*, p. 23, 1878.

(2) Falsan, *Bulletin de la Société géol. de France*, 1878-1879.

la végétation était favorisée par l'humidité du sol et la douceur du climat, tombaient sur place et finissaient par constituer des amas puissants qui devaient se transformer en lignites. Mais souvent ces plaines basses, marécageuses, étaient
inondées par les rivières qui descendaient des Alpes et de
leurs contreforts ou des dépendances du plateau central, et
ces eaux tumultueuses entraînaient, avec une grande quantité
de limon, des masses d'arbres arrachés aux forêts que traversaient leurs cours. Ces arbres allaient s'entasser sur quelques points, puis finissaient par être ensevelis sous d'autres
couches de sédiments terreux. De nouvelles inondations charriaient d'autres arbres, les abandonnaient tantôt sur les anciens dépôts, tantôt sur des bas-fonds nouvellement creusés,
où ils allaient disparaître à leur tour sous des sédiments marneux plus récents. Ces arbres et les débris végétaux qui les ac-
compagnaient se transformèrent lentement en lignites, et
sans doute les substances bitumineuses qui s'échappèrent
de ces amas de substances organiques décomposées contri-
buèrent à donner à ces marnes une couleur grisâtre; mais
cette action chimique ne suffirait pas pour expliquer une
coloration si uniforme, affectant un terrain occupant de vastes surfaces. Les causes de ce phénomène doivent être multiples, et on pourrait peut-être en trouver une autre dans la
teinte grisâtre des sédiments que devaient déjà déposer alors
les rivières ou les fleuves qui descendaient des Alpes et qui
devaient être identiques à ceux que le Rhône charrie dans
le lac de Genève à sa sortie du Valais ou qu'entraînent aujourd'hui l'Arve et l'Isère.

Telle est, il nous semble, l'origine de ces amas de lignites
qui souvent offrent plusieurs couches superposées les unes
au-dessus des autres et qui apparaissent au milieu de marnes
grises sur tant de points dans le Bas-Dauphiné, dans les
Dombes et la Bresse, à Hauterives, à la Tour-du-Pin, à Do-

lomieu, Priay, à Mollon, à Douvres, à Soblay, Coligny, etc.

Dans ces marécages vivait une faune, caractérisée par de grandes Clausilies, de grandes Hélices, de beaux Planorbes, des Mélanopsides et surtout des Paludines très nombreuses qui donnent à ces marnes un caractère spécial. D'abord M. le capitaine Michaud a attiré l'attention du monde savant sur ce terrain en décrivant la faune d'eau douce de Hauterives qu'il venait de reconnaître (1); puis M. Locard (2) a complété ce premier aperçu paléontologique en donnant la description de toutes les espèces de ce niveau dont s'étaient déjà occupés MM. Benoît, Lory, Tardy, Tournouër, Fontannes et l'un de nous Déjà plus de soixante-dix espèces ont été décrites et le nombre s'en accroît constamment à mesure que les recherches se multiplient.

Un fait intéressant à signaler, c'est que par ses Unios, ses Mélanopsides et principalement par ses grosses Paludines, cette marne semble se rattacher, d'après M. Tournouër (3), aux couches à Paludines de l'Europe orientale, de l'Autriche et de la Hongrie et même à celles de l'île de Cos, dans l'archipel grec. Cette faune établirait ainsi un précieux niveau de repère dans l'ensemble des formations tertiaires.

Nous avons dit que les marnes marines à *Nassa semistriata* des environs de Saint-Vallier semblaient offrir certains caractères transitoires entre le miocène et le pliocène. Il est donc naturel de retrouver les mêmes affinités, lorsqu'on étudie la faune des marnes d'eau douce qui se sont déposées en même temps que ces marnes marines, c'est-à-dire qui constituent la base des terrains pliocènes du bassin moyen du Rhône.

---

(1) Description des coquilles fossiles des environs de Hauterives. *Ann. Soc. linn. de Lyon.* 1854.

(2) Description de la faune de la mollasse marine et d'eau douce du Lyonnais et du Dauphiné. *Archives du Muséum de Lyon*, t. II. 1878.

(3) Études sur les fossiles tertiaires de l'île de Cos, etc. *Annales de l'École normale supérieure*, 2ᵉ série. t. V. 1875.

Ainsi les débris de *Sus* et d'*Hystrix* que nous avons communiqués à M. A. Gaudry et qui provenaient des couches de lignites exploitées à Hauterives, à la base de la formation marneuse ont présenté à ce paléontologiste si expérimenté des rapports avec la faune miocène supérieure de Pikermi et du mont Léberon, comme avec la faune pliocène inférieure de Montpellier et de l'Italie (1).

Ces caractères transitoires ou *mio-pliocènes* apparaissent encore d'une manière plus évidente, lorsqu'on étudie les débris des mammifères enfouis dans les lignites de Soblay (Ain), *Mastodon longirostris*, *Mast. insignis*, *Rhinoceros ? Dicrocerus*, *Hipparion gracile*, *Sus Erymanthius*, *Castor*, *Calycomis*, *Icthytherium*. A ces mammifères sont joints plusieurs mollusques, des Hélices, de grands Planorbes brisés et indéterminables, des *Melanopsis minuta*, des *Neritina concava*, des *Valvata* (1)...?

D'après le savant professeur du Muséum, le *Mastodon longirostris* de M. Jourdan pourrait bien être le *Mastodon Pentelici* de Pikermi. Le *Mastodon insignis* (Jourdan) (*M. Turicensis*)? est une espèce du miocène moyen qui passe jusque dans le pliocène. L'*Hipparion gracile* est un des types du Léberon. On peut donc placer Soblay entre le miocène et le pliocène ou plutôt à la base du pliocène inférieur, en reconnaissant à sa faune des caractères transitoires *mio-pliocènes.* Il est vrai, comme nous l'avons déjà dit dans un autre ouvrage (3), que cet amas de lignite reposant sur le terrain jurassique et n'étant recouvert par aucun autre terrain, on ne pouvait tirer aucune conclusion de sa position stratigraphique ; mais cette détermination d'âge n'en est pas moins importante, car par

---

(1) Falsan, Étude sur la position stratigraphique des tufs de Meximieux, Perouges, etc. p. 24. *A ch. du Muséum de Lyon*, 1875.

(2) Falsan, Études sur la position stratigraphique des tufs de Meximieux, Pérouges, etc. p. 23. *Archives du Muséum de Lyon*, 1875.

(3) *Ouv. cit.* p. 24.

ses fossiles, ce gisement se relie aux autres lignites qui l'entourent, et sert ainsi, par la richesse de ses caractères paléontologiques, à en faire mieux préciser le niveau.

Nous rattachons donc à ces marnes, contemporaines des marnes inférieures de Hauterives et des marnes à *Nassa semistriata* des environs de Saint-Vallier, les marnes grises qui apparaissent à mi-coteau de la colline de la Croix-Rousse, et dans lesquelles M. le Dr Jourdan a recueilli des dents ou des ossements d'*Hipparion...? Hipparion gracile, Tragocerus Amaltheus, Rhinoceros....? Mastodon....? Mastodon longirostris, Dinotherium Cuvieri.*

Les débris d'Hipparion étaient bien plus nombreux que ceux des autres genres. Le *Dinotherium* n'était représenté que par un seul fragment. Le *Dinotherium* est une espèce miocène; les *Hipparions* remontent jusque dans le pliocène. Les débris d'Hipparion étaient à ceux de *Dinotherium* comme 12 : 1. Dans cette marne blanche on a trouvé en même temps les mollusques suivants : *Helix Godarti, H. Neyliesi, Planorbis Thiollieri, Bithynia tentaculata, Limnœa Bouilleti, Unis....?* qui sont aussi représentés dans la faune des marnes de Hauterives.

D'autres marnes à lignites apparaissent encore au Bas-Neyron et dans le lit même de la rivière d'Ain, à Mollon, etc. Elles se relient toutes entre elles jusqu'à présent, sinon par des débris de grands mammifères, du moins par leurs grands Planorbes, leurs Hélices, etc , et par leur niveau relatif.

Au-dessus de ce premier étage ou plutôt de cette première assise apparaissent encore des marnes avec des amas de lignite intercalés. Ce sont les marnes proprement dites de Hauterives, les marnes décrites par M. Michaud, les marnes à *Clausilia Terveri* (Mich.), à *Zonites Colonjoni* (Mich.), *Helix Chaixi* (Mich.), *H. Neyliesi* (Mich.), et à *Paludina ventricosa* (Sand.), *Pal. Tardyana* (Tourn.), *Pal. Bressana* (Ogeri), qui

qui affleurent dans une foule de localités du Bas-Dauphiné,
à Heyrieux, à la Tour-du-Pin, à Oytier, au Grand-Lemps, à
Chaponay, à la Batie-Montgascon, ainsi que sous le plateau de
Sainte-Foy au sud-ouest de Lyon et tout autour du triangle
bressan, à la Croix-Rousse, à Miribel, à Meximieux, le long
de la côtière de la rivière d'Ain, etc. On les retrouve jusque
dans la Bresse bourguignonne, en passant par Domsure et
Coligny. Ce terrain n'est pas sans affinités avec les couches
à Paludines des géologues autrichiens.

N'oublions pas de dire en passant qu'après nous être livrés
avec M. le docteur Magnin à une sérieuse enquête (1) nous
sommes arrivés à savoir d'une manière positive que le
Mastodonte qui a été découvert entier au milieu des couches
à lignites et à Paludines de Domsure avait été déterminé par
M. le docteur Jourdan, comme appartenant à l'espèce de son
Mastodon dissimilis, *M. Arvernensis* (Jaubert et Croizet). La
présence, au milieu de ces couches, de ce Mastodonte *entier*,
d'ailleurs si commun dans les sables de Trévoux, semble
bien nous autoriser à réunir dans le même groupe ces marnes
lignitifères et ces sables ferrugineux. Seulement, nous devons ajouter que chaque fois qu'on aperçoit les marnes et
les sables, les marnes occupent toujours la partie inférieure.

SABLES A MASTODON ARVERNENSIS OU DISSIMILIS —Après une
assez longue série de temps, la formation de ces terrains
marneux dans de vastes marécages qui occupaient tout le
fond la vallée du Rhône, fut interrompue ; il survint une
modification profonde dans la nature des sédiments. Les
eaux, au lieu de ne transporter que des matières limoneuses, généralement grisâtres, charrièrent une masse énorme
de sables colorés par des ocres et les déposèrent d'une ma-

(1) Falsan, Esquisses géologiques lyonnaises. — *Lyon scientifique et industriel.* n° 2. p. 50,
mai 1879.

nière plus ou moins régulière au-dessus des marnes inférieures. Le fait est évident; ces sables d'eau douce apparaissent à Hauterives et dans tout le Bas-Dauphiné, à leur niveau
propre, aussi bien que tout autour de Lyon, au pied du
Mont-d'Or, à Loyasse, à Saint-Didier, à Saint-Germain, ainsi
que dans les Dombes, à Trévoux, à la Croix-Rousse, à Miribel, à Mollon, à Domsure, à Coligny, etc. Mais où trouver
l'origine de cette énorme quantité de fragments siliceux de
grosseur assez régulière et ne dépassant pas le volume d'un
grain de sable? Deux explications se présentent à notre esprit, et probablement il faut recourir au moins à chacune
d'elles pour arriver à la solution de ce problème, car ordinairement la nature fait concourir plusieurs moyens pour
atteindre son but. Nous supposons donc qu'une partie de ces
sables a été empruntée aux roches siliceuses qui forment
de si vastes massifs à l'ouest des vallées de la Saône et du
Rhône. Sans doute, à cette époque, les bassins des grandes rivières actuelles n'étaient pas constitués comme ils le sont de
nos jours, et il n'y a rien d'absurde à admettre que, par des
échancrures qui se sont depuis obstruées par des soulèvements de montagnes, les bassins du Rhône et de la Saône
recevaient du plateau central une bien plus grande quantité
d'eau qu'aujourd'hui, et que ces rivières, après avoir déposé
pendant leur premier parcours, les gros galets, n'entraînaient au loin que des sables.

Mais, pendant que le sol se modifiait ainsi à l'ouest, son
immobilité ne devait pas être plus complète à l'est. La chaîne
des Alpes et les chaînes secondaires prenaient progressivement leur imposant relief et entraînaient dans leur mouvement d'exhaussement les couches sableuses déposées à leur
pied ou dans leurs vallées par la mer miocène. Ces sables,
ainsi soulevés, furent attaqués par les fleuves et les rivières
qui descendaient des hautes sommités et furent répandus au-

dessus des marnes pour se confondre avec ceux qui étaient entraînés du plateau central. Pourquoi repousserait-on cette explication d'un remaniement de la mollasse, puisque ce phénomène paraît s'être produit pendant le dépôt et le transport des alluvions anciennes et quaternaires, jusqu'au moment de l'arrivée même des glaciers alpins sur le plateau bressan ? En effet, on trouve des fossiles du miocène supérieur remaniés dans ces masses de graviers et même dans les parties les plus anciennes des moraines (1). Mais le fait que nous venons de citer à l'appui de notre thèse fait naître une difficulté. Ces fossiles miocènes, *Nassa Michaudi, Dendrophyllia Colonjoni*, qui reparaissent remaniés dans les terrains pliocènes supérieurs et quaternaires anciens, pourquoi ne les retrouve-t-on pas dans les sables du pliocène inférieur, dans lesquels n'apparaissent que des débris organiques terrestres ou d'eau douce? Cette cause nous échappe, il est vrai, mais en histoire naturelle on ne peut avoir la prétention de tout expliquer. Peut-être ces coquilles enfermées dans des sables perméables et exposées longtemps à l'air, ont-elles été dissoutes par des infiltrations d'eaux pluviales acidulées, tandis que celles des alluvions anciennes, transportées plus rapidement, ont été protégées ensuite par la boue glaciaire contre l'action des agents atmosphériques ; en effet, c'est au contact des moraines que les fossiles se sont le mieux conservées ; plus bas on ne retrouve que les parties les plus résistantes, des fragments de Bananes, des opercules épais, des débris de test, et enfin, à un niveau inférieur, ces fossiles calcaires disparaissent. Les fossiles contemporains du dépôt des sables pliocènes ont seuls résisté sans doute parce qu'ils sont moins anciens, qu'ils ont subi moins de chances

---

(1) Falsan, Considerations stratigraphiques sur la présence de fossiles miocènes et pliocènes au milieu des alluvions glaciaires etc. *Bulletin de la Société géologique*, 3ᵉ série. t. III, p. 727. 1876.

de décomposition et sont restés pour ainsi dire en place. Quoi qu'il en soit des obscurités qui enveloppent ces faits, nous croyons devoir regarder une partie des sables pliocènes inférieurs comme des sables plus anciens remaniés ; en comparant la mollasse de Trévoux à celle de Saint-Fons, on ne peut s'empêcher d'admettre ce fait. Probablement les fleuves, les rivières, qui charrièrent ces terrains de transport à éléments peu volumineux, réguliers, étaient doués d'une vitesse moindre que celle des eaux qui roulèrent plus tard les alluvions anciennes et qui durent avoir périodiquement une impétuosité torrentielle, après chaque fonte de neige. A mesure que leur lit s'ensablait, les cours d'eau pliocènes s'en créaient d'autres et c'est ainsi qu'ils répandirent une vaste couche de sable fin sur le fond des vallées du Rhône et de la Saône en laissant entre leurs bras des bassins peu profonds, des flaques d'eaux, dans lesquels continuèrent à se développer les espèces de mollusques qui purent s'adapter à ce nouveau régime et des espèces nouvelles, telles que les *Paludina Falsani*. C'est dans ces bassins, au milieu de ces Paludines, de ces coquilles d'eaux douces qu'on retrouve des coquilles terrestres qui ont vécu sur les prairies ou dans les forêts des rivages et qui ont été entraînées soit par les eaux pluviales soit par des cours d'eau plus ou moins considérables. Ce sont encore les mêmes espèces qui apparaissent dans les marnes grises de Hauterives, du Bas-Dauphiné ou des Dombes, les mêmes grandes Hélices, et cette magnifique Clausilie dédiée par M. Michaud à M. Terver.

TUF A EMPREINTES VÉGÉTALES DE MEXIMIEUX. — A elle seule, cette magnifique espèce suffirait pour faire connaître la douceur du climat dont notre contrée jouissait à cette époque, mais on arrive encore plus sûrement à déterminer cette moyenne de température, lorsqu'on pense que sur les rives de ces eaux, dans ces vastes prairies ou à l'ombre de profondes forêts erraient des troupeaux d'Éléphants, de Mastodontes, *(Mast. dissimilis)*, de Rhinocéros aux larges narines, de Tapirs, de Sangliers. Pour nourrir ces grands mammifères la flore devait présenter une richesse analogue à celle des contrées tropicales. L'exhumation des empreintes de feuilles des tufs de Meximieux, faite par nous grâce à l'obligeance de M. Berthet, et leur description par M. le comte de Saporta nous ont révélé les merveilles de cette ancienne végétation.

Ces travertins déposés sans doute le long de son cours par une ancienne rivière qui empruntait aux montagnes du Bugey et du Jura le carbonate de chaux dont ses eaux étaient chargées, forment des amas assez considérables à Meximieux, à Pérouges, à Montluel. Sans doute ces tufs se reliaient autrefois à la chaîne jurassique qui leur avait servi de point d'origine, mais plus tard ils en ont été séparés par de puissantes érosions qui ont creusé l'immense vallée où coulent aujourd'hui la rivière d'Ain et le Rhône.

Malgré la différence de sa composition et de son facies, ce terrain se synchronise complètement, par les caractères de sa faune, avec les sables et les marnes dont nous venons de parler. Jusqu'à présent on n'a pas découvert dans ces travertins des ossements de mammifères, mais on a recueilli dans ces tufs la grande Clausilie de Terver, si caractéristique, et les grosses Hélices de Hauterives et de Trévoux, ainsi que plusieurs autres fossiles communs dans les marnes de Hauterives.

D'ailleurs si les géologues, après l'examen de la faune des sables et des marnes, sont arrivés à classer ces terrains dans le pliocène inférieur, M. le comte de Saporta, par l'étude de la flore des tufs, a été entraîné à formuler des conclusions analogues et à regarder ces débris de végétaux comme les restes de la végétation de la période pliocène la plus ancienne. Par deux voies différentes on obtenait des résultats identiques.

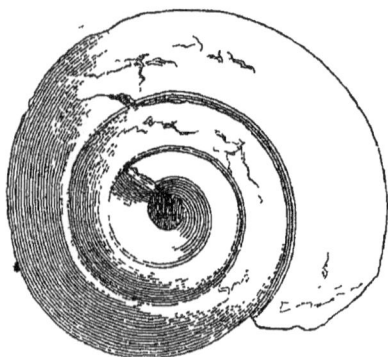

Fig. 1. Grandeur naturelle.

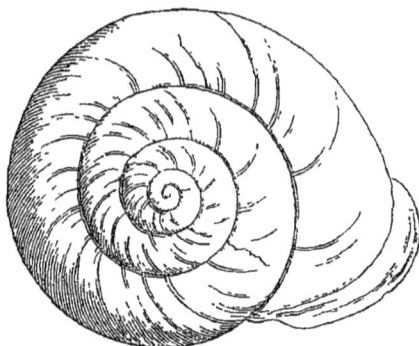

Fig. 3. Grandeur naturelle.

Fig. 4. Grandeur 1/3.

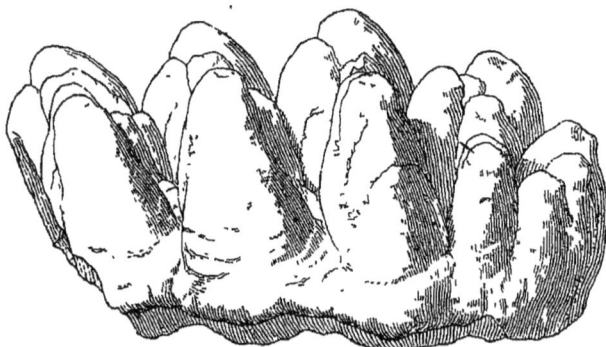

Fig. 2. Grand. nat.

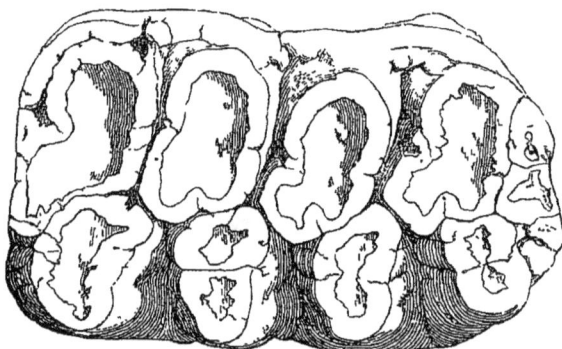

Fig. 5. Grandeur 1/3.

FAUNES DES TUFS, DES MARNES BLANCHES ET DES SABLES PLIOCÈNES INFÉRIEURS.

1. *Zonites Colonjoni* de Meximieux. (Moule intérieur). — 2. *Clausilia Terveri* de Meximieux. (Moule intérieur) — 3. *Zonites Colonjoni* de Hauterives — 4. *Mastodon dissimilis.* Sixième molaire supérieure droite, de Trévoux. — 5. *Mastodon dissimilis.* Cinquième molaire inférieure droite, de Montmerle.

L'étude de la flore fossile de Meximieux a offert un grand intérêt au savant paléo-phytologue d'Aix en lui permettant de combler une lacune importante dans les séries de plantes des époques tertiaires. Il l'a décrite avec son talent habituel dans les *Archives du Muséum de Lyon*, et, dans son dernier ouvrage, le *Monde des plantes avant l'apparition de l'homme*, il lui a consacré encore plusieurs pages.

CLIMAT, FAUNE ET FLORE DU PLIOCÈNE INFÉRIEUR. — C'est surtout au point de vue de la climatologie ancienne de la vallée du Rhône que nous devons nous occuper de cette flore, la dernière qui ait végété près de nous, sinon avant l'arrivée des glaciers, du moins avant l'envahissement de nos plaines par leurs tumultueuses eaux de fonte qui roulaient avec elles les débris arrachés à leurs moraines. Les caractères de cette flore sont d'autant plus étranges qu'ils font naitre dans l'esprit l'idée d'une température très douce, pour l'époque qui a pour ainsi dire précédé l'envahissement progressif de notre bassin par les glaciers des Alpes.

« La forêt de Meximieux, dit M. le comte de Saporta (1), ressemblait à celles qui font l'admiration des voyageurs, dans l'archipel des Canaries. Ce sont, en partie au moins, les mêmes essences qui reparaissent, en tenant compte de la richesse plus grande dont la localité pliocène garde le privilège. Pour émettre à son égard une juste appréciation, il faut joindre aux Canaries l'Amérique du Nord, à l'Europe moderne l'Asie caucasienne et orientale, et recomposer, au moyen des éléments empruntés à ces divers pays, un ensemble qui donnera la mesure exacte de la végétation qui couvrait alors le sol aux environs de Lyon. »

« C'est être modéré (2) que d'évaluer à une moyenne de

---

(1) *Le Monde des plantes*, etc., p. 332.
(2) *Recherches sur les végétaux fossiles* de Meximieux. p. 180.

17 à 18° cent., avec une moyenne hibernale de 12° (sans admettre que la moyenne du mois le plus froid ait pu être inférieure à 10° cent.), la température nécessaire pour permettre aux *Persea*, aux *Oreodaphne*, aux *Apollonias* de Meximieux d'évoluer leurs fleurs et de développer leurs fruits pendant la saison froide. Si les hivers étaient certainement doux, la chaleur de l'été devait être supérieure à 20° cent. pour amener la floraison des *Nerium*, faire pousser les Bambous et mûrir les fruits du Grenadier.

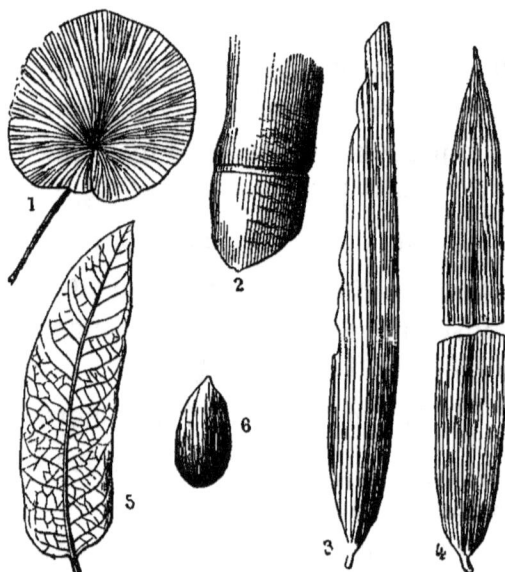

ESPÈCES CARACTÉRISTIQUES DES TUFS PLIOCÈNES DE MEXIMIEUX (1)

1. *Adiantum reniforme*, L. — 2, 4. *Bambusa lugdunensis*, Sap. : 2, fragment de tige adulte; 3, 4, feuilles. — 5, 6. *Quercus præcursor*. Sap : 5, feuilles; 6, gland dépouillé de son enveloppe.

D'un autre côté, l'humidité ne pouvait être absente d'aucune saison; non seulement les Laurinées la demandent ainsi que les Tilleuls, les *Magnolia* et les *Torreya*, mais la diffusion du Hêtre, à cette même époque le prouve surabon-

(1) Ces figures ont été empruntées à l'ouvrage de M. le comte de Saporta : *Le Monde des plantes avant l'apparition de l'homme*, G. Masson, éditeur, Paris, 1879.

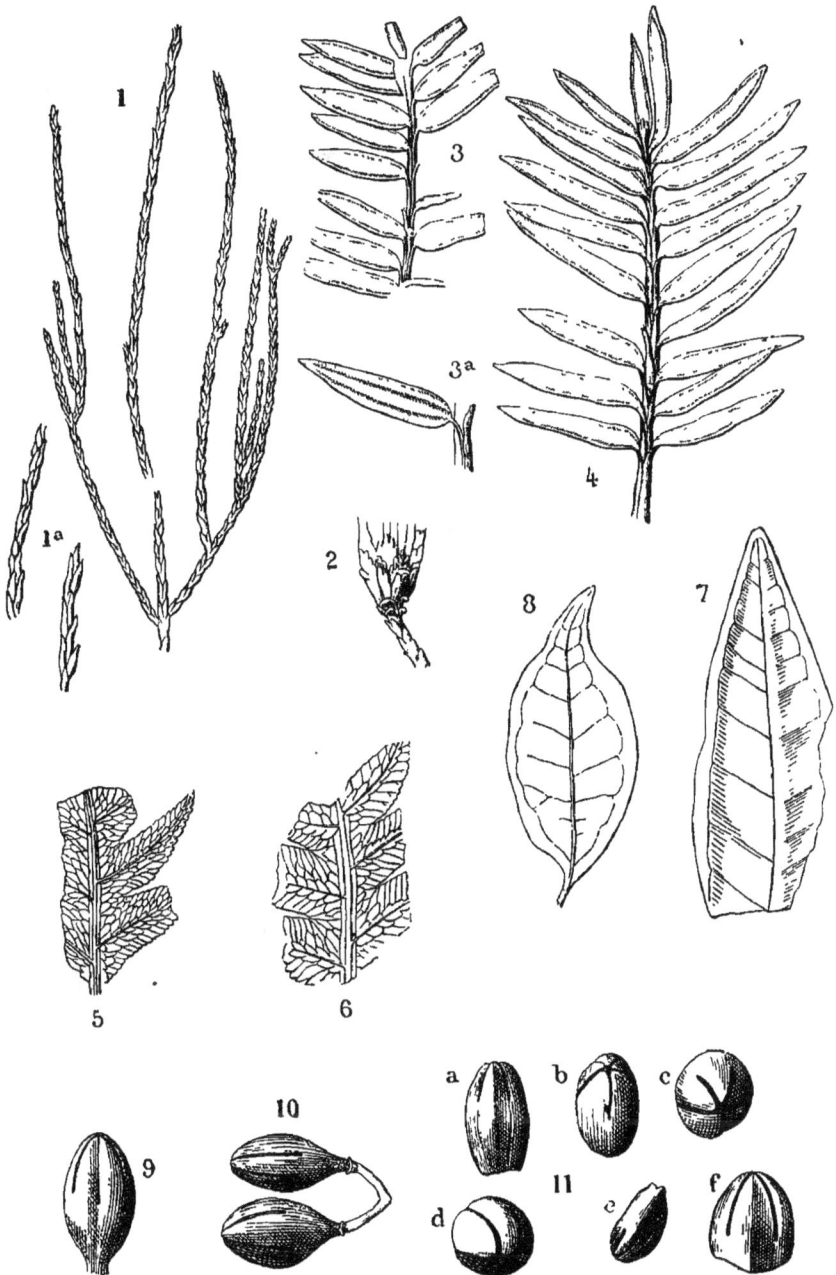

ESPÈCES CARACTÉRISTIQUES DES TUFS PLIOCÈNES DE MEXIMIEUX

1, 2. *Glyptostrobus europæus*, Hr. : 1 rameau ; 1 a, fragment du même grossi ; 2, strobile.
— 3. *Torreya nucifera*, var. *brevifolia*, Sap. et Mar. : 3 a, feuille grossie. — *Torreya nuci-fera* actuel, rameau figuré comme terme de comparaison. — 5, 6. *Woodwardia radicans*, L.,
deux fragments de fronde. — 7, 11. *Punica Planchoni*, Sap. : 7 et 8, deux feuilles ; 9 et 10,
boutons à fleurs avant leur épanouissement ; 11, *a, b, c, d, e, f,* plusieurs autres boutons de
a même espèce, vus dans diverses positions.

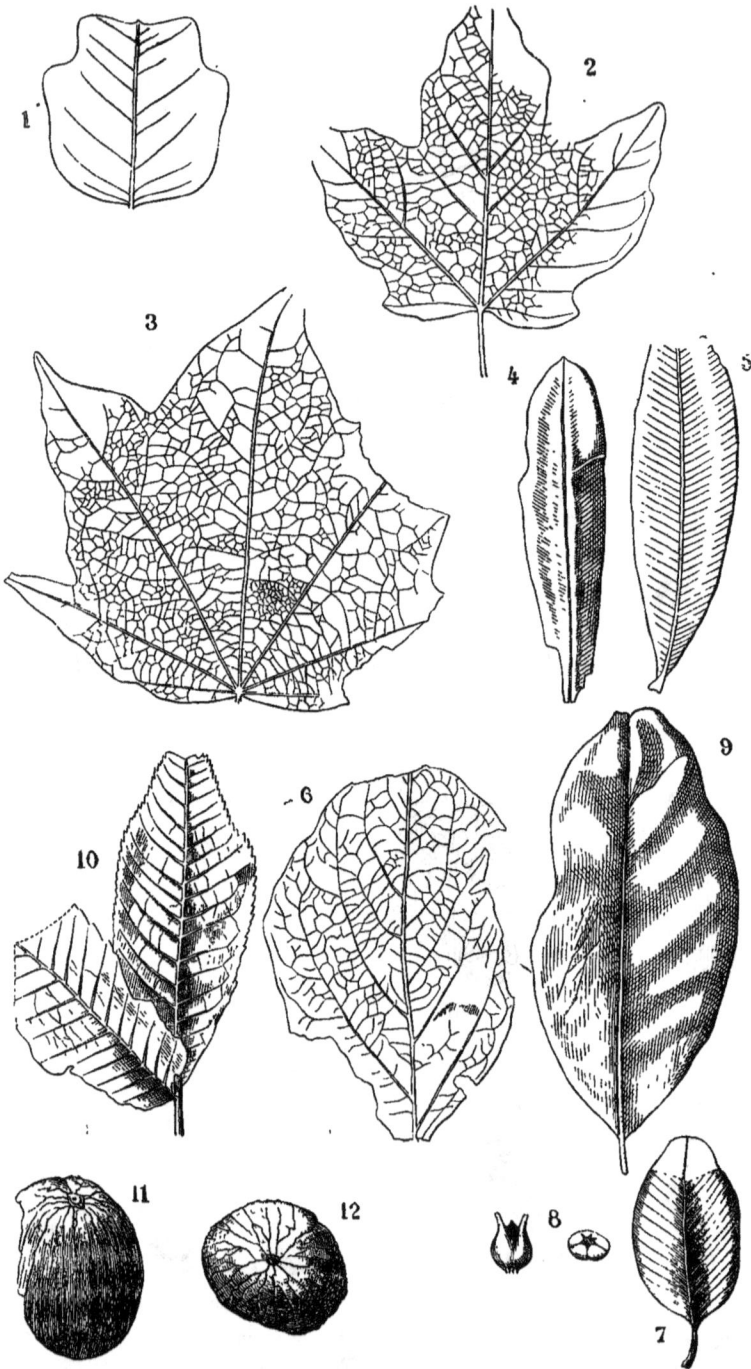

ESPÈCES CARACTÉRISTIQUES DES TUFS PLIOCÈNES DE MEXIMIEUX

1. *Liriodendron Procaccinii*, Ung. — 2. *Acer opulifolium pliocenicum*. — 3. *Acer lætum* (C.-A. Meg.) *pliocenicum*. — 4, 5. *Nerium oleander*, L., *pliocenicum*, deux feuilles, l'une vue par la face supérieure, 4, l'autre par la face opposée. — 5. *Viburnum rugosum* (Pers) *pliocenicum*, feuille vue par la face supérieure. — 7, 8. *Buxus pliocenica*, Sap. et Mar. : 7, feuille. 8, fruit vu par côté en *a* et par-dessous en *b*. — 9. *Ilex Falsani*, Sap., feuille vue par-dessus. — 10, 12. *Juglans minor*, Sap. et Mar. : 10, sommité d'une feuille ailée ; 11, noix vue par côté ; 12, même organe vu par-dessous.

damment. En effet le Hêtre ne saurait se passer longtemps
temps de fraîcheur; lorsque l'altitude et l'exposition combi-

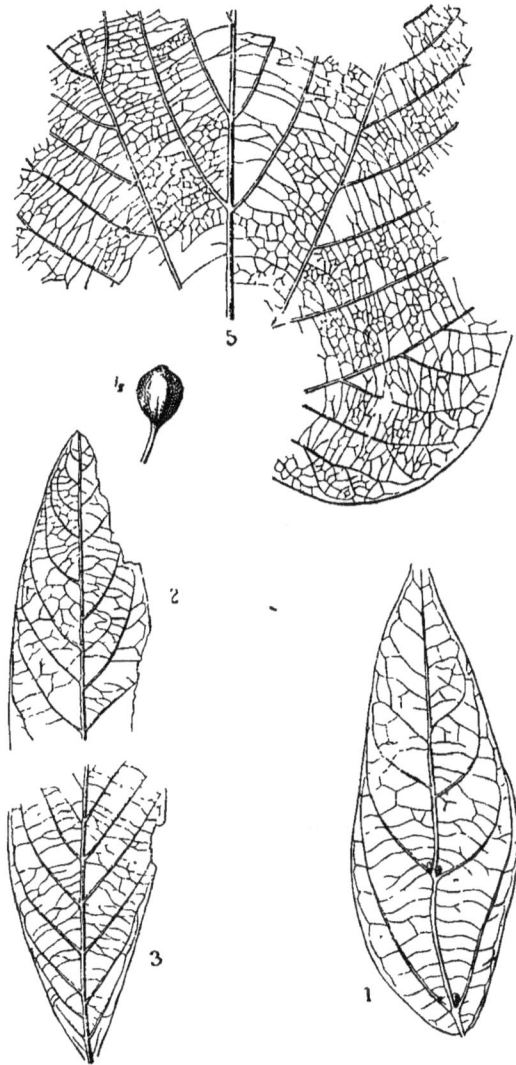

ESPÈCES CARACTÉRISTIQUES DES TUFS PLIOCÈNES DE MEXIMIEUX

1. *Oreodaphne Heerii*, Gaud. — 2, 3. *Laurus Canariensis*, Webb, base et terminaison
supérieure d'une feuille. — 4, 5. *Tilia expansa*, Sap. et Mar. : 4, fruit grandeur naturelle,
5, fragment d'une feuille.

nées ne corrigent pas pour lui les inconvénients d'un climat
trop sec et trop chaud. A l'époque pliocène inférieure le Hêtre

se montre partout en Italie, aussi bien qu'en France, à Hauterives, à Trévoux, à Meximieux et dans le Cantal. »

« Il n'est pas besoin de prouver (une simple énonciation suffit) qu'à partir des premiers temps pliocènes la température s'est graduellement abaissée ou plutôt qu'elle a continué à suivre le mouvement de dépression antérieurement commencé et qui avait été la cause de l'élimination des Palmiers et des Cannelliers dans l'Europe centrale. De nos jours, la moyenne annuelle n'est plus que de 11°,8 cent. auprès de Meximieux, et il faut descendre jusqu'à Palerme pour en trouver une (17°,1) qui soit l'équivalente de celle que l'étude des plantes fossiles nous a conduit à attribuer au Lyonnais pliocène. Mais l'abaissement de température est loin de tout expliquer et, comme en se plaçant à la latitude de Palerme, on ne trouve à l'état spontané qu'une partie des espèces qui croissaient à Lyon et que pour d'autres il est nécessaire d'aller jusqu'à Madère et aux Canaries, du 30 au 35° de latitude, on est forcément conduit à admettre d'autres changements qu'un abaissement graduel et régulier de chaleur. Un de ces changements ne peut être qu'une diminution dans l'humidité. »

Nous voilà donc exactement renseignés sur le climat de la partie méridionale des Dombes au commencement du pliocène, et en comparant cette moyenne de température avec celle de nos jours, nous voyons qu'il y a entre elles une différence considérable de plusieurs degrés, de 6 à 8° au moins. Par des considérations générales sur la flore fossile européenne, M. le comte de Saporta est arrivé à reconnaître que cet abaissement de chaleur moyenne s'est opéré petit à petit, ce qui est parfaitement exact pour l'ensemble des faits ; mais sur une foule de points des perturbations profondes sont venues troubler la régularité de cette progression, et nous avons à en tenir compte d'une manière toute spéciale. Pendant les dernières périodes de l'époque pliocène, les glaciers des Alpes, par suite de conditions climatologiques spéciales à ces régions élevées, se sont lentement avancés dans les vallées de la Suisse et ont fini par les combler pour en franchir les limites et s'épancher dans les plaines des vallées du Rhône et de la Saône. Au milieu des temps quaternaires la luxuriante végétation des forêts de Meximieux avait depuis longtemps disparu, le sol jadis si fertile de cette heureuse région avait été enseveli sous d'épaisses couches de graviers et de sables, et sur ces masses de débris alpins roulés par les eaux des fleuves sous-glaciaires s'étendait une masse compacte, immense, de glace qui transportait jusque dans les moraines des bords de la Saône les débris des rochers que le froid avait détachés des hautes sommités des Alpes. En face de cet envahissement des glaces qui répandait partout le silence et la mort, la vie s'était progressivement retirée, mais elle défendait pied à pied son domaine et se développait par tout où elle trouvait un espace libre et des conditions plus favorables, prête à reconquérir le terrain qu'elle avait perdu. Des conditions climatériques d'une rigueur extrême ne sont donc plus attribuées à la période glaciaire, et si la végétation, près de Meximieux et de Lyon, a été anéantie ou profondément modifiée, on aurait pu voir à certaines distances des anciennes moraines, dans le Midi de la France et près de Paris, des Vignes, des Lauriers, des Figuiers, des Pins, des Tilleuls, des Érables, toute une flore bien différente de celles des contrées boréales. Les plantes arctiques n'existaient alors que dans le voisinage des glaciers eux-mêmes.

CHAPITRE IV

PLIOCÈNE MOYEN. — PLIOCÈNE SUPÉRIEUR

Partie inférieure des alluvions anciennes ou glaciaires. — Faune du pliocène moyen et du pliocène supérieur, mont Verdun, Narcel, Poleymieux, Villevert, la Fréta, Port-Maçon, Savigny, etc. — Flore — Climat.

PARTIE INFÉRIEURE DES ALLUVIONS ANCIENNES OU GLACIAI-RES. — En général, dans le bassin moyen du Rhône, les terrains pliocènes inférieurs affleurent au pied ou sur les flancs des coteaux qui s'élèvent à droite et à gauche de chaque grande vallée, et ils sont recouverts par une couche épaisse de formations géologiques diverses, plus modernes. Ils présentent cette disposition à Trévoux, à la Croix Rousse, le long de la côtière de la rivière d'Ain, à Hauterives, etc. Si parfois, comme à Saint-Germain au Mont-d'Or, à Meximieux, à la Tour-du-Pin, etc., ils apparaissent près de la surface du sol, c'est que les terrains qui les recouvraient ont été emportés et les ont laissés à découvert. On peut s'en convaincre en regardant les collines voisines où les terrains sont restés en place dans leur situation primitive. Au-dessus des marnes grises, des sables ferrugineux et même des tufs, on voit donc presque toujours une masse considérable de galets roulés, de graviers à éléments parfaitement arrondis et de sables fins; puis un autre terrain d'aspect tout différent, mais offrant la plus grande analogie avec les moraines des glaciers alpins; enfin l'ensemble est recouvert par une terre végétale jaunâtre appelée la *terre à pisé* dans le pays et *lehm* ou *læss* pour les géologues, qui l'ont identifiée à une formation semblable de la vallée du Rhin.

La classification de ces derniers terrains qui sont superposés au pliocène inférieur a été très lentement établie, et pendant très longtemps on les a simplement regardés comme le résultat d'un transport opéré par d'énormes masses d'eau, mises en mouvement à la fin des temps tertiaires, et descendues de toutes les hauteurs voisines, soit des Alpes et des chaînes qui en dépendent, soit du plateau central. Pour exprimer cette idée d'origine aqueuse, torrentielle, on donnait le nom de *diluvium* à l'ensemble de ces terrains de transport, et, au lieu de chercher si réellement on devait attribuer à la même cause toutes ces formations, on se contentait de les diviser par régions topographiques. Ainsi l'on disait le *diluvium alpin*, par opposition au *diluvium* de l'Azergue et au *diluvium* de la vallée du Gier ou des montagnes du Lyonais. Cependant Élie de Beaumont avait observé que la partie supérieure de ce terrain avait un facies différent, spécial, et renfermait seule de gros blocs anguleux de roches des Alpes. Il la sépara de la partie inférieure qui était bien plus puissante et qui n'était composée que d'éléments roulés ; il prétendit même que le soulèvement des Alpes principales s'était opéré entre le transport de ces deux terrains dont l'un devait se rattacher au tertiaire supérieur et l'autre commencer la série des formations quaternaires. Malheureusement le savant professeur, au lieu d'assigner une cause spéciale à chacun de ces dépôts, n'attribua les différences qui les caractérisaient qu'à des modifications dans le volume et l'impétuosité des masses d'eaux qui avaient transporté tous ces débris loin des montagnes qui leur avaient servi de points de départ.

En définitive Élie de Beaumont ne vit dans cet ensemble

que deux diluviums, que deux terrains de transport aqueux, et cette classification inexacte fut adoptée pendant longtemps par la plupart des observateurs, qui s'occupèrent de la géologie lyonnaise. Sc. Gras, Leymerie, Fournet, Thiollière, Dumortier, Drian, etc., se montrèrent toujours les fidèles disciples de leur premier maître, malgré les opinions différentes qu'avaient développées devant eux Blanchet, Dollfus-Ausset, Ed. Collomb, etc... Nous verrons plus loin comment MM. Benoît et Lory firent triompher les théories glaciaires, mais pour le moment nous devons laisser de côté le terrain erratique proprement dit et ne nous occuper que de la base des alluvions anciennes du diluvium lyonnais.

Naturellement nous avons toujours partagé les opinions de ces deux derniers géologues, et nous avons regardé comme d'anciennes moraines le diluvium à gros blocs erratiques en même temps que nous envisagions les alluvions inférieures comme le produit de grandes masses d'eaux mises en mouvement. Mais nous hésitâmes longtemps, lorsqu'il nous fallut placer ce terrain de transport dans l'échelle chronologique des formations. Pour nous, ces alluvions anciennes avaient bien été entraînées par les fleuves, les torrents sous-glaciaires, par les eaux provenant de la fonte périodique des anciens glaciers, mais, comme dans les environs de Lyon et les montagnes rapprochées, rien ne nous avait prouvé que l'extension des anciens glaciers s'était produite avant le début de la période quaternaire, nous pensâmes à synchroniser avec ce phénomène le transport de toutes ces alluvions. Notre vue était trop restreinte pour ne pas fausser nos conclusions. Il ne suffisait pas de voir ce qui s'était passé près de nous, il fallait aussi considérer les phénomènes dont les Alpes avaient été le théâtre. Nous avions sans doute raison de placer la plus grande extension des glaciers au commencement de la période quaternaire,

mais ces mêmes glaciers ne s'étaient pas développés instan-
tanément; leur accroissement s'était opéré d'une manière
progressive, et avait demandé un laps de temps considérable
pour s'accomplir. Les géologues suisses avaient retrouvé
dans leurs vallées les traces des glaciers pliocènes qui avaient
atteint de gigantesques proportions avant de franchir les défilés des chaines jurassiques; de ces masses de glaces devaient
bien s'échapper des fleuves, des torrents qui entraînaient au
loin les débris de leurs moraines. Ces alluvions étaient descendues jusque vers Lyon et bien au delà, pendant le milieu et la fin de la période pliocène; c'étaient elles qui devaient représenter, près de notre ville, les terrains pliocènes
moyens et supérieurs, ainsi que l'avait dit avant nous
M. Tournouër (1). De cette manière se trouvait comblée la
lacune que nous avions laissée avec regret au-dessus des
tufs de Meximieux, des argiles des Dombes et des sables de
Trévoux et au-dessous des terrains quaternaires.

Au point de vue chronologique il fallait donc établir trois
divisions dans le diluvium des géologues lyonnais. La partie
la plus inférieure représentait le pliocène moyen; la partie
supérieure rentrait dans le quaternaire et la partie intermédiaire était l'équivalent du pliocène supérieur. Cette
classification est celle que nous avons figurée dans notre
tableau synoptique (*ante*, page 28).

Jusqu'à présent nous n'avons envisagé que les alluvions
venues des Alpes, le diluvium alpin des anciens géologues.
Cependant les vallées des montagnes du Lyonnais, du Beaujolais et du mont Pilat renferment des alluvions qui se
distinguent nettement des précédentes par les caractères
pétrographiques. Nous ne devons pas les oublier malgré
leur moindre importance. Probablement une partie de leurs

(1) *Bull. Soc. géol.* 3e série. t. V. p. 733, 1877.

éléments a été charriée pendant la fin de l'époque pliocène, tandis que le reste n'a été déposé que pendant les temps quaternaires, mais nous n'osons rien préciser pour le moment à l'égard des masses relatives de ces deux terrains d'âges différents. Les observations rigoureuses nous manquent encore. Nous savons seulement que les alluvions lyonnaises et et beaujolaises ont toujours fait équilibre aux alluvions des Alpes ; tandis que les unes se développaient à l'est et nivelaient d'immenses surfaces de terrains, les autres, s'élevant progressivement à l'ouest, maintenaient leur niveau relatif. Nous dirons en outre que nous avons des raisons pour croire que les glaciers qui ont dû recouvrir les sommités et les hautes vallées de ces chaînes de montagnes ne se sont produits et développés que bien postérieurement à ceux des Alpes, et peuvent être rangés parmi les phénomènes pliocènes supérieurs et quaternaires.

En effet, les glaces, en s'amoncelant sur les sommets et dans les vallées supérieures des Alpes, n'ont pu modifier assez profondément le climat de notre région pour déterminer simultanément l'établissement de vastes glaciers dans les montagnes qui s'élèvent à l'ouest de la vallée de la Saône. Tant que les glaciers alpins ne se sont pas répandus dans les plaines du Bas-Dauphiné et des Dombes, c'est-à-dire pendant toute la fin de la période tertiaire, la température a dû s'abaisser dans le Lyonnais et le Beaujolais, mais sans devenir assez rigoureuse pour y engendrer des névés et des glaces perpétuelles.

FAUNE DU PLIOCÈNE MOYEN ET DU PLIOCÈNE SUPÉRIEUR, MONT VERDUN, NARCEL, SAVIGNY, POLEYMIEUX, VILLEVERT, LA FRÉTA, PORT-MAÇON, etc. — Du reste l'étude des débris d'animaux que M. Jourdan et nous, nous avons découverts en assez grand nombre dans les crevasses du terrain jurassique du

Mont-d'Or lyonnais et à Villevert, ou que M. Pélagaud a recueillis dans la vallée de la Brévenne (1), prouve qu'une faune pliocène supérieure, c'est-à dire des animaux exigeant un climat très tempéré, vivait dans ces montagnes pendant que les alluvions anciennes se répandaient dans les plaines environnantes. Il serait difficile, pour une contrée d'une surface aussi restreinte, de chercher à concilier l'existence de Félidés, d'Hippoptames, d'Éléphant méridional avec la présence rapprochée de grands glaciers. Nous pensons au contraire que les montagnes qui se groupent ou qui s'alignent autour de Lyon, ont dû servir de refuge à une partie des animaux qui fuyaient devant l'inondation des contrées basses.

Les eaux qui provenaient de la fonte des glaciers alpins, augmentant toujours de volume, ensablèrent ou ravagèrent progressivement les forêts et les prairies qui s'étalaient devant elles et qui étaient la demeure habituelle de ces carnassiers et de ces grands troupeaux de pachydermes. Ces animaux, chassés lentement de leurs retraites et privés petit à petit de leur nourriture, émigrèrent et allèrent chercher dans des régions élevées des conditions plus favorables à leur existence et à leur développement. Ce sont eux qui ont laissé leurs dépouilles dans les crevasses du Mont-d'Or et de la chaîne oolithique de Lucenay, ainsi que dans les vallons des montagnes du Lyonnais.

En 1866 dans des fentes du sinémurien de la crête du mont Narcel, dans le lieu même où s'élève aujourd'hui une redoute, l'un de nous a découvert des dents ou des ossements d'*Elephas meridionalis*, *Hippopotamus major*, *Bos longifrons*, *Testudo* (2) et M. le Dr Jourdan, dans cette même

---

(1) *Ante*, 1er vol. p. 422.

(2) Falsan et Locard, *Monographie géol. du Mont-d'Or lyonnais*, p. 396. — Lortet et Chantre, Études paléontologiques, etc. p. 57. *Archives du Muséum de Lyon*, 1873-75.

station, a recueilli un astragale de *Rhinoceros megarhinus* et des fragments de molaires d'*Elephas meridionalis*. Plus tard les immenses travaux de déblais, entrepris sous la direction de M. le commandant Segrétain, pour l'établissement de la forteresse du mont Verdun nous ont permis de compléter cette première série (1). MM. les officiers du génie ont bien voulu nous faire remettre des débris osseux ou des dents qui se rapportaient aux espèces suivantes : *Rhinoceros megarhinus* (?), *Sus*(?), *Antilope*, (?) *Felis* de la taille d'une Panthère, *Hippopotamus major*, *Elephas meridionalis*, *Cervus* (?), *Testudo* (?) etc.

Ces deux groupes d'animaux ont les plus grands rapports et doivent représenter assez fidèlement la faune du Mont-d'Or à la fin des temps tertiaires. C'est presque une faune intermédiaire entre cette période et la période suivante, mais ses affinités pliocéniques ne sont pas douteuses. Le mont Verdun n'est distant que de quelques centaines de mètres du mont Narcel, et ces deux stations se trouvent, la première sur le point culminant (625 m.) de ce groupe de montagnes, et l'autre sur un des sommets les plus élevés (588 m.). Il est évident que des fouilles entreprises dans d'autres crevasses feraient découvrir les dépouilles de nouvelles espèces, mais ne modifieraient pas les carcatères de cette faune. Du reste des débris osseux analogues ont été recueillis à un niveau inférieur dans les fentes des carrières ouvertes dans les vallées de Saint-Cyr, de Saint-Fortunat, de Saint-Didier et dans les parties inférieures de la caverne de Poleymieux.

Ce sont encore des ossements d'*Elephas meridionalis*, d'*Hippopotamus major*, de *Rhinoceros megarhinus*, de Félidés, de Cervidés de grande taille, etc. A cette faune doivent se rattacher aussi les fragments de Tapirs découverts par M. Jourdan

---

(1) Collection du Muséum de Lyon au palais Saint-Pierre; collection de M. Falsan à Collonges-sur-Saône.

dans les fentes des carrières de Lucenay, au-dessus du niveau
des alluvions anciennes ou glaciaires, et les ossements de *Rhinoceros* que M. Pélagaud a exhumés près de Savigny, dans
les montagnes du Lyonnais.

A la suite de ces gisements fossilifères, nous devons mentionner les argiles lacustres de Villevert, en face de Neuville, et celles de la Fréta, commune de Saint-Romain au Mont-
d'Or, également dans la vallée de la Saône, et dans lesquelles
on a découvert des molaires d'*Elephas antiquus*. Ces argiles
lacustres ont sans doute été déposées dans de petits lacs
creusés dans la partie moyenne des alluvions anciennes,
au pied du Mont-d'Or lyonnais. On a recueilli des molaires
de cette même espèce d'*Elephas* dans les sables de Port-
Maçon, près de Saint-Germain au Mont-d'Or, en déblayant
des sables pour l'établissement des voies de garage du
chemin de fer (1).

L'*Elephas antiquus* (Falconer) est une espèce transitoire
entre le pliocène supérieur et les terrains quaternaires. Les
lacs et les dépôts de sables dans lesquels se sont enfouis leurs
débris n'ont donc pu tarder à être recouverts par de nouvelles séries d'alluvions, qui font suite à celles dont nous
nous occupons dans ce chapitre. Nous allons immédiatement nous en occuper en commençant l'étude de nos terrains
quaternaires.

FLORE. — Malheureusement les circonstances n'ont pas
été favorables près de nous à la conservation des végétaux
appartenant à la flore qui a terminé la période pliocène. On
ne peut citer jusqu'à présent, et encore avec quelques
doutes sur leur niveau exact, que des empreintes de feuilles
découvertes dans les argiles de la propriété Reynié à Saint-
Germain (1). En effet ces belles empreintes ont disparu et

---

(1) Dr Lortet et E. Chantre. Etudes paléontologiques dans le bassin du Rhône. *Archives du
Muséum d'histoire naturelle de Lyon*. 1873-75.

nous ne savons pas si elles appartenaient plutôt aux argiles à *Elephas antiquus* qu'à celle des *Mastodon dissimilis.*

Nous sommes donc privés, pour le pliocène supérieur, des précieux renseignements que les flores de chaque époque nous ont fournis précédemment. Mais les indications paléontologiques peuvent suffire ; d'autant mieux qu'elles seront bientôt complétées par la monographie de la faune pliocène du bassin du Rhône que M. le Dr Lortet et M. Chantre vont publier dans les *Archives du Muséum de Lyon.*

CLIMATS. — Il existait donc à cette époque, en Suisse et dans la vallée du Rhône, deux climats bien différent : à l'est les glaciers prenaient chaque jour un développement plus considérable et envahissaient de plus en plus les vallées; la neige et la glace couvraient toute la surface du sol et donnaient à la région un aspect boréal; à l'ouest la température baissait progressivement et les animaux et les plantes luttaient selon leur force de résistance contre cette lente modification climatérique qui devait cependant finir par amener en partie leur disparition.

En effet les glaciers alpins vinrent s'étaler jusque près du Mont-d'Or, et les vallées des montagnes du Lyonnais et du Beaujolais furent comblées par des glaciers locaux indépendants. Un équilibre de température uniforme s'établit alors depuis les Alpes jusque vers les premiers contreforts du plateau central. Il y eut donc une époque pendant laquelle la vie sembla s'être éloignée de certains points du bassin du Rhône, avant d'y être ramenée par un nouvel état de choses. Ainsi se produisit cette lacune que l'on constate souvent entre la faune tertiaire et celle des temps quaternaires.

(1) *Annales de la Société d'agriculture de Lyon,* 1860. p. 331.

DEUXIÈME SECTION

DES ANCIENS GLACIERS DE LA PARTIE MOYENNE DU BASSIN DU RHONE ET DES TERRAINS QUI EN DÉPENDENT

CHAPITRE PREMIER

ALLUVIONS GLACIAIRES. — BOUES GLACIAIRES ET LEHM AU POINT DE VUE STRATIGRAPHIQUE,

Alluvions anciennes ou glaciaires de l'époque quaternaire. — Disposition générale de l'alluvion ancienne par rapport aux terrains sous-jacents. — Origine de l'alluvion ancienne, nature de ses éléments. — Alluvions venant des Alpes et des chaînes secondaires. — Alluvions anciennes du Lyonnais et du Beaujolais. — Phénomènes de décomposition chimique et cimentation des poudingues. — Cimentation ferrugineuse de l'alluvion lyonnaise et beaujolaise. — Fossiles, leur remaniement. — Argiles lacustres de Chambéry. — Boue glaciaire et lehm au point de vue stratigraphique. — Résumé général.

ALLUVIONS ANCIENNES OU GLACIAIRES DE L'ÉPOQUE QUATERNAIRE. — Ainsi que nous l'avons dit, nous pensons qu'il faut relier aux terrains quaternaires la partie supérieure des alluvions anciennes, et qu'il est nécessaire d'établir des divisions chronologiques dans cette masse énorme de graviers et de sables; mais nous reconnaissons que dans une coupe naturelle de ce terrain de transport, il est impossible de tracer des limites entre ces divers groupes. Toute cette formation résulte de la même cause; ses éléments ont été arrachés aux mêmes roches, soumis aux mêmes influences. Son aspect et sa composition pétrologique doivent donc être iden-

5

liques dans tout l'ensemble. Ce sont toujours des graviers,
des *cailloux roulés*, aux angles et aux arêtes arrondis ; généralement, ces galets ont la grosseur du poing ou d'un œuf ;
rarement ils dépassent le volume de la tête d'un petit enfant.
Ces fragments de roches sont toujours emballés dans un gravier
ou dans un sable cru, parfaitement privé de tout limon.
Parfois on observe au milieu de la masse de petits lits irréguliers d'un sable fin, tels que les rivières en déposent dans
leurs alluvions, lorsque leur courant est plus calme ; mais il
est impossible de découvrir un système de stratification régulière, si ce n'est sur quelques points isolés et rares, où les
coupes de ces alluvions présentent des sections semblables à
celles d'*un cône de remblais*, déposé au fond d'un lac et
recouvert par d'autres alluvions formant delta. Nous aurons
plus loin à étudier en détail cette disposition exceptionnelle.

L'aspect de ces galets est terne ; jamais ils ne présentent
le poli éclatant qu'on peut souvent reconnaître sur les fragments de roches qui sont enfouis dans la boue glaciaire.
Leurs surfaces sont toutes usées par les chocs infinis qu'elles
ont reçus pendant le charriage. Si par hasard on découvre
quelques stries sur ces galets, il est bien facile de comprendre que ces rayures diffèrent grandement de celles du terrain erratique glaciaire Généralement elles sont très rares
et ne se voient que sur une face des cailloux, on ne peut donc
que les attribuer ou à un glissement ou à une cause artificielle. Ainsi, dans la chambre d'emprunt d'Ambronay, creusée
au milieu des alluvions calcaires de l'Ain, nous avons vu sur
le sol une quantité de cailloux striés, mais nous n'avons pas
tardé à savoir qu'on avait rayé ces cailloux en faisant glisser sur eux un chemin de fervolant, disposé pour le transport
du ballast. M. Ebray a indiqué (1) d'autres causes qui pou-

---

(1) *Bull. Soc. géol.*, 3ᵉ série, t. IV, p. 55, 1875-1876.

vaient produire des stries analogues. Néanmoins des différences capitales existent toujours entre l'alluvion ancienne
ou glaciaire et la boue glaciaire ou terrain erratique.

DISPOSITION GÉNÉRALE DE L'ALLUVION ANCIENNE PAR RAPPORT
AUX TERRAINS SOUS JACENTS. — Nous avons déjà fait connaitre la position statigraphique de l'alluvion ancienne, déposée
par les fleuves sous glaciaires, au-dessus des terrains pliocènes inférieurs; mais à présent il importe d'étudier la disposition de ces sables et de ces graviers par rapport aux
formations sur lesquelles ils ont été déposés. Du moment où
nous avons admis que le transport de ce terrain avait été
effectué par de grandes masses d'eaux mises en mouvement,
c'est-à-dire par des fleuves et des torrents résultant de la
fonte des anciens-glaciers, nous sommes amenés à supposer que l'allure des couches inférieures de ces graviers a dû
être très irrégulière. Les eaux ont eu une action plus ou
moins violente dans telle ou telle localité, leurs ravine-
ments ont été plus ou moins profonds sur tel ou tel point,
de sorte que le substratum de l'alluvion ancienne est loin
de présenter une surface horizontale.

Les études stratigraphiques permettent bien de reconnaître que ces sables et ces graviers n'ont été charriés près de
nous qu'après le dépôt des tufs de Meximieux et des sables
de Trévoux, mais très souvent elles nous mettent à même
d'observer qu'ils se trouvent en contact avec des formations
plus anciennes. Ainsi, à Saint-Fons, le diluvium recouvre
la mollasse marine du miocène supérieur; ailleurs, à Ro-
chetaillée, à la montée Saint-Boniface, à Collonges, par
exemple, il a été déposé au-dessus des gneiss et des micaschistes. Élie de Beaumont(1) a fait connaître depuis long-

(1) Recherches sur quelques-unes des révolutions de la surface du globe, Ann. des Sciences
naturelles, t. XIX, 1830.

COUPE GÉOLOGIQUE DE LA COLLINE DE Sᵗ IRÉNÉE PAR Mᴿ A. FALSAN

d'après la coupe technique des puits du tunnel du Chemin de fer P. L. M. dressée par Mᴿˢ les Ingénieurs de la Compagnie

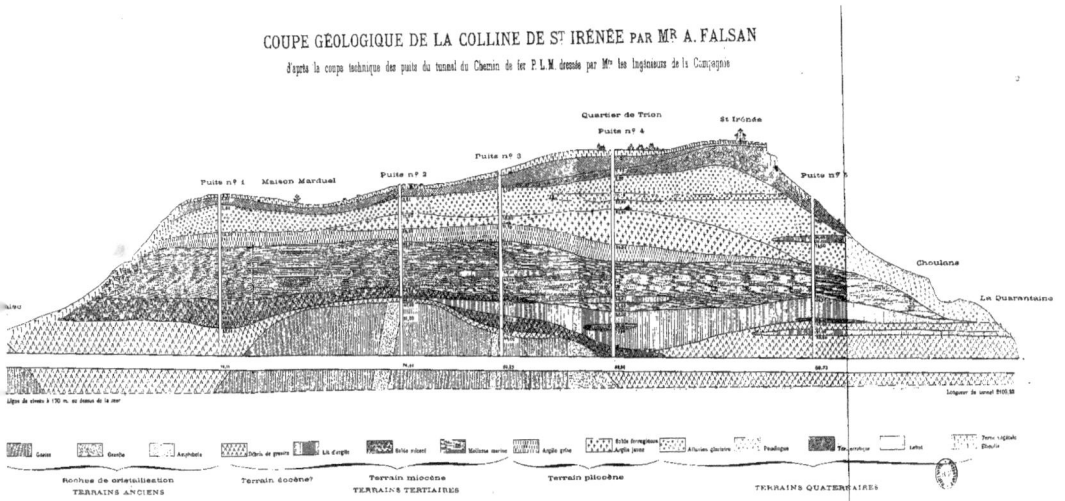

Quartier de Trion
Puits n° 4
St Irénée
Puits n° 3
Puits n° 2
Puits n° 1   Maison Marduel
Puits n° 5
Choulans
Le Quarantaine

Roches de cristallisation
TERRAINS ANCIENS

Terrain éocène?

Terrain miocène
TERRAINS TERTIAIRES

Terrain pliocène

TERRAINS QUATERNAIRES

peu près horizontale, et qui s'étend sur toute la montagne de Fourvière et de Sainte-Foy, où elle présente de nombreux affleurements.

De cet ensemble de vues stratigraphiques, on est conduit à conclure que notre contrée a été profondément ravinée entre l'époque du dépôt des terrains pliocènes inférieurs et celle du transport des premières couches de nos alluvions. En effet, il a fallu toujours près de Lyon, un débouché pour les eaux du bassin de la Saône, et un autre pour celles du Rhône. Les vallées dans lesquelles descendent aujourd'hui ces deux cours d'eau, ont donc commencé à s'ébaucher depuis une époque très reculée, qui paraît être synchronique du retrait de la mer miocène des environs de Lyon Plus tard ces vallées ont été comblées, puis recreusées en deux fois, ainsi que nous aurons à le dire dans un autre chapitre. Examinons maintenant la nature des roches dont les fragments composent nos alluvions anciennes, et étudions leur origine.

ORIGINE DE L'ALLUVION ANCIENNE, NATURE DE SES ÉLÉMENTS. — Considérée au point de vue de son origine, l'alluvion ancienne des environs de Lyon se divise en deux groupes : l'un provient des Alpes et de leurs chaînes secondaires, l'autre des montagnes du Lyonnais et du Beaujolais. L'examen des éléments de ces deux systèmes d'alluvions ne peut laisser aucun doute sur leur provenance. Dans l'alluvion alpine nous trouvons les roches suivantes, d'après les recherches que nous avons faites pour compléter les listes données par M. Drian (1) puis par MM. Falsan et Locard (2).

---

(1) *Pétralogie et minéralogie des environs de Lyon*, p. 109.
(2) *Monographie du Mont-d'Or lyonnais*, p. 373.

ALLUVION VENANT DES ALPES ET DES CHAINES SECONDAIRES. —
Quartz hyalin roulé (*cailloux du Rhône*).

Quartz laiteux.

Quartz lydien ou *pierre de touche.*

Quartz calcédonieux de diverses nuances.

Quartz calcédonieux ou géodes des calcaires jurassiques

Silex pyromaques des formations crétacées des chaines
secondaires ; assez rares.

Silex pseudo-morphiques (polypiers, spatangues, etc.) ;
assez rares.

Jaspes rouges, bruns, jaunâtres.

Granites à grains fins avec feldspath de diverses couleurs.

Granites à grains moyens, diverses variétés.

Granites porphyroïdes variés.

Pegmatites diverses.

Protogines diverses.

Gneiss, variétés diverses.

Micaschistes avec plus ou moins de quartz ou de mica,
avec mica noir ou mica nacré.

Roches schisteuses métamorphiques verdâtres avec chlorite,
fedspath, épidote, grenats, fer oxydulé ou smaragdite ; communes ; parfois avec feuillets plissés ou traversés par des
veines de quartz.

Schistes argileux variés.

Schistes talqueux variés.

Porphyre, diverses variétés rouges, brunes..

Porphyre quartzifère, brun ou rouge.

Pétrosilex, avec divers minéraux accidentels.

Brèches porphyriques de nuances variées.

Amphibolite compacte.

Amphibolite schistoïde avec minéraux accidentels, grenats, épidote, etc.

Diorite à petits grains.

Diorite à grands cristaux.

Diorite orbiculaire, diverses variétés.

Diorite veinée.

Syénites diverses.

Épidote, soit seule, soit avec du feldspath.

Éclogite avec grenats de diverses grosseurs, parfois en beaux cristaux.

Diallagite de couleur verdâtre, gris verdâtre ou brune.

Euphotide de la vallée de Saas, avec jolies masses de *smaragdite*, assez rare.

Variolite de la Durance, très rare.

Serpentine, nombreuses variétés.

Serpentine, avec fer oxydulé.

Saussurite blanchâtre, bleuâtre, verdâtre; assez rare.

Spilite, variolite du Drac; rare.

Roches métamorphiques confuses.

Sidérose brune, très rare.

Fer oligiste, débris de filon, très rare.

Galène, débris de filon, très rare.

Conglomérat et *grès anthracifères.*

Grès triasiques variés.

Quartzites alpins, très communs.

Brèche triasique.

Calcaire noir des Alpes, parfois siliceux ou fossilifères, très commun.

Calcaire gris saccharoïde, triasique.

Calcaire gris, oxfordien.

Calcaire schisteux.

Calcaire à Gryphées du Bugey.

Calcaires blonds, jurassiques ou néocomiens des chaînes secondaires, très communs.

Calcaires lithographiques.

Mollasse fossilifère de la Suisse.

Au milieu de cette masse énorme de fragments roulés qui constituent nos alluvions anciennes alpines, et qui sont re·maniés par les eaux du Rhône, M. Court, après de patientes recherches continuées pendant plusieurs années, a découvert dans le lit du Rhône, pendant le dragage de l'île de Bèche·velin, à Lyon, de nombreux échantillons de Saussurite (80), d'euphotide de la vallée de Saas (100), de spilite ou de variolite du Drac (50), et enfin, trois cailloux roulés de variolite de la Durance, dont il a bien voulu nous remettre quelques spécimens. La présence de fragments de ces deux dernières roches dauphinoises est certainement très étrange près de notre ville, et ne peut s'expliquer sans admettre pour notre région des agents dont l'action ne s'y fait plus sentir, et une disposition topographique bien différente de celle que nous voyons aujourd'hui. Il nous serait impossible de tracer les détails de l'itinéraire suivi par les variolites du Briançonnais et les spilites du Drac, pour venir jusque près de Lyon, car nous aurions à choisir entre plusieurs routes, pouvant passer par divers points des chaînes secondaires et des plaines delphino lyonnaises; mais nous pouvons dire qu'avec l'intervention des anciens glaciers et des torrents sous-glaciaires telle que nous l'exposerons plus loin, il est possible de se rendre compte, de telle ou telle manière, du transport de ces roches si caractéristiques, jusque dans la contrée lyonnaise. A la rigueur, on pourrait encore supposer que ces galets ont été entraînés dans la mer miocène, puis repris et remaniés au moment du démantellement des couches de la mollasse.

Il est inutile d'insister sur ce fait, que les roches valaisannes qui sont aujourd hui roulées par le Rhône dans la région lyonnaise, ont été empruntées aux alluvions anciennes ou glaciaires et qu'elles n'ont pu traverser le lac de Genève que pendant l'époque glaciaire. Les roches des Alpes ne peuvent être amenées directement dans le lit du Rhône, que par l'Arve, les Usses et le Fier.

ALLUVIONS ANCIENNES DU LYONNAIS ET DU BEAUJOLAIS. — *Quartz hyalin* ou *laiteux*.

Quartz améthiste.

Quarz rubanné.

Quartz avec empreintes de cristaux de fluorine, échantillons très caractéristiques de ces alluvions.

Quartz avec silicate brun de manganèse, rare.

Quartz blanc avec géode de *malachite*.

Bois silicifiés.

Jaspes brun, rouge, jaune.

Granites divers.

Syénites diverses.

Porphyres quarzlifères variés.

Barytine.

Diorite.

Amphibolite compacte.

Minette ou *fraidonite*.

Eurite.

Gneiss divers.

Micaschistes, nombreuses variétés.

Schiste argileux.

Schistes chloriteux.

Schistes amphiboliques.

Mélaphyres très communs, caractéristiques.

Roches métamorphiques confuses.

Cuivre carbonaté bleu ou *vert;* très rare.

Cuivre sulfuré, très rare.

Cuivre gris, très rare.

Cuivre natif, en paillettes d'un beau rouge, très rare.

Galène, très rare,

Psilomélane, très rare..

Fer oxydulé.

Fer hydroxydé avec quartz.

Grès anthra ifère.

Grès triasique.

Calcaire métamorphique.

Calcaire à entroques.

Charveyrons, rognons siliceux du bajocien et du bathonien.

Calcaires liasiques et jurassiques.

La détermination pétrologique de ces cailloux ne nous a conduits à aucune réflexion particulière. Tous ces fragments appartiennent aux roches qui composent les montagnes voisi - nes. Ce sont elles qui constituent encore les alluvions mo - dernes de la Saône.

PHÉNOMÈNES DE DÉCOMPOSITION CHIMIQUE ET CIMENTATION DES POUDINGUES ; CAILLOUX IMPRESSIONNÉS. — Beaucoup de roches dont les fragments composent l'alluvion ancienne sont attaquables par les acides. Elles ont donc pu subir une décomposition rapide et profonde. Ces phénomènes ont été d'autant plus énergiques, que ce terrain, par suite de sa position presque superficielle, est resté soumis à toutes les influences des agents atmosphériques.

Lorsque ce terrain est resté à découvert ou bien que la couche qui le recouvre n'est pas trop argileuse, les eaux plu - viales, étant toujours chargées d'acide carbonique, le pénè- trent et s'y infiltrent ; elles attaquent le carbonate de chaux de toute la formation, le dissolvent et l'entraînent pour le dé- poser plus bas, lorsqu'une petite couche imperméable, argi- leuse, les empêche de descendre davantage. Ces eaux, en abandonnant leur carbonate de chaux, cimentent les graviers de l'alluvion et les transforment en poudingues, en conglo- mérats, ou bien elles apparaissent au jour sous forme de sources incrustantes. Dans la vallée de la Saône, en amont de Lyon, on voit sur les deux rives de beaux affleurements de ces poudingues ; nous citerons seulement ceux de la montée Saint-Boniface, ceux du domaine de Roy et ceux du chemin qui mène de l'église à la gare de Collonges. Ce poudingue mesure plusieurs mètres d'épaisseur; le ciment en est tellement dur que les galets se cassent plutôt que de se désagréger de l'ensemble, et que la masse se brise ou se taille, comme une roche compacte. Élie de Beaumont a trouvé ce terrain si caractéristique qu'il a donné à toute l'alluvion ancienne le nom de *conglomérat bressan,* quoique ce poudingue ne forme qu'un accident au milieu de ce vaste terrain de transport.

Sous l'influence décomposante des eaux atmosphériques les fragments de calcaire sont les premiers corrodés. Lorsque plusieurs cailloux sont amoncelés, ils ne peuvent se toucher que sur certains points, et comme les eaux pluviales coulent toujours en vertu de la capillarité à la surface de chaque galet, c'est constamment à leurs points de contact que l'action des eaux acidulées se fait sentir avec le plus d'énergie.

Le phénomène se renouvelant au même endroit et dans les mêmes conditions, il finit par se produire, à la longue, une petite cavité dans le caillou calcaire, cavité dans laquelle le poids des terrains supérieurs fait pénétrer le caillou qui a le mieux résisté. Cette petite excavation ressemble donc à une impression, et les galets creusés prennent le nom de *cailloux impressionnés.* Pour nous servir de l'expression consacrée par l'usage et proposée par M. le Dr Lortet, père de notre ami le Dr L. Lortet, qui le premier a appelé l'attention des géologues sur cet intéressant phénomène, et qui en a fait, avec M. Fournet, une étude toute particulière (1).

Près de Lyon les impressions apparaissent généralement

(1) Drian, *Pétralogie et minéralogie,* p. 57.

sur des fragments calcaires, mais nous en avons vu quelque
fois sur des galets siliceux. Il n'y a rien là d'étrange, puisque
M. Daubrée (1), qui est arrivé à produire expérimentalement
des cailloux impressionnés, en cite dans les poudingues quartz-
zeux de l'Espagne et de la Prusse-Rhénane. D'ailleurs, en
brisant les cailloux les plus durs et les plus résistants, les
cailloux de quartzite, on découvre des résultats de décomposition intime. On observe en effet dans le centre un noyau
plus coloré, plus compacte, qui n'est qu'une partie de la roche
restée intacte. La zone plus claire, plus poreuse, qui entoure ce noyau, a déjà subi une décomposition qui l'a privée
d'un de ses éléments, sans doute, d'une petite quantité de
carbonate de chaux. Parfois la roche siliceuse renfermait une
plus grande proportion de calcaire; la décomposition a
été alors plus rapide, plus profonde, et à la place du galet
primitif, il n'est plus resté qu'un *squelette siliceux* très léger,
très poreux, friable, auquel M. Fournet a donné le nom de
caillou épuisé, en les décrivant d'une manière spéciale dans
ses leçons (2).

Par suite d'une pression trop forte ou d'un choc, ce caillou épuisé se transforme en un sable siliceux fin, ou en une
espèce de tripoli.

Ces phénomènes de décomposition que M. Lory a si bien étudiés dans les poudingues du Dauphiné, ne se sont pas simplement produits dans une formation; ils se sont opérés chaque
fois qu'il s'est présenté des conditions favorables. Ils ne peuvent donc servir à déterminer tel ou tel terrain géologique.

M. Lory en cite dans des poudingues miocènes; on en
voit aussi dans l'alluvion ancienne ou glaciaire, et nous en
avons observé de magnifiques exemples dans les masses de

---

(1) *Études synthétiques de géologie expérimentale.* I⁰ᵉʳ vo'., p. 383.
(2) Drian, *Pétralogie et minéralogie*, etc , p. 38.

galets calcaires qui forment la terrasse de Mollon, sur les bords de la rivière d'Ain.

Dans les couches superficielles de l'alluvion, les galets calcaires peuvent avoir été entièrement décomposés; ils ont complètement disparu et n'ont laissé à leur place qu'une petite quantité d'argile Non loin de la surface du sol, ces actions décomposantes ont eu une très grande énergie, et ont suffi pour enlever tout le carbonate de chaux des couches supérieures de l'alluvion. Nous avons pu nous rendre compte de leur intensité (1), pendant qu'on ouvrait une tranchée du chemin de fer des Dombes, au nord et non loin de la station des Echets.

Sur le talus formé par les graviers et les sables de l'alluvion ancienne, apparaissaient de distance en distance des sphères creuses, dont la partie inférieure était tapissée d'une couche d'argile brune, qui devenait de plus en plus épaisse en se rapprochant du fond de la dépression. Quelques-unes de ces sphères étaient complètement vides, mais dans d'autres, nous vîmes placé sur la couche argileuse un fragment de calcaire qui avait évidemment subi une intense décomposi-

tion. Les parties tendres étaient profondément corrodées,

---

(1) Falsan, Instruction pour l'étude du terrain erratique. *Mémoires de l'Académie de Lyon*, 1869.

et les parties dures étaient couvertes d'une poussière argileuse qui était destinée à aller grossir l'enduit de la sphère dont nous venons de parler.

Après avoir observé et comparé toutes ces sphères creuses, ainsi que la couche argileuse et le fragment calcairé qu'elles renfermaient, nous arrivâmes à comprendre 1° que ces excavations n'étaient pas autre chose que les moulages de la forme primitive de ces fragments calcaires, dont elles renfermaient encore un reste ; 2° que ces blocs avaient été rongés par les infiltrations des eaux acidulées pluviales ; 3° que le calcaire résultant de cette décomposition avait été entraîné dans les couches basses de l'alluvion pour les cimenter en poudingue ; 4° que les parties argileuses de ces calcaires, ne pouvant être dissoutes, étaient restées comme sur un filtre sur le fond de la sphère.

Quelques-uns de ces blocs avaient dû mesurer de 30 à 40 centimètres de diamètre. On peut juger par là de la puissance de ces lentes décompositions. La disparition des petits galets calcaires est bien compréhensible, lorsqu'on compare leur volume à celui de ces blocs.

Il est évident que les calcaires ont été le plus promptement et le plus vivement attaqués, mais les autres roches, à part quelques exceptions, comme les quartz, les jaspes, les serpentines etc., ont aussi subi l'influence des infiltrations pluviales. La plupart des roches schisteuses, verdâtres, se sont jaunies. Le protoxyde de fer qui était le principe de leur coloration, a passé à l'état de protoxyde hydraté ; les feldspaths ont perdu leur alcali et se sont transformés en silicate d'alumine hydraté. La roche elle-même s'est attendrie, et elle ne forme plus qu'une terre argileuse jaunâtre ou rougeâtre. Les granites, les protogines, par la kaolinisation de leur feldspath, sont devenus une espèce d'arène grossière, composée de grains de quartz, d'argile et de mica. M. Fournet, dans des mémoires spéciaux *sur la formation des kaolins* (1) et *sur la rubéfaction des roches* (2), a décrit avec soin ces divers phénomènes de décomposition.

Si le terrain qui subit ces influences chimiques est bien resté en place, on peut reconnaître sur une coupe la position qu'occupait chaque caillou ; les calcaires seuls manquent. Mais si des courants d'eau ou des travaux de culture ont remué le sol, on ne voit plus dans une terre jaunâtre que des galets de quartzite, car ces cailloux, qui sont toujours plus nombreux que les autres dans le diluvium à l'état normal, ont pour ainsi dire résisté seuls aux diverses causes de destruction qui ont modifié les autres roches. L'aspect que le terrain présente alors a même été une cause d'erreur pour quelques géologues qui ont fait de ce terrain décomposé une formation géologique à part, à laquelle ils ont donné le nom de *diluvium à quartzites*. Il vaut mieux, avec M. Pouriau (3), simplement l'appeler *couche ferrugineuse à quartzites*. Ce terrain est imperméable ; nous dirons plus loin comment son influence s'est combinée avec celle de la boue glaciaire pour donner un caractère spécial au régime hydrologique des Dombes. Nous en reparlerons encore dans le chapitre consacré au lehm et au limon jaune de la Bresse avec lesquels les auteurs l'ont alternativement identifié.

Les alluvions glaciaires du Lyonnais et du Beaujolais étant pour ainsi dire privées de calcaire, ce sont les roches ferrugineuses de ce terrain de transport qui ont subi les décompositions les plus énergiques. Le fer a passé à l'état de peroxyde hydraté ; puis il a été entraîné par les eaux et il est allé cimenter les galets, les graviers, pour en faire des poudingues, analogues en quelque sorte aux conglomérats

---

(1) *Ann. de chimie et de physique*, 1834.
(2) *Ann. Soc. d'agricult.*, t. VIII, p. 1. 1845.
(3) Études géologiques, chimiques et agronomiques des sols de la Bresse, etc. *Ann. Soc. d'agricult.*, p. 83, 1858.

calcaires de la vallée de la Saône, près de Lyon. Très souvent du manganèse oxydé hydraté accompagne les sels de fer et donne au terrain une coloration noirâtre.

Nous avons rencontré ce conglomérat sur les plateaux de Chazay-d'Azergues et de la Croisée de Blaceray, près de Blacé. Il est également très développé en haut de la montée de Chessy et sur les communaux qui, s'étendent au midi de Bagnols. Le ciment qui unit ces poudingues est tellement résistant qu'on a pu utiliser cette roche comme matériaux de construction.

Ces conglomérats paraissent offrir quelques analogies avec le *mâchefer* de la plaine de Roanne et prouvent la surabondance des sels de fer dans les alluvions.

Dans les bruyères de Glaizé, les alluvions anciennes renferment d'abondants grains ferrugineux, et même sur le bord de la route de Villefranche on voit apparaître quelques sources minérales.

L'existence d'anciens marécages a dû avoir une influence sur la formation de ces poudingues ferrugineux (1).

FOSSILES ; — LEUR REMANIEMENT. —Lorsqu'on examine attentivement les sables et les graviers de l'alluvion ancienne, on ne tarde pas à s'apercevoir qu'ils renferment des débris de fossiles marins. Généralement ces débris sont très petits et peu déterminables ; pourtant on peut quelquefois recueillir des coquilles intactes et des fragments et il est possible de reconnaître l'espèce à laquelle ils appartiennent. Voici les formes que nous avons découvertes : *Nassa Michaudi, Murex Renieri, Fusus Micheloti. Arca.,.? Terebratulina.. ? Balanus...? Dendrophyllia Colonjoni, Bryozoaires...*, débris indéterminables ; *Paludina Dresseli* (Tournouër), *Valvala Van-*

---

(1) *Bullet. Soc. géol.*, 3ᵉ série, t. I, p. 482-83, 1873.

ciana (Tournouër). *Neritina Philippi* (Tournouër), *Unio*...?
Ces fossiles se divisent en deux groupes, les premiers sont
marins, les autres d'eau douce, et comme ils sont mélangés
les uns avec les autres et que souvent nous avons trouvé des
polypiers, des bryozoaires, des térébratulines dans l'intérieur
des paludines, il est évident que ces fossiles ne sont pas en
place et qu'ils sont remaniés.

Mais ce qui est intéressant à constater, c'est que les espèces marines, et surtout les *Nassa Michaudi* et les *Dendrophyllia Colonjoni*, qui sont les échantillons les mieux conservés et les plus abondants, sont caractéristiques des sables
du miocène supérieur, et que les fossiles d'eau douce appartiennent au pliocène inférieur. Ces débris de fossiles apparaissent partout où affleurent les alluvions anciennes.
Nous en avons recueilli dans une infinité de stations. Voici
les noms de quelques-unes : Vancia, ravin de Sathonay,
montée de Fontaines, Saint Clair, la Boucle, les Échets,
Neyron, Montanay, chemin de l'église de Collonges à la gare,
le Vernay, chemin de Saint-Boniface, Vaques à Saint-Cyr,
le Rozet à Saint-Didier, montée d'Écully, Sainte-Foy, etc.

Nous avons très facilement constaté l'allure de ces fossiles
en étudiant la disposition des terrains qui affleurent sur la
falaise qui s'élève au-dessus de Miribel et qui sert de base
au plateau bressan.

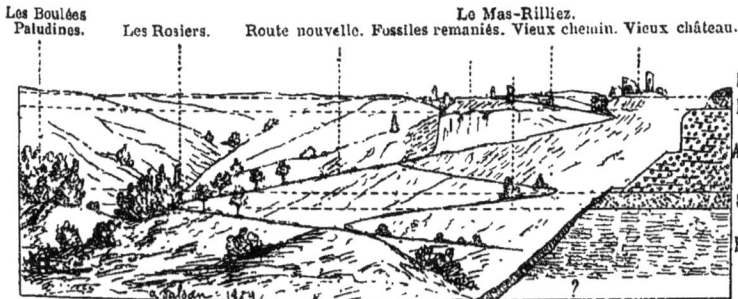

C'est en haut du grand chemin en lacets qui conduit de

Miribel au Mas-Rilliez, dans les couches supérieures de l'alluvion ancienne A, au contact de boue glaciaire E à cailloux
striés (et nous dirons plus loin que les mêmes fossiles
se retrouvent aussi dans la boue glaciaire elle-même), que
M. l'abbé Philippe et nous, nous avons recueilli les *Nassa
Michaudi* et les *Paludina Dresseli*, en plus grand nombre
et dans le meilleur état de conservation. Or M. l'abbé
Philippe a découvert le véritable gisement naturel des *Paludina Dresseli*, des *Valvata Vanciana*, des *Unio*... dans les
marnes grises pliocènes S du petit bois des Boulées, à mi-coteau. En jetant les yeux sur notre coupe on voit que ces
deux gisements sont séparés par des terrains d'une grande
puissance verticale, de 60 mètres environ (1).

Les sables du miocène M étant presque au niveau du Rhône,
en dessous des couches à Paludines S, les *Nassa Michaudi* et les
autres fossiles marins des alluvions anciennes, apparaissent à
un niveau encore plus distant de leur gisement naturel. Leur
remaniement est encore plus manifeste. Ces fossiles n'ont pu
remonter des couches inférieures. Il s'agit donc de chercher
comment leur dépôt a pu s'opérer à des niveaux si différents,
avec un mélange de faunes de deux étages.

Voici l'explication que l'un de nous a donnée de ce phénomène dans le Bulletin de la Société géologique (2).

Les sables miocènes et les terrains pliocènes inférieurs se
sont lentement relevés vers les montagnes du Dauphiné et du
Jura. Au crêt de Chalam, la mollasse apparaît presque à
1235 mètres, au fort de Joux à 1100; près du Villard de Lans,
entre Autrans et Méaudre, le poudingue miocène s'élève jusqu'à 1200 environ, et il y a bien des points intermédiaires
entre ces cotes extrêmes et le niveau de nos plaines; Oussia
près Pont-d'Ain, la montée de Poncin, etc., etc.

(1) Falsan et Locard, Note sur les formations tertiaires et quaternaires des environs de
Miribel. *Ann. Soc. d'agricult.*, 1878.
(2) Falsan, *Bull. Soc. géol.*, 3ᵉ série, t. III, p. 727, pl. XXVIII.

Dans la vallée du Rhône ces terrains ont donc présenté
une surface figurée dans notre coupe schématique par la
ligne A, B, C, D, E, c'est-à-dire qu'à la place du plateau
bressan, il y avait une dépression dans laquelle les eaux
sous-glaciaires ont déposé leurs alluvions au dessus des sables et des argiles pliocènes inférieures qui en occupaient

Mont-d'Or.   Saône.   Plateau bressan.   Rhône.   Bas-Dauphiné.

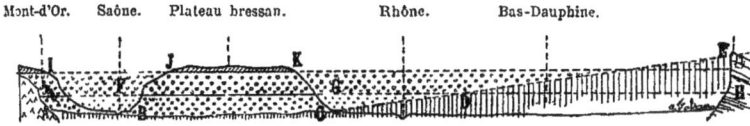

déjà le fond. Seulement, ces fleuves ont raviné profondément
les couches relevées du miocène et du pliocène, C, D, E,
qui n'offraient aucune résistance, et ont entraîné leurs
sables et leurs fossiles, pour les confondre avec leurs propres
alluvions, et les déposer pêle-mêle dans l'espace qui s'ouvrait devant eux, jusque vers les montagnes du Lyonnais.
Ainsi tous les terrains compris dans l'espace angulaire E, D, H,
ont été attaqués et entraînés pour contribuer à la formation
de la nappe caillouteuse A, F, G, H, et il est évident qu'il
n'y a rien d'absurde à admettre que des fossiles primitivement déposés en E ont pu être entraînés jusqu'au point K,
à la limite du lehm et de l'alluvion. En définitive ils n'ont
fait que descendre pour arriver sur le plateau bressan. Plus
tard, de grandes dénudations se sont effectuées dans les
vallées de la Saône et du Rhône; le plateau des Dombes
a été isolé, et le pays a pris la configuration topographique
indiquée par le gros trait de notre schéma.

Notre classification diffère de celle des autres géologues,
M. Jourdan, qui le premier a signalé la présence de ces restes
organiques dans nos alluvions anciennes, croyait qu'ils
étaient en place et qu'ils dépendaient du pliocène. Il prétendait par conséquent que ces sables et ces graviers avaient

été déposés par une mer qui avait de nouveau envahi notre contrée après le retrait de la mer miocène, et le dépôt des sables pliocènes à *Mastodon dissimilis*. MM. Thiollère, Du mortier, faisaient de ces alluvions une dépendance du mio- cène, et les auteurs de la Monographie du Mont-d'Or lyonnais ont cru devoir adopter cette fausse interprétation des faits. Quant à nous, chaque nouvelle étude n'a fait que nous confirmer dans notre dernière manière de voir.

ARGILES LACUSTRES DES ENVIRONS DE CHAMBÉRY. — Au- dessus des alluvions anciennes il convient de placer une formation argileuse à fossiles d'eau douce et à lignite qui apparaît près de Chambéry, à la Boisse, à Sonnaz, à Aix-les- Bains. Ce terrain semble s'être déposé immédiatement avant l'arrivée des glaciers quaternaires qui l'ont recouvert de leurs moraines. Ces argiles lacustres avec leur lignite pour- raient sans doute se relier aux dépôts analogues de la Bâtie près de Genève et d'Hermance, d'Yvoire, de Thonon, dans la Haute-Savoie, ainsi qu'au terrain à *Charbon feuilleté* que M. Heer a étudié près de Zurich, à Dürnten et à Utznach.

Mais nous ne partageons pas l'opinion de ce savant, qui voudrait trouver, dans la position de ce charbon feuilleté. la preuve de deux périodes glaciaires.

Nous croyons plutôt que les végétaux des lignites récents de la Suisse se sont développés entre deux oscillations des grands glaciers alpins, et même il nous paraîtrait plus simple d'admettre avec M. A. Favre que les formations de lignites de la Suisse et de la Savoie, peuvent provenir des forêts abattues par l'avancement des glaciers. Les arbres entraînés, culbutés par les moraines ont pu se déposer au milieu des blocs erratiques, des argiles et des cailloux striés, puis être ensuite recouverts par des matériaux analogues.

Dans les argiles de la Boisse on a recueilli des empreintes

de végétaux, des fragments d'insectes et de nombreux fossiles d'eau douce ou terrestres (1).

Plus à l'ouest, du côté de Lyon, on n'a pas trouvé de représentants de cette formation intéressante dont la faune et la flore ont été anéanties par l'arrivée des glaciers.

Nous allons maintenant jeter un coup d'œil rapide sur les terrains qui sont postérieurs aux alluvions, mais ce sera plutôt pour indiquer leur position stratigraphique que pour en donner une description complète. Ces descriptions se retrouveront plus loin dans des chapitres spéciaux, après l'étude de nos anciens glaciers.

TERRAIN ERRATIQUE, BOUE GLACIAIRE A CAILLOUX STRIÉS ET BLOCS ERRRATIQUES. — Les alluvions anciennes se distinguent nettement de la formation erratique qui les recouvre. Là les fragments de roches sont rarement arrondis; généralement ils ont conservé leurs angles, et presque toujours ils sont couverts de stries et présentent un poli remarquable. Au lieu d'être entourés de sable et de gravier, comme il arrive toujours dans les alluvions, ils sont emballés dans une terre argileuse, une sorte de *boue* dont la présence suffit largement pour prouver que ce terrain n'a pas été lavé et transporté par des eaux courantes, semblables à celles qui ont charrié les alluvions. De plus les éléments dont il se compose, au lieu d'être classés par grosseur et par densité, sont disposés pêle-mêle, d'une manière confuse; sans aucun ordre, les plus gros avec les plus petits, les plus légers avec les plus lourds. En un mot, une espèce de chaos est leur facies caractéristique. Dans les alluvions anciennes les plus gros galets ne dépassent pas le volume de la tête d'un enfant, et les fragments de roches de cette grosseur sont assez

(1) Chantre et Lortet, Etudes paléontologiques. *Extrait des Archives du Muséum de Lyon*, p. 50.

rares, mais dans le terrain qui nous occupe, il en est tout autrement. Cette boue renferme des blocs de toutes dimensions, et à demi ensevelis dans sa masse ; on pourrait en citer de plusieurs centaines de mètres cubes non loin de Lyon (2). Ces blocs depuis longtemps ont fixé l'attention des habitants de la campagne et des géologues. Ces derniers leur ont leur ont donné le nom d'*erratiques*. Ces blocs gigantesques avec leurs angles et leurs arêtes contribuent à imprimer un caractère original à cette formation. Pendant longtemps on s'est demandé avec anxiété quelle pouvait être l'origine de ces masses énormes, déposées si souvent dans des contrées qui ne présentent aucune roche semblable, et on a essayé de découvrir quel avait été leur mode de transport. A présent même quelques esprits inquiets s'adressent encore ces questions.

Sans doute il serait intéressant de résumer ces recherches, de faire l'inventaire des différents systèmes proposés pour résoudre ces problèmes. Dans le chapitre suivant nous essayerons donc de passer en revue les principales théories qui ont été mises en avant; mais dans ce paragraphe nous n'avons qu'à décrire ce terrain pour en faire reconnaitre le facies, et à faire constater sa position stratigraphique. Il repose toujours sur les alluvions anciennes, lorsque ces deux formations sont en présence l'une de l'autre; par conséquent l'une a immédiatement succédé à l'autre. Dans tout le plateau des Dombes, cette liaison est manifeste, ainsi que dans les plaines du Bas-Dauphiné; pour s'en rendre compte il suffit de visiter les environs de Sathonay, de Miribel, de Sainte-Foy, de Feyzin et une foule d'autres localités qu'il est inutile de désigner ici.

Bientôt nous aurons à nous occuper de nouveau de ce ter-

---

(1) Ante, Vol. I, p. 141, 146, 195, 221, 252, etc., etc.

rain en parlant des phénomènes qui ont accompagné l'ex
tension des anciens glaciers, et pour éviter des répétitions
nous n'ajouterons rien de plus à son égard.

Lehm. — Nous agirons de même pour le lehm, cette terre
jaunâtre qui repose toujours sur le terrain erratique, lors
qu'ils sont placés l'un près de l'autre. Ce limon n'est
qu'une conséquence du phénomène glaciaire que nous allons
étudier dans les chapitres qui vont suivre. Nous décrirons
donc ce terrain après avoir fait connaître le développement
et la marche de nos anciens glacier.

Résumé général. — Mais avant d'aller plus loin ne devons-
nous pas résumer brièvement ce que nous venons d'exposer jusqu'à présent? Nous rappellerons donc que de grands
mouvements orographiques qui ont brisé et soulevé nos
terrains, ont mis fin à la période crétacée, et ont esquissé à
grands traits les vallées du Rhône et de la Saône.

Cette vaste dépression a été occupée par une mer inté-
rieure, une sorte d'Adriatique dont les premiers sédiments
ont été masqués par d'autres dépôts plus récents, qui nous
offrent de nombreux affleurements. Les débris organiques
que ces sables renferment, indiquent leur liaison avec les
formations miocènes supérieures. Une température très
douce et humide favorisait l'évolution des animaux et des
plantes qui vivaient à cette époque.

Le sol se releva lentement d'une manière générale, et
refoula progressivement la mer vers le midi. Le rivage le
plus récent se retrouve vers Saint-Vallier; mais les caractères de la faune sont modifiés; la nature dans sa marche a
atteint les temps pliocènes. Les terres inondées se transforment en lagunes, en marécages, où s'entassent des mon-
ceaux d'arbres pour se transformer en lignites. Puis des

rivières, au cours lent et majestueux, charrient sur ces terres basses, une puissante couche de sables sur laquelle se dépose, non loin du Bugey, des travertins. Ces tufs nous ont révélé les merveilles de la végétation de cette époque, et il faut aller jusque vers les rivages les plus tempérés de la Méditerranée, et même aux îles Canaries, pour admirer des forêts aussi luxuriantes, aussi plantureuses, aussi riches que les bois qui ombrageaient les cascatelles de Meximieux.

La scène devait un jour se modifier.

La neige s'accumule sur les sommets des Alpes; des glaciers s'avancent dans les vallées de la Suisse, et des fleuves gonflés par des eaux de fonte ou par des pluies diluviennes envahissent les plaines de la Dombes et du Bas-Dauphiné. en charriant des masses énormes de graviers et de galets.

Près de Lyon la température se maintient, ou plutôt baisse très lentement, mais les troupeaux d'Éléphants, de Rhinocéros, de Mastodontes, de Cervidés et les terribles carnassiers qui les suivent, ne peuvent plus parcourir les prairies et les forêts de Meximieux, de Trévoux, de Saint-Germain; l'inondation les chasse devant elle; ils fuient et cherchent un refuge dans les régions plus élevées du Mont-d'Or et des chaînes voisines.

Les glaciers avancent toujours; leurs alluvions montent comme une immense marée; les glaces des Alpes viennent s'épanouir jusque sur nos collines, et les recouvrent de leurs moraines parsemées de blocs erratiques gigantesques. Alors la température s'équilibre avec celle de la Suisse. Un climat rigoureux permet le développement de glaciers locaux dans les vallées du Beaujolais, du Lyonnais et du mont Pilat, et la vie menace de fuir vers des stations plus favorisées; mais elle se concentre au pied des anciens glaciers et dans les espaces qu'ils n'ont pas envahis.

Cette extension des anciens glaciers est un des plus grands

faits de l'histoire géologique de notre globe. Nous allons donc chercher à étudier d'une manière attentive les phénomènes qui en dépendent et qui ont laissé des traces si profondes dans notre sol.

CHAPITRE DEUXIÈME

THÉORIES DIVERSES DU TRANSPORT DU TERRAIN ERRATIQUE

CARACTÈRES PRINCIPAUX DU TERRAIN ERRATIQUE. — La Suisse est vraiment le pays classique pour l'étude du terrain erratique de l'Europe centrale. Les flancs de ses montagnes, les surfaces de ses plaines, le fond de ses vallées, sont couverts de nappes ou de placards de cet étrange terrain de transport, et partout, à tous les niveaux, jusqu'à certaines limites supérieures, on aperçoit souvent dans des positions étranges des blocs erratiques aux proportions colossales, aux silhouettes vives et anguleuses. De Charpentier (1) en a cité plusieurs qui sont devenus célèbres. A l'entrée du Valais, sur la petite colline du Montet, un bloc énorme de calcaire, le *Bloc-Monstre*, de 49,000 mètres cubes, se dresse tout auprès de la demeure de l'ancien directeur des salines de Bex. Près d'Orsières, la *Pierre-du-Trésor*, gros bloc de protogine, cu-

---

(1) Essai sur les glaciers, § 44.

bant 3,400 mètres, repose sur la montagne calcaire de Plan-y-Bœuf, et dans les environs de Séeberg, (canton de Berne) on voit à Steinof un bloc de granite de 2,080 mètres cubes qui a conservé ses angles et ses arêtes. Nous pourrions citer encore près de Bex, les gros blocs de protogine appelés la *Pierre-à-Dzo* et la *Pierre-à-Muguet* dont le grand Conseil du Valais avait fait hommage à Jean de Charpentier (1855), et que sa fille vient de céder (1875) à la Société vaudoise des sciences naturelles (1) ; puis la *Pierre-des-Marmettes* de Monthey, bloc de protogine de 2,027 mètres cubes, et la *Pierre-Bessa*, gigantesque fragment de calcaire déposé sur la colline gypseuse du Montet; enfin une infinité d'autres blocs erratiques dispersés dans le Valais ou les autres régions alpestres.

Au Luegiboden, vallée d'Habkern, un magnifique bloc de granite rouge de 300,000 à 400,000 pieds cubes, appelé le *bloc exotique* parce qu'on n'a pas encore pu découvrir sa provenance.

Entre Lutzeren et Hüttschen, au nord de Berne, le bloc de Graffenried, bloc de granite venant du Grimsel et cubant 3,000 pieds.

Le Teufelsbürde sur Jolimont, masse d'arkésine du Valais de 20,000 pieds cubes. Le Grand Heidenstein, énorme fragment de gneiss de 20,000 pieds cubes, également venu du Valais et déposé dans le canton de Berne (2).

Mais ce n'est pas seulement au pied des massifs alpins qu'on trouve d'énormes blocs erratiques; on les rencontre aussi de l'autre côté de la grande vallée de la Basse-Suisse sur les pentes et les plateaux de la chaîne calcaire du Jura. On connaît la curieuse *Pierre-à-Bot*, bloc de granite à petits grains de 1370 mètres cubes, qui apparaît au-dessus de Neu-

---

(1) Renevier, Notice sur les blocs erratiques de Monthey (Valais). *B ll. Soc. Vaud. Sc. nat* , XV, n° 78, 1877.

(2) Consulter le quatrième rapport de M. A. Fabre sur l'étude et la conservation des blocs erratiques en Suisse, 1871.

châtel, la *Pierre-de-Milliet* (425 m. c.), la *Pierre-Vieille* (400 m. c.), la *Pierre-de-Condy* (130 m. c.), qui sont déposées à diverses hauteurs contre le Jura, sans parler d'une foule d'autres blocs dispersés le long de la même chaîne, et main tenant décrits, classés ou conservés comme *monuments scientifiques*.

Seulement pour la petite portion du territoire du pays de Gex, qui se trouve enclavée dans les limites de nos études spéciales, nous avons catalogué une vingtaine de blocs erratiques dont quelques-uns atteignent un volume de plusieurs centaines de mètres cubes(1), et jusque dans les plaines de l'Ain et de l'Isère, ainsi que sur les collines lyonnaises on voit des blocs alpins d'un volume considérable.

Souvent de curieuses légendes se rattachent à ces blocs: c'est un géant inconnu qui les a transportés; c'est Samson ou Goliath qui les a lancés du sommet des Alpes, et sans doute ces deux héros bibliques ont été tardivement substitués à des personnages fabuleux créés par l'imagination des habitants primitifs de la Suisse. Ces anciennes peuplades avaient été si émerveillées à la vue de ces prodigieux fragments de roche que pour expliquer leur présence, elles avaient recouru à des forces surnaturelles. Parfois elles couvraient ces blocs de signes mystérieux, pour les consacrer à leur culte ou pour rappeler les évènements les plus remarquables de leur histoire(2).

SYSTÈMES DIVERS PROPOSÉS POUR EXPLIQUER LE TRANSPORT DU TERRAIN ERRATIQUE. — Depuis les temps les plus reculés, ces blocs erratiques déposés isolément ou en groupes, sur des montagnes de nature différente, ont donc été de profonds sujets d'étonnement. D'abord, pendant une longue suite

(1) Vol. I, p. 1 et suiv.
(2) Desor, Mélanges scientifiques. — Les pierres à écuelles, p. 184. — Sandoz, édit, 1879.

de siècles, on s'est contenté de les entourer de légendes
merveilleuses, mais plus tard, lorsque le souffle de l'esprit
scientifique nouveau s'est fait sentir, les savants ont cherché à traduire leurs impressions d'une autre manière, et ils
se sont posé les problèmes qui se rattachent à l'origine pré
cise des blocs erratiques et au mode de leur transport.

C'est en Suisse que ces recherches ont été inaugurées ;
c'est dans cette belle contrée que pour la première fois on
s'est demandé d'une manière scientifique d'où provenaient ces
énormes fragments de roches. Lorsqu'on parcourt les crêtes
du Jura qui en sont couvertes, l'œil se porte instinctive-
ment sur ces massifs de roches cristallines qui se dressent
en face de vous et dont les cimes se dérobent sous un voile
de neiges éblouissantes. On comprend alors que les blocs qui
vous entourent ont dû se détacher de ces aiguilles, de ces
escarpements qui dominent les profondes vallées ouvertes
de l'autre côté du lac de Genève, ou de la grande plaine de
la Suisse. On ne peut hésiter qu'à préciser l'agent qui a
transporté ce terrain énigmatique à une telle hauteur, à une
si grande distance, malgré tant d'obstacles. Pourtant à l'époque de J. de Charpentier quelques identifications avaient été
faites; on savait déjà que le bloc de Steinof ressemblait aux
granites de la vallée de Binnen, que le *bloc des Marmettes*
avait dû venir de la chaîne du Mont–Blanc, que la *Pierre-à-
Bot* avait son origine près de Martigny.

M. Guyot poursuivit plus tard ces premières recherches
avec une rare sagacité et une persévérance opiniâtre, et il
publia dans le *Bulletin de la Société des sciences naturelles de
Neuchâtel*, 1845, un remarquable *Mémoire sur la distribution
des espèces de roches dans le bassin erratique du Rhône*. Ces
études furent complétées par les géologues suisses, MM. A. Favre, Desor, Agassiz, Renevier, etc., etc. On arriva ainsi à donner en quelque sorte son extrait de naissance à chaque bloc.

Même à une distance considérable de leur point de dépar
les débris erratiques dévoilent les mystères de leur origine
en laissant voir les secrets de leur composition. Ainsi
lorsque sur le plateau de la Croix-Rousse ou dans les défilé
de la rivière d'Ain (1), nous trouvons des fragments d'euphotide, de diallage verte, nous savons que cette roche
provient de la chaîne latérale gauche du Valais; nous pour
rions approximativement tracer la route qu'elle a suivie, e
nous arriverions, après bien des détours, vers les roches de la
vallée de Saas, au pied du Mont-Rose.

En résumé, il a été possible de résoudre la première question que les géologues se sont adressée pour établir en
quelque sorte la filiation des blocs erratiques. Il s'agissait de
poursuivre les traînées que les fragments de même nature
avaient pu laisser sur le sol, et d'arriver jusqu'aux roches
qui leur avaient servi de point d'origine dans les massifs
alpins. Cependant le deuxième problème restait debout, entouré
de toutes ses difficultés. Les routes suivies par les blocs étaient
retrouvées, mais il fallait connaître comment le chemin
avait été parcouru. La tâche était ardue; chaque moyen
évoqué semblait impuissant pour fournir les solutions de-
mandées, et de toutes parts apparaissaient de nouveaux
problèmes. On créa donc une longue série de systèmes scientifiques pour expliquer le transport des blocs erratiques. Ces sys
tèmes ont été tour à tour exposés, discutés et réfutés, nous
ne voyons donc pas la nécessité de les passer tous en revue,
cependant nous croyons convenable d'en examiner les principaux, afin de faire mieux comprendre la valeur de celui que
nous avons cru devoir adopter.

DÉPLACEMENT DES EAUX DE LA MER, DE SAUSSURE. — À la

---

(1) Vol. I, p. 90. Voyez feuille de Nantua et de Belley et la carte d'assemblage.

fin du siècle dernier, H. B. de Saussure, reprenant les travaux de Scheuchzer, d'Altmann, de Grüner, étudia avec son talent habituel les glaciers des Alpes et les terrains de transport qui forment à leur pied de vastes plaines, au fond de chaque grande vallée.

Nous avons déjà dit (1) qu'une partie de ses observations avaient porté sur les terrains diluviens ou erratiques de la vallée du Rhône, et qu'ainsi il avait eu l'honneur d'ouvrir la voie dans laquelle ont marché depuis les Leymerie, les Fournet, les Dumortier, les Benoît, les Lory et tous les géologues lyonnais qui se sont occupés de nos alluvions anciennes.

Cet illustre voyageur regarda les alluvions de la vallée du Rhône comme une dépendance de celle des Alpes. Pour lui les blocs erratiques de nos collines devaient se relier à ceux qu'il avait vus sur le Salève. Les études ultérieures n'ont fait que confirmer jusqu'à nos jours, la justesse de ces conclusions; mais lorsqu'il lui fallut expliquer l'origine, le mode de formation de ce terrain erratique, ses raisonnements n'eurent plus la même sûreté. Pour charrier sur les montagnes et dans les plaines ces fragments de roches de toutes grosseurs, il fit intervenir l'action de puissantes masses d'eau. Les effets produits lui parurent même si considérables que les eaux de la mer, chassées par les derniers soulèvements des Alpes, pour aller se précipiter dans des abîmes ouverts devant elles, lui semblèrent seuls capables de les avoir enfantés.

De Saussure avait l'esprit trop judicieux pour ne pas apercevoir les points faibles de sa théorie; sa conviction n'était pas parfaite, il l'avoue lui-même; il lui restait quelques doutes. Les courants d'eau si puissants qui devaient avoir transporté jusque sur les crêtes du Jura de gigantesques blocs erratiques, n'avaient pas laissé pour lui, dans le pays, des traces

(1) Vol. I, p. 436 et suiv.

assez profondes de leur passage, des traces proportionnelles à leur grandeur et à leur impétuosité. Il fallait encore interroger la nature.

Ce système scientifique était en contradiction avec les faits, car, à l'époque du dernicor sulèvement des Alpes, la mer s'était depuis longtemps retirée des vallées de la Suisse. On ne pouvait donc pas attribuer à son action le transport des blocs erratiques, et, si on avait eu le droit de recourir à l'intervention des eaux marines, il aurait fallu expliquer de quelle façon elles auraient pu opérer ce transport, par-dessus la grande vallée de la Basse Suisse. On se serait trouvé alors en présence de nouvelles difficultés, que les diluvianistes ont été jusqu'à présent impuissants à résoudre.

PLAN INCLINÉ, DOLOMIEU.— Dolomieu et Ebel (1), tentèrent de parer aux inconvénients de la théorie de de Saussure, en en proposant une autre dans laquelle ils réservaient à l'eau une action très restreinte. Ils supposèrent que les Alpes, après leur soulèvement, formèrent un plan incliné continu, sur lequel les débris erratiques, favorisés sans doute par quelques légers courants d'eau, auraient glissé jusque vers les stations où on les trouve aujourd'hui.

De Charpentier essaya de réfuter ce système en démontrant que la pente de ce plan incliné serait tout à fait insuffisante pour permettre le glissement des blocs, puisqu'elle ne pourrait avoir plus de $1^o 8' 50''$. A cette époque les limites du terrain erratique coïncidaient sensiblement avec celles de la Suisse, mais à présent que les travaux de MM. E. Benoit et Lory les ont repoussées jusque vers Bourg, Lyon et Thodure, quelle serait l'inclinaison de cette pente, s'il fallait la prolonger jusque vers ces points extrêmes ? comment aurait-

---

(1) D. Charpentier, ouvr. cité, p. 173. d'Archiac, *Hist. des progrès de la géologie,* t. II p. 25.

t-elle été suffisante pour laisser glisser, même avec l'intervention de l'eau, les blocs de plusieurs centaines de mètres
cubes qui apparaissent non loin de Lyon, sur le plateau de la
Dombes ou dans les plaines du Bas-Dauphiné (1)?

De plus, comme l'écrit le savant auteur de l'*Essai sur les
glaciers*, les vallées de la Suisse étant toutes formées par la
rupture des couches au moment du soulèvement des Alpes,
sont des *vallées de montagnes* et non pas des vallées d'érosion
effectuées après les dernières oscillations du sol. L'existence même de ce plan incliné est donc inadmissible par le fait
de cette seule raison.

EXPLOSIONS GAZEUSES, DE LUC. — Les explosions gazeuses
admises par de Luc (2), pour résoudre le problème en question, n'eurent pas plus de succès, car leur influence, ne se
basant d'ailleurs sur aucune preuve solide, ne pouvait expliquer la régularité qui s'observe souvent dans la disposition
du terrain erratique.

Nous ne voulons pas de nouveau discuter cette hypothèse
qui a déjà été réfutée par de Buch, et par de Charpentier ;
qu'on nous permette du moins cette réflexion. Comment
ces explosions gazeuses auraient-elles pu lancer jusqu'à
Artas, au sud de Bourgoin, le *bloc de la mule du Diable*, qui
cube plus de 600 mètres (3), la *Pierre-Souveraine* (4) de Saint-
Genis-Laval près de Lyon, et la *Pierre-Grise* de Rancé (5) non
loin de Trévoux, qui ont chacune près de 100 mètres cubes?

EXTENSION ANCIENNE DES GLACIERS, PLAYFAIR. — Après la
création de ces deux théories qui ont été réfutées aussitôt
qu'émises, un Anglais qui avait parcouru la Suisse, allait en

(1) Vol. I, *passim*.
(2) De Charpentier, ouvr. cité, p. 190. D'Archiac, p. 253
(3) Vol. I, p. 252.
(4) Vol. I, p. 300.
(5) Vol. I, p. 221.

exposer une nouvelle qui devait lutter victorieusement contre
celle de de Saussure, contre celles de tous les partisans des
courants diluviens. Playfair(1) paraît être le premier, selon
d'Archiac (2) qui, dès 1802, eut cette idée que les glaciers
pouvaient être la cause du transport des blocs erratiques.
En 1806, il l'appliqua aux blocs du Jura, et il n'hésita point
à attribuer leur position à l'existence, à l'action d'anciens
glaciers qui avaient autrefois traversé le lac de Genève et
la gande vallée de la Suisse. « Un courant d'eau, quelque
puissant qu'on le suppose, dit cet auteur, n'aurait jamais
pu transporter, puis lancer sur une pente un bloc tel, par
exemple, que la *Pierre-à-Bot*, près de Neuchâtel; mais il
l'aurait abandonné dans la première vallée qui se serait trou-
vée sur son passage. En outre ce bloc aurait eu ses angles arrondis, même en parcourant une distance beaucoup moindre,
et aurait acquis la forme qui caractérise les pierres soumi-
ses à l'action de l'eau. Un glacier au contraire, qui comble
les vallées et qui porte à sa surface des roches sans traces
de frottement, est le seul agent que l'on puisse actuellement
supposer capable de les charrier à une pareille distance,
sans émousser leurs angles. Tout ce que l'on a appelé
depuis, la *théorie des anciens glaciers* se trouve résumé dans
ce peu de mots d'un savant, sans doute d'abord peu connu en
Suisse, car c'est à J.-D. Forbes(3) que l'on doit de lui avoir
rendu justice. »

Playfair avait-il créé de toutes pièces cette hypothèse qui
devait occuper plus tard une si large place dans la science,
ou bien lui avait-elle été inspirée par quelque montagnard
retiré au pied des glaciers, et plus familiarisé avec les phé-

(1) *Huttonian theory*, art. 349. — *Plaifair's works*, vol. I, p. 29.—*Explication de Plaifair
sur la théorie de la terre*, par Hutton. Traduction française, par C. Basset, p 310. *Note*,
1815. D. Charpentier, Essai, p. 346.
(2) *Histoire des progrès de la géologie*, t. II, 1re partie, p. 237
(3) *Travels trough the Alpes*, etc. Voyage dans les Alpes de la Savoie, p. 39, in-8, Édim-
bourg, 1843.

nomèmes dont ils sont le théâtre que ne pouvaient l'être la plupart des savants? on l'ignore. Mais il est bien probable que celui qui servit d'initiateur à Jean de Charpentier, quelques années plus tard (1815), Perraudin ou d'autres chasseurs de la vallée de Bagnes, attribuaient déjà très naturellement à l'action des glaciers le transport des blocs erratiques parsemés autour de leurs chalets. Il leur aurait été même difficile d'assigner une autre cause à leur charriage, puisque chaque jour, en parcourant les montagnes, ils voyaient fonctionner cette cause devant eux.

COURANTS DILUVIENS, COURANTS BOUEUX, DE BUCH. — La théorie glaciaire restait ainsi presque ignorée du monde savant, lorsque de Buch (1) vint (1817) donner un nouvel éclat au système des courants diluviens. Il mit ses observations personnelles à l'appui des conclusions de de Saussure, mais il se réserva d'assigner une origine différente à ces masses d'eau, mises en mouvement avec une vitesse « capable de dé · poser des blocs alpins sur le Jura, après les avoir fait voler par-dessus le lac de Genève sans qu'un seul soit tombé dans sa profondeur, ou se soit arrêté sur ses bords » Il évalua même la rapidité de ce courant à 19,460 pieds par seconde. Le soulèvement subit de la chaîne granitique du Mont–Blanc aurait imprimé cette impulsion extraordinaire à ces eaux diluviennes, ou même aurait lancé jusque sur le Jura des fragments de roches alpines. Plus tard, il fut si effrayé de la force qui aurait été nécessaire pour produire un pareil résultat, qu'il finit par réduire cette vitesse à 350 pieds.

La mer n'avait pas transporté sur le Jura les blocs erratiques, c'était un courant d'eau analogue aux torrents actuels,

---

(1) De Charpentier, *Essai*, etc., p. 194. — De Buch, *Soc. des sc. de Berlin*, 1811. — Extrait du Mémoire de de Buch. *Ann. de chimie et de physique*, t. VII, janvier 1818. — Brochant de Villers, Extrait d'une conférence avec de Buch, *Ann. de chim. et de phys.* t. X, p. 241, 1819

mais infiniment plus considérable, qui avait effectué ce charriage, et ces masses d'eau avaient été si boueuses, si chargées de roches, leur rapidité avait été si grande, qu'un grand nombre des blocs qu'elles emportaient, n'obéissant presque plus aux lois de la pesanteur, étaient suspendus dans cette pâte fluante, et avaient pu être déposés jusque sur les crêtes des montagnes qui bordaient leur passage.

Si l'on repousse l'intervention de la mer, où trouver les sources de toutes ces eaux torrentielles, qui se seraient échappées du massif alpin avec une telle abondance, une telle rapidité? On oppose toujours cette objection aux théories diluviennes, et leurs partisans ne peuvent la résoudre avec succès.

DÉBACLES DE LACS, ESCHER DE LA LINTH. — En effet, faut-il supposer avec Escher de la Linth (1) (1819) des ruptures de digues retenant des lacs dans les hautes vallées des Alpes? Mais pour ces lacs, il conviendrait d'abord de prouver leur exis-tence en montrant les restes de leurs barrages. Et encore ces grands réservoirs eussent-ils existé, ne devrait-on pas se demander s'ils auraient pu contenir des eaux assez abon-dantes pour produire les effets exigés d'elles? Il est permis d'en douter, lorsqu'on sait qu'à la débâcle de Bagnes le trans port des matériaux ne s'est opéré que vers le point de rupture du barrage, et en aval dans le fond de la vallée. Il suffisait d'une différence de niveau de quelques mètres pour tout abriter de ce courant dévastateur, cité trop souvent comme exemple des courants diluviens.

FONTE DES ANCIENS GLACIERS, ÉLIE DE BEAUMONT. — Faut-il admettre avec Élie de Beaumont(2) (1829) que ces eaux di-

(1) *Nouvelle Alpina*, vol. I. — De Charpentier, *Essai*, p. 201.
(2) *Mémoires divers*. Note relative à une des causes présumables des phénomènes erratiques. *Bull. Soc. géol.*, 2ᵉ série, t. IV, p. 1334, 1847.

luviennes provenaient de la fonte rapide des anciens glaciers des Alpes, sous l'influence de l'apparition des roches éruptives pendant le dernier soulèvement de cette chaîne? Mais y aurait-il vraiment proportion entre le volume de ces glaciers et celui de ces masses d'eau qui auraient couvert le Jura et le Bugey de blocs erratiques, qui auraient charrié jusque près Lyon des fragments alpins de plus de 600 mètres cubes, et qui auraient dû avoir sur plusieurs points plus de 1,000 mètres de puissance verticale, et une immense largeur malgré la vitesse prodigieuse dont elles étaient animées? Nous ne le pensons pas; il suffit de jeter les yeux sur une carte pour s'en convaincre.

Mais venons au système proposé par de Buch. D'abord il nous paraît inutile de répéter ici les objections que de Charpentier a cru devoir opposer à cette idée d'un choc subit, produit par l'apparition du granite du Mont-Blanc, et assez violent pour lancer au loin d'énormes blocs, car ces soulèvements instantanés ne sont plus en rapport avec les principes de la géologie moderne.

Mais pouvons-nous accepter ces torrents boueux, même en laissant de côté les difficultés que l'on rencontrerait, lorsqu'on voudrait expliquer leur origine, les sources de leurs éléments? Nous sommes forcés de les repousser, car même en accordant qu'ils ont pu exister, il nous faudrait encore rendre compte de la manière dont ils auraient pu passer par-dessus le lac de Genève et les autres lacs de la Suisse, sans les combler. Ce serait là un problème impossible à résoudre.

EXTENSION ANCIENNE DES GLACIERS. VENETZ ET PREMIER MÉMOIRE DE J. DE CHARPENTIER. — Les raisonnements qui avaient captivé Playfair étaient trop simples, trop naturels, trop clairs, pour ne pas naître spontanément dans l'esprit d'autres observateurs intelligents. En effet, deux ingénieurs qui vivaient en face des glaciers du Valais, sont arrivés l'un et l'autre, presque en même temps, à reprendre la route qu'avait déjà suivie le savant anglais, et à reconnaître dans les glaciers les véritables agents du transport des blocs erratiques.

En 1821, Venetz lut à la Société d'histoire naturelle de la Suisse un Mémoire(1) dans lequel, après avoir exposé les diverses phases d'extension et de recul des glaciers modernes, il chercha à prouver que, à une époque plus ancienne, ils avaient pu transporter des blocs alpins jusque sur les plateaux du Jura. Quelques années plus tard (1829) cet ingénieur rencontrant Jean de Charpentier, lui communiqua ses opinions relatives au développement des anciens glaciers. Tout d'abord le directeur des mines de Bex ne voulut pas partager les idées de son ami, et pour le convaincre de son erreur, il s'appliqua à étudier d'une manière toute spéciale le terrain erratique du Valais. Mais cette étude le conduisit à un résultat bien opposé à celui qu'il attendait. En effet, comme il l'a dit lui-même(2), loin de lui fournir des arguments contre l'hypothèse des glaciers, il reconnut clairement qu'elle expliquait de la manière la plus satisfaisante le terrain erratique jusque dans ses moindres détails, et tous les phénomènes qui s'y rattachent.

Quelqu'un cependant avait déjà devancé l'ingénieur Venetz pour initier Jean de Charpentier à la théorie glaciaire. Nous le laissons raconter lui-même ce fait important qui, avec les observations de Playfair, sert de point de départ à toutes les études qui ont été entreprises par la suite sur cette importante question. « La personne, dit-il(3), que j'ai entendue pour la première fois émettre l'opinion que les débris erratiques ont été transportés par des glaciers, est un bon et intelligent

---

(1) Bibliothèque universelle de Genève, vol. XXI, p. 77.
(2) De Charpentier, *Essai*, etc., § 79.
(3) *Essai*, etc., § 79.

montagnard, nommé J.-P. Perraudin, passionné chasseur de
chamois, encore vivant au hameau de Lourtier, dans la vallée
de Bagnes.

« Revenant en 1815 des beaux glaciers du fond de cette
vallée, et désirant me rendre le lendemain par la montagne
de Mille au grand Saint Bernard, je passai la nuit dans sa
chaumière. La conversation, durant la soirée, roula sur les
particularités de sa contrée, et principalement sur les glaciers qu'il avait beaucoup parcourus et qu'il connaissait fort
bien. J.-P. Perraudin me dit : « Les glaciers de nos mon-
« tagnes ont eu jadis bien plus d'extension qu'aujour-
« d'hui. Toute notre vallée, jusqu'à une grande hauteur au-
« dessus de la Drance, torrent de la vallée, a été occupée par
« un vaste glacier qui se prolongeait jusqu'à Martigny, comme
« le prouvent les blocs de roches qu'on trouve dans les envi-
« rons de cette ville et qui sont trop gros pour que l'eau ait pu
« les y amener. » Quoique le brave Perraudin ne fît aller son
glacier que jusqu'à Martigny, probablement parce que lui-
même n'avait peut-être guère été plus loin, et quoique je
fusse bien de son avis relativement à l'impossibilité du transport des blocs erratiques par le moyen de l'eau, je trouvai
néanmoins son hypothèse si extraordinaire, si extravagante
même, que je ne jugeai pas qu'elle valût la peine d'être
méditée et prise en considération. »

Sans Venetz il l'aurait peut-être oubliée!

Il est si rare de pouvoir en quelque sorte assister à l'éclo-
sion d'un grand système scientifique, d'en retrouver les premiers germes, qu'on nous pardonnera d'avoir transcrit cette
longue citation. Le fait est bien connu aujourd'hui, mais le
langage simple et véridique de de Charpentier donne toujours un charme nouveau à ce récit.

BASES DE LA THÉORIE GLACIAIRE. — Pour soutenir la théorie de Venelz à laquelle il s'était rattaché, J. de Charpentier avait cherché ses arguments dans la disposition confuse des éléments du terrain erratique, dans leur manque de stratification, dans la disposition des gros blocs à tous les niveaux, depuis les plaines jusque sur les crêtes du Jura, dans le mode de groupement des fragments de roches d'après leurs lieux d'origine, dans l'impossibilité de franchir les lacs de la Suisse sans les combler, si le terrain erratique avait été transporté par des courants plus ou moins boueux, enfin dans la présence de stries sur les flancs des vallées, et dans le polissage des roches. Telles sont encore aujourd'hui les bases principales sur lesquelles repose ce système scientifique. De Charpentier avait eu le talent d'établir solidement son édifice, et, pour achever son œuvre, l'on n'a eu depuis qu'à développer l'idée du premier architecte.

Ces idées, qui avaient étonné le futur défenseur de la théorie glaciaire et qui étaient presque ignorées du monde savant, avaient pour ainsi dire cours parmi les montagnards, et de Charpentier a raconté que lorsqu'il se rendait en 1834 à Lucerne, pour lire un aperçu de son premier mémoire ou *Notice sur la cause probable du transport des blocs erratiques de la Suisse* (1), un simple bûcheron lui parla de l'ancien développement des glaciers du Grimsel, et lui montra les blocs qu'ils avaient transportés au loin sur de hautes montagnes. D'autres paysans avaient émis devant lui des idées analogues sans se douter qu'on s'en servirait un jour pour expliquer un des plus grands phénomènes géologiques du globe.

GOETHE. — Mais cette belle théorie ne s'était pas simplement révélée à de simples montagnards qui vivaient au milieu des glaciers et qui en suivaient chaque jour les phé-

(1) Ann. *des mines*, 3ᵉ série, vol. VIII. p. 219, 1838. — *Bibl. univ. de Genève*, 2ᵉ série, vol. IV, p. 1, 1836.

nomènes, Gœthe en eut une sorte d'intuition, lorsqu'il mentionna dans son roman de *Wilhlem-Meister* (1) une période de froid pendant laquelle des blocs immenses de roches primitives auraient glissé sur des glaciers qui s'étendaient au loin dans les plaines. Après la fonte de ces glaces, ajouta-t-il, ces blocs seraient restés gisants sur ce sol étranger. Voilà tout le système glaciaire nettement formulé par un des plus grands génies de l'Allemagne, bien avant que cette doctrine fût enseignée dans les écoles par de nombreux professeurs.

TRADITIONS DE LA PERSE. — Du reste en remontant jusqu'aux âges les plus reculés, on retrouve déjà des notions confuses de cette période de refroidissement. La tradition antique de la Perse (2) place au nombre des châtiments dont fut frappée l'humanité coupable, l'apparition d'un froid intense et permanent que l'homme ne pouvait à peine supporter et qui rendait la terre presque inhabitable (3). Une tradition semblable existe aussi dans un des chants de l'*Edda*, la *Voluspa*.

GLACES UNIVERSELLES, AGASSIZ, SCHIMPER. — Le premier mémoire de J. de Charpentier, malgré la précision des faits exposés, l'enchaînement des déductions, la clarté des idées, eut peu de retentissement parmi le monde savant; on lui reprocha de ne pouvoir s'appliquer qu'aux phénomènes de la Suisse. Cependant en le publiant l'auteur put atteindre le but qu'il s'était proposé, c'est-à-dire ranimer des discussions qui paraissaient éteintes, et réveiller l'attention des géologues sur une question qui paraissait négligée.

---

(1) 2ᵉ édit., vol. II, ch. x, 1829. — De Charpentier, *Essai*, p. 247.
(2) François Lenormand, *Manuel de l'histoire ancienne de l'Orient*, vol. I, p. 5. — *Les premières civilisations*, t. I, p. 63.
(3) *Vendidad-Sadé*, ch. 1.

En effet à Neuchâtel, on vit bientôt Agassiz, dans son discours d'ouverture (1) à la Société helvétique des sciences
naturelles (1837), donner une nouvelle impulsion à la théorie
des glaciers. Ce savant naturaliste se laissa même emporter
trop loin par son ardeur. Il prétendit que depuis le pôle Nord
jusque sur les bords de la Méditerranée et de la mer Caspienne,
avant le soulèvement des Alpes, la température s'était tellement abaissée, que toute l'Europe avait été couverte d'une
épaisse couche de glace. Puis au moment de la formation
de cette chaîne de montagnes, le sol s'étant fracturé et
soulevé, les débris des roches brisées étaient tombés sur la
nappe de glace soulevée elle-même, et avaient glissé jusqu'aux endroits où nous les voyons aujourd'hui. Agassiz ne faisait ainsi que remplacer le plan incliné de Dolomieu par une
nappe de glace. Mais si l'on a des raisons pour accepter l'extension des anciens glaciers telle qu'elle a été proposée par
Playfair, Venetz, de Charpentier, on n'en a aucune pour
admettre l'existence de ces *glaces universelles* qui, à un moment donné, auraient entraîné l'anéantissement de la vie
pendant la période glaciaire. Les dernières découvertes de
la paléontologie végétale sont venues démontrer qu'à cette
époque de nombreuses plantes, indiquant un climat tem
péré, prospéraient en face des glaciers, partout où elles
trouvaient un sol favorable (2), et la paléontologie animale
fournit des conclusions analogues.

Mais à un autre point de vue le système d'Agassiz est défec-
tueux ; ce n'est pas *avant* le soulèvement des Alpes que s'est
abaissée la température de l'Europe. Ce changement de climat
aurait été plutôt synchronique de ce grand phénomène ;
nous pensons même qu'il en a été en partie la conséquence.

---

(2) *Actes de la Soc. helvétique des sc. nat.* 24 juillet, 1837. — *Bibl. univ. de Genève,*
vol. XII, p. 367, 1837. — D'Archiac, *Histoire des progrès de la géologie*, t. II, 1ʳᵉ partie,
p. 240.
(1) De Saporta, *Le monde des plantes*, etc., p. 121.

Ce système qui couvrait l'Europe d'une nappe de glace fut encore exposé par M. Schimper (1), mais il parut empreint d'une telle exagération que de Luc reprit la théorie des torrents boueux pour la lui opposer (2). Nous n'avons pas à la discuter de nouveau.

GLACES FLOTTANTES. DARWIN, LYELL, VENTURI. — D'autres géologues avec Darwin (3), Venturi(4), Wissman, essayèrent de prendre une position mixte entre les camps ennemis, et cherchèrent à allier l'action de l'eau à celle de la glace. Ils supposèrent donc qu'au moment de cet abaissement de température dont on trouve tant de traces en Europe, à la fin des temps tertiaires, les Alpes déjà surélevées étaient entourées de grands lacs ou bien apparaissaient comme une île au milieu de la mer. Les vallées supérieures étaient comblées par de grands glaciers qui laissaient glisser dans ces eaux froides d'énormes radeaux de glaces, couverts de débris de rochers de toutes grosseurs, et provenant des moraines des glaciers alpins.

Ces débris, ces blocs, étaient ensuite transportés par ces espèces de banquises, et tombaient sans ordre, à tous les niveaux, sur le fond irrégulier de la mer ou de grands lacs qui devaient avoir en certains points plus de 1,000 mètres de profondeur. Ainsi s'expliqueraient parfaitement le caractère confus des dépôts erratiques, la présence de stries glaciaires sur la plupart des fragments qui le composent, enfin la position étrange de certains gros blocs qui, malgré la distance qu'ils ont parcourue, paraissent avoir conservé leurs angles et leurs arêtes. Mais, avec ces glaces flottantes poussées

(1) *Ode die Eiszeit*, 18 février, 1837. — De Charpentier, *Essai*, p. 228.
(2) *Actes de la Soc. helvet. des sc. nat.*, 1837. *Bull. de la sc. géol.*, t. X, p 363, 1839.
(3) *Journal of Researches and natural history*, etc., London, 1839.
(4) *Memorie intorno ad alcuni fenomeni geologici*, Pavia, 1817.
(5) *Essai d'une explication des blocs erratiques de la Suisse*, Neu Jahrb., 1840, p. 314.

au hasard par le caprice des vents et des courants, comment
rendre raison de la forme régulière de certains bourrelets
de terrain erratique qui barrent encore le fond de quelques
vallées de la Suisse et du Bugey (1) comme de véritables
moraines? Puis comment concilier avec ce transport irrégulier la délimitation si nette du terrain erratique des Dombes
et du Bas-Dauphiné, qui forme une immense ligne courbe
passant par Bourg, Châtillon, Lyon, Vienne et Thodure?
Mais ce n'est pas tout, cette hypothèse repose sur des principes insoutenables. Il est impossible de retrouver les traces
des digues qui auraient maintenu autour des Alpes des lacs
de 1,000 mètres de profondeur, et de plus tous les géologues admettent que lors du dernier soulèvement des Alpes
la mer s'était déjà retirée loin de la Suisse. Les auteurs
de ce système de conciliation n'ont donc pas atteint leur
but; ils ne purent clore les discussions sur le transport du
terrain erratique. Toutefois nous devons ajouter que nous ne
repoussons ce système que dans son application au terrrain
erratique de l'Europe centrale, et nous reconnaissons qu'il
est très acceptable pour quelques contrées du Nord de l'Europe, les plaines de la Prusse, par exemple, l'Amérique septentrionale, ou d'autres régions des deux hémisphères.

EXTENSION ANCIENNE DES GLACIERS, STUDER, MGR RENDU. —
Studer avait d'abord admis que les torrents boueux avaient pu
polir les roches et les couvrir de stries, mais n'ayant pu accorder la consistance épaisse de ces courants avec l'énorme
vitesse horizontale qu'il fallait leur supposer (2), il se rangea
du côté des glaciéristes et regarda comme des phénomènes
glaciaires le moutonnement et le striage des roches, la dispersion des blocs, et il indiqua même, comme étant les débris

(1) Vol. I, p. 134, 135, etc.
(2) *Monographie de la Mollasse*, p. 209.

d'une gigantesque moraine, les collines qui, sur le versant méridional des Alpes, séparent le bassin d'Ivrée de celui de Biella (1). La théorie glaciaire allait faire de nouveaux progrès.

M. le chanoine Rendu vint apporter de nouveaux arguments en faveur de la cause déjà défendue par Venetz et de Charpentier, mais après les considérations détaillées que nous avons données sur les travaux du savant évêque d'Annecy (2) nous ne pouvons que citer sa *Théorie sur les glaciers* (3), ouvrage dans lequel il a eu le talent d'exposer des vues très justes sur les allures des glaciers et un moyen aussi sûr que facile, pour identifier le terrain erratique avec les formations glaciaires, et les moraines des glaciers actuels.

CÔNES DE DÉJECTION, NECKER. — Les théories diluviennes semblaient reculer ; Necker essaya de leur faire reconquérir le terrain qu'elles avaient perdu. Après s'être livré à de longues études géologiques dans les Alpes (4), il crut pouvoir faire accepter, comme une probabilité, que tout ce qui restait de terrain diluvien dans le bassin du lac de Genève, devait jadis avoir fait partie d'un grand cône de déjection dont le sommet aurait été situé vers le débouché de la vallée du Rhône. D'autres cônes semblables se seraient produits à l'ouverture des autres vallées des Alpes, et la localisation des éléments du terrain erratique serait un phénomène dépendant de la formation de ces dépôts torrentiels.

Les raisons qui ont empêché d'accepter des hypothèses analogues, nous forcent à repousser celle-ci, qui était impuissante pour résoudre le problème de la dispersion des blocs erratiques sur le Jura, sans parler de bien d'autres difficultés.

(1) *Bull. Soc. géol.*, vol. XI, p. 49. 1840.
(2) Vol. I, p. p. 477 et suiv.
(3) *Mémoires de l'Académie de Savoie*, vol. X, 1840.
(4) *Études géologiques dans les Alpes*, p. 350.

EXTENSION ANCIENNE DES GLACIERS. DEUXIÈME MÉMOIRE DE DE
CHARPENTIER — Ce fut à cette époque (1841), que de Charpentier fit paraître le remarquable mémoire qu il intitula
*Essai sur les glaciers et sur le terrain erratique du bassin du
Rhône.* Ce ne fut en quelque sorte que le développement de
celui qu'il avait lu à Lucerne en 1834. L'idée principale est
bien la même : extension des anciens glaciers qu'on doit considérer comme agents du transport du terrain erratique. Mais
cette hypothèse, il chercha à l'appuyer par l'expérience acquise pendant vingt-cinq années d'études approfondies sur les
glaciers actuels. Son mémoire se divise donc en deux parties, la
première consacrée aux glaciers modernes; l'autre au terrain
erratique. En effet, pour parler du transport des blocs erratiques et réfuter les objections qu'on opposait à la théorie de
Venetz, il fallait bien d'abord étudier et faire connaître la
structure des glaciers, leur mode d'accroissement, leur conservation, leur expansion, leur marche, la disposition de
leurs moraines, les traces de leur passage sur le sol. Ensuite il ne restait qu'à appliquer à l'étude du terrain erratique toutes les connaissances acquises; Jean de Charpentier
se chargea de cette tâche avec talent, et son *Essai* devint le
point de départ du triomphe de la théorie glaciaire. Il alla au-
devant des objections qu'on pouvait lui faire; il les prit une
à une et lutta pour ainsi dire corps à corps avec elles, pour
les vaincre et en faire voir la faiblesse. Depuis la publication
de l'*Essai*, on n'a presque fait que répéter les raisonnements
de de Charpentier, et il a fallu constamment recourir à ses
arguments pour combattre les théories diluviennes. Ce
n'était pas dans la paisible retraite d'un cabinet d'étude qu'il
avait trouvé ses armes; c'était plutôt au milieu des glaciers
eux-mêmes et des blocs erratiques, qu'il avait su les con-
quérir. Fatigues, périls, observations opiniâtres, recherches
persévérantes, rien ne l'avait arrêté dans la poursuite de la

vérité. Ses efforts devaient être récompensés, et le temps devait un jour sanctionner ses doctrines scientifiques.

CONCLUSIONS. — En résumé si on laisse de côté les systèmes les moins importants et les plus étranges, tels que le plan incliné de Dolomieu, les explosions gazeuses de de Luc, les glaces universelles d'Agassiz, etc., on peut faire trois groupes des principales hypothèses émises pour expliquer la formation du terrain erratique. Dans le premier nous plaçons les théories de transports par des glaces flottantes, dans le second les diverses théories diluviennes, enfin dans le troisième la théorie glaciaire telle que l'ont comprise Playfair, Venetz, de Charpentier et les géologues qui les ont suivis.

Les hypothèses des glaces flottantes ne peuvent être acceptées que dans certains cas particuliers.

Les hypothèses diluviennes satisfont encore moins et offrent toutes un caractère étrange, car les agents qu'elles font intervenir semblent se mouvoir en dehors des lois de la nature, et ne sont pas harmonie avec les faits actuels.

La théorie glaciaire repose seule sur l'observation de ce qui se passe journellement, et elle n'est en définitive qu'un résultat d'observations bien faites. L'imagination a eu peu de part à son enfantement. Il ne s'agissait que de déduire quelques conclusions des faits observés. Il est donc naturel qu'elle ait été créée par des voyageurs, des ingénieurs qui vivaient pour ainsi dire au milieu des glaciers, et même par des bûcherons ou des chasseurs de chamois; c'était une conséquence de sa simplicité. Elle seule doit être adoptée; elle seule apporte la solution des problèmes posés.

CHAPITRE III

THÉORIE GLACIAIRE

Comparaison des glaciers quaternaires avec les glaciers du Groënland. — Transport des blocs erratiques par les glaciers quaternaires. — Striage et polissage des roches par les glaciers anciens et par les glaciers modernes. — Différences entre les roches polies par les g'aciers ou par les eaux. — Les roches polies et striées fournissent une ex cllente preuve à l'appui de la théorie glaciaire. — Les torrents boueux et les glaciers ne peuvent pas polir les roches de la même manière. — Analogie entre le terrain erratique et le terrain glaciaire moderne. — La théorie glaciaire substitue la durée de l'action à l'exagération de la vitesse et du volume de l'agent. — Résumé.

COMPARAISON DES GLACIERS QUATERNAIRES AVEC LES GLACIERS DU GROENLAND. — On a souvent reproché au système glaciériste de supposer l'existence de glaciers si gigantesques que l'esprit se refusait à les admettre. Ce reproche n'était pas fondé, car des glaciers aussi vastes, peut-être plus considérables, existent de nos jours vers le pôle Nord. Au Groënland, le D. Hayes a décrit le grand glacier de Humboldt, qui n'a pas moins de 111 kilomètres ou 60 milles géographiques (1) de large, et dont la masse glacée descend dans la mer à plus de 700 mètres de profondeur, en offrant ainsi une puissance verticale de 1000 mètres environ (2). Le glacier de Dove, sur la côte orientale, présente des proportions aussi grandioses, et ces deux amas de glaces se prolongent dans l'intérieur des terres jusqu'à des distances inconnues ! Nous ne pouvons

(1) Hayes, *La terre de désolation, excursion d'été au Groenland;* p. 129, Paris, 1874 — *La mer libre,* p. 154, 1868.

(2) El. Kane, *Arctic. explorations,* vol. 1. p. 225.

c pas nous étonner, lorsque nous retrouvons sur les
ines de Lyon ou de Bourg, les moraines frontales d'une
iche de l'ancien glacier du Rhône à plus de 400 kilomè-
des cimes du Haut-Valais qui formaient les limites extrê-
de son bassin d'alimentation. Et cette branche du glacier
Rhône à l'endroit de son plus grand épanouissement, après
onction avec les glaciers delphino-savoisiens, dans les
nes des Dombes et du Bas-Dauphiné, n'avait pas plus
100 kilomètres de large, le même diamètre que celui du
nd glacier de Humboldt dont nous venons de parler. Son
isseur à Culoz, ne dépassait pas 1,000 mètres, et cette
ssance se retrouve dans les glaciers du Groënland.

RANSPORT DES BLOCS ERRATIQUES PAR LES GLACIERS QUATER-
RES. — On comprend que ces anciens glaciers dont la
ssance ne présente ainsi aucune exagération, ont été
ables de transporter, jusqu'à Lyon et sans les arrondir,
blocs alpins de plusieurs centaines de mètres cubes,
bien de les déposer sur les flancs et les crêtes du Jura, ou
les montagnes du Dauphiné. Il n'y a dans ces supposi-
is rien qui dépasse la limite des phénomènes produits de
jours dans les régions polaires.

TRIAGE ET POLISSAGE DES ROCHES PAR LES GLACIERS ANCIENS ET
ERNES. — On peut tout aussi bien attribuer à nos anciens
ciers le moutonnement, le polissage et les cannelures
roches des vallées de la Suisse ou de celles du Bugey
du Dauphiné. Lorsque ces immenses amas de glaces
ient en mouvement, ils développaient une formidable
ssance dynamique, et ils agissaient comme des rabots
antesques sur les collines et les plateaux rocheux qui
trouvaient sur leur passage. En Suisse il existe de su-
bes roches moutonnées et polies, couvertes de canne-

lures et de stries ; personne ne s'en étonnait, mais on peu
en citer de magnifiques exemples au midi des carrières de
Villebois, en dehors des limites qu'on assignait, il y a peu
d'années, aux anciens glaciers de la vallée du Rhône. Tout le
plateau calcaire du Bas–Dauphiné qui s'étale à l'est des falaises rocheuses de la Balme et de Crémieu, a été poli et cannelé
par l'ancien glacier du Rhône; les surfaces rabotées apparaissent surtout près de Parmillieu, d'Amblagneux, de Vercieu,
de Quirieu. Elles occupent une immense étendue et donnent
au pays un aspect particulier. Tous ces calcaires jurassiques
sont polis en amont, du côté du sud-est; lorsqu'ils présentent des saillies un peu fortes, ces aspérités ont été moutonnées au lieu d'être nivelées, mais toujours le côté du
sud-est, c'est-à-dire le côté frappé (Stosseite) ; est mieux poli
que celui du nord–ouest qui était le côté abrité (Leeseite). Ce
poli et ce moutonnement offrent la plus grande analogie
avec l'état des roches que les glaciers actuels viennent d'abandonner. Nous dirons même que nulle part ailleurs, en dehors
des limites du terrain erratique, on ne trouve des rochers
façonnés de la même manière. Mais ces calcaires ne sont pas
simplement polis, ils sont sillonnés de cannelures, ayant
souvent de 20 à 30 centimètres de profondeur sur 40 à 50
centimètres de largeur. Il y en a d'autres moins accusées, et
quelques-unes sont de simples traits de burin, de simples
stries ; mais ce qu'il y a de plus remarquable, c'est que
toutes ces cannelures, toutes ces stries sont essentiellement
rectilignes, toujours parallèles les unes aux autres et constamment dirigées dans le sens moyen de la vallée du Rhône,
c'est-à-dire du sud-est au nord-ouest, sans que les accidents
du sol aient exercé la moindre influence sur cette direction.
Peu importe l'inclinaison des surfaces, les lignes se prolongent
toujours d'une manière régulière tendant vers le même
point, sans jamais s'écarter du but pour contourner un obsta-

cle. Parfois on reconnaît ces sillons sur des espaces de
plusieurs centaines de mètres de longueur, et bien souvent
ils disparaissent sous la terre végétale pour reparaître plus
loin.

La conservation de ces cannelures à la surface de la roche
dépend de leur profondeur, et lorsqu'elles sont peu accentuées, elles s'effacent très promptement sous l'influence des
agents atmosphériques. Pour voir ces surfaces striées dans
toute leur beauté, il faut les observer lorsqu'elles ont été
dégagées depuis peu de temps de la terre végétale qui les
recouvrait. Dans ces conditions leur poli est admirable;
les stries les plus délicates ont été conservées, et les parois
des glaciers actuels des Alpes ne peuvent rien offrir de plus
beau, de plus net.

Ces stries sont toujours rectilignes, mais leur largeur et
leur profondeur ne sont pas toujours régulières. Leur diamètre souvent s'agrandit progressivement, et elles vont en
s'approfondissant. En effet le fragment de roche dure qui
était enchâssé, comme un burin, dans la partie inférieure de
la glace, a commencé par faire un léger trait; puis il l'a creusé
toujours davantage jusqu'à ce que la résistance qu'il a rencontrée soit devenue supérieure aux efforts exercés sur lui.
Alors par un mouvement brusque, il est revenu à la surface
pour recommencer, successivement et toujours dans le
même sens, une série d'actions analogues jusqu'à ce qu'il
fût usé et écrasé lui-même (1).

Disons en passant que ces accidents de stries sont tellement réguliers et constants, que leur observation suffit pour
permettre de déterminer le sens de la progression des
anciens glaciers. Cette progression n'a pu se faire que dans
le sens de l'approfondissement des stries.

---

(1) Falsan, Instruction pour l'étude du terrain erratique, p. 11. *Mém. de l'Acad. de Lyon*
1869.

Mais pour l'étude de ces stries de roche et de ces surfaces polies considérées comme preuves de l'existence des anciens glaciers, nous ne saurions mieux faire que renvoyer le lecteur aux ouvrages de Ed. Collomb (1), et de MM. Hogard (2), et Desor (3), sur le terrain erratique des Vosges ou de la Scandinavie.

De semblables surfaces polies se retrouvent avec les mêmes caractères dans une foule de localités du Bugey, de la Savoie et du Dauphiné, mais les plus remarquables sont celles de Fontanil dans la vallée de l'Isère, celles de Ceyzérieu à quelques kilomètres au nord-est de Belley et celles des environs de Chambéry. Ces stries, ces cannelures régulières ne peuvent réellement être produites que par les glaciers, et dès lors nous avons tellement compris l'importance qui s'attachait à leur observation que leur étude est devenue la base de notre travail graphique.

En traçant sur nos cartes les lignes qui doivent représenter les allures des anciens glaciers, nous n'avons fait que reproduire les rayures que nous avons observées sur les roches en les complétant, en les reliant lorsqu'elles étaient interrompues.

Nous ne devions donc rien négliger pour nous convaincre une fois de plus de leur origine glaciaire, et l'un de nous a voulu comparer attentivement les unes avec les autres, les surfaces de calcaire polies par les glaciers ou par les eaux courantes (4).

DIFFÉRENCES ENTRE LES ROCHES POLIES PAR LES GLACIERS OU

(1) *Preuves de l'existence d'anciens glaciers dans les vallées des Vosges*, etc., § 27 et 30, 1 in-8. Paris, V. Masson. — Dollfus-Ausset, *Matériaux*, t. III, p. 241, 260.
(2) *Bull. Soc. géol.*, 2ᵉ série, t. II, p. 249, 1843.
(3) Coup d'œil sur le terrain erratique des Vosges, p. 61. Epinal, 1848. — Phénomènes erratiques en Scandinavie, comparés à ceux des Alpes. *Bull. Soc. géol.*, 2ᵉ série, t. IV, p. 182.
(4) Falsan, Note sur une carte du terrain erratique de la partie moyenne du bassin du Rhône, p. 9. *Bibl. univ. de Genève*, juin 1870.

PAR LES EAUX. — Les calcaires de la Perte-du-Rhône à Bellegarde qui sont mis à découvert pendant les basses eaux et qui sont, tout le reste du temps, exposés aux efforts d'un fleuve rapide et fortement encaissé, offrent un excellent terme de comparaison. Il y a en effet sur ces rochers, au-dessous desquels le Rhône s'engouffre, de nombreuses surfaces extrêmement bien polies, mais qui diffèrent entièrement de celles qui résultent de l'usure des glaciers. Elles offrent d'abord peu d'étendue et au lieu de s'étaler largement d'une manière presque horizontale et parallèle à la surface inférieure de l'agent qui les a produites, elles sont toujours perpendiculaires et opposées à la direction du courant. Ainsi chaque saillie de rocher présente en amont une face parfaitement polie, tandis que la surface supérieure a conservé presque toutes ses rugosités. Ces faits s'expliquent facilement, les efforts d'une masse d'eau sont beaucoup plus violents contre un obstacle qui lui résiste de face et contre lequel elle agit par son poids combiné à la puissance de la vitesse acquise, que sur un plan incliné sur lequel elle ne fait que glisser. Dans un glacier en marche, les effets de la pesanteur sont au contraire considérables. Combinés avec ceux de la vitesse acquise, ils se produisent vers toutes les surfaces qui supportent la masse de glace. Le poli s'étend uniformément sur le côté frappé et sur la surface qui supporte le glacier, et toutes les saillies s'usent et s'arrondissent. Ces surfaces polies se couvrent alors de stries rectilignes, tandis que sur les surfaces polies des rochers de Bellegarde on n'en voit aucune; on n'observe que des sillons, des cannelures irrégulières, tortueuses, creusées plus ou moins profondément, selon le degré de dureté de la roche.

LES ROCHES POLIES ET STRIÉES FOURNISSENT DES PREUVES A L'APPUI DE LA THÉORIE GLACIAIRE. — Rien ne peut faire sup-

poser que les torrents diluviens ont exercé sur les roches
une action différente de celle que le Rhône fait sentir en
passant avec impétuosité dans la crevasse de Bellegarde
les surfaces polies auraient pu offrir une plus vaste étendue,
les cannelures, les sillons auraient pu être plus profonds, plus
développés, mais ils n'auraient pu avoir les caractères qui
se reconnaissent si facilement sur les calcaires du Bas-Dauphiné que nous venons de décrire. — Les effets étant différents, on ne peut les attribuer à la même cause. Or comme
les glaciers qui fonctionnent actuellement sont les seuls
agents de la nature qui polissent encore des roches en les
couvrant de stries, de cannelures rectilignes, parallèles les
unes aux autres et toujours dirigées dans le sens moyen de
la progression des glaces, il faut en conclure que les courants diluviens n'auraient pas pu produire les surfaces polies
et striées qui se voient si souvent dans les contrées où l'on
observe du terrain erratique.

LES TORRENTS BOUEUX ET LES GLACIERS NE PEUVENT POLIR
UNE ROCHE DE LA MÊME MANIÈRE. — Lorsque les diluvianistes
ont compris l'impuissance de leur théorie, ils ont substitué
les torrent boueux aux lames liquides, mais cet effort est
resté sans résultat. Les fragments de roches dures qui gra-
vent les stries, les rayures, sur les roches sous-jacentes, sont
enchâssés comme un burin dans la glace, qui est un corps dur
et qui l'entraine avec elle dans son mouvement d'avancement, avec une force des plus énergiques. Il faut que ce
burin creuse sa rayure suivant une ligne droite ou qu'il se
brise, et tous les fragments de quartz ou d'autres roches
dures encastrés à la partie inférieure de la glace s'avancent
tous dans le même sens et ne peuvent produire que des
stries ou des cannelures parallèles entre elles. Avec des torrents boueux il ne peut en être de même. Quelque consis-

tance qu'on leur attribue, ces masses pâteuses ne pourraient avoir la rigidité de la glace ; elles ne sauraient donc produire les mêmes effets, en coulant sur des roches. Si parfois elles creusaient des rayures, jamais celles ci n'auraient la netteté de celles qui sont produites par l'avancement d'un glacier. Elles seraient toujours plus ou moins tortueuses selon le degré de dureté de chaque partie de la roche dans laquelle elles auraient été creusées. Mais nous devons avouer que les roches façonnées par cet agent ressembleraient plus au plancher d'un glacier que ne le feraient des surfaces qui auraient été simplement polies par des courants diluviens.

Nous croyons donc avoir suffisamment démontré que la présence d'une vaste surface rocheuse polie et couverte de stries rectilignes prouve péremptoirement le passage d'un ancien glacier dans cette localité, et que par conséquent on peut en conclure que le terrain erratique qui l'entoure est un reste des moraines profondes ou latérales de cet ancien glacier.

ANALOGIES ENTRE LE TERRAIN ERRATIQUE ET LE TERRAIN GLACIAIRE MODERNE. — Mais il est un autre moyen de reconnaître la véritable origine de ce terrain erratique sans recourir aux théories diluviennes. C'est Mgr Rendu qui l'a enseigné dans sa théorie des glaciers. Nous l'avons déjà exposé dans la seconde partie de cet ouvrage (1), nous ne pouvons répéter ici cette leçon pratique qui, par l'étude attentive de l'analogie de composition et d'allure des divers lambeaux de terrains erratiques, permet d'en reconstituer l'ensemble et vous oblige pour ainsi dire à en retrouver le point de départ en vous conduisant jusque vers les moraines en voie de formation près des glaciers actuels. Le terrain erratique de la

(1) Vol. I, p. 478.

Suisse, du Jura, du Bugey, du Dauphiné, de la Dombes et des collines lyonnaises peut donc être relié facilement au terrain glaciaire des Alpes. Pourquoi voudrait-on lui donner une origine diluvienne ? Pourquoi créer des hypothèses, lorsque, pour résoudre le problème en question, il suffit d'observer les glaciers des Alpes et leurs terrains subordonnés et de tirer de ces études des déductions rationnelles ?

Et pour reconnaître cette analogie qui existe entre le terrain erratique et le terrain glaciaire moderne, faut-il posséder une grande science ? Non certes. Pendant que les diverses théories étaient discutées dans les Académies et les facultés savantes pour découvrir l'origine du terrain erratique, les deux guides de Dollfus-Ausset, en parcourant le plateau de la Croix-Rousse avec leur maître, ne s'y trompèrent pas ; ils crurent fouler encore les moraines de leur pays (1).

LA THÉORIE GLACIAIRE SUBSTITUE LA DURÉE DE L'ACTION A LA VITESSE ET A L'EXAGÉRATION DU VOLUME DE L'AGENT. Mais si nous avons substitué la glace aux eaux diluviennes ou aux torrents boueux, nous avons évité une difficulté considérable, car nos adversaires, étant obligés d'attribuer une grande vitesse aux agents qu'ils font intervenir, éprouvent un embarras insurmontable, lorsqu'il s'agit d'assigner des sources à des masses liquides qui sans cesse se renouvellent pour se maintenir à un niveau élevé, tout en se répandant dans les espaces immenses ouverts devant elles. Comment les lacs imaginaires placés dans le Valais et les hautes vallées des Alpes auraient-ils pu suffire pour alimenter des lames diluviennes de plusieurs centaines de mètres de puissance, en s'échappant par les grandes vallées de la Basse-Suisse et du Rhin, ou par la vallée du Rhône pour se mainte-

(1) Vol. I, p. 484.

nir à une certaine hauteur dans les plaines bressanes et delphino-lyonnaises? Nous ne saurions trop insister sur cette
objection.

Ponr nous, nous faisons intervenir dans la question un
facteur négligé dans les autres théories, c'est le temps. Ce
que nous voulons perdre en vitesse, nous cherchons à le gagner en durée. La glace, cet agent auquel nous avons recours,
doit présenter, il est vrai, à un moment donné, le même volume que les eaux diluviennes, mais comme son action se
produit avec une extrême lenteur, l'esprit conçoit facilement
la puissance des sources qui devaient l'alimenter et entrevoit
un équilibre parfait entre la cause et l'effet. Nous avons déjà
comparé les anciens glaciers de l'Europe centrale à ceux du
Groënland, où la période glaciaire s'est perpétuée jusqu'à nos
jours. Eh bien, ces immenses amas de glace n'avancent au
plus que de 19 mètres par jour (1). Voilà un fait, un résultat
d'observations précises qui peut nous servir à établir par analogie la vitesse maximum de l'ancien glacier du Rhône.
Quelle différence entre cette lenteur et la rapidité impétueuse
que de Buch, Escher de la Linth, Fournet et les autres géologues de cette école accordaient aux courants diluviens !

Puisque la neige qui tombe chaque année suffit pour entretenir les glaciers groënlandais, pourquoi n'aurait elle pas
été capable d'alimenter les glaciers qui ont charrié dans nos
plaines le terrain erratique? Aucune raison ne peut empêcher
de le croire.

Résumé. -- En définitive, la présence de véritables roches
polies, rayées, moutonnées comme on en voit si souvent près
du terrain erratique prouve d'une manière évidente le passage

---

(1) Favre. Notice sur la conservation des blocs erratiques, etc. *Bibl. univ. de Genève*,
t. LVII, p. 204, novembre 1876. — M. A. Helland, *Geological Society of London*, 21 juin
1876 ; *Abstracts of the proceedings*, n° 322.

d'anciens glaciers dans les régions où ces observations sont faites.

De plus, lorsqu'on rencontre un amas de terrain erratique il est toujours facile de le relier à d'autres lambeaux de formation analogue, et même mieux caractérisée, et en poursuivant cette recherche d'une manière attentive, on arrive forcément vers les moraines des glaciers actuels, qui offrent la plus complète analogie avec le terrain erratique proprement dit. De cette analogie, de cette liaison, il ressort que ces deux terrains ont la même origine, le même mode de formation. De plus, le terrain erratique renferme presque toujours des cailloux striés, et ces cailloux striés étant un produit essentiellement glaciaire, on doit encore conclure que ce sont des glaciers qui ont transporté ce terrain. Et ces blocs énormes qui ont conservé leurs angles et leurs arêtes, souvent malgré leur peu de dureté, et que nous trouvons dispersés dans nos plaines et sur nos montagnes, fournissent aussi une preuve excellente à l'appui de la théorie glaciaire, tandis qu'ils sont de véritables *pierres d'achoppement* pour les théories diluviennes.

CHAPITRE IV

ORIGINE DES ANCIENS GLACIERS

Origine des anciens glaciers. — Causes cosmiques. — Influence de la chaleur sur la production des glaciers. Lecocq. — Déplacement de l'axe terrestre, de Boucheporne. — La terre comparée à un être organisé, Agassiz. — Surélévation des Alpes, F. de Charpentier. — Vapeur d'eau, second mémoire de F. de Charpentier. — Immersion du Sahara, Escher de la Linth, Desor. — Précession des équinoxes, MM. Adhémar et Le Hon. — Modification de l'ellipse de la terre, James Croll. — Théorie météorique, Mayer. — Causes actuelles. — Théorie adoptée par les auteurs. — Conclusions.

ORIGINE DES ANCIENS GLACIERS. — Tous les faits tendent donc à prouver qu'en général ce sont d'anciens glaciers bien plus développés que ceux du centre de l'Europe qui ont été les agents du transport du terrain erratique. Mais en adoptant cette conclusion, on ne fait pour ainsi dire que déplacer les difficultés du problème, car si l'on admet l'action de ces immenses glaciers, il faut bien chercher à se rendre compte de leur origine, à comprendre la cause de cette accumulation prodigieuse de glaces.

Pour résoudre ce problème, on a souvent émis les idées les plus étranges, et, en s'appliquant à cette question, l'esprit humain a suivi sa marche ordinaire, il est allé du compliqué, de l'extraordinaire au simple.

CAUSES COSMIQUES. — Ainsi on a eu recours aux causes cosmiques, on a dit que la terre et tout le système solaire avaient traversé dans l'espace des régions où régnait un froid intense, ou bien on a supposé que le soleil avait été obscurci par l'interposition de nuages cosmiques (1).

Mais les promoteurs de ces explications ne pensaient pas que pour amener l'extension des glaciers, il ne suffisait pas de produire un grand froid. Au contraire, de semblables conditions climatériques *tueraient* en quelque sorte les glaciers, car la formation de la neige, c'est-à-dire la *vaporisation de l'eau par la chaleur* sur tel ou tel point, puis sa congélation est nécessaire à leur développement d'une manière absolue.

INFLUENCE DE LA CHALEUR SUR LA PRODUCTION DES GLACIERS LECOCQ — M. Lecocq, le savant professeur de la Faculté de Clermont, a même développé dans un ouvrage spécial (2) la thèse que l'origine des anciens glaciers avait dû prendre sa source dans une température plus élevée qui correspondrait pour les glaces polaires, à la fin de l'époque tertiaire.

Depuis les périodes les plus anciennes, le soleil, dit-il, a toujours perdu de sa chaleur, et il est arrivé un moment où les masses de vapeur qui se formaient incessamment et qui enveloppaient la terre, retombaient en neige sur les sommets élevés. La chaleur n'étant plus assez grande pour la faire fondre complètement, le reste de la neige d'une année s'ajoutait à celui de l'année précédente. Par ces additions successives les glaciers prirent, à une certaine époque, une extension de plus en plus considérable. Mais le soleil continuant toujours à se refroidir, sa chaleur ne fut plus assez forte pour faire passer l'eau à l'état de vapeur en quantité suffisante pour alimenter les névés. Les anciens glaciers commencèrent alors à décroître pour rester relégués sur les hautes montagnes et vers les pôles, jusqu'à ce que, par

---

(1) Babinet, La période glaciaire. *Revue des cours scientif.*, 22 décembre 1866.
(2) *Des glaciers et des climats ou des causes atmosphériques en géologie.* In-8, Bertrand, éditeur, Paris, 1847.

la persistance de la même cause, ils finirent par disparaître de la terre entière.

Nous sommes loin de nier l'influence de la chaleur et de l'humidité sur la production des glaciers. Nous nous empressons même de reconnaître avec M. Ch. Martins (1), que M. H. Lecoq a eu le mérite de montrer le premier le rôle important de ces deux agents relativement à ce phénomène. Mais, comme nous le dirons bientôt, on doit tenir compte d'autres facteurs pour arriver à résoudre un problème aussi complexe. La chaleur n'a pas été seule à agir.

Quant à la cause du retrait des glaciers, nous pensons avec M. Ed. Collomb (2), qu'elle n'a pu être aussi régulière que M. Lecoq l indique ; les moraines concentriques qui apparais-sent encore dans les grandes vallées occupées jadis par les anciens glaciers, semblent prouver au contraire qu'elle a agi par intermittence. C'est encore une question à réserver.

Déplacement de l'axe de la terre, de Boucheporne. — Parmi les causes qui sont en dehors des moyens dont peut disposer la géologie actuelle, nous pouvons citer le déplacement de l'axe de la terre. En plaçant avec M. de Boucheporne (3) le pôle Nord à Riga, on peut sans doute expliquer la formation des anciens glaciers dans les Vosges et les Alpes, mais on éprouve le même embarras qu'on a d'abord cru éviter, quand il s'agit d'expliquer les formations erratiques qui ont dû se produire dans d'autres contrées en même temps que dans celles des Alpes. Du reste il faudrait également trouver la cause de ces déplacements d'axe, et la tâche ne serait pas facile, puisque ce phénomène serait en contradiction avec toutes les lois de l'astronomie.

(1) *Revue des Deux Mondes*, 1er mars 1867.
(1) *Bibl. univ. de Genève*, mars 1848.
(3) *Histoire de la terre*.

La terre comparée a un être organisé, Agassiz. — Pour
Agassiz (1) la cause de l'abaissement de température qui
aurait engendré la croûte de glace, qui aurait recouvert
l'Europe à la fin des temps tertiaires, résiderait dans une
espèce de loi mystérieuse qui amènerait à la surface de la
terre un refroidissement après chaque révolution du globe,
de même que le développement de la vie individuelle est
toujours accompagné de celui de la chaleur et que sa fin
produit un froid glacial. De Charpentier combattit ce sys
tème (2), et nous ne voyons aucune raison pour accepter
cette hypothèse gratuite et pleine d'obscurités. Quel rapport
peut-il exister entre les phénomènes géologiques et les
phénomènes vitaux chez les êtres organisés? L'auteur ne
chercha même pas à le faire comprendre clairement.

Surélévation des Alpes, de Charpentier. — L'auteur de
l'Essai sur les glaciers ne crut pas nécessaire de recourir à
des causes extraordinaires ou mystérieuses, pour expliquer
cet abaissement de température dont il avait si bien décrit
les effets. Son esprit pratique le portait à suivre une autre
voie. Dans son premier mémoire il supposa simplement qu'à
la fin des temps tertiaires, les Alpes s'étaient soulevées à une
hauteur de 1,840 mètres au-dessus du niveau qu'elles
avaient avant ce phénomène. Cette surélévation semblait
lui suffire pour amener à 6° centigrades la température
moyenne de 17° 5, qui avait permis aux *Chamœrops* de végé-
ter dans la vallée de Genève pendant l'époque précédente.
Plus tard cette chaîne de montagnes s'était affaissée sur elle
même d'une quantité suffisante pour établir en Suisse le climat
qui y règne de nos jours, et les glaciers avaient perdu leurs
anciennes proportions pour se renfermer dans les limites que

(1) *Discours d'ouverture des séances de la Société helvétique.* Neuchatel, 24 juillet 1837
(2) *Essai.*

nous leur voyons aujourd'hui. Il ne s'agissait dans ce système que de simples oscillations du sol en rapport avec tout ce la géologie enseigne. Mgr Rendu (1) et plusieurs autres naturalistes ne tardèrent pas cependant à faire plusieurs objections à l'hypothèse de Jean de Charpentier, malgré son apparente simplicité. On lui reprochait d'être d'une application trop restreinte, tandis que l'on retrouvait dans toute l'Europe des traces du phénomène erratique. Puis on fit remarquer à son auteur que les plateaux élevés, comme il supposait que la Suisse en formait un à l'époque glaciaire, ont un climat moins froid que les montagnes terminées par des pics et des arêtes (1).

VAPEURS D'EAU, SECOND MÉMOIRE DE J. DE CHARPENTIER. — En publiant son second mémoire (1841), de Charpentier renonça donc à l'explication qu'il avait donnée en 1834, et il en proposa une autre que nous avons le regret de ne pas trouver meilleure, si même elle n'est pas plus étrange, plus insuffisante. Pendant le soulèvement des Alpes il se serait formé des crevasses, des fentes, dont quelques-unes restées ouvertes seraient devenues des vallées de montagnes, des défilés, des gorges ou des gouffres. Une masse considérable d'eaux pluviale, fluviale, lacustre ou marine aurait pénétré dans ces crevasses, suffisamment profondes pour atteindre des points où la température de la terre était assez élevée souvent pour transformer l'eau en vapeurs ; celles-ci remontant au jour se seraient répandues dans l'atmosphère, pour s'y condenser et se précipiter en pluie ou en neige. Ces vapeurs d'abord très chaudes se seraient refroidies peu à peu, mais auraient persisté jusqu'à ce qu'un équilibre par

(1) *Théorie des glaciers de la Savoie*, p. 95. Chambéry, 1840.
(2) *Essai*, p. 312.

fait se fût établi entre la température du fond des crevasses
et celle des couches inférieures de l'air.

Ces fractures se seraient opérées sur toute la zone tempérée et une portion de la zone glaciale, et comme elles
n'auraient pu disparaître que par suite d'un tassement ou
d'un comblement par des matières étrangères, cet état de
choses se serait prolongé pendant un laps de temps considérable. Les vapeurs, augmentant beaucoup l'humidité de
l'air, se seraient converties en brouillards et en nuages ; elles
auraient intercepté ainsi plus ou moins les rayons du soleil
pour en diminuer l'action calorifique et faire baisser la température de toutes les contrées, situées entre le 22ᵉ degré
et les hautes latitudes du Nord. Puis les crevasses se seraient
refermées, l'atmosphère se serait éclaircie et les rayons solai-
res auraient produit sur les glaciers une ablation assez forte
pour les faire reculer jusque dans les hautes vallées qu'ils
garnissent encore.

IMMERSION DU SAHARA, ESCHER DE LA LINTH, DESOR. CHAN-
GEMENT DE DIRECTION DU GULF-STREAM, HOPKINS. — Citons
encore quelques hypothèses. MM. Escher de la Linth et
Desor proposèrent la suivante : chaque année au printemps, c'est le vent du sud le *föhn*, le *favonius* des anciens, qui par sa haute température fait fondre les neiges de
la Suisse, et les empêche de s'accumuler sur les névés de
l'année précédente. On admet généralement que ce vent a
été surchauffé en passant sur les sables brûlants du désert
du Sahara. Or, certains faits tendent à prouver que, pendant
l'époque glaciaire, le Sahara était occupé par une vaste mer.
Il devient donc évident que dans ces conditions le vent du
sud-est devait avoir une température peu élevée et que les
glaciers des Alpes devaient en conséquence augmenter constamment de volume et envahir progressivement les vallées

et les plaines qui les entouraient. Malheureusement cette explication est locale; elle est insuffisante pour s'appliquer à des phénomènes qui ont laissé des traces sur toute la surface du globe, mais on ne peut cependant la négliger, et lorsque nous essayerons de donner notre avis sur la cause de l'extension des anciens glaciers, nous en tiendrons compte.

On peut aussi faire la même réflexion à propos de la théorie de Hopkins (1), qui prétendait qu'un changement de direction dans le courant du gulf-stream aurait pu suffire pour provoquer le développement des anciens glaciers dans les Alpes ainsi que dans les montagnes de l'Angleterre et de l'Écosse.

Pour essayer de parer à ces inconvénients, on voulut recourir à des causes dont les effets auraient été plus généraux et on revint aux causes cosmiques.

PRÉCESSION DES ÉQUINOXES, MM. ADHÉMAR ET LE HON. — D'après M. Adhémar (2) et M. Le Hon, l'avènement de la période glaciaire se trouverait lié à la précession des équinoxes. Mais ces savants allaient plus loin ; non seulement ils se flattaient de démontrer l'origine des glaciers quaternaires, mais encore ils annonçaient que de semblables abaissements de température s'étaient produits périodiquement et alternativement après une période de 10,500 ans, tantôt dans l'hémisphère boréal, tantôt dans l'hémisphère austral.

Mais précisément rien dans la nature n'indique cette périodicité, cette alternance régulière. Nous n'avons donc pas à répéter ici les objections qu'on a adressées à cette pure hypothèse que rien n'est venu justifier et qui n'avait aucune base solide.

MODIFICATIONS DE L'ÉLLIPSE DE LA TERRE. — M. James

---

(1) Essai sur les causes des anciens changements des climats. *Geological quatterly Journal*, Vol. VIII, p. 56, 1852. *Archiv. scient. de Genève*, t. XIX, p. 149, février 1852.
(2) *Révolutions de la mer*, 2ᵉ édit. Paris, 1860.

Crolle chercha la cause du refroidissement que notre planète a éprouvé dans les modifications qui peuvent affecter l'ellipse décrite par la terre autour du soleil. Lorsque l'excentricité de cette ellipse atteint son maximum, l'hémisphère boréal est à sa plus grande distance du soleil pendant l'été, et cette saison doit être plus douce que les étés actuels ; mais l'hiver, la terre étant à sa moindre distance du soleil, doit être moins rigoureux. Dans l'hémisphère austral, les climats, au lieu de s'égaliser, deviennent extrêmes, les effets sont complétement opposés ; les hivers sont plus froids et les étés plus chauds.

Quelle influence ces changements peuvent-ils exercer pour favoriser ou arrêter l'extension des glaciers ? Nous répondrons avec M. Ch. Martins (1), qu'il serait difficile de le dire, d'autant plus qu'on aurait bien de la peine à comprendre comment des perturbations climatériques opposées auraient pu occasionner simultanément dans les deux hémisphères les phénomènes glaciaires !

THÉORIE MÉTÉORIQUE, MAYER. — La terre allant toujours en se refroidissant, il serait facile pour certains naturalistes de concevoir la cause de l'extension des anciens glaciers ; la difficulté serait de faire comprendre comment notre planète a pu se réchauffer assez pour jouir des conditions climatériques actuelles. Un savant allemand (2) s'est efforcé de trouver une solution à ce problème en proposant la *théorie météorique.* D'après M. Mayer, la chaleur du soleil reste constante, et même elle peut s'accroître énormément. Le soleil attire constamment à lui quelques-uns des astéroïdes qui circulent autour de lui, et la violence de leur choc

---

(1) Les glaciers actuels et la période glaciaire, p. 93. *Extrait de la Revue des Deux Mondes* 1er mars 1867.
(2) *Dynamik des Himmels,* p. 10. Ch. Martins, ouvr. cité, p. 92.

entretient l'équilibre de la température du globe solaire. Mais ces astéroïdes ne sont pas répartis uniformément dans l'espace, et parfois des masses considérables de ces petits corps météoriques se précipitent sur le soleil et en augmentent la chaleur. Par suite la température de la terre doit s'élever, et nous serions actuellement dans une de ces périodes d'accroissement de température.

Mais c'est encore là une simple supposition basée sur des calculs ou des observations astronomiques qui n'offrent pas assez de garanties pour la changer en certitude.

Causes actuelles. — Pendant ces dernières années il s'est établi un autre courant d'idées dans lequel nous nous sommes laissés entraîner. Au lieu de recourir à des causes inconnues et mystérieuses, on voudrait ne voir dans les phénomènes glaciaires que des faits en rapport avec les lois qui régissent encore notre globe. Au lieu de créer des hypothèses, d'inventer de toutes pièces des systèmes imaginaires, on cherche à établir des liaisons entre le passé et le présent, en trouvant dans les · récits des voyageurs modernes, des termes de comparaisons entre l'ancien état de choses et ce qui se passe de nos jours. Ce n'est plus vers les espaces célestes que se portent les regards, on s'efforce plutôt de mieux connaître les allures des glaciers des zones polaires, et d'étudier les grandes îles, les terres de l'hémisphère austral.

Cette voie, déjà suivie par MM. Favre, Benoît, Desor et bien d'autres géologues, nous semble la plus sûre, mais elle est encore hérissée de beaucoup d'obstacles qui retardent la marche, qui parfois semblent éloigner du but.

Pour terminer cette revue d'hypothèses qui pour la plupart ne font que prouver la fécondité de l'esprit humain au lieu de satisfaire complètement son légitime désir de savoir, nous serions tentés de dire avec M. Ch. Martins : « L'ancienne extension des glaciers est un fait ; la découverte des causes qui l'ont produite sera l'honneur des futures générations scientifiques. Contemporains de l'époque qui a vu poser le problème, résignons-nous au doute et ne préjugeons pas de l'avenir. »

THÉORIE ADOPTÉE PAR LES AUTEURS. — Cependant au milieu de toutes ces hypothèses diverses nous n'avons pu rester indifférents, et si nous n'avons pu arriver à une conviction parfaite, du moins nos esprits n'ont pu s'empêcher d'éprouver certaines tendances vers tel ou tel système. Ainsi nous pensons, avec tout un groupe de naturalistes, que l'on ne doit pas chercher la cause de l'extension des anciens glaciers dans les faits qui ne seraient pas basés sur les principes de la géologie. Il faut éviter de recourir à des moyens mystérieux ou entièrement hypothétiques. Le plus court serait de faire intervenir de simples oscillations du sol et les phénomènes secondaires qui en résulteraient.

De tout temps, depuis les époques les plus reculées, l'écorce terrestre s'est contractée et a subi des mouvements d'exhaussement et d'abaissement. Nous pensons qu'à un moment donné ces faits admis par tout le monde ont pu contribuer puissamment à la production des anciens glaciers. Il peut cependant paraître étrange que, pour expliquer l'origine de phénomènes produits à la fin des périodes tertiaires seulement, nous ayons recours à des forces qui ont agi presque sans discontinuité et avec une grande puissance, depuis les âges les plus anciens. Mais nous répondrons qu'il nous semble que, au moment de l'extension des glaciers, les oscillations du sol se sont effectuées dans des conditions nouvelles, bien différentes de celles des époques antérieures, et que c'est à une réunion de circonstances particulières qu'on peut attribuer le phénomène glaciaire.

Les dernières études de paléontologie végétale de M. Heer et de M. le comte de Saporta, en nous faisant connaître les résultats des recherches de M. Nordens-Kjöld et des autres savants qni ont exploré les régions arctiques, nous ont appris qu'autrefois une chaleur tempérée régnait uniformément sur toute la surface du globe, aussi bien aux pôles qu'à l'équateur. Si nous nous en rapportons à l'hypo-thèse du docteur Blandet (1), qui se trouve du reste d'accord avec la célèbre théorie de l'illustre Laplace et qui a été adoptée par M. le comte de Saporta comme rendant mieux compte des lois de la végétation ancienne (2), cette uniformité de climats résulterait de ce que la terre était jadis éclairée par un soleil bien plus volumineux que celui que nous voyons briller aujourd'hui. L'astre central n'avait pas encore subi ses dernières condensations, son diamètre était considérable, sa lumière plus douce et la chaleur qu'il répandait sur tout notre globe était moins vive, plus égale, parce que le foyer en était moins concentré. Pendant une série indéfinie de siècles, les phénomènes de la vie, favorisés par cette diffusion de chaleur et de lumière, ont donc pu se manifester avec la même intenisté dans toutes les régions des deux hémisphères. Partout régnait le même climat. Mais la diminution progressive du diamètre solaire amena de lentes modifications dans la répartition de la chaleur et en rompit l'équilibre. Le soleil éclaira obliquement les zones tempérées et concentra ses rayons entre les tropiques. Au point de vue général ce fut ainsi que s'établirent les lois climatériques actuelles. Des modifications profondes dans les conditions thermiques de la terre s'opérèrent à la fin des temps tertiaires, et préparèrent l'apparition de

(1) *Bull. Soc. géol.*, 2e série, t. XXV, p. 777, 1868.

(2) *Le monde des plantes*, p. 148.

phénomènes nouveaux. Les pôles se refroidirent les premiers, la végétation devint très pauvre, les neiges s'y accu-
mulèrent et finirent par y former les immenses glaciers qui
font encore aujourd'hui l'admiration et l'étonnement des
voyageurs. Puis dans les autres contrées des circonstances
qui seraient restées auparavant sans effet, parce qu'elles
auraient eu à lutter contre un excès de température, devinrent suffisantes pour déterminer sur certains points l'amoncellement de névés et la formation de glaciers.

Prenons pour exemple les contrées qui nous entourent.
A la fin des temps pliocènes, une dernière oscillation, un
dernier plissement du sol vint donner aux Alpes et aux Pyrénées un nouveau relief. Nous ne pouvons pas fixer la mesure
absolue de ce soulèvement, mais nous pouvons affirmer
qu'elle a été considérable. Ces grandes chaines de montagnes,
on l'a dit souvent, ne sont plus que des ruines. Pour les
reconstituer dans leur état primitif après leur dernière
surélévation, il faudrait leur superposer par la pensée tous
les débris, tous les fragments qui en ont été arrachés et
qui ont été entraînés dans les vallées et les plaines qui
les entourent. L'on n'a qu'à étudier, sur une carte géologique, les rapports qui existent entre les surfaces de ces
massifs montagneux et de ces plaines d'alluvions, et chercher à établir la puissance moyenne des divers terrains de
transport qui les constituent en y ajoutant: celle du terrain
erratique réparti sur les montagnes voisines, pour comprendre quelles masses énormes il faudrait ajouter à leurs contours pour en faire la restauration exacte. Ce calcul n'aurait rien de trop hypothétique. Sa base serait sérieuse;
incontestablement les matériaux qui encombrent le fond de
la vallée du Rhône viennent des Alpes, tout aussi bien que
ceux qui nivellent les plaines de la Garonne ont été enlevés
aux Pyrénées, et on peut en dire autant de toutes les plaines
et vallées qui s'étalent ou s'ouvrent à leur pied.

M. A. Favre (1) admet également que les Alpes étaient plus élevées au commencement de l'époque quaternaire que maintenant, et M. le professeur Heim, dans le remarquable ouvrage qu'il vient de publier (2), suppose que les Alpes de nos jours n'ont guère que la moitié de leur volume primitif; l'autre moitié aurait été enlevée par des érosions.

Les Alpes et les Pyrénées ont donc eu certainement, à une époque qui coïncidait avec celle de l'apparition et du développement des anciens glaciers, une hauteur plus considérable, et la conséquence naturelle de cette surélévation fut de transformer ces cimes en condensateurs énergiques de toutes les nuées chaudes et humides qui venaient se déposer contre elles. Ainsi l'on a observé que sur le versant méridional de l'Himalaya, frappé par les nuées humides qui viennent de l'océan Indien, les glaciers sont plus longs et plus nombreux (3) que sur l'autre versant qui ne reçoit que des vents secs. Ces vapeurs formèrent d'abord des pluies diluviennes; puis la température s'abaissant toujours, la neige succéda à la pluie dans les hautes régions, et cette neige se transforma en névés et en glaciers.

Mais ce refoulement des Alpes et des Pyrénées ne fut pas la seule oscillation de l'écorce terrestre à la fin des temps tertiaires; les géologues ont trouvé des traces d'autres mouvements analogues et synchroniques. Nous avons dit précédemment que MM. Desor et Escher de la Linth, se basant sur des observations sérieuses, avaient proposé de trouver la cause de la formation des anciens glaciers dans l'immersion du désert du Sahara, et M. Desor, loin de renoncer à l'hypothèse de l'ancienne mer saharienne, vient de la défendre énergiquement dans un récent ouvrage (4). Nous

(1) *Recherches géologiques*, etc., t. I, p. 191.
(2) *Mechanismus der Gebirgsbildung*, t. I, 5ᵉ partie.
(3) Elisée Reclus, *La terre, les continents*, p. 278.
(4) *La forêt vierge, le Sahara*. Mélanges scientifiques, p. 131, 1879.

sommes tout disposés à nous ranger de son avis, mais au lieu de considérer cette mer disparue comme la cause unique quoique indirecte, des phénomènes glaciaires de l'Europe centrale, nous donnons seulement à son influence une large part dans notre théorie, sans repousser l'intervention d'autres phénomènes qui pourraient nous prêter leur appui. Pour nous, il est évident qu'on ne saurait nier l'action du föhn sur les glaciers des Alpes, et, que du moment où l'on peut admettre à la fin des temps pliocènes, la suppression de ces vents du sud surchauffés par le rayonnement des sables du grand désert, on indique à l'appui de notre théorie, l'action d'une nouvelle cause de refroidissement pour la température de l'Europe centrale.

A cette époque, non seulement les chaînes de montagnes de l'Europe étaient plus élevées, mais les limites de ce continent étaient bien différentes de celles qui le bornent aujourd'hui. Il avait la forme d'une île étroite, étendue de l'est à l'ouest ; l'Allemagne du Nord, la Hollande, le Danemark, la Pologne et le nord de la Russie étaient sous les eaux. On a même tracé avec assez de précision les rivages de ce continent. Au nord s'élevait une île, la Scandinavie, dont les montagnes étaient couvertes de glaciers. D'énormes banquises se détachant des masses de glaces qui comblaient chaque fjord, traversaient l'ancienne mer du nord et venaient s'échouer près des rivages de cette Europe primitive. Ces glaces étaient pour cette région un puissant agent de transport de terrain erratique, et leur fonte occasionnait un nouvel abaissement de température pour la grande île européenne, que refroidissaient encore des courants marins polaires et des vents qui pouvaient arriver directement du nord (1).

---

(1) Credner, *Traité de géologie*, traduction Monniez, p. 621. Savy édit., 1878.

Peut-être d'autres oscillations du sol avaient fait dévier le Gulf-Stream de la direction qu'il suit de nos jours, et l'avaient écarté de notre continent ainsi que des anciennes îles Britaniques. La déviation de ce grand courant d'eau chaude suffirait à elle seule pour expliquer la présence des anciens glaciers des Pyrénées, de l'Angleterre et de l'Écosse. Il est vrai que rien ne prouve la réalité de ce changement de direction. Mais au moins il ne présente rien d'impossible et même il s'allie assez bien avec la fabuleuse légende de la grande île de l'Atlantide. Quand même cette hypothèse ne se serait pas réalisée, notre théorie ne manquerait pas de bases suffisantes en conservant celles que nous venons d'indiquer précédemment.

L'extension des glaciers des Pyrénées et des Alpes favorisa la production des phénomènes glaciaires dans les massifs montagneux moins importants, et on a retrouvé d'anciennes moraines dans les vallées du plateau central et des Cévennes, comme dans celles des Vosges ou des montagnes du Lyonnais et du Beaujolais.

Mais, nous nous plaisons à le répéter, la multiplicité de ces glaciers ne nous porte pas à croire à l'existence d'un froid rigoureux dans nos contrées; elle nous engagerait seulement à admettre que les étés étaient doux et humides et les hivers tempérés. C'est-à-dire que toutes les observations les plus récentes font supposer que, à l'époque glaciaire, l'Europe jouissait d'un climat égal, d'un climat insulaire.

Une masse de vapeurs d'eau était répandue dans l'atmosphère et adoucissait les rayons du soleil; jamais les chaleurs estivales n'étaient assez fortes pour fondre toutes les neiges accumulées sur les hauteurs pendant l'hiver et faire reculer les glaciers. Ceux-ci prirent toujours un développement de plus en plus considérable jusqu'à ce que des mouvements oro-graphiques, en sens inverse des premiers, vinrent donner à l'Europe sa configuration actuelle et déterminèrent petit à petit l'établissement du climat qui y règne.

Cette théorie fait une part si faible à l'imagination qu'on peut retrouver dans l'hémisphère austral une contrée où se passent encore des phénomènes presque analogues à ceux que nous venons de décrire. De même que le Groënland nous offre des glaciers aussi gigantesques que ceux de l'Europe centrale pendant la période glaciaire, ainsi l'hémisphère austral nous présente des paysages qui ressemblent à ceux de cette époque. A la Nouvelle-Zélande, le glacier de Waïau, qui descend jusqu'à 212 mètres au-dessus du niveau de la mer, laisse tomber les blocs de ses moraines au milieu des Fougères arborescentes, des Pins, des Hètres, des Fuschias et la position de ce glacier (43°35) correspond à la latitude de Cannes et d'Antibes (1). Sur les côtes de la Patagonie au sud de Chiloé, sous une lattitude qui correspond à celle des collines du Poitou (40°50) les fleuves de glace atteignent même le bord de la mer, et les fragments qu'en détachent les vagues vont flotter au loin vers le nord (2).

Nous ne pouvons donc pas nous étonner si M. le comte de Saporta a pu recueillir, dans des formations contemporaines de nos glaciers quaternaires, des empreintes de Vigne. de Laurier, de Figuier (3) ; et nous ne pouvons pas être plus surpris lorsque les paléontogistes nous disent qu'à côté du Mammouth et du Renne on rencontrait l'Éléphant antique et l'Hippopotame d'Afrique. En effet les études de M. E. Lartet et de M. A. Gaudry ont démontré qu'à l'époque glaciaire vivait en Europe une faune d'un caractère mixte et que des espèces boréales se trouvaient associées à des genres qui ne se multiplient que dans les pays chauds.

(1) Julius Haast. *Bull. Soc. géog.*, février, mars, 1866.
(2) Elisée Reclus, *La terre, les continents*, p. 284.
(3) *Le monde des plantes*, p. 121.

Nous n'avons envisagé que l'Europe centrale et pourtant les phénomènes glaciaires semblent avoir embrassé le monde entier. On pourrait donc être tenté de reprocher à la théorie que nous venons d'exposer d'être trop exclusivement locale. Ce reproche est-il vraiment fondé? nous ne le pensons pas.

Des phénomènes semblables à ceux dont notre continent était le théâtre se passaient aussi dans l'Amérique du Nord. Plus de la moitié de cette vaste région était recouverte par les eaux à l'époque glaciaire et la mer Glaciale s'étendait bien plus au sud dans ce continent qu'elle ne le faisait en Europe. Les massifs de montagnes formaient des îles plus ou moins grandes, sillonnées par de vastes fleuves de glaces ; tout était soumis comme en Europe au régime glaciaire, et d'immenses banquises descendues des régions artiques venaient s'échouer sur les rivages de ces îles pour y déposer en fondant les fragments de rochers qu'elles apportaient des régions polaires (1).

L'Europe et l'Amérique du Nord sont les contrées de la terre dont l'histoire géologique est la mieux connue, et nous venons de voir qu'on n'y a découvert aucun fait pour contredire la théorie qui nous séduit le plus. Nous sommes donc en droit d'espérer et même de croire que lorsqu'on aura mieux étudié les autres contrées du monde, on arrivera toujours à établir une liaison entre la présence du terrain erratique et l'existence d'anciens glaciers, sans avoir à recourir à d'autres causes qu'à des flexions de la croûte terrestre.

Conclusions. — Certainement ce travail est loin d'être terminé ; avant d'arriver au but on rencontrera bien des difficultés de détails, on aura bien des problèmes à résoudre.

(1) Credner, *Traité de géol.*, p. 623.

Ce ne sont pas des motifs pour se décourager. Il faut au contraire regarder l'avenir avec confiance en voyant le chemin qui a été déjà parcouru sur la voie ouverte par Playfair, Venetz et de Charpentier.

CHAPITRE V

PROGRESSION DES GLACIERS

THÉORIES DIVERSES SUR LA PROGRESSION DES GLACIERS. — Après avoir étudié les anciens glaciers relativement à leurs causes et à leurs effets, nous ne pouvons nous dispenser de chercher à déterminer la force qui les a mis en mouvement. A quelle impulsion obéissaient-ils, lorsqu'ils ont apporté des blocs alpins jusque sur les rives de la Saône et du Rhône ? Pour répondre à cette question, il ne s'agirait que de connaître les lois qui régissent les glaciers actuels. Il y a déjà longtemps que les naturalistes se sont préoccupés de cette question.

GLISSEMENT, ALTMANN, GRUNER, DE SAUSSURE. — De Saussure reprit la *théorie du glissement* proposée eu 1760 par Altmann et Grüner et à laquelle on donna plus tard son nom. Il écrivit dans ses *Voyages dans les Alpes* que « c'est un glissement lent, mais continu, des glaces sur leurs bases inclinées qui les entraîne jusque dans les basses vallées, et qui entretient continuellement des amas de glaces

dans des vallons assez chauds pour produire de grands arbres
et même de riches moissons.»

Sans doute, parfois ce mode de mouvement peut s'opérer,
mais il n'est pas général, et on peut objecter à cette théorie
que le glacier progresse toujours, même dans des régions où
une très basse température le fait adhérer aux roches du sous-
sol. Il faut donc chercher une autre cause à la marche des
glaciers.

DILATATION DES GLACIERS, SCHEUCHTZER, JEAN DE CHAR-
PENTIER. — J. de Charpentier, ne comprenant pas comment
les glaciers ne prenaient pas un mouvement d'accélération
tion, s'ils glissaient sur le sol, ne put accepter la théorie de
de Saussure, et lui préféra celle que Scheuchtzer avait créée
en 1705.

Il supposa que la glace des glaciers était porreuse comme
une éponge et pouvait recevoir dans ses interstices une partie
de l'eau qui provenait de la fusion. Cette eau une fois en
contact avec la glace qui devait se trouver à une basse température, se gelait, augmentait par conséquent de volume et
produisait ainsi une infinité de nouvelles fentes qui, à leur
tour, s'imbibaient d'eau, et devenaient le théâtre de phénomènes identiques. Cette dilatation faisait avancer le glacier
du côté où il éprouvait moins de résistance, c'est-à-dire vers
le bas des vallées.

Cette théorie paraît d'abord satisfaisante; elle peut servir à
expliquer la plupart des phénomènes qui se rattachent à la
progression des glaciers; seulement elle repose sur une observation inexacte de la température des glaciers. De Charpentier supposait que celle-ci s'abaissait au-dessous de 0°;
tandis qu'il est prouvé que le glacier et l'eau qui le pénètre
restent toujours à cette même température.

Cette théorie n'est donc pas acceptable, mais on doit re-

connaître que le savant auteur de l'*Essai sur les glaciers* a eu
une sorte d'intuition de la vérité; pour la découvrir, il ne lui
manquait que les données de l'expérience et les résultats de
découvertes que devaient faire plus tard quelques physiciens
anglais.

Au lieu de chercher à expliquer la solidification de l'eau
par la basse température de la glace, il lui aurait fallu connaître les lois de la regélation.

Écoulement, Mgr Rendu. — On proposa bientôt d'autres systèmes. Mgr Rendu ayant observé que les allures
d'un glacier avaient la plus grande analogie avec celles d'un
fleuve, créa la *théorie de l'écoulement*. D'après lui, la glace
d'un glacier se compose de particules qui peuvent glisser les
unes sur les autres comme celles d'un liquide. Grâce à cette
disposition, la glace devient pour ainsi dire plastique et se
modèle sur tous les contours de son lit. Les frottements du
fond et des bords ralentissent sa marche, et ce n'est que
vers le milieu et près de la surface, que le mouvement normal se produit; lorsque ce fleuve de glace coule dans une
vallée tortueuse, la ligne du mouvement le plus accéléré se
déplace comme dans un cours d'eau, et si elle n'est pas au
centre du glacier, elle passe à droite ou à gauche d'après
le sens des flexions des rives.

Mgr Rendu n'avait pu faire sur les lieux aucune mensura-
tion exacte, et pourtant ses conclusions reposaient sur des
observations si attentives, sur des réflexions si sérieuses,
qu'elles furent brillamment confirmées par les travaux d'Agassiz et de Desor sur le glacier de l'Aar. Elles méritèrent l'admiration de Tyndall.

La marche des glaciers était donc mieux connue, mais la
cause en était toujours mystérieusement cachée.

Viscosité, Forbes. — Forbes, pour rendre compte des

mêmes phénomènes, recourut à un autre ordre d'idées, il attribua la plasticité de la glace à une sorte de viscosité. D'après lui, « un glacier est un fluide imparfait, un corps visqueux, qui est poussé en avant sur des pentes d'une certaine inclinaison, par la pression naturelle qu'exercent ses parties ». Malheureusement cette théorie qui explique assez bien l'apparence des faits, est en contradiction avec ce que l'expérience nous apprend chaque jour sur la friabilité de la glace, et c'est un motif pour la repousser.

GLISSEMENT ET REGÉLATION, TYNDALL — En définitive, malgré tant d'efforts, la cause première de la marche des glaciers restait toujours enveloppée de ténèbres, et les observateurs les plus clairvoyants n'avaient fait que l'apercevoir, sans pouvoir la déterminer. Les études de Faraday, de Tyndall, de Thomson, de Helmholtz et de Heim allaient porter la lumière sur cette obscure question. Les lois de la regélation devaient servir pour résoudre tous les problèmes.

Inutile de rappeler ici les expériences célèbres des savants anglais ; elles sont connues de tout le monde. Personne n'ignore maintenant que , à la température de 0° degré, deux morceaux de glace pressés l'un contre l'autre se soudent ensemble.

Voilà pourquoi la glace d'un glacier, lorsqu'elle vient à se briser contre un obstacle, peut se reconstituer en glace compacte et prendre toutes les formes possibles, sans être visqueuse ou plastique. Sa température étant toujours celle de la glace fondante, tous ses fragments se ressoudent intimement, dès qu'ils sont en contact les uns avec les autres.

La pression et le poids des masses de neiges et de glace accumulées dans le haut des vallées donnent l'impulsion au glacier, le forcent à avancer, et la regélation intervient

─────────

(1) Tyndall, *Les glaciers*, p. 160.

alors pour reconstituer les parties brisées, fragmentées, pour
opérer tous les phénomènes attribués d'abord à la plasticité
ou à la viscosité. La théorie de Tyndall peut donc s'appeler
la *théorie par glissement et régélation* (1).

DILATATION ET REGEL, CH. GRAD — Cette pression peut
contribuer pour une certaine part au mouvement des glaciers, mais cette action n'explique pas comment ce mouvement se ralentit l'hiver, précisément lorsque l'accumulation
des neiges augmente la pression, et elle ne rend pas bien
compte non plus de la croissance des glaciers dans le sens de
l'épaisseur (2) ; fait qu'avait déjà observé Élie de Beaumont,
lorsqu'il disait que les glaciers s'augmentent par *intussus-
ception*(3). En outre, lorsque le glacier progressait sur un sol
presque horizontal, nous ne pouvions uniquement admettre
l'influence de cette pression, car nous nous demandions comment elle aurait pu suffire pour amener jusque vers Bourg,
Lyon et Thodure, les glaciers alpins qui s'épanouissaient
dans nos vastes plaines. Nous ne repoussions pas l'action de
cette force, mais nous pensions qu'il serait utile de lui en
adjoindre une autre. Aussi nous nous sommes empressés
d'accueillir en partie les idées de M. Ch. Grad sur cette
importante question, et nous ne saurions mieux exprimer
notre manière de voir qu'en lui empruntant quelques citations (4). « La glace glaciaire est traversée par un réseau
de fissures capillaires qui permettent l'infiltration des liquides ; elle se décompose d'ailleurs en fragments irréguliers,
en grains plus ou moins gros, quand on l'expose au soleil.
C'est la présence des fissures capillaires dans la glace des

(1) William Hüber, *Les glaciers*, p. 92.
(2) Ch. Grad, Théorie du mouvement des glaciers. *Assoc. française pour l'avancement des
sciences*. Compte rendu, 3ᵉ session. Lille, p. 280.
(3) *Remarque sur deux points de la théorie des glaciers*, p. 9.
(4) Ch. Grad, Ouv. cité, p. 280.

glaciers, en apparence même la plus compacte, après l'ex
pulsion des bulles d'air, qui permet l'infiltration à l'intérieur
du glacier de l'eau de fusion dont la regélation dilate la masse
en la mettant en mouvement. Des observations indiquent le
mouvement des glaciers dans la direction de leur pente inclinée d'une part, et de l'autre leur gonflement dans le sens
de l'épaisseur. Ce gonflement élève ou rapproche de la surface les points de l'intérieur du glacier, en augmentant
l'épaisseur de la masse pendant que l'ablation des parties
superficielles tend à la diminuer ou à la réduire par suite de
la fusion. Puis pendant la fusion ou ablation de la surface,
pendant l'infiltration des eaux au travers des fissures capillaires, pendant le gonflement et le mouvement des glaciers,
la structure change de manière à transformer la glace grenue
des hautes régions en cristaux compacts, régulièrement
groupés comme dans la glace formée directement par la
congélation des nappe d'seau. Une relation intime se manifeste ainsi entre le mouvement du glacier et les transformations de la glace. Bref, le mouvement des glaciers provient
de la dilatation causée par le regel de l'eau qui circule à travers les fissures capillaires, en modifiant la structure du
courant de glace.

« Mais cette dilatation se combine avec la pression exercée
par la masse du glacier sur elle-même. Cette pression dé-
termine d'abord dans les régions supérieures la formation des
fissures capillaires et provoque une certaine liquéfaction de
la glace suivie de regel. L'infiltration à travers les fissures
capillaires de l'eau produite par la fusion à la surface du
glacier augmente ensuite l'effet primitif de la pression par
l'accroissement de la proportion d'eau assimilée par le glacier
sous l'influence du regel. D'une part l'action simple de la
pression explique le mouvement des glaces pendant l'hiver.
D'un autre côté, l'influence de l'infiltration montre pour-

quoi la fusion de la surface du glacier accélère la marche au printemps et en été. Dans tous les cas le mouvement provient de la congélation de l'eau à l'intérieur de la masse, que cette eau provienne de la glace liquéfiée sous l'influence unique de la pression, ou qu'elle soit fournie à la fois par cette pression et par l'infiltration du produit de la fusion superficielle.

« Le point de congélation de l'eau et son point de fusion se trouvent à une température voisine de 0° centigrade, température à peu près constante ou qui varie dans des limites très faibles à l'intérieur des glaciers, comme il résulte des expériences directes d'Agassiz. Toutes choses égales, un glacier s'assimile à l'intérieur une quantité d'eau d'autant plus grande que son épaisseur est plus considérable et les fissures capillaires plus nombreuses (1). C'est donc dans le centre et non sur les bords que la progression atteint son maximum. »

THÉORIE ADOPTÉE PAR LES AUTEURS. — GLISSEMENT, DILATATION, ÉCOULEMENT ET REGEL — Mais la marche d'un glacier est un phénomène complexe ; on aurait tort de chercher à lui assigner une cause unique. Dans certains points, lorsqu'elle repose sur un plan incliné et que le froid ne la fait pas adhérer au sol, la masse de glace peut *glisser* comme un corps solide placé dans les mêmes conditions. D'autre part nous répéterons avec Credner (2) et Tyndall (3), qu'un glacier *coule* en vertu d'une certaine mobilité de ses parties, mais puisque ses parties glissent avec peine les unes sur les autres, se meuvent difficilement, il coule plutôt comme du *sable* que comme de l'eau.

Toute la masse d'un glacier n'est donc pas complètement

(1) Ch. Grad, ouv. cit., p. 286.
(2) *Traité de géologie*, p. 228.
(3) *Les glaciers*, p. 84.

solidaire et toute la masse ne se meut pas uniformément.
Mgr Rendu l'avait déjà observé. Voici encore ce qui le prouve.
A la fin des temps tertiaires, lorsque les glaciers alpins eurent
franchi les grands lacs qui sont creusés dans les vallées de
la Suisse, de la Savoie et de l'Italie du nord, les culots de
glace qui comblaient ces profondes dépressions devaient de-
meurer immobiles, et, au-dessus de cette masse inerte, le
reste de la glace doué d'une certaine indépendance, d'une
certaine mobilité, cheminait avec une intensité variable.

Il dut en être de même, lorsque après avoir dépassé le lac
de Genève, la marche de la branche méridionale du glacier
du Rhône dans la vallée de ce fleuve fut presque barrée par la
montagne tranversale du Vuache. La glace dut commencer à
s'accumuler au pied de l'obstacle ; son niveau s'éleva progressivement, et lorsqu'il dépassa celui de la montagne, la
partie supérieure de la glace se remit à couler, à déborder par-
dessus ce barrage. Le glacier avançant toujours et rencontrant vers le lac du Bourget une partie des glaces de la Savoie,
se détourna à l'ouest avec ces dernières, pour combler conjointement avec elles le grand cirque de Belley. La chaîne du
Molard-de-Don leur présenta un nouvel obstacle et les fit refluer sur elles-mêmes. Leur niveau général s'éleva. Les glaces
en partie s'écoulèrent au sud-ouest par Cordon et les dépressions de la montagne de Saint-Benoit et du Tantaine,
tandis que les autres masses, surmontant le niveau des glaciers locaux du Valromey et de la cluse des Hôpitaux, purent
se déverser sur le plateau d'Inimont et s'insinuer dans les
vallées du Bugey aussi loin que les dispositions topographiques des régions le leur permirent. Aussi une de ces branches secondaires put remonter vers le nord jusque dans la
vallée de l'Ain, près de Thoirette, en suivant le Combe-du-
Val et le cours de l'Oignin. En dehors des montagnes du
Bugey les glaciers réunis du Rhône, de la Savoie et de

l'Isère se sont répandus dans les plaines ouvertes devant eux, et là, abandonnées à elles-mêmes, ne rencontrant plus d'obstacles, ces glaces se sont comportées non pas comme un liquide fluant, comme de l'eau, mais bien comme un liquide visqueux. Elles s'épanouirent en demi-cercle, affectant la forme régulière que prend sur le sol le goudron qui s'écoule d'un tonneau défoncé. Ce n'était là qu'une simple apparence qui ne peut nous rattacher à la théorie de Forbes, car, ainsi que nous venons de le dire, ce n'est pas en vertu de la viscosité, mais bien par l'effet de la dilatation, que ces masses de glace ont pu prendre cette forme, dont les contours sont encore nettement dessinés par les dispositions de leurs anciennes moraines frontales, depuis Bourg jusqu'au midi de Vienne.

Pour produire tous ces effets si grandioses, cette progression au milieu de tant d'arrêts, de tant d'obstacles, puis cet épanouissement gigantesque dans un pays horizontal, la pression des parties supérieures de la glace sur les inférieures a-t-elle pu suffire ? Nous ne pouvons le croire; voilà pourquoi nous recourons aux idées de M. Grad pour attribuer à la dilatation une influence sur la progression des glaciers. Du reste, la regélation est maintenant une des bases les plus solides de la glaciologie ; tout le monde reconnaît son importance, et, puisque d'après cette théorie, l'eau mise en liberté par la pression se consolide, nous ne pouvons comprendre ce regel sans dilatation, et cette dilatation doit contribuer à faire avancer les glaciers. Il resterait à déterminer la part de chacune de ces forces dans la production du phénomène qui nous occupe ; cette tâche est au dessus de notre pouvoir ! Quelle est l'action de la pesanteur ? quelle est celle de la dilatation et de la regélation ? Nous ne pouvons le dire. L'avenir répondra sans doute. Nous croyons simplement que leurs effets se combinent dans la progression des glaciers.

Quoi qu'il en soit, les glaciers marchent, progressent. Une

partie des neiges qui tombaient dans les hautes régions du Valais est venue jusqu'à Seillon, près Bourg et jusqu'au sommet du Mont Berthiand, à l'ouest de Nantua, tandis que l'autre s'est dirigée vers la vallée du Rhin, au nord. L'étude des blocs erratiques le prouve. Le morceau de diallage verte que nous avons trouvé à Bolozon, était détaché des roches de la vallée de Saas, et s'était mêlé aux moraines du glacier qui l'a charrié sur son dos jusque dans la vallée de l'Ain, après avoir fait un énorme contour dans les montagnes du Bugey. De même, n'avons-nous pas des raisons de croire que l'énorme Pierre-Grise de Rancé, la Pierre-Vieillette du Marais des Échets, la Pierre-Souveraine de Saint-Genis, sont venues des hautes montagnes de la Savoie, sans doute de la chaîne de Beaufort, jusque près de Lyon, portées par les glaces qui ont ainsi parcouru elles-mêmes près de 200 kilomètres ? Ce sont là des faits qu'*il faut admettre, en dehors de toute théorie.*

VITESSE DE IA MARCHE DES ANCIENS GLACIERS. — Mais que temps a-t-il été nécessaire à ces anciens glaciers pour franchir des espaces si considérables ? Combien d'années a-t-il fallu à un fragment de rocher pour venir depuis l'extrémité du Valais jusque dans les moraines des Dombes ? Si l'on adopte la vitesse maximum donnée par M. Helland pour les glaciers du Groënland (1), soit 19 mètres par jour, il ne leur aurait fallu qu'une soixantaine d'années pour parcourir les 460 kilomètres qui séparent Lyon des sources du Rhône. Ce serait comme une minute sur le cadran de la période glaciaire. Mais rien n'indique que ce maximum a été atteint ou dépassé, rien ne prouve que la vitesse a été constante sur tout le parcours.

Il ne faut pas oublier que les glaciers de la Suisse mar-

(1) M. Favre, Notice sur la conservation des blocs erratiques, etc. *Bibl. univ. de Genève,* t. VII, p. 204, novembre 1876.

chent bien plus lentement. D'après M. O. Heer, il faudrait environ 500 ans à un glacier pour faire une lieue, et la Pierre-à-Bot aurait mis plus de 1000 ans pour venir de la chaîne du Mont-Blanc jusqu'au-dessus de Neuchâtel (1).

On doit donc rester dans le doute et l'incertitude relativement à cette question de vitesse.

UNITÉ DE LA PÉRIODE GLACIAIRE, MULTIPLICITÉ DE SES PHASES. — Les glaciers alpins se sont avancés jusque vers Lyon, c'est incontestable ; mais y sont-ils venus plusieurs fois ? Les avis des géologues sont partagés. Les uns, avec M. Sc. Gras et M. C. Tardy, croient retrouver dans les collines des environs de Lyon plusieurs terrains erratiques superposés, et présument que chacun de ces terrains représente une période glaciaire particulière, une période glaciaire miocène, une période glaciaire pliocène, enfin une période glaciaire quaternaire, et il y en aurait de plus anciennes. D'autres géologues pensent qu'il n'y a eu qu'une période glaciaire qui a commencé au plus tôt dans le milieu des temps tertiaires, et qui s'est prolongée, en quelque sorte, jusqu'à nos jours, partout où il reste encore des glaciers.

D'après tout ce que nous venons d'écrire, il est facile de voir que nous nous sommes rangés dans la seconde catégorie d'observateurs.

En effet, tout nous porte à croire qu'il faut faire commencer la période glaciaire au moment où la température de l'atmosphère terrestre, cessant d'être uniforme, les différences climatologiques se sont fait sentir dans les diverses zones du globe. Les neiges se sont d'abord accumulées vers les pôles pour y former de grands glaciers ; puis, sous l'influence de circonstances que nous avons déjà indiquées, elles ont gagné

---

(1) *Le monde primitif de la Suisse*, p. 650.

les hautes cimes des chaînes de montagnes des diverses régions, et, en raison de la persistance de ces conditions climatologiques, ces neiges se sont progressivement transfor-
mées en glaciers qui ont fini par prendre une extension considérable avant de reculer jusque vers les limites qui les ren
ferment aujourd'hui. Au point de vue général, on peut donc
admettre l'unité de la période glaciaire, en la divisant en trois
phases principales : une phase initiale ou de progrès, une
phase intermédiaire ou de plus prande extension, enfin une
phase terminale ou de recul, qui persiste encore actuellement.

Chaque phase principale pourrait se subdiviser en phases
secondaires, marquées par des oscillations d'avancement ou
de retrait de moindre importance. Les géologues suisses
en ont constaté plusieurs à Utznach, à Dürnten, vers la Dranse, etc. (1) ; il n'y a rien là que de très naturel. La stabilité d'un
climat uniforme ayant été détruite, de simples oscillations du
sol devaient déterminer des conditions atmosphériques capables d'agir puissamment sur les allures des glaciers.

Nous admettons également pour la même raison la possibilité de plusieurs extensions des glaciers alpins jusque
dans les plaines de l'Ain et de l'Isère. Mais, de ce que ce fait
nous semble possible, ce n'est pas un motif pour en accepter la réalité. Ce ne serait qu'une simple affaire d'observation. Hé bien ! jusqu'à présent, ainsi que nous le dirons en
décrivant les terrains subordonnés aux anciens glaciers, l'étude attentive de nos terrains tertiaires et quaternaires ne
nous a fait reconnaître, en dehors des Alpes, que les traces
d'*une seule formation erratique*.

MODE DE RETRAIT DES GLACIERS QUATERNAIRES. — Le retrait
des glaciers anciens ne s'est pas opéré d'une manière régulière. Les parties frontales ont fondu les premières et lente-

(1) O. Heer, *Le monde primitif de la Suisse*, p. 631.

ment, sans occasionner de débâcles, dont on ne retrouve sur notre sol aucun vestige. Nous pensons même que les eaux provenant de cette fonte étaient retenues plutôt par quelques encombrements dans les parties resserrées de la vallée du Rhône, et formaient autour de Lyon, quelques lacs très étendus et peu profonds. Ces eaux étaient très boueuses ; elles tenaient en suspension les produits de la lévigation des moraines, et elles les laissèrent se déposer sous forme de lehm ou de limon glaciaire.

En remontant le Rhône jusqu'à Genève, on rencontre dans la vallée plusieurs bourrelets transversaux de terrain erratique, et ce sont ces moraines frontales puissantes qui indiquent clairement des temps d'arrêt dans la marche rétrograde des anciens glaciers. Leur retraite s'est donc opérée par saccades suivant l'influence des conditions climatologiques, suivant l'état moyen de la température.

En résumé, il ne nous parait pas possible de croire qu'il a existé des époques glaciaires pendant les périodes géologiques anciennes, lorsque la terre jouissait d'une température partout uniforme. L'établissement des différentes zones climatériques a été la cause de la formation des glaciers, et comme ces zones, tout en se modifiant plus ou moins, doivent persister, la température de notre atmosphère reste dans un état d'équilibre instable. De nouvelles oscillations du sol, semblables à celles qui se sont opérées à la fin des temps tertiaires et au commencement de la période quaternaire, pourraient, tout aussi bien qu'autrefois, déterminer une nouvelle extension des glaciers. Il suffit même d'une cause légère, de la persistance de tel ou tel vent, du plus ou moins d'humidité de quelques étés etc., pour faire avancer ou reculer les glaciers alpins. Pendant le siècle dernier ils progressaient ; maintenant ils reculent en arrière de leurs anciennes moraines frontales ; et puis bientôt, dans quelques années peut-être, ils avanceront encore.

Mais loin des Alpes, ces variations météorologiques font aussi sentir leurs effets. Près de Lyon en 1864 il a suffi de la persistance du vent du nord pendant quelques jours pour transformer la Saône en une véritable mer de glace. En aval de l'Ile-Barbe les glaçons charriés par la rivière s'étaient amoncelés les uns au-dessus des autres, sur une épaisseur de plusieurs mètres et prenaient les formes les plus bizarres. Des milliers de curieux venaient chaque jour admirer cet étrange spectacle, qui rappelait les paysages des hautes vallées de la Suisse (1). Cette année (1879) les mêmes faits se sont reproduits.

RAPPORT ENTRE LE VOLUME DES ANCIENS GLACIERS ET LA MASSE DE L'OCÉAN. — En pensant aux anciens glaciers quaternaires qui avaient pris une extension colossale, on est tenté de se demander si l'accumulation de semblables masses de glaces n'avait pas amené un trouble dans la circulation des eaux à la surface de la terre ; on peut se rassurer. Les anciens glaciers étaient immenses ; néanmoins leur surface était bien faible relativement à celle de l'océan, et d'après M. Benoit (2), un abaissement d'un millimètre du niveau des mers aurait suffi pour l'alimentation de tous ces anciens glaciers. Nous savons bien que M. Adhémar supposait que l'amoncellement des glaces vers un des pôles pouvait déplacer le centre de gravité de la terre, mais les conclusions de l'auteur des *Révolutions de la mer* n'ont pas été adoptées et pour expliquer les phénomènes de la période glaciaire, il n'est pas nécessaire d'intervertir l'ordre des lois de la nature.

PROGRÈS DE LA THÉORIE GLACIAIRE. — L'existence d'une période glaciaire, l'extension énorme de ces anciens glaciers,

(1) *Ann. de la Soc. d'Agr. de Lyon*, procès-verbaux, p. XV. 29 janvier 1864.
(2) *Bull. Soc. géol.*, 2ᵉ série, t. XX, p. 322, 1868.

e transport du terrain et des blocs erratiques par ces immenses fleuves de glaces ou dans quelques régions par des
banquises, ce sont aujourd'hui autant de faits acceptés géné-
alement comme des vérités scientifiques. Des questions de
détails peuvent encore pendant de longues années diviser les
savants, mais la plupart d'entre eux sont d'accord sur les faits
principaux. Aussi la *théorie glaciaire*, telle que l'ont fondée
ou développée les travaux de Venetz, de Charpentier, Desor,
Escher de la Linth, Blanchet, Favre, Guyot, Soret, Heer,
Mgr Rendu, de Mortillet, Collomb, Daubrée, Martins, Lory,
Benoît, Tyndall, Forbes, Lyell, Darwin, Gastaldi, Stoppani,
Zittel, Hochstetter, Grad, Dana, Hayden, etc., etc. ; etc.., a
pris dans la science un rang définitif. On l'enseigne dans les
facultés, on l'expose dans les meilleurs ouvrages *classiques
de l'Europe et des États-Unis*. Certes, toutes les résistances
ne sont pas détruites, quelques partisans convaincus défen-
dent encore les idées diluviennes, mais leurs efforts resteront
sans résultats, ne sauront ralentir la marche de la théorie
si simple et si rationnelle qu'ils veulent combattre.

Après avoir exposé ces considérations générales sur les
phénomènes glaciaires anciens, il nous reste à en faire l'application à l'égtude enodlaciers quaternaires, et du terrain
erratique de la partie moyenne du bassin du Rhône. Pour
chercher à atteindre ce but, nous n'aurons, pour ainsi dire,
qu'à suivre la voie que nous ont ouverte les savants travaux
de nos affectionnés maîtres, MM. E. Benoît et Ch. Lory.

CHAPITRE VI

CONSIDÉRATIONS GÉNÉRALES SUR NOS ANCIENS GLACIERS

GLACIER DU RHONE EN SUISSE ET DANS LE PAYS DE GEX

CONSIDÉRATIONS PRÉLIMINAIRES — Situé au confluent de
deux grands fleuves, Lyon a toujours été un des plus puissants boulevards des théories diluviennes. La vue
des ravages occasionnés par les débordements fréquents
de ces deux cours d'eau devait produire en effet une impression terrible sur l'esprit des habitants de cette riche cité et les
porter naturellement à exagérer l'intensité des phénomènes
diluviens. Les géologues lyonnais ne purent se soustraire à
cette influence, et lorsqu'il s'agit d'expliquer le transport des
galets et des blocs erratiques qui les entouraient de toutes
parts, ils s'empressèrent d'adopter les idées de de Saussure
et d'Elie de Beaumont. Ils ne virent autour d'eux que des
traces d'inondations beaucoup plus violentes que celles dont
ils avaient été les témoins.

M. Fournet fut le chef de cette école. Autour de lui s'étaient
groupés Leymerie, Sc. Gras, Thiollière, Jourdan, Drian,
Dumortier, qui le soutinrent dans sa lutte contre les théories

de Venetz, de de Charpentier et de tous les continuateurs de leurs doctrines.

Rappelons donc seulement que les géologues lyonnais donnèrent le nom de *diluvium alpin* à ces masses énormes de sables, de graviers, de galets et de blocs de toutes grosseurs, qui formaient autour d'eux de vastes plaines et d'immenses plateaux. Ils n'établirent d'abord aucune distinction dans ce vaste ensemble ; il leur suffisait d'être d'accord pour déterminer l'origine de ce terrain qui leur paraissait clairement avoir été transporté par des eaux courantes.

Plus tard Élie de Beaumont divisa cette formation en deux groupes. Il attribua le nom d'*alluvions anciennes* ou de *conglomérat bressan* au groupe inférieur composé de cailloux, de graviers et de sable grossièrement stratifiés et le sépara du groupe supérieur qui renferme seul de gros blocs disposés confusément dans la masse. D'ailleurs ces deux terrains étaient pour lui des formations diluviennes.

Nous avons maintenu cette division, car elle est basée sur une appréciation exacte des faits, seulement au lieu de voir dans ce second terrain un produit du charriage de lames diluvien nes épanchées des Alpes, après la fonte des anciens glaciers, par l'influence des roches érruptives, ou bien après la rupture de barrages qui retenaient de grands lacs dans les vallées alpestres supérieures, nous voyons dans cette formation un analogue du terrain erratique proprement dit, et avec MM. Benoit, Lory et un grand nombre de géologues, nous pensons que ce terrain n'a pu être transporté sur les collines de la Croix-Rousse et de Fourvière que par d'anciens glaciers et que ces glaciers avaient leurs principaux bassins d'alimentation dans les Alpes.

Nous n'avons pas à revenir ici sur les phases de la lutte qui dura si longtemps entre les géologues lyonnais et les glaciairistes, et au récit de laquelle nous avons consacré la

seconde partie de cet ouvrage. Nous nous bornerons à répéter que ce sont des géologues étrangers à notre ville qu'
se sont faits les importateurs des doctrines glaciairistes.
Edouard Collomb, Blanchet, Dollfus-Ausset et surtout MM. E.
Benoît et Ch. Lory, ont eu le talent de déterminer la véritable
origine de notre terrain erratique, en la rattachant au *ter-*
rain erratique glaciaire de la Suisse. Nous avons déjà analysé
les savants travaux de ces auteurs, il nous reste à joindre
nos observations personnelles à celles qu'ils ont déjà faites et
à exposer l'ensemble des connaissances que nous avons acquises sur les anciens glaciers qui ont envahi jadis les plaines
et les montagnes de notre bassin.

Maintenant que nous avons exposé nos idées théoriques,
nous devons en faire l'application pratique, et en nous acquit-
tant de cette tâche, nous espérons obtenir de nouvelles
adhésions au système que nous avons cru devoir adopter,
comme le plus simple, le plus rationnel. Mais nous n'avons
pas la prétention de rattacher à cette doctrine tous nos lecteurs ; ce désir serait moins réalisable à Lyon que partout
ailleurs, puisque les théories diluviennes sont encore enseignées dans cette ville.

DIVISIONS ET GROUPEMEMENT DES ANCIENS GLACIÉRS DU BASSSIN
DU RHÔNE MOYEN. — Lorsqu'on étudie attentivement le terrain
erratique de la région, on reconnaît des différences profondes
dans la composition de ses éléments, suivant qu'on l'étudie
dans tel ou tel pays. Dans la vallée du Rhône, sur le plateau
bressan, dans les plaines du Bas-Dauphiné, dans les vallées
de la Savoie et dans quelques-unes du Bugey, cette formation se compose surtout de roches des Alpes ; ce sont des
phyllades noires, des schistes chloriteux, des protogines, des
granites divers, des grès et des poudingues anthracifères, des
quartzites et quelques autres roches moins abondantes, mé-

lés à des calcaires noirs du jurassique alpin et à des calcaires blonds des chaînes secondaires. Les débris calcaires, noirs ou blonds, sont généralement polis et couverts de stries.

En Dauphiné, dans les vallées du Drac et dans celle de l'Isère, en aval de Grenoble, à ces éléments se combinent des fragments d'une roche très caractéristique qui suffisent pour établir un second groupe facile à reconnaître. C'est la variolite du Drac qui sert ainsi à délimiter, en dehors des grandes chaînes, l'espace occupé par les glaciers réunis du Drac et de la Romanche, et à distinguer leurs moraines de celles du glacier delphino-savoisien.

Puis dans le massif de la Grande-Chartreuse, dans celui du Vercors, dans les chaînes secondaires de la Savoie, ainsi que dans les montagnes du Bugey, on observe un terrain erratique spécial, ayant un faciès particulier. Tous ses éléments sont calcaires ; ses fragments ont un poli grossier, mais ne présentent que très rarement des stries. Ce terrain erratique correspond aux moraines des glaciers qui fonctionnent de nos jours dans les vallées des massifs calcaires comme celui de la Gemmi.

Enfin, des mélaphyres, des porphyres quartzifères et divers granites caractérisent encore un autre groupe de terrain erratique, qu'on retrouve dans les vallées du Beaujolais et du Lyonnais.

À cette formation nous rattachons le terrain erratique du mont Pilat, qui en est une dépendance naturelle.

Ces divers terrains erratiques ont été transportés par des glaciers qui peuvent se classer en autant de groupes. Ainsi, nous aurons à étudier 1° les glaciers du Rhône et des Alpes, de la Savoie et de l'Isère ; 2° les glaciers de la Romanche et du Drac ; 3° les glaciers locaux du Bugey et des chaînes secondaires de la Savoie et du Dauphiné ; 4° les glaciers du Beaujolais, du Lyonnais, et du mont Pilat.

Sur la carte qui accompagne cette monographie, chaque
groupe de glaciers est figuré par des traits d'une couleur spéciale : le vermillon pour les glaciers du Rhône et de la Savoie; l'orangé pour les glaciers réunis de la Romanche et du
Drac; le bleu pour les glaciers localisés dans les montagnes du
Bugey et dans les chaines secondaires de la Savoie et du Dauphiné; enfin le vert pour les glaciers du Beaujolais, du Lyonnais et du mont Pilat.

Nous décrirons d'abord les glaciers alpins et ceux des chaines secondaires, en jetant un coup d'œil rapide sur leur ensemble pour en étudier les rapports et la solidarité, et en
retracer les limites en surface et en altitude, sans négliger
les autres phénomènes qui pouvaient être les conséquences
de leur extension et de leur retrait; puis nous nous occuperons des glaciers des montagnes situées à l'ouest de notre
bassin.

Moyen pratique de reconnaitre l'origine glaciaire de
notre terrain erratique. — Pour contrôler la justesse
de notre système scientifique, il y a un moyen très simple; il
consiste à faire l'application pratique de la méthode indiquée
par Mgr. Rendu pour arriver à déterminer la nature et l'origine d'un terrain erratique quelconque.

Nous avons déjà exposé succinctement cette méthode dans
la deuxième partie de cette monographie, maintenant nous
allons essayer d'en faire usage pour arriver à la démonstration de notre système.

Supposons qu'un géologue se trouve placé à Fourvière, à
Sathonay, à Sainte-Foy, ou sur tout autre point des collines
lyonnaises. La vue du terrain erratique avec ses gros blocs
anguleux, ses cailloux striés, le frappe. Il voudra se rendre
compte de la nature de ce terrain, il voudra savoir d'où il est
venu. Après l'avoir étudié attentivement pour en graver le fa-

cies dans sa mémoire et en distinguer les principales roches, il cherchera à savoir jusqu'où il s'étend, à reconnaître la surface qu'il occupe.

S'il se dirige vers l'ouest, il verra bientôt ce terrain disparaître. Il ne trouvera plus que les calcaires du Mont-d'Or ou bien des gneiss souvent recouverts par des nappes de cailloux roulés. S'il étudie la nature de ces galets, il retrouvera dans ces fragments la plupart des roches qui constituent le terrain erratique, mais il s'apercevra promptement des différences qui distinguent ces deux formations; il ne pourra pas les prendre l'une pour l'autre. Du reste, s'il a bien examiné les stations de Sathonay, de Fourvière, de Sainte-Foy, ou toutes autres qui lui ont servi de points de départ, il comprendra vite que ces nappes de gravier, qu'il voit se prolonger en dehors des limites du terrain erratique, sont les mêmes que celles qu'il a vues en partant, en dessous du terrain à gros blocs et que par conséquent elles sont plus anciennes que ce dernier. Il pourra prendre une carte et marquer la limite des deux terrains; c'est un point acquis. Il aurait beau macrher à l'ouest, s'avancer jusque vers les montagnes du Lyonnais, il ne trouverait plus un autre terrain de *composition* identique à celle de la formation qui couvre les sommets des collines au pied desquelles coule la Saône.

S'il continue ses recherches au sud, les gros blocs et les cailloux striés lui serviront de jalons, et, pour marquer la limite de ce terrain à l'ouest, il tracera sur sa carte une ligne qui passera par la Côte-de-Lorette à Oullins, par la colline de Beauregard et les Barolles à Saint-Genis, puis par les plateaux de Vourles, de Charly, de Millery, et par Vienne, Beaufort, Thodure en Dauphiné. De fréquentes excursions latérales lui auront appris qu'à l'ouest de cette ligne, le terrain qu'il a étudié près de Lyon manque, mais qu'il est très développé à l'est. C'est un second point très important à noter. Pour continuer ses investigations, il faudra qu'il revienne à son point de départ, et qu'il fasse au nord une exploration semblable à celle qu'il a faite au sud. S'il s'écarte à l'ouest d'une ligne passant par Fourvière, Loyasse, les Chartreux, Cuire, Caluire, le Vernay, Sathonay, Civrieux, Rancé, Ars, Châtillon-les-Dombes, il perdra vite la trace de la formation à gros blocs et à cailloux striés. Parfois il pourra bien apercevoir quelques volumineux fragments de roches, semblables à ceux qui lui ont servi de guides, mais ces blocs seront seuls, isolés des cailloux striés qui les accompagnent ordinairement. Cette observation ne pourra être suffisante pour lui faire modifier sur la carte le contour qu'il poursuit et qu'il vient de reconnaître plus à l'est.

Au nord de Châtillon-les-Dombes et de Sulignat, il perdra bientôt de vue le terrain qui fait l'objet de ses études, et pour le retrouver il lui faudra un peu revenir en arrière et à l'est. Il le rencontrera de nouveau entre Béost et Chanoz, à Charvériat, à Montcey et à la forêt de Seillon, près Bourg. Dans cette partie de son parcours, l'examen des terrains lui aura offert quelques difficultés, car la terre végétale ne laisse voir que de rares coupes naturelles; mais s'il peut éprouver de l'embarras pour quelques questions de détails, il lui sera facile cependant de garder la même assurance pour tracer une limite exacte au point de vue général.

Si cet explorateur veut se rendre compte des résultats de ses recherches, il verra que les limites qu'il a tracées sur sa carte forment un vaste demi-cercle dont la convexité est dirigée vers l'ouest, et dont le diamètre est d'environ 100 kilomètres, depuis Bourg jusqu'à Beaufort et Thodure. La première conclusion à tirer de ce tracé graphique, c'est que le terrain en question doit provenir de l'est, puisqu'on a retrouvé ses limites au sud, à l'ouest et au nord. Ce résultat est important, mais il ne peut suffire. Notre voyageur se remet-

tra en route. Il parcourra la Dombes, les plaines du Bas–Dauphiné, et partout où il trouvera une coupe géologique complète des terrains tertiaires supérieurs et quaternaires, il reconnaîtra, au-dessus de l'alluvion ancienne, son terrain à
gros blocs et à cailloux striés.

Puisque ce terrain manque à l'ouest, c'est donc à l'est qu'il
faudra le poursuivre. A mesure que ce naturaliste s'avancera
vers les Alpes, il s'apercevra que ce terrain devient mieux
caractérisé, que les blocs sont plus fréquents, plus volumineux, et même s'il observe attentivement tout ce qui se présente à lui, il reconnaîtra facilement que ce terrain n'est pas
étalé uniformément, mais qu'il constitue çà et là des amoncellements plus considérables, ou plutôt des espèces de bourrelets assez bien définis. A Lagnieu, à Anthon, à Satolas, à
Panossas, à Artas, etc., il en trouvera des exemples, et, s'il
note attentivement ses observations sur sa carte, il verra que
ces amas se relient les uns aux autres, pour former des bourrelets sensiblement parallèles, ou plus exactement, concentriques avec la limite extrême déjà tracée du terrain erratique, du côté de l'ouest. Il est bon de ne pas négliger cette
dernière observation.

Après avoir recommencé ses découvertes à l'est, il en tardera pas à découvrir de nouveaux faits très remarquables.
Il a quitté les plaines, il est sorti de la région des cailloux
roulés, des alluvions, pour entrer dans celles des plateaux
calcaires. Le terrain erratique ne subit aucune modification
en lui-même, mais les calcaires sur lesquels il repose directement, au lieu de présenter des surfaces brutes, rugueuses,
sont polis, comme les fragments calcaires du terrain erratique, et de plus ils sont couverts de grandes stries rectilignes,
toutes parallèles les unes aux autres, et dirigées dans le sens
moyen de la vallée du Rhône. Ces surfaces polies se développent sur une étendue immense, et leurs rapports avec le

terrain erratique ne peuvent être douteux, car chaque fois
qu'il les rencontrera, il les verra disparaître sous une couche
de cette formation ou entourées par elle. De plus, pour observer ces surfaces avec un poli parfait, avec des stries très
nettes, très fines, il faudra qu'il examine celles qu'on vient
de déblayer depuis peu du terrain erratique qui les recouvre
habituellement.

A mesure qu'il marchera à l'est, notre observateur décou-
vrira de nouvelles surfaces polies et striées sur tous les calcaires qui servent de contreforts aux grandes chaînes du
Dauphiné et de la Savoie ; il en trouvera aussi au pied de la
chaîne du Bugey, à Villebois par exemple. Il lui suffira de
rencontrer des calcaires placés dans des conditions favorables, pour reconnaître ce caractère qui lui sera plus tard de
la plus grande utilité pour déterminer le mode de transport
du terrain erratique et en préciser l'origine.

Entraîné par ses investigations, notre géologue arrivera
dans le pays accidenté qui est compris entre le cours du
Rhône, celui de l'Isère et le massif de la Chartreuse. Il gra-
vira les collines dont quelques-unes s'élèvent jusqu'à plus de
900 mètres, et sur leurs sommets, sur leurs flancs, à leur
pied, sur les plateaux et dans les vallées qui les entourent,
partout, il reconnaîtra le même terrain erratique avec les mêmes caractères ; il n'a pas perdu sa trace. Il lui faudra donc
marcher encore. Il se dirigera vers le massif du Vercors, il
en contournera le pied que baigne l'Isère, et partout il verra des blocs erratiques, des cailloux anguleux et striés et des
surfaces calcaires polies et rayées. La seule différence à noter, ce sera la présence d'une roche brunâtre tachée de blanc
qu'il n'avait pas encore rencontrée, mais qu'il reconnaîtra
pour être une variolithe.

Alors il s'élèvera sur les flancs de ce massif, et toujours il
rencontrera les mêmes blocs ; il s'élèvera encore ; les blocs

disparaîtront à un niveau déterminé. Il notera la hauteur (1,200 m.); il fera de nouvelles ascensions, et chaque fois il constatera que les blocs ne dépassent pas une ligne horizontale assez régulière qui devient leur limite supérieure en altitude.

En avançant dans l'intérieur des vallées, il retrouvera les blocs, mais il verra qu'au lieu d'être répandus indistinctement dans toute la longueur de ces dépressions, ils se maintiennent toujours au-dessous du même niveau qu'il a déjà observé. En dehors de ces points, il lui sera impossible de revoir ces fragments de roche, qu'il connaît si bien. Il marquera les contours qu'il vient de relever, et il tracera ainsi les limites extrêmes au sud du terrain qu'il étudie.

Il est donc inutile pour lui de s'avancer plus loin de ce côté. Il reviendra sur ses pas et abordera le massif de la Chartreuse. Au pied de ce groupe de montagnes, dans la vallée du Grésivaudan, comme le long des chaînes surbaissées de Saint-Julien de Ras et de Miribel, il notera la présence du terrain erratique normal avec ses blocs et ses surfaces calcaires polies ; il fera les mêmes observations au pied de l'escarpement est de ce massif de montagnes dans la vallée de l'Isère. S'il pénètre dans l'intérieur du massif, il constatera que des blocs erratiques sont dispersés de toutes parts, mais qu'ils ne dépassent pas un certain niveau qui se relie à celui qu'il a reconnu dans les montagnes qu'il vient de parcourir. Ce sera vers le col du Frêne qu'il verra le plus riche amoncellement de blocs, et il pourra en suivre une longue traînée qui passe par le col de Cucheron pour aller de Saint-Pierre de Chartreuse vers le couvent, et de là se continuer dans la vallée Guiers-Mort jusqu'à Saint-Laurent du Pont et plus loin. Mais les blocs n'apparaissent pas que dans cette région, ils abondent sur le pourtour du massif, dans la vallée de Proveysieux, dans celle de Sappey, etc., et dans une foule d'autres localités, pourvu qu'elles ne soient pas trop élevées.

Chemin faisant, si notre observateur a tenu à se rendre compte de tous les faits, il n'aura pas manqué de découvrir dans le massif de la Grande-Chartreuse, aussi bien que dans celui de Villars-de-Lans, un terrain d'un aspect spécial, situé généralement au-dessous de la formation erratique normale. Ce sont des fragments de calcaires généralement polis, montrant de rares stries, à peine roulés, groupés confusément, sans aucun ordre, ne ressemblant ni à des alluvions ni à des éboulis. Les éléments qui le composent proviennent toujours des roches voisines. Ce terrain particulier s'étale dans le fond des vallées et près de leur ouverture ; il n'occupe jamais sur le flanc des montagnes une position aussi élevée que celle du véritable terrain erratique. C'est dans ces montagnes calcaires que notre voyageur a reconnu ce terrain pour la première fois depuis qu'il a quitté Lyon. Cette observation nouvelle mérite une grande attention. L'origine de ce terrain est un nouveau problème à résoudre ; il faudra en chercher la solution pendant le reste des explorations.

Le massif de la Grande-Chartreuse ne paraîtra qu'une étape pour ce voyage de recherches. Ce n'est pas au milieu de ces montagnes que se reconnaissent, à l'est, les limites du terrain erratique qui s'est étendu jusque sur les collines lyonnaises. Il semble au contraire que le terrain à gros blocs est venu de plus loin et qu'il n'a fait que contourner le massif de la Chartreuse et y pénétrer par diverses dépressions, entre autres le col du Frêne. Ce groupe de montagnes ne peut donc pas être le but final du voyage, et l'observateur doit se remettre en route.

Toute une région montagneuse a été négligée par lui ; il n'a fait que parcourir la bande de terrain qui s'étend entre ses premiers contreforts et le cours du Rhône. Il ne peut laisser derrière lui le Bugey sans le visiter. Il y pénétrera donc à son tour, et il ne tardera pas à y retrouver le terrain à gros blocs et à cailloux striés.

Ce terrain apparaîtra partout ; des blocs volumineux sont éparpillés de toutes parts ; les sommités seules des montagnes les plus hautes n'en présentent aucune trace. Le terrain erratique ne paraît pas s'être élevé au-dessus d'une ligne qui passerait à mi-coteau de la montagne de Lachat (1100^m) à l'est d'Inimont. Du reste, le terrain erratique offre toujours la même composition ; seulement la boue argileuse qui emballe les débris de roches est plus jaunâtre que celle de la plaine, plus calcaire.

Dans le cirque de Belley, rien de spécial à noter ; rien encore sur la montagne de Parves ; toujours et partout le même terrain erratique. Seulement des blocs de phyllade très volumineux apparaissent çà et là.

Ces énormes fragments de roches noires perdus au milieu des roches blanches du pays, laissent bien deviner qu'ils ne sont pas près de leur lieu d'origine. Il faut qu'ils viennent de plus loin. On suivra leur piste sans se décourager.

Au nord de la cluse de Saint-Rambert et du bassin de Belley, notre voyageur retrouvera les blocs erratiques, mais au lieu de les voir dispersés indistinctement sur toute la contrée, comme dans les environs de Belley, il les apercevra principalement sur les flancs qui bordent quelques vallées, ou bien il reconnaîtra qu'ils forment de longues traînées, quelquefois même n'occupant qu'un côté des vallées. S'il poursuit ces traînées, ces placards, notre géologue arrivera toujours à des points où les blocs disparaissent. Il pourra donc tracer de nouvelles limites sur sa carte, mais les contours en seront très irréguliers. Comme, à mesure qu'il approchait de ces stations extrêmes, il a vu les blocs erratiques devenir progressivement plus petits et plus rares, il pourra facilement en conclure qu'il n'a pas encore découvert leur origine, le point d'où ils se sont répandus au loin, jusque vers le confluent du Rhône et de la Saône.

N'oublions pas de dire que dans toutes les montagnes du Bugey, surtout dans le Valromey, comme dans les massifs de la Grande-Chartreuse et du Villard-de-Lans, le fond des vallées est généralement occupé par le terrain que notre voyageur a déjà reconnu parfois au-dessous du terrain erratique normal pendant ses courses précédentes.

Puisque les limites du terrrain qu'il étudie lui échappent toujours à l'est, il faut qu'il les poursuive encore, de ce côté.

Il remontera la vallée du Rhône depuis Culoz, et, tout le long de sa route, il trouvera des blocs erratiques et des lambeaux du terrain qui les accompagne ordinairement. Sur les flancs de la chaîne du Colombier, il les verra toujours jusqu'à une hauteur déterminée (1200). Près de Genève, de chaque côté du lac, il les rencontrera encore.

Au delà du lac de Genève, la plaine de la Basse-Suisse en étant toute couverte, il reviendra sur ses pas pour remonter le Rhône et parcourir le Valais. Toujours le même terrain, seulement les blocs deviennent énormes, ceux de l'entrée du Valais l'étonneront par leurs dimensions gigantesques. Ce sont les plus gros qu'il a rencontrés dans ses longues courses. C'est déjà un premier indice. Après les avoir admirés, il se remettra en route avec une nouvelle ardeur. Enfin il arrivera auprès du glacier du Rhône; son étonnement redoublera: il se trouvera en présence d'un terrain qui offre la plus grande analogie avec celui qui depuis Lyon fait l'objet de son attention. Il examinera par lui même, il prendra des informations auprès de ses guides, et il acquerra bien vite la conviction que ce terrain a été transporté depuis peu d'années par les glaciers. Ce terrain, au lieu d'être répandu régulièrement, forme des bourrelets concentriques qui lui rappellent très bien ceux qu'il a vus sur le plateau bressan ou dans les environs de Lagnieu ou dans le Bas-Dauphiné. Ce terrain, qui offre tant de ressemblance dans ses allures, dans la disposi-

tion de ses éléments, dans la composition de ses roches cons-
titutives, avec le terrain erratique de Fourvière, de Sathonay,
de Sainte-Foy, n'est autre que les moraines frontales que le
glacier du Rhône a abandonnées depuis quelques années. Sur
quoi reposent ces moraines ? Sur des cailloux roulés qui rappellent à s'y tromper les alluvions qui supportent le terrain
erratique dans les plaines bressanes et dauphinoises. Lorsque
les moraines ne sont pas amoncelées sur ces alluvions, elles
recouvrent des roches dures, et ces roches dures sont polies
et rayées comme les calcaires du Bas-Dauphiné ou ceux du
Bugey.

Cette analogie est frappante. Notre géologue n'a jamais vu
de roches façonnées d'une manière semblable que vers les
glaciers ou au-dessous du terrain erratique, ou mieux à son
contact.

Tout ce qu'il a vu, tout ce qu'il a noté, semble donc s'expliquer depuis qu'il est arrivé près du glacier du Rhône. Il
voudra s'en approcher encore pour mieux se rendre compte
des faits ; et que verra-t-il ? le terrain erratique lui-même en
voie de formation au pied du glacier ! Sous ses yeux le glacier transportera des blocs anguleux, énormes, semblables à
ceux qu'il a observés tout le long de sa route. Sous ses yeux
le glacier les laissera tomber au milieu d'un terrain boueux,
où tous les éléments sont dispersés de la manière la plus
confuse. Tout y est pêle mêle, sans ordre, comme dans le
terrain erratique des environs de Lyon. Sous ses yeux, le
glacier polira et burinera les roches qu'il rencontrera sur son
passage. Sous ses yeux, il en écrasera les fragments et les
transformera en une boue fine qui ne sera pas sans rapport
avec le lehm ou la terre à pisé.

Sous ses yeux, le torrent qui s'échappe de la glace, roulera
des cailloux et les entraînera pour former une plaine d'alluvion en avant du glacier Plus il étudiera attentivement

cette alluvion glaciaire, plus il s'apercevra qu'elle est en petit l'image de l'alluvion ancienne des départements de l'Isère, de l'Ain et du Rhône.

Alors une conclusion bien simple, bien évidente, s'imposera à son esprit : *le terrain erratique est un terrain glaciaire ancien ; des glaciers plus développés que ceux de nos jours, mais fonctionnant de la même manière , ont été les agents de son transport jusque vers ses limites les plus extrêmes.*

Enfin notre chercheur a découvert cette origine mystérieuse qu'il a poursuivie si longtemps !

Après bien des peines, des explorations attentives, il est parvenu à atteindre une des sources du terrain erratique. Il lui a fallu arriver jusque vers le glacier du Rhône pour reconnaitre à l'*est* une des limites du terrain erratique ; mais il a fait plus que de découvrir un nouveau point extrême de ce terrain, il en a appris l'origine, il a vu un de ses points de départ, et même, pour ainsi dire, il a été témoin des phénomènes de sa formation, car ces phénomènes, au lieu d'être interrompus, se continuent encore dans les hautes régions des Alpes. Les doutes, les incertitudes ont disparu de son esprit ; il aura le grand bonheur de posséder une vérité nouvelle, une vérité qu'il désirait si ardemment connaître !

Avant de quitter les lieux où cette révélation s'est faite à son esprit, il voudra parcourir le glacier pour en scruter les merveilles et en étudier les moraines superficielles. Il verra les blocs énormes se détacher du haut des aiguilles qui dominent le glacier, il constatera l'avancement des glaces, il se rendra compte de la transformation progressive des névés en glace bleue, et chaque observation nouvelle fera jaillir devant ses yeux un nouveau trait de lumière. Il oubliera sa peine, il oubliera ses fatigues, il se félicitera de sa persévérance ; mais son succès ne pourra lui faire oublier la tâche qu'il s'est imposée. Il devait tracer sur sa carte toutes les limites du terrain erratique, et à l'est il n'a relevé qu'un seul point Un terrain aussi vaste doit avoir une origine en proportion de son immensité.

Il faudra étudier ce qui se passe dans les hautes régions alpestres, vers les glaciers qui dominent le bassin du Rhône ; mais avant de sortir du Valais, il devra parcourir les vallées latérales.

En haut de chaque vallée il trouvera des glaciers, et près de chaque glacier un terrain glaciaire, un terrain erratique en voie de formation.

Les moraines de la vallée de Saas lui offriront de nombreux fragments de cette magnifique roche verte, de cette diallage dont il a recueilli des échantillons, à Lyon même, dans les alluvions anciennes, remaniées par le Rhône, puis dans les montagnes du Bugey et jusque dans la vallée de l'Ain, vers le viaduc de Cize. Les moraines des glaciers des montagnes calcaires de la Gemmi lui permettront de comprendre la nature et le mode de formation de ce terrain particulier qu'il avait remarqué au fond de quelques vallées du Bugey et des montagnes de la Chartreuse ou du Vercors, au-dessous du terrain erratique normal. En les voyant, il s'expliquera clairement par analogie que ce terrain n'est autre chose que d'anciennes moraines formées par des glaciers indépendants, et localisées dans des montagnes calcaires, comme celles qui s'élèvent au-dessus de Leukerbaden. Les ressemblances sont si grandes entre ces deux formations qu'on ne peut garder le moindre doute sur la similitude de leur origine. Cette explication est très importante ; elle sert à reconnaître l'existence de tout un groupe d'anciens glaciers.

En sortant du Valais, notre naturaliste voyageur visitera les montagnes de la Haute-Savoie, de la Savoie, du Dauphiné ; il en remontera les grandes vallées, il en suivra les vallées secondaires, et, soit qu'il parcoure la vallée de la Dranse, la vallée de l'Arve, ou celles de l'Isère, de l'Arc, de la Romanche et du Drac, il arrivera toujours vers des glaciers, et il trouvera toujours entre leurs moraines et le terrain erratique les mêmes ressemblances qu'il a reconnues vers le glacier du Rhône.

Il pourra donc constater que le terrain erratique des environs de Lyon forme un tout homogène avec le terrain erratique des Alpes, et se lie d'une manière intime avec les moraines des glaciers actuels.

En définitive, les alluvions anciennes de nos plaines, le terrain erratique qui les recouvre, proviennent des vallées des Alpes; leurs points de départ ont dû se trouver près des névés où commencent les moraines superficielles des glaciers modernes, et à l'est les limites du terrain erratique se confondent avec celles du terrain glaciaire. Ce sont donc d'anciens glaciers qui ont transporté le terrain erratique.

Il est donc possible, par la simple observation des faits, de reconnaître la nature, l'origine, le mode de transport de ce terrain.

Il ne s'agit que de conclure du connu à l'inconnu et de relier le passé au présent. Il ne faut que rétablir une chaîne dont les anneaux paraissent d'abord brisés, mais qui existent tous.

Et ce voyageur que nous venons de suivre pendant ses pérégrinations, n'est pas un être complètement hypothétique. Nous avons suivi le même itinéraire que lui, nous étions animés du même désir de connaître, nous avions les mêmes doutes, les mêmes incertitudes. Comme lui, nous sommes partis des collines lyonnaises, nous avons parcouru pas à pas les Dombes, le Dauphiné, le Bugey, la Savoie, le Valais, comme lui nous avons gravi les Alpes, et toujours il nous a fallu remonter jusque vers les glaciers pour retrouver le point de départ de nos alluvions anciennes et de notre terrain erratique. La méthode de Mgr Rendu a été pour nous le guide le plus sûr.

Si nous avons adopté la théorie glaciairiste, c'est parce qu'elle s'identifiait mieux que toute autre aux convictions profondes qu'avaient fait naître en nous l'examen attentif des faits et la recherche persévérante de la vérité, en dehors de notre cabinet d'études. Après cette initiation de plusieurs années, nous avons le droit de répondre aux partisans des théories diluviennes que nous sommes les fidèles disciples de de Charpentier, de M. Benoît, de M. Lory, de M. A. Fa-vre, de M. Desor.

Ce que nous avons fait pour le terrain de la partie moyenne du bassin du Rhône, on peut le faire pour le terrain erratique d'une infinité de pays; pour celui qui se développe de tous côtés au pied des Alpes et des Pyrénées, les conclusions seront les mêmes.

Dans d'autres régions, dans les Vosges par exemple, en poursuivant le terrain erratique, on ne peut aboutir à des glaciers, mais la disposition du terrain est si conforme à ce qu'on a vu ailleurs, qu'il est bien permis de conclure par ana-logie. Tout indique l'action des glaciers, la glace seule a disparu. Mais il faut admettre qu'elle a existé jadis dans ces vallées, et que c'est elle qui a été l'agent du transport du ter-rain erratique.

Quant à nous, nous croyons aussi bien à l'existence an-cienne des glaciers des Cévennes et de la chaîne beaujolaise, qu'à ceux des Alpes. Nous dirons plus loin sur quoi s'appuie notre manière de penser. Pour le moment il s'agit d'étudier les traces laissées par les anciens glaciers qui ont charrié notre terrain erratique principal, depuis les chaînes alpines jusque vers la vallée de la Saône. Essayons donc de mesurer leur puissance, de retrouver leurs limites en étendue et en hau-teur, d'exposer les phénomènes qui dépendaient de leur développement, de leur progression, et de décrire les terrains qui leur étaient subordonnés.

GLACIER DU RHÔNE EN SUISSE. — Durant la période éocène les régions arctiques, le Spitzberg, le Groënland avaient continué à se refroidir. Les zones climatériques s'étaient accentuées davantage à la surface du globe, et un grand nombre de végétaux qui avaient pu se développer auprès des pôles émigraient vers les contrées plus favorisées qui leur présentaient encore les conditions nécessaires à leur existence. Il en fut de même pour la faune : beaucoup d'animaux ne purent supporter le nouveau climat des terres septentrionales et furent obligés de fuir pour trouver une température plus douce. Ces phénomènes s'accentuèrent de plus en plus, et probablement à la fin du miocène ou plutôt au début du pliocène, les conditions climatologiques que nous n'avons pas à énumérer de nouveau permirent aux vapeurs d'eaux de se condenser sous forme de neige sur les cimes des Alpes ; ces neiges se transformèrent en névés, qui à leur tour engendrèrent d'immenses glaciers. Sous l'influence d'une action persistante du climat qui venait de s'établir pour la première fois dans l'Europe centrale, ces glaciers envahirent rapidement toutes les vallées qui découpent profondément les principaux massifs montagneux de cette contrée et finirent par déborder dans les vastes plaines où elles viennent s'ouvrir. Les glaciers des grandes vallées des Alpes mériteraient chacun une étude particulière, mais cette tâche est réservée à d'autres géologues : ainsi MM. A. Favre et Soret s'occupent spécialement des anciens glaciers de la Suisse, M. Zittel étudie ceux de la Bavière, pendant que les géologues italiens concentrent leurs travaux sur le versant méridional des Alpes. Pour nous, notre intention n'a été que de compléter par quelques détails les travaux de

MM. E. Benoît et Ch. Lory sur les anciens glaciers et le terrain erratique de la partie moyenne du bassin du Rhône, afin de pouvoir relier nos observations à celles que MM. Favre et Soret ont entreprises dans le bassin supérieur du Rhône.

La Suisse est toute entière en dehors des limites que nous nous sommes tracées, mais pour donner plus d'unité à notre travail et ne pas fractionner l'étude de l'ensemble de notre terrain erratique, nous empruntons à M. Favre les éléments d'une description rapide de l'ancien glacier du Rhône, depuis les hauteurs du Valais jusque vers Genève. Nous ferons de même pour l'ancien glacier de l'Arve.

VALAIS. — Il était très important de rechercher à quelle altitude les anciens glaciers s'étaient élevés dans les hautes régions du Valais, afin d'avoir une idée générale de la pente de la surface supérieure du glacier quaternaire du Rhône, depuis son origine jusque vers les moraines terminales qu'il avait déposées sur les collines lyonnaises. Grâce aux nombreuses observations qui ont été faites ces dernières années, il est possible de fixer approximativement cette limite. Ainsi, d'après M. A. Favre (1), ce glacier, au moment de sa plus grande extension, devait s'élever, à son point de départ, jusqu'à 3,550 mètres sur les flancs de Schneestock. Près du Furkahorn, M. Gosset a trouvé des traces du passage de l'ancien glacier à 2,800 mètres (2). Ces deux stations sont situées sur la rive gauche du glacier du Rhône, mais on remarque des preuves du fonctionnement de l'ancien glacier à des hauteurs correspondantes sur la rive droite. Notre ami, M. l'Ingénieur-géographe, J. Anselmier, qui pendant plusieurs années a travaillé au lever de la carte des cantons de

---

(1) Notice sur la conservation des blocs erratiques et sur les anciens glaciers, etc. *Arch. des sc. de la Bibl. univ. de Genève*, t. LVII, p. 192, Novembre 1876.

(2) *Idem.*

PROFIL EN LONG DU RHONE ET DE SON GLACIER,

Depuis leur origine au Trift-pass, 3106 m, et le sommet du lac du glacier, 1786 m, jusqu'au pont de Brockingen +28? s, dans le Haut-Valais.

d'après les levés du nivell. la carte du Suisse, faits en 1850 et 1861,

par J. ANDERMER, Ingénieur géographe.

RIVE DROITE.

FAITE DE PARTAGE ENTRE LE BASSIN DU RHONE ET CELUI DE L'AAR.

REMARQUE. — Les points de ce lieu sont rédeints sur un plan vertical parallèle au cours du Rhône; la lettre S, ou E, indique l'orientation, Sud ou Est.

LES PARTIES HACHURÉES SONT AMEUBLIES ET LEURS HACHURES SONT POUSSÉES À LA LIMITE DES MOUTONNÉS.

Échelle de 1 pour 57500

qui bordaient la vallée du Rhône et qu'elles étaient produites par l'action des glaciers latéraux glissant de massifs
plus élevés. La pente était plus régulière, plus uniforme, dans
la partie centrale de la grande vallée.

M. A. Favre a retrouvé des blocs erratiques à 2700 mètres
sur l'Eggishorn, au-dessus de la rive droite du Rhône, près
du glacier d'Aletsch, et, comme en ce point le thalweg de la
vallée est à 1,020 mètres, on est en droit de supposer que
l'épaisseur de l'ancien glacier devait être de 1,680 mètres.
M. Favre pense que cette puissance devait être approximativement la même à l'Arpille, près de Martigny. A l'ouest
de l'Eggishorn les arètes des deux chaînes qui bornent le
Valais au nord et au sud s'écartent, et l'on voit arriver vers
le cours du Rhône de grandes vallées transversales qui furent
autrefois également occupées par de vastes glaciers qui
devaient se réunir à celui du Rhône. A l'époque de leur plus
grand développement, toutes ces masses de glaces étaient
solidaires les unes des autres, prenaient un niveau commun
dans le centre de la grande vallée et s'écoulaient ensemble
vers les parties les plus déclives. Mais pourtant elles étaient
loin de se confondre, elles gardaient leurs positions respec-
tives, indiquées par les moraines latérales qu'elles charriaient.
Ainsi tous les fragments de roches détachés des cimes de la
chaîne septentrionale restaient sur la rive droite du glacier,
et ceux qui provenaient de la chaîne méridionale restaient
sur la rive gauche ; rien ne troublait cet arrangement symé-
trique que M. Guyot a constaté depuis longtemps, et dont
nous avons retrouvé des traces à plusieurs centaines de kilomètres dans le terrain erratique des vallées du Bugey. Toutes les moraines latérales droites du glacier du Rhône pendant la plus grande extension glaciaire se sont dirigées vers
la vallée de la Basse-Suisse, en remontant vers le nord est, et
les moraines latérales gauches descendaient vers le sud, en

suivant le cours du Rhône. Plus loin nous aurons à étudier le parcours de ces dernières en dehors des frontières de la Suisse.

Revenons aux anciens glaciers du Valais. Leur niveau supérieur continuait à s'abaisser ; l'apport des glaciers latéraux ne suffisait pour le maintenir à la même hauteur. Toujours d'après M. A. Favre, il ne se serait plus élevé qu'à 2,100 à l'Illhorn sur la rive gauche du Rhône, au sud de Louèche. Mais à partir de ce point, sur une longueur d'une cinquantaine de kilomètres, le niveau supérieur du glacier semble être resté sensiblement horizontal, ou du moins, il n'aurait baissé que de 18 mètres environ, car M. Gerlach a trouvé des traces de son passage à l'Arpille, à l'ouest de Martigny, à la hauteur de 2,082 mètres. Il est facile de se rendre compte de ce fait ; à Martigny, le Valais se détourne à angle droit vers le nord-ouest, et cette disposition topographique dut singulièrement entraver la marche des glaces et les fit un peu refluer sur elles-mêmes. En outre il faut dire qu'à Martigny le glacier du Rhône devait recevoir le tribut de deux grands glaciers dont l'un occupait la vallée de Bagnes et l'autre était alimenté par les neiges accumulées dans une espèce de bassin de réception, limité par le Combin, le Vélan, le grand Saint-Bernard, et les hautes montagnes qui dominent à l'ouest le val de Ferret. Il est même probable que les glaces du massif du Mont-Blanc ne s'écoulaient pas toutes par la vallée de Chamonix (1) et qu'une partie débordait dans la vallée du Rhône par le col de la Forclaz, le col de Balme et la vallée de Salvan. De magnifiques moraines déposées au col des Montets (1,474^m) et de belles surfaces polies, étalées au-dessus des gorges de Trient, indiquent ce passage d'une manière évi-

---

(1) A. Favre, *Recherches géologiques*, etc., t. I, p. 131.

dente. Il n'en faut pas davantage pour expliquer le ralentis-
sement dans la pente de la surface supérieure du glacier du
Rhône.

A partir de Martigny, les affluents furent moins considérables, la route fut plus ouverte, la dépression du lac Léman
offrit un vaste débouché aux glaces du Valais, de sorte que
leur progression devint plus rapide et leur surface dut s'a-
baisser de nouveau plus vivement.

MM. Desor, A. Favre et Renevier ont retrouvé les traces les
plus élevées de leur passage à 1650 mètres, sur le flanc ouest
de la dent de Morcles ; le glacier du Rhône avait encore 1210
mètres de puissance verticale, puisqu'à Morcles le fond de la
vallée est à 440 mètres.

En parlant du niveau supérieur du glacier du Valais, nous
n'avons fait allusion qu'à celui qu'il avait au moment de sa
plus grande extension ; mais ce niveau, il ne l'a atteint que
progressivement en passant sans doute par toute une longue
série de phases de développement ou de diminution, et il est
plus que probable que ce glacier n'avait que des dimensions
moyennes, lorsqu'il arriva pour la première fois sur les bords
du lac de Genève. A cette époque, le lac était plus grand
qu'aujourd'hui, et il est à croire qu'il s'étendait jusque près de
Bex. De même à l'autre extrémité du lac, la masse d'eau devait être bien plus vaste ; les alluvions de l'Arve n'avaient
que peu modifié les contours primitifs de la dépression dans
laquelle le courant venait les déposer.

Le froid et les gelées sont les plus puissants agents de destruction des roches. On peut donc supposer qu'avant l'établissement des nouvelles conditions climatologiques qui ont
caractérisé la fin du miocène ou le commencement du pliocène, les alluvions entraînées dans les vallées de la Suisse
étaient moins considérables qu'à présent. Ensuite, lorsque la
température s'abaissa, les vapeurs d'eau échappées de l'Océan

tombaient en pluie dans les plaines, tandis qu'elles se con
densaient en neige sur les hautes montagnes. Les tempé-
ratures estivales étant peu élevées, la fonte des neiges devait
être peu active, et les torrents sous-glaciaires ne devaient
atteindre qu'un petit volume. Sous ce régime météorologique, le Valais dut être assez rapidement envahi par les glaciers pour que la glace pût arriver vers le lac de Genève avant
que les alluvions aient pu en combler une partie considérable.
Il y eut donc un moment où le glacier lui-même s'avança dans
les eaux du Léman, comme les glaciers des régions arctiques
progressent jusque dans les flots de la mer polaire. Des phé
nomènes analogues se passaient en même temps dans les
bassins de la Dranse et de l'Arve, ainsi que dans toutes les
autres vallées qui viennent aboutir au lac de Genève. De cha
cune d'elles descendaient des glaciers qui laissaient tomber
leurs glaces dans les profondeurs du lac. Les glaciers de la
Dranse et celui de l'Arve étaient des glaciers immenses, et
le volume de ces glaciers se développait toujours.

En conséquence, on a d'excellentes raisons pour croire que
le lac Léman, à un certain moment, fut entièrement comblé
par un énorme culot de glace sur lequel les différents glaciers
se réunirent pour former une masse homogène dont l'ensemble
dut obéir aux lois ordinaires d'équilibre et de progression des
glaciers.

Le glacier du Valais, qui était le plus considérable de tous,
marcha devant lui et vint frapper la chaîne du Jura qui lui op-
posa une barrière longtemps infranchissable. Sous la pression
des névés et des glaces qui continuaient à s'accumuler dans
les hautes régions du bassin du Rhône, cette partie du glacier
se développa toujours de plus en plus en largeur et en
épaisseur, et finit par se séparer en deux branches; l'une
remonta vers le nord pour aller rejoindre les glaciers du
bassin du Rhin; l'autre se dirigea vers le midi pour suivre la

vallée du Rhône, après s'être réunie aux glaciers de la Dranse et de l'Arve.

Mais dans le Valais on ne retrouve pas seulement les traces de la plus grande extension des glaciers, on reconnaît aussi les vestiges qu'ils ont laissés pendant leur période de retrait. Ainsi les collines de terrain erratique qui s'élèvent près de Granges, transversalement à la vallée du Rhône, doivent d'après nous marquer une des dernières étapes de l'ancien glacier du Valais, lorsqu'il se retirait vers les hautes cimes qu'il occupe encore aujourd'hui.

VALLÉE DE LA BASSE-SUISSE. — BRANCHE NORD DU GLACIER DU RHÔNE, RIVE GAUCHE. — Nous n'avons pas à nous occuper de la branche nord du glacier du Rhône, puisqu'elle n'a eu aucune influence sur la formation de notre terrain erratique ; cependant, pour mieux faire comprendre le magnifique équilibre qui régnait dans tous les glaciers du versant occidental des Alpes pendant la période glaciaire, nous ferons encore quelques emprunts à M. Favre (1), qui prépare une description complète et une carte géologique de tous les glaciers de la Suisse.

A la dent de Morcles, le glacier du Rhône s'est élevé jusqu'à 1650 mètres, mais après avoir traversé le lac Léman et s'être partagé en deux bras, il n'atteignit sur le Jura que la hauteur de 1352 au Chasseron; son épanouissement dans la grande vallée de la Suisse avait abaissé son niveau de 300 mètres. M. le professeur Renevier vient de décrire (1) une belle moraine frontale laissée par le glacier du Rhône, lorsqu'il venait butter contre le Jura, sur la prolongation d'une ligne passant par Martigny et Villeneuve. Cette moraine ayant sur certains points 1 kilomètre de largeur, s'étend sur une

---

(1) Notice sur la conservation des blocs erratiques et sur les anciens glaciers, de la Suisse, Arch. des sciences de la Bib. univ., t. LVII, p. 192. Novembre 1876.
(2) Bull. Soc. Vaud, Sc. nat., t. XV, p. 24. 1879.

longueur continue d'une dizaine de kilomètres de Mauborget
à Sainte-Croix, sur le flanc du Chasseron. Son point culminant est à la cote de 1233 mètres seulement, mais M. Renevier ne conteste nullement la présence de débris erratiques
alpins à une altitude plus élevée.

D'ailleurs cette moraine paraît nettement indiquée sur une
carte que M. E. Benoit a publiée dans le Bulletin de la Société
géologique (1) il y a déjà quelques années.

Cette branche du glacier du Rhône, après avoir atteint le
Jura, en suivit le flanc oriental jusque dans les environs d'Aarau, d'où elle se dirigea vers le Rhin, au travers du Frickthal,
(Argovie). Pendant cette marche son niveau s'abaissa progressivement. Ainsi au Chasseral, à l'est de Bienne, il ne s'éleva plus
qu'à 1306 mètres, à Buremberg, au-dessus de Grange, première
chaîne du Jura, à l'ouest de Soleure, M. le professeur Lang
a trouvé des vestiges de sa présence à 1221 mètres. Plus au
nord-est, MM. Mühlberg, Theiler et A. Favre, ont reconnu sa
limite en altitude à 700 mètres, au Buschberg près de Witt-
nau, au nord d'Aarau. Enfin, sa surface s'abaissa jusqu'à la
cote de 470 mètres à Kaisterberg, entre Frick et le Rhin (Argovie), d'après les mêmes observateurs. La glace n'avait plus
que 136 mètres d'épaisseur.

RAMEAUX DU GLACIER DU RHÔNE DANS L'INTÉRIEUR DU JURA.
— La chaîne du Jura ne présente pas une crête d'une parfaite
uniformité : de distance en distance, elle est découpée par
des dépressions plus ou moins profondes, qui ont été utilisées
pour le passage des routes et des chemins de fer. Par ces
échancrures le glacier du Rhône pénétra dans l'intérieur des
chaînes du Jura et y déposa des blocs valaisans. Parmi les
principaux passages nous citerons celui de Jougne (1000),

_____

(1) Note sur une extension des glaciers alpins dans le Jura. *Bul. Soc. géol.*, 3ᵉ série, t. V,
p. 61, novembre 1876.

entre Vallorbe et Pontarlier, et le col des Étroits (1030), près de Sainte-Croix, à côté du Chasseron.

Notre ami, M. E. Benoit (1), a étudié d'une manière spéciale le terrain erratique que le glacier du Rhône a charrié par ces deux dépressions jusqu'à Pontarlier, et il a suivi la trace des blocs valaisans d'un côté jusqu'au-dessus de Salins et de l'autre jusqu'à Ornans, où J.-A. Deluc les avait déjà signalés en 1782. Pour franchir ces longs parcours, les roches silicatées du Valais ont été sans doute relayées pour les glaciers jurassiens indépendants qui occupaient les grandes vallées du Jura. En décrivant le terrain erratique du Bugey, nous aurons à revenir en détail sur l'étude de ce curieux phénomène.

Au nord-est de Sainte-Croix, il y a plusieurs cols par lesquels des rameaux du glacier du Rhône ont pu s'insinuer dans les vallées du Jura. M. A. Favre cite le col de Provence entre Chasseron et le Creux-de-Vent (1152 mètres), le col au nord du val du Ruz, canton de Neuchâtel (1124 mètres), Pierre-Pertuis, au nord de Bienne (792 mètres), le passage de Langenbruck, canton de Bâle (603 mètres), le Staffelegg, au nord d'Aarau (623 mètres); mais il nous suffit de les mentionner en attendant la publication de l'ouvrage du savant professeur de Genève. Telle est la marche que la branche nord du glacier du Rhône a suivie le long de sa rive gauche. Etudions les faits qui se sont passés sur sa rive droite.

BRANCHE NORD DU GLACIER DU RHÔNE (SUITE), RIVE DROITE. — Après avoir franchi les glaces immobiles du lac Léman, la partie droite du glacier du Rhône contourna la dent de Lys et laissa des traces de ses moraines à Borbintze (1,390^m), d'après M. Neinhaus. Puis elle se dirigea vers Berne, où elle opéra sa jonction avec le glacier de l'Aar, après s'être livré

(1) *Ouvrage cité.*

plusieurs luttes qui sont encore attestées par des entre-
croisements de stries et des enchevêtrements de moraines.

Au delà de Berne, les deux glaciers du Rhône et de l'Aar
s'avancèrent conjointement jusque vers la vallée du Rhin,
près de laquelle ils rencontrèrent les glaciers de la Reuss et
de la Linth qui étaient déjà entraînés par le grand glacier du
Rhin.

Pendant longtemps les géologues suisses ont cru que l'itinéraire que nous venons de tracer avait été suivi par la masse
entière du glacier du Rhône ; mais cette erreur a déjà été
rectifiée. Une portion seulement des glaces du Valais s'est
répandue dans la Basse-Suisse et a côtoyé le flanc oriental
du Jura pour se réunir au glacier du Rhin. Nous verrons
bientôt qu'une partie des roches valaisanes est restée dans
le bassin du Rhône et a été entraînée à des distances bien
plus grandes que celle qui sépare le Léman de l'Argovie.

BRANCHE SUD DU GLACIER DU RHÔNE, RIVE DROITE, JURA, VAL-
LÉE DU LÉMAN. — Sans doute ce fut en face du débouché
du Valais, dans l'alignement du lac de Joux, que le glacier
du Rhône vint se heurter contre le flanc du Jura et se diviser en deux branches. Nous venons d'esquisser à grands
traits l'allure de celle du nord, nous allons essayer de suivre la marche de celle du midi. Après sa séparation, la branche méridionale se retourna vers le sud-ouest pour côtoyer
les pentes rapides du Jura, au pied de la Dôle, du Colombier
de Gex, et du Grand-Crédo. Au moment de son plus grand
développement, elle put déverser une partie de ses glaces et
de ses moraines par le col qui conduit de Saint-Cergues aux
Rousses (1,236^m) ; mais, par suite de la hauteur relativement
considérable de ce col, les épanchements de terrain erratique alpin à l'ouest de la crête du Jura furent peu importants.

Sur les flancs et dans quelques vallées de cette chaine de montagnes, on ne trouve pas que les traces du terrain erratique de la vallée du Haut-Rhône ; depuis longtemps M. E. Benoit en a signalé un d'une autre origine. « Dans le pays de Gex, dit il (1), on voit très bien que le long de la grande chaine rectiligne du Jura, il y a eu de nombreux petits affluents torrentiels, puis glaciaires, qui ont fourni leur contingent purement calcaire et qui ont fait connivence pendant longtemps avec l'agent plus énergique descendu des Alpes. La différence des matériaux montre, en outre, qu'avant l'arrivée des blocs alpins au pied du Jura, le Jura avait déjà ses glaciers propres, si grandement manifestés dans l'intérieur du massif ; on voit encore qu'à l'époque du retrait des glaciers, il y a eu divorce et nouvel isolement des glaciers du Jura, puis agonie de courte durée.

« On voit donc très-bien, dans le pays de Gex, de même qu'aux environs de Saint-Cergues, de Neuchâtel, etc., une particularité remarquable du phénomène erratique glaciaire : c'est l'apport au pied du Jura, et jusque assez loin dans la plaine, de matériaux erratiques, glaciaires, purement jurassiques ; c'est leur mélange progressif avec les matériaux alpins ; c'est enfin la prédominance de ceux-ci avec leur cortège de blocs innombrables et souvent énormes. Il y a aussi, sur quelques points, le retour superficiel de nappes graveleuses et limoneuses à éléments purement calcaires , visiblement effectués lors du divorce des glaciers alpins et jurassiques.

« Dans le ruz de Journan, près et en amont de Gex, on voit clairement, sur les berges du torrent, que les matériaux jurassiques sont les premiers venus, et que le cirque elliptique qui s'ouvre au-dessous de la Faucille et du colombier

---

(1) Notes sur les dépôts erratiques alpins dans l'intérieur et sur le pourtour du Jura méridional. *Bull. Soc. géol.*, 2ᵉ série, t. XX, p. 332. 1863.

de Gex a été le bassin d'alimentation d'un petit glacier qui a
fourni son contingent de débris de roches et de blocs charriés jusqu'au delà de Gex; l'oolithe qui affleure dans l'axe du
cirque a fourni les plus gros blocs, dont quelques-uns ont
jusqu'à 4 mètres cubes.

« Entre Gex et Vesancy, jusqu'au pied du Jura, au-dessous
de la Fontaine Napoléon, on voit encore la préexistence des
matériaux erratiques calcaires avant l'arrivée des matériaux
alpins. Un contrefort néocomien qui s'avance dans la plaine
entre Vesancy à Divonne, et qui rompt ainsi la ligne droite du
flanc du Jura, a joué un certain rôle et offre des particularités qui ne permettent pas l'équivoque et sont très-propres
à limiter la discussion sur un espace étroit, tout en réunis-
sant les éléments du problème. Ce contrefort, sorte de
promontoire, est parsemé de blocs alpins innombrables et
souvent énormes ; la plupart sont à angles vifs ; quelques-uns
sont émoussés et striés... les blocs les plus nombreux sont
des talcites, des protogines, des micacites, des grès micacés,
des calcaires noirs, des quartzites, quelques euphotides et
quelques roches dolomitiques. C'est d'ailleurs la même collection que dans le pays de Gex, où ils sont distribués en
grande profusion, principalement le long du Jura, où ils sont
aussi généralement plus gros que dans la plaine. Sur la colline de Divonne, il n'y a pas que des blocs, mais bien aussi
de très-nombreux et de très-épais placards de matériaux erratiques de toute grosseur, y compris les blocs ; c'est comme
à l'ordinaire un magma incohérent lié çà et là par une boue
glaciaire abondante et souvent impalpable. Il est tout naturel qu'ici les placards entourent et couvrent un relief isolé
au milieu d'une plaine, qu'ils soient mêlés à la base de lits
graveleux et lavés, que le tout soit arrangé conformément à
la poussée du glacier, à la résistance de l'obstacle, c'est-à-
dire qu'il y ait en amont, à Divonne, une accumulation de

matériaux placardés contre l'obstacle, et en aval, à Mourex, une autre accumulation plus diffuse se continuant en une trainée dans la plaine. Ces formes sont fréquentes. Au pied du Jura, à Vesancy, la trainée est déjà plus courte ; vers la partie élevée du contrefort, là où il commence à se raccorder avec les escarpements grandioses du Jura, la trainée cesse brusquement, et cependant il y a là un revêtement si considérable de gros blocs et de menus matériaux, qu'on le prendrait pour une ancienne moraine... »

M. Benoît signale ensuite une terrasse d'alluvions sous-glaciaire qui occupe une petite vallée creusée dans la colline de Divonne, et qui peut servir de type pour toutes celles que nous trouverons en poursuivant notre étude.

D'autres observations peuvent encore être faites sur cette colline : sa surface dorsale est couverte de stries. Le calcaire néocomien est nivelé et poli, et la direction générale des stries va du nord-est au sud-ouest, conformément au sens moyen de la progression du glacier du Rhône en cet endroit, c'est-à-dire suivant une courbe à peu près concentrique à celle du lac de Genève, une courbe qui part du Valais pour aboutir près du Jura, en aval de Gex.

Les blocs erratiques sont très-nombreux dans le pays de Gex, mais ils sont moins volumineux que ceux du Valais. Cependant plusieurs d'entre eux sont très-remarquables, soit par leurs dimensions, soit par les légendes qui s'y rattachent. Nous en avons fait figurer 17 sur le catalogue que nous avons présenté à la Sous-Commission pour la conservation des blocs erratiques que le ministre de l'instruction publique et des beaux-arts vient d'instituer sous la présidence de M. Daubrée, en la rattachant à la commission des monuments historiques. Citons-en quelques-uns : Sur la route de Divonne à Vesancy, un bloc de talcite de 105 mètres cubes, connu sous le nom de la *Boule du Géant ;* à Arbère, commune de

Divonne, un bloc de gneiss de 20 mètres cubes appelé le *Galet de Gargantua*, un bloc de conglomérat houiller de 15 mètres cubes, ayant, dit-on, servi de *Boule* à Samson; à Vesancy, un bloc de gneiss de 22 mètres cubes appelé la *Pierre de la fontaine de Goliath*, plus un bloc de 250 mètres cubes ; à Thoiry, un bloc de schiste talqueux de 37 mètres cubes. Ce bloc est couvert d'écuelles et s'appelle la *Pierre de Samson.* Un autre bloc de quartz cube 40 mètres et porte le nom de *Meule ;* dans le hameau d'Allemogne, un gros bloc de protogine de 120 mètres cubes appelé le *Gros-Piram*, un autre bloc moins volumineux est connu sous le nom de *Petit-Piram ;* d'autres blocs sont désignés sous les noms de *serpentins* ou de *charveyrons.*

Ces blocs reposent tantôt sur des alluvions roulées, tantôt sur la boue glaciaire, ou bien sur des affleurements jurassiques. Les débris alpins se sont difficilement maintenus sur les flancs escarpés du Jura, ou bien ils sont cachés dans des taillis ou de grands bois. De telle sorte que ceux qui s'élèvent près du col de la Faucille sont ceux qui nous ont paru placés à la plus grande hauteur dans le pays de Gex. En étudiant le terrain erratique de la vallée de l'Arve, nous verrons bientôt que le glacier du Rhône ne devait dépasser que de très-peu ce niveau, qui correspond à celui qu'il atteignait en face sur le Salève.

BRANCHE SUD DU GLACIER DU RHÔNE ; RIVE GAUCHE, HAUTE-SAVOIE. — Sur sa rive droite, la branche sud du glacier du Rhône, pour compenser les pertes qu'elle pouvait faire en débordant par les cols qui s'ouvraient sur son passage, ne recevait que le tribut peu important des neiges qui glissaient le long des pentes du Jura. Mais sur la rive gauche, il n'en était pas de même : de puissants affluents venaient grossir la masse de glaces qui s'écoulaient en suivant le cours du

Rhône. Nous avons déjà dit que les glaciers du bassin de la Dranse avaient contribué largement au comblement du lac de Genève. Ce bassin, séparé du Bas-Valais et de la vallée de Chamonix par une énorme crête dont les cimes principales s'élèvent à plus de 2,400 mètres, fournissait une masse énorme de glaces qui se réunissaient à celles du Rhône au-dessus des rives du lac et qui s'équilibraient avec elles pour cheminer ensemble vers le sud. Elles faisaient ensuite leur jonction avec les glaciers du Giffre et de l'Arve à l'extrémité des Voirons.

CHAPITRE VII

Glacier de l'Arve et ses tributaires. — Mont-Salève. — Solidarité des anciens glaciers — Mont-de-Sion et Vuache — Rencontre du glacier du Rhône et des glaciers de la Haute-Savoie. — Grand-Crédo, environs de Bellegarde. — Glacier de la Valserine. — Glacier de la Semine. — Rive droite de la vallée du Rhône, chaîne du Colombier. — Rive gauche de la vallée du Rhône, montagnes des Princes et du Gros-Foug.

GLACIER DE L'ARVE ET SES TRIBUTAIRES — Le glacier de l'Arve avait des proportions colossales; les blocs qu'il a transportés sont gigantesques; le nombre en est infini. On dirait qu'il participait à la majesté du Mont-Blanc en empruntant ses névés aux neiges éternelles de ce géant des Alpes.

M. A. Favre (1) a étudié avec le plus grand soin l'ancien glacier de l'Arve. Il voudra bien nous servir de guide.

C'est vers l'aiguille des Posettes, à 2,208 mètres d'altitude, que ce géologue place la limite supérieure des glaciers de Chamonix.

Des surfaces polies et striées qui se relient à des roches moutonnées situées près des Aiguilles-Rouges, lui ont servi de points de repère pour établir ce niveau. Au moment de ce maximum d'extension, une partie des glaces du bassin de l'Arve pouvait descendre dans celui du Rhône; nous l'avons déjà dit, mais l'immensité des neiges et des glaces qui s'accu-

(1) *Recherches géologiques*, t. I, p. 130.

mulaient entre la chaîne du Mont–Blanc et celle des Aiguilles-
Rouges et du Brévent s'écoulait presque tout entière par la
vallée de l'Arve, entraînant avec elles les glaciers secondaires qui bordaient sa route, tels que les glaciers de la Dioza,
celui de la vallée de Montjoie et celui de la vallée du Giffre
sur la rive droite.

Sur les montagnes qui enserrent de chaque côté le cours de
l'Arve sont dispersés de nombreux blocs erratiques dont l'é-
tude a permis à **M. A.** Favre de reconstituer le niveau supérieur du glacier. Au Montanvers on voit des roches polies à
2,200 mètres environ, au dessus du niveau de la mer. Sur les
flancs du Prarion, au-dessus des Ouches et au mont Lachat,
les blocs erratiques s'élèvent jusqu'à 1,870 mètres environ.
Près de l'auberge de la Flégère, à 1,806, on observe des amas de
blocs et de vraies moraines. Puis le niveau semble s'abaisser ;
il n'aurait atteint que 1,463 mètres, au-dessus de Saint-Nicolas
de Véroce, et au sommet du Prarion, 1440 mètres au-dessus
de Saint-Gervais. Le col de Mégève n'étant qu'à 1,110 mètres,
M. Favre pense que le glacier de l'Arve a pu passer par la
vallée de Mégève. En effet la route de Mégève à Flumet est
parsemée de blocs de protogine ; mais nous croyons plutôt
que ce n'était qu'un simple rameau qui allait se greffer aux
glaciers du bassin de l'Isère, car au sud-ouest, toutes les autres vallées étaient déjà encombrées par de grands glaciers,
tandis que rien n'empêchait la vallée de l'Arve de servir de
dégorgeoir aux glaces du Mont-Blanc.

Les escarpements du défilé de Cluses n'ont pas arrêté l'écoulement de ces glaces, elles se sont moulées aux sinuosités
du sol et ont franchi l'obstacle. Elles ont déposé des blocs de
protogine à 1,300 mètres au-dessous de Romme, à 1,307 mètres à la Frasse, près d'Arache au-dessus de Cluses.

Dans ce passage le glacier avait au moins 800 mètres d'é-
paisseur. Un peu plus bas le glacier de l'Arve recevait par le

col de Châtillon une partie des glaces de l'énorme glacier du Giffre qui provenait des montagnes de Sixt, dont les sommets s'élèvent encore aujourd'hui jusqu'à la limite des neiges éternelles. Les blocs et les moraines charriés par ce glacier sont composés d'éléments calcaires. Les boues qui provenaient de la trituration des calcaires noirâtres du bassin de l'Arve ont donné une teinte particulière au terrain erratique de cette région; tandis que la boue glaciaire des chaînes secondaires, où les calcaires blonds dominent, prend une teinte jaunâtre qui se retrouve jusque dans les anciennes moraines du Bas-Dauphiné et de la Dombes. Cette différence de nuances est même le caractère qui distingue le plus clairement les anciennes moraines des plateaux lyonnais de celles de la Suisse et de la Savoie.

Revenons à l'étude du glacier de l'Arve et continuons à en rechercher la limite supérieure. Non loin de la cime du Brezon, M. Favre a trouvé deux blocs de protogine à la hauteur de 1665 mètres au-dessus du niveau de la mer. Le plus gros de ces blocs, cubant une huitaine de mètres, portait le nom de *Pierre à fruit;* maintenant on l'a dédié à juste titre au savant professeur de Genève et on l'appelle le *Bloc-Favre.* De l'autre côté de la vallée de l'Arve, M. Guyot a découvert, à un niveau à peu près correspondant (1,527 mètres), un autre bloc de protogine. De la position de ces derniers blocs on peut conclure que les blocs cités par M. Favre au-dessus de Romme (1,300 mètres) et à la Frasse, au-dessus de Cluses (1,307 mètres), n'indiquent pas le véritable niveau supérieur de l'ancien glacier.

La recherche des blocs est souvent très difficile. Il est donc probable qu'on en trouvera d'autres dans des stations plus élevées, si déjà on n'en a pas découvert depuis la publication des *Recherches géologiques dans les parties de la Savoie, du Piémont et de la Suisse voisines du Mont-Blanc.*

Après avoir dépassé le Môle, le glacier de l'Arve recevait les glaces de la vallée de la Borne qui formaient une masse imposante, et le petit glacier de Solaison, dont on retrouve une moraine à 1,500 mètres contre la montagne de Leschaut, venait se souder à elles.

Le glacier de la vallée de la Borne a transporté une grande partie des blocs calcaires de la plaine des Rocailles.

Ces amoncellements de blocs et de celui d'Aizery doivent dater de la période de retrait des glaciers.

SOLIDARITÉ DES ANCIENS GLACIERS. — MONT SALÈVE. — En continuant sa marche, le glacier de l'Arve trouva sur sa rive gauche une large vallée creusée entre les Alpes et le Salève. Il y épancha une partie de ses glaces qui purent pendant quelque temps franchir les collines des Bornes, dont le sommet atteint 1,164 mètres, et dont le point le moins élevé n'est qu'à 850 mètres; mais nous pensons que les glaces du bassin d'Annecy, repoussées au nord par le glacier de l'Isère, maintinrent l'écoulement des glaces du Mont-Blanc, au moins partiellement, dans la direction de Genève. Le glacier de l'Arve fut donc forcé de contourner au nord le Salève et même il put déborder momentanément par-dessus la partie la plus déclive de cette montagne dont le sommet culminant, les Pitons, atteint l'altitude de 1,383 mètres. Jusqu'à la hauteur de 1,304 mètres près des Treize-Arbres, M. Favre a vu des débris erratiques, et à partir de ce point, la dorsale de cette longue montagne qui se prolonge au sud, apparut comme une sorte de digue entre deux courants de glaces, pendant que le phénomène glaciaire avait son maximun d'intensité.

Cette cote de 1,304 mètres se rapporte assez bien avec le niveau que le glacier du Rhône devait atteindre en face sur le flanc du Jura.

Bientôt nous aurons à signaler d'autres points de repère

qui nous permettront d'admirer le parfait et magnifique équilibre qui s'était établi dans les anciens glaciers pendant la période de leur plus grande extension; mais déjà faisons remarquer que le Chasseron, le col de la Faucille et le mont Salève se trouvent approximativement à la même distance de l'embouchure du Rhône dans le lac Léman, et que dans ces stations le terrain erratique s'élève à peu près à la même altitude de 1,304 mètres à 1,352 mètres. Sur de longues distances les deux branches du glacier du Rhône se sont ainsi maintenues à des altitudes proportionnelles.

Le glacier de l'Arve n'a pas simplement déposé des blocs erratiques sur le Salève, il a couvert ses pentes est de nombreux placards de boue à cailloux striés. On en voit aussi de grands lambeaux dans la gorge de Monnetier, et dans l'un d'eux nous avons recueilli un très joli cristal de quartz hyalin dont le prisme pyramidé a 4 centimètres de diamètre. Toutes les arêtes sont vives, tous les angles sont intacts, malgré le long trajet que ce cristal a dû parcourir depuis son gisement primitif jusqu'à Monnetier!

C'est au glacier de l'Arve qu'il faut attribuer le transport d'une bonne partie des blocs de protogine et de conglomérat anthracifère qu'on retrouve dans la vallée du Rhône et sur les montagnes du Bugey; mais le glacier du Rhône en a charrié également avec des fragments d'euphotide et de serpentine des montagnes de la rive gauche du Valais, lorsque les glaciers de Salvan et de la Forclaz lui apportaient des poudingues de Valorsine et des roches de la chaîne du Mont-Blanc.

Mont de Sion et Vuache. — D'ailleurs M. Guyot a constaté que l'énorme accumulation de blocs qui couvre le mont de Sion appartenait au terrain erratique de l'Arve, parce qu'on n'y trouve aucune roche valaisanne, schiste chloriteux, serpentine, granite talqueux, et que ces dernières occupent une zone plus basse, voisine de la grande route (1). Il faut donc admettre qu'à un moment donné le glacier de l'Arve a glissé le long du flanc ouest du Salève pour aller déposer ses blocs sur le mont de Sion, au lieu de les apporter uniquement par la vallée de Cruseilles, comme le suppose M. Favre (2). Nous croyons avec M. Benoît que cette montagne et le Vuache ont formé longtemps un barrage transversal qui s'est opposé à l'avancement des glaciers dans la vallée du Rhône. Pendant cet arrêt ces glaces ont amoncelé d'énormes moraines contre l'obstacle qui leur fermait la route. Le glacier du Rhône déposait ses blocs contre le Vuache et le Jura, et le glacier de l'Arve abandonnait les siens sur le mont de Sion et le Salève. Ces derniers étaient les plus nombreux, parce que le glacier qui les charriait, avait parcouru un espace moins considérable et provenait d'un bassin d'alimentation dans lequel s'écoulaient les glaces provenant des cimes dentelées de la haute chaîne du Mont-Blanc.

Les deux glaciers combinés ne trouvant pas d'issue, leur niveau s'éleva progressivement et finit par dépasser celui du mont de Sion et du Vuache. Les glaces tombèrent pour ainsi dire en cascade du haut de ces montagnes, entraînant avec elles leurs moraines superficielles et formant ainsi une nouvelle accumulation de blocs de la vallée de l'Arve sur le revers méridional du mont de Sion du côté de Frangy.

Cet amoncellement de blocs erratiques du mont de Sion est des plus curieux. De Luc, qui les a décrits, était surpris de leur abondance (3). Sur un petit monticule appelé la Motte

---

(1) A. Favre, Ouv. cité, p. 121.
(2) *Recherches géologiques*, t. I, p. 154.
(3) *Mémoire sur le phénomène des grandes pierres primitives alpines, distribuées par groupes dans le bassin du lac de Genève et dans la vallée de l'Arve.* 1827.

et d'une longueur de 1,400 mètres, sur une largeur de 700 mètres, il avait compté plus de 800 blocs dont les plus petits avaient au moins un mètre de diamètre et les plus grands ne mesuraient pas moins de 7 à 8 mètres de longueur sur 5 à 6 mètres de hauteur. Assis sur un de ces blocs gigantesques, situé au sud-ouest de cette colline, il en vit plus de deux cents groupés autour de lui. L'espace occupé par ces blocs n'avait jamais été cultivé ; il aurait été impossible d'y faire passer la charrue. Mais, depuis les observations de de Luc, l'aspect des lieux a bien changé : on a fait à ces blocs une véritable *guerre d'extermination*, pour nous servir de l'expression de M. A. Favre ; on les a exploités comme matériaux de construction, on les a brisés, on les a enfouis dans le sol ; on en fait disparaître chaque jour, si bien que le nombre en a considérablement diminué et que la culture gagne tous les jours du terrain. Bientôt ces curieux débris disparaîtront complètement, si on ne peut prendre des mesures pour en conserver quelques-uns comme *monuments scientifiques.* Déjà MM. A. Favre et Soret, en 1866, ont désigné dans la vallée de l'Arve et au mont Salève un certain nombre de blocs erratiques pour les faire conserver sous la surveillance de l'administration des ponts et chaussées (1). S'inspirant de leur exemple, M. de Marignac a cédé dernièrement à l'Académie des sciences un bloc erratique volumineux qui se trouvait dans une de ses propriétés au pied du Salève et que des constructeurs de chemin de fer voulaient détruire. Enfin sur notre demande, M. le Dr Bondet, professeur à la faculté de médecine de Lyon, vient de faire don (2) à l'Académie d'un énorme bloc qu'il possédait dans son domaine de la Favorite, commune de Viry, entre Saint-Julien et le mont de Sion.

(1) A. Favre, Notice sur la conservation des blocs erratiques, etc. *Arch. des sciences de la Bibl. univ. de Genève*, t. VII, p. 182.

(2) Décembre 1878.

Nous allons essayer de nouvelles démarches auprès d'autres propriétaires; mais nos efforts ne seront pas suffisants; pour vaincre les résistances de l'ignorance et d'une aveugle cupidité, il faudra employer un moyen plus sûr et plus énergique. Nous l'indiquerons dans un des chapitres suivants dans lequel nous nous occuperons spécialement de la conservation des blocs erratiques.

Il est temps d'intervenir, car si l'œuvre de destruction a été menée rapidement, il reste cependant un bon nombre de blocs qui ont été épargnés jusqu'à présent. Ainsi M. Favre a pu enrichir notre catalogue de plus de vingt-cinq observations personnelles et nous a signalé entre autres près de Viry un premier bloc de granite de 15 mètres de longueur sur 12 mètres de largeur, un second cubant 216 mètres, etc., etc. Nous-mêmes, sans parler de tous les blocs que nous avons catalogués, nous en avons dessiné deux volumineux (fig. 44

(Fig. 44)

et 45), sur l'un desquels pousse un joli poirier. Mentionnons encore le bloc que M. le Dʳ Jourdan a mesuré dans la propriété de M. Chautemps à Valeiry. C'est un bloc de gneiss méta-

morphique de plus de 500 m. c. qu'il serait important de
faire conserver comme étant un des plus considérables de
la contrée.

(Fig. 45.)

RENCONTRE DU GLACIER DU RHÔNE ET DES GLACIERS DE LA
HAUTE-SAVOIE. — Pendant que les glaciers du Rhône et de la
vallée de l'Arve étaient arrêtés dans leur progression par le
mont de Sion et le Vuache, les glaciers qui provenaient des
hautes montagnes qui s'élèvent à l'est d'Annecy, s'étaient
avancés sur le plateau accidenté qui se développe entre la
chaîne du Salève et celle du Gros-Foug et avaient atteint la
vallée du Rhône vers Bellegarde et Seyssel. Ce fait connu depuis longtemps par M. E. Benoît (1), se constate par l'étude
des roches qui formaient les moraines de ces anciens glaciers
et qui paraissent provenir du rideau des montagnes de la
Tarantaise. En effet lorsqu'on examine les débris erratiques
qui couvrent le sol de la vallée du Rhône, depuis les flancs
du Grand-Sorgia jusqu'à la montagne des Princes, au nord
de Seyssel, on voit qu'un grand nombre de roches de la
Haute-Savoie sont associées à celles qu'a dû apporter le glacier du Rhône. Du reste on n'a qu'à gravir les hauteurs de la
chaîne du Colombier pour se rendre compte de la manière

(1) Bullet. Soc. géol., 2ᵉ série, t. XX, p. 344. 1863.

dont les anciens glaciers ont dû se comporter pour envahir
la vallée du Rhône. Le signal de Retord (1,322ᵐ) nous a servi
d'observatoire et nous a offert une vue magnifique sur toute
la Haute-Savoie et le Mont-Blanc. De ce point élevé, nous
nous sommes convaincus de la justesse des observations de
M. Benoît, et nous n'avons pas hésité à tracer sur notre carte
dans les environs de Bellegarde et de Seyssel une série de
lignes pointillées dirigées de l'est à l'ouest pour indiquer la
marche temporaire des glaciers de la Haute-Savoie avant
l'envahissement de la vallée du Rhône par la branche sud du
glacier de Valais et par le glacier de l'Arve.

Environs de Bellegarde. — Grand-Crédo. — Une
fois que le barrage du Vuache et du mont de Sion fut franchi, ces deux glaciers recommencèrent leur marche et se
heurtèrent contre les glaciers qui venaient du côté d'Annecy.
Ils mêlèrent leurs moraines aux leurs et finirent par repousser
les glaciers de la Savoie.

Depuis que le glacier du Rhône s'était divisé en deux branches, en se buttant contre le flanc du Jura, le courant méridional de ce glacier avait constamment côtoyé cette longue
chaîne de montagnes qui lui servait de digue et à part l'arrêt
qu'il avait éprouvé en rencontrant sur son parcours le Vuache et le mont de Sion, nous n'avons rien de particulier à
signaler dans l'allure de ce glacier combiné avec celui de
l'Arve.

Mais au delà du défilé du fort de l'Écluse, la marche du glacier se modifia. La chaîne du Reculet se termine brusquement à Bellegarde par un dernier sommet qu'on appelle le
Sorgia (le Grand-Crédo de la carte de l'état major) dont le
point culminant est le crêt de la Goutte (1,624 mètres) et
au pied duquel est un contrefort enveloppant qui est le vrai
Grand-Crédo, masse à base mollassique, percée par le tunnel

du chemin de fer de Genève (1) . Le glacier du Rhône, n'étant plus soutenu par la chaîne jurassique, put s'élargir dans l'espace qui s'ouvrait devant lui, et nous dirons bientôt ce que M. Benoît et nous, nous avons observé en étudiant les phénomènes corrélatifs de sa progression. En attendant, jetons un coup d'œil sur la disposition du terrain erratique déposé entre le fort de l'Écluse et Bellegarde. « L'énorme entassement de blocs et de matériaux alpins du Grand-Crédo a été signalé depuis longtemps. La collection des roches y est la même que dans le pays de Gex et provient aussi du glacier du Rhône (2) » .

Dans un pré situé au pied du fort de l'Écluse et dans les environs de Collonges, M. A. Favre nous a indiqué des blocs d'euphotide, de serpentine, qui ne laissent aucun doute sur leur provenance. De nombreux blocs de protogine semblent appartenir aux convois qui ont été déversés de la chaîne du Mont-Blanc par les échancrures de Valorsine et de Trient.

Au nord de la route, à Vanchy, il y a d'énormes amas de roches de cristallisation et de calcaires alpins mélangés à des débris jurassiques et néocomiens d'origine locale, et les flancs du Crédo sont recouverts par d'épaisses couches d'alluvions, dans lesquelles sont intercalés des bancs de boue à cailloux striés et à blocs erratiques. Ce terrain s'élève à une grande hauteur au-dessus du Rhône qui dans le bas est profondément encaissé dans une crevasse de roches calcaires, dominée par la vieille tour en ruine de Léaz. L'altitude à laquelle ces alluvions se sont élevées et leur enchevêtrement avec des lits de boue glaciaire, offrent un problème qu'il n'est pas sans intérêt de chercher à résoudre. Nous avons vu précédemment qu'avant l'arrivée du glacier du Rhône cette partie de la vallée avait été occupée par des glaciers venus du côté d'Annecy,

(1) Ouvrage cité, p. 344.
(2) Ouvrage cité, p. 344

et que ces deux systèmes de glaciers avaient fini par se rencontrer. Il y eut entre eux des luttes. Des lacs temporaires
durent se former dans les espaces libres laissés par les entre-
croisements de leurs moraines ; des cours d'eau accidentels
déposèrent de véritables couches d'alluvions qui furent recouvertes par de nouvelles moraines, ensevelies à leur tour sous
d'autres alluvions, et ainsi de suite, se formèrent ces récurrences de terrain alluvial et de terrain glaciaire qui s'élevaient contre les flancs du Grand–Crédo en même temps que le
niveau des glaciers et que l'on voit aujourd'hui disposés en immenses placards adossés aux pentes de cette montagne. Pour
rendre compte des détails de ce phénomène, il ne faut pas
négliger l'influence d'un autre glacier qui descendait par la vallée de la Valserine et venait aussi converger à Bellegarde.

Si l'on n'admet pas l'hypothèse des anciens glaciers
atteignant une hauteur de plusieurs centaines de mètres
dans la vallée du Rhône, il devient impossible d'expliquer la présence de ces alluvions et de ces cailloux striés
à une altitude aussi considérable au pied du Grand-Sorgia.
A la place de la glace, il faudrait substituer des masses pro-
digieuses d'alluvions, en combler tout le pays depuis les montagnes de la Michaille jusque vers les hautes chaînes de la
Savoie. Il faudrait aussi justifier les causes de leur transport
et donner l'explication de leur déblayement, sans parler
des difficultés que ferait naître la présence des gros blocs
erratiques.

Les anciens glaciers ont charrié le terrain erratique du
Grand–Crédo, c'est incontestable ; ce sont leurs eaux de fonte
qui ont déposé ces alluvions qui en recouvrent les flancs ; mais
à quelle altitude ces glaciers se sont-ils élevés le long des
pentes du Sorgia ?

D'après M. Benoît les flancs de cette montagne étant très
rapides et souvent abrupts du côté de Bellegarde, entre 800 et

1200 mètres, il est bien difficile d'évaluer la hauteur maximum atteinte par les glaciers, car dans ces conditions le terrain erratique n'a pu se maintenir en place et n'offre aucun point de repère, de telle sorte qu'il faut admettre que le glacier du Rhône a dépassé la cote de 1000 mètres à laquelle M. Benoit a trouvé des débris alpins sur le bord inférieur du bois qui forme la ceinture du Sorgia. En effet, nous dirons bientôt que M. Benoit et nous, nous avons constaté la présence du terrain erratique en aval à près de 1200 mètres sur la chaîne du Colombier dans les environs de Retord et de Culoz. A Bellegarde il a dû s'élever plus haut.

GLACIER DE LA VALSERINE — « Le Sorgia a été très peu contourné par les matériaux erratiques alpins qui n'ont pas pénétré dans la vallée de la Valserine, car s'ils sont encore abondants à Lancrans, ils cessent à Confort, de même qu'à Châtillon-de-Michaille sur l'autre rive de la Valserine. Au delà de cette limite, il n'y a plus que des dépôts erratiques purement calcaires, jurassiques et néocomiens, très largement répandus des deux côtés de la Valserine, à Confort et à Montanges ; ils proviennent du glacier de la Valserine qui prenait naissance dans la vallée des Dappes, au pied de la Dôle, et suivait le canal étroit, profond, rectiligne, qui longe le flanc occidental de la chaîne du Reculet. Cependant dans la petite combe de Mantière, suspendue au flanc du Sorgia, à 500 mètres au-dessus de la Valserine, on trouve quelques cailloux et petits blocs alpins qui ont un peu dépassé la ligne de Confort et ont été apportés évidemment par une expansion du bord du glacier du Rhône, puisque la traînée part du Grand-Crédo, en entourant à mi-hauteur la montagne du Sorgia.

« Cette disposition, la jonction bien nette sur le plateau de Confort et de Lancrans de matériaux erratiques alpins venus à l'encontre de ceux du Jura, la boue, les blocs et les stries

dans les dépôts des deux provenances, la configuration des
reliefs locaux, tout enfin s'accorde avec l'extension des glaciers et exclut toute autre explication (1) . »

GLACIER DE LA SEMINE. — Après avoir rencontré le glacier de la Valserine et lui avoir barré le passage en le forçant
à refluer sur lui-même, le glacier du Rhône se trouva face à
face avec le glacier de la Semine qui débouchait à Châtillon-
de-Michaille. Il y eut également lutte entre ces deux glaciers;
mais le glacier de la Semine étant moins puissant que celui de
la Valserine, fut plus facilement vaincu ; il céda le passage
au glacier du Rhône, qui le recouvrit de ses glaces et de ses
moraines et put ainsi pénétrer jusque vers Saint-Germain de
Joux, Lalleyriat et le Poizat.

Le glacier du Rhône, au moment de sa plus grande extension, put aussi franchir la partie septentrionale de la chaîne du
Colombier dont les cimes ne dépassent guère les cotes de 988
et 1042 mètres.

A la source du Burlandier près de Lalleyriat M. Chanel
a mesuré plusieurs blocs alpins cubant 5 mètres environ.
Il nous en a indiqué d'autres de brèche triasique, d'amphibolite, etc., de 8 à 12 mètres cubes dans le bief de
la Dame, commune du Poizat. M. Benoît avait déjà signalé
la présence de roches erratiques à Tacon dans le bas de la
vallée de Semine, et, conformément à la manière de voir de
ce géologue, nous pensons que ces débris ont été entraînés
au moment de la fonte des glaciers ou après leur retraite, car
à l'époque de l'arrivée du glacier du Rhône, la vallée de la
Semine était déjà encombrée par des glaces locales et le glacier alpin n'a pu insinuer un de ses rameaux que dans les
parties supérieures de cette tortueuse dépression.

(1) E. Benoît, Ouv. cité, p. 344.

Naturellement de petits fragments de roches des Alpes, plus ou moins roulés, apparaissent au delà des stations où l'on aperçoit de gros blocs erratiques. Ainsi à la montée du Peney, sur le bord de la forêt de sapins qui s'étend en haut de la route de Nantua au Poizat, nous avons vu toute une collection de roches alpines en échantillons peu volumineux.

A Charix nous avons également ramassé des quartzites, des calcaires noirs, des schistes métamorphiques de petite dimension, englobés dans les matériaux d'une moraine à éléments presque entièrement calcaires. M. E. Benoît en a suivi des traces jusque dans les vallées de Belleydoux et de Désertin (1).

Au sud-est de l'église de Charix, les glaciers locaux ont laissé des vestiges de leur passage en moutonnant des roches et en abandonnant sur le sol des moraines complètement composées de fragments calcaires.

CHAINE DU COLOMBIER. — RIVE DROITE DE LA VALLÉE DU RHÔNE. Ce n'a été qu'une expansion latérale peu importante qui a pénétré dans la vallée de la Semine, et le glacier du Rhône a continué sa marche vers le sud en côtoyant la chaîne du Colombier depuis Châtillon-de-Michaille jusqu'à Culoz. Nous avons déjà dit qu'au moment de leur plus grande extension les glaces avaient débordé par-dessus la partie septentrionale de cette chaîne ; il nous reste à poursuivre les traces que le grand glacier a pu laisser sur la rive droite de la vallée du Rhône, et puis à déterminer la hauteur à laquelle il a pu s'élever.

En montant du Poizat à la Véséronce et à Retord, nous n'avons aperçu aucun débris alpin ni traces d'un terrain glaciaire local, mais au pied du signal de Retord (1,322 mètres)

(1) Ouvrage cité, p. 347.

nous avons recueilli quelques galets de quartzite et dans les fermes voisines on nous en a remis d'autres, mais comme en parcourant ces sommets nous n'avons pas rencontré d'erratique alpin en place, nous pensons que ces quartzites avaient été apportés de terrains placardés dans l'échancrure qui conduit de la grange de Tumet-Devant à la vallée du Rhône, ce qui ferait supposer que l'ancien glacier atteignait une altitude de 1,200 mètres environ.

Cette observation est très importante comme nous le verrons plus loin ; M. Benoît a constaté d'autres épanchements de terrain erratique vers la Croix Jean-Jacques au nord de Retord, mais ils doivent être situés à un niveau inférieur.

En suivant les sommités de la chaîne du Colombier, on trouve au-dessus de Chanay un col plus important, le col de Richemond (1,060 mètres) qu'on a utilisé pour y faire passer la route de Champagne à Billiat. Malgré son peu d'élévation, ce col n'est encombré que par des moraines calcaires qui présentent de très belles coupes vers la grange de Vogelas. Toutes les gorges qui viennent aboutir vers ce col étaient occupées par de petits glaciers locaux qui ont barré le passage aux glaces des Alpes, et les ont empêchées de franchir le col de Richemont. Ces petits glaciers jurassiens venaient au contraire joindre leurs moraines calcaires à celles du glacier du Rhône qui les entraînait avec lui. Il ne faut pas oublier que des phénomènes analogues se produisaient tout le long de la marche du glacier du Rhône depuis qu'il était venu se heurter contre le flanc du Jura ; de telle sorte que, surtout depuis sa rencontre avec le grand glacier local de la Valserine, la moraine latérale droite du glacier du Rhône n'était pour ainsi dire composée que de fragments calcaires. Grâce à cette remarque déjà faite par M. Benoît pour le pays de Gex, on peut s'expliquer pourquoi les débris et les blocs erratiques alpins sont relativement rares le long de la chaîne du Colom-

bier à une certaine hauteur. Dans le fond de la vallée il en est
autrement, le sol est parsemé de roches des Alpes. A Arlod,
vers le Rhône, à Billiat, à Mont–Jean et aux gorges du Paradis,
notre ami, M. Benoît, a eu l'obligeance de nous indiquer des
blocs de diorite, de talcite, de protogine, de schiste gréseux,
dont quelques-uns atteignent un volume de plus de 10 mètres
cubes. Ces blocs sont entourés d'un grand nombre de fragments de dimensions plus petites. A Injoux, sur la petite colline qui supporte un monument dédié à la Vierge, nous avons
vu beaucoup de débris alpins parmi lesquels nous avons reconnu des quartz, des schistes, des grès anthracifères. Dans le
village quelques petits blocs servent de chasse–roues.

Au nord d'Injoux, sur le plateau de la Michaille, les débris
alpins manquent presque complètement, on ne voit que des
calcaires charriés par les glaciers de la Valserine et de la Semine soit avant l'arrivée du glacier du Rhône, soit après son
retrait.

Au midi d'Injoux, aux abords de l'Hôpital, le terrain erratique alpin reparaît et couvre tout le sol. Pendant longtemps
les habitants du pays ont cru que ce terrain était improductif
et ils l'ont laissé inculte. Le pays a donc l'aspect monotone
et aride d'un paysage morainique ; mais on commence à revenir de ce préjugé, et la vigne va bientôt recouvrir toutes
ces anciennes moraines qui renferment à un si haut degré
les principes nutritifs qui lui conviennent.

Dans chaque commune, à Corbonod, à Anglefort, on voit
toujours des blocs et des fragments erratiques alpins. A Saint-
Cyr, commune d'Anglefort, il y a des surfaces de calcaire
néocomien polies et couvertes de stries, de rayures dirigées
dans le sens moyen de la vallée du Rhône. Près de Châtel-
d'en-Haut, nous avons vu d'autres surfaces polies, en partie
recouvertes par du terrain erratique. La présence de ces roches polies et striées ne semble pas pouvoir s'allier avec les

formes accidentées et pittoresques des rochers qui supportent
les ruines de la vieille forteresse dont on attribue, sans doute
à tort, la construction aux Sarrasins. Mais, au lieu de chercher dans cette localité un argument contre l'envahissement
de la vallée du Rhône par des glaciers quaternaires, il est
plus simple de regarder l'amoncellement des rochers de
Châtel-d'en-Haut comme le résultat d'un éboulement postglaciaire. Du reste, cet éboulement ne se montre pas isolément, il y en a bien d'autres sur les pentes du Colombier ;
citons simplement celui qu'on aperçoit à gauche du chemin
de Landaise à Châtel.

Pressé par les glaciers qui venaient de la Savoie, le glacier
du Rhône a contourné le Colombier et a moutonné un affleurement de calcaire jurassique qui apparaît à Corléaz, entre
Landaise et Culoz. Au pied du flanc méridional de Colombier,
nous n'avons pas vu de blocs erratiques, et les débris alpins
sont très rares. Les éboulis qui se sont détachés des grands
escarpements d'oxfordien et de jurassique supérieur qui dominent les marais de Lavours ont enseveli le terrain erratique sous une couche épaisse de fragments de calcaire. De
loin en loin, dans les vignes, on rencontre cependant quelques petits échantillons de roches alpines. Sur le chemin du
Colombier, ces roches sont aussi très rares ; mais sur l'énorme
redan de la Grange-Vallot et des granges de Romagnieu,
M. Benoît et nous, nous avons vu des placards de terrain erratique dans lequel dominait l'élément calcaire et où l'on
remarquait aussi des débris alpins en petit nombre. Il ne faut
pas oublier que nous avons toujours affaire à la moraine latérale droite du glacier du Rhône, qui ne contenait que très
peu de roches de cristallisation. Au-dessus du niveau de cette
grande saillie oolithique, les pentes du Colombier sont abrup-
tes ou trop raides pour avoir retenu le terrain glaciaire. Nos
recherches ne nous en ont fait découvrir aucune trace.

Pour retrouver un point de repère, il faut gravir un mauvais sentier qui suit le fond du ravin de Bellecombe. Près des granges abandonnées du Chaume (?) il y a des galets et de petits blocs de schistes lustrés, de quartzite, de dioritine, de quartz. Ces granges doivent être approximativement à plus de 1,100 mètres, et ces blocs ou galets mêlés aux alluvions d'un ruisseau desséché ne paraissent pas en place et semblent avoir été entraînés de plus haut. D'un autre côté, la saillie de la Pierre-de-Chandère ou Chandure, dont l'extrémité se dresse comme une muraille jusqu'à l'altitude de 1,230, n'a pu être surmontée par le glacier qui en aurait arrondi les angles. La limite supérieure des anciennes glaces peut donc être placée entre 1,150 et 1,200 au pied de l'escarpement de la Pierre-de-Chandère ou Chandure.

Du reste, cette cote se rapporte à celles que M. Benoit a relevées sur le flanc occidental du Colombier, au-dessus de Chavornay et de Virieu-le-Petit, vers les granges de Planapose (1,151 m.), de la Fivole et du Molard 1,144 m. (1). Le terrain erratique glaciaire forme des amas situés un peu au-dessus du niveau de ces cotes qui sont celles de monticules voisins; mais il faut bien supposer que le glacier dépassait le niveau de ces moraines profondes en remontant le Valromey, quoique sa surface ait dû s'abaisser depuis qu'il avait contourné le Colombier.

Il est donc positif que, à l'extrémité méridionale de la chaîne du Colombier, le glacier du Rhône s'élevait à près de 1,200 mètres et que, vers Bellegarde, il devait dépasser ce niveau, puisqu'il ne pouvait que s'abaisser en s'avançant vers le sud.

Au pied de la montagne, ce glacier n'a pas laissé des preuves moins certaines de son passage. La petite colline du Jan,

---

(2) E. Benoit, *Soc. géol.*, 2ᵉ série, t. XV, p. 335.

qui s'élève au-dessus de la gare de Culoz, est parsemée de roches de cristallisation. Un gros bloc de phyllade noire, cubant plus de 20 mètres, s'est déposé sur le point culminant de ce monticule. Sa silhouette accentuée se profile vivement sur l'horizon, et cette forme bizarre lui a fait donner par les habitants du pays le nom de *Leva-Naz (lève-nez)*. (Fig. 46.)

(Fig. 46.)

Ce bloc se rattache, par sa composition pétrologique, aux plus volumineux fragments erratiques du bassin de Belley. C'est un des plus intéressants à conserver.

MONTAGNE DES PRINCES ET DU GROS-FOUG. RIVE GAUCHE DE LA VALLÉE DU RHÔNE. — Au lieu de poursuivre l'étude de la rive droite du glacier du Rhône, nous allons revenir en arrière pour chercher à découvrir les faits qui se sont passés sur sa rive gauche. Puis nous jetterons un coup d'œil rapide sur les anciens glaciers de la Savoie qui sont venus se combiner avec le glacier du Rhône, dans le cirque de Belley.

Depuis Bellegarde jusqu'à Seyssel, la rive gauche du Rhône est saupoudrée de blocs erratiques provenant du Valais ou de la chaine du Mont-Blanc et des autres montagnes de la Savoie ; à Éloise, ce sont des gneiss, des protogines, des granites, des amphibolites, des euphotides, des serpentines qui

14

indiquent leur double origine ; à Challonges, la boue glaciaire s'étale au-dessus de la mollasse. On la retrouve sur les flancs de la montagne des Princes et dans les environs de Seyssel; les blocs et les débris alpins ne sont pas rares.

Il est assez difficile de préciser la provenance des roches erratiques du bassin des Usses, car il y a eu dans cette région une convergence de plusieurs groupes de glaciers. Les glaces qui s'accumulaient dans les vallées qui viennent aboutir à Beaufort et à Annecy, étant repoussées vers le nord-ouest par le glacier de l'Isère, se dirigèrent d'abord vers Bellegarde. Mais elles ne tardèrent pas à être refoulées vers le sud par le grand glacier du Rhône et de l'Arve qui venait de franchir le barrage du Vuache et du mont de Sion. Ces deux groupes de glaciers n'en formèrent plus qu'un seul qui s'avança lentement en suivant la pente de la vallée du Rhône ; cette masse de glace rencontra la montagne des Princes qui s'élève comme un éperon en avant de la chaîne du Gros-Foug, et elle se sépara de nouveau en deux branches pour entourer cette longue et étroite file de montagnes et cheminer le long de chacun de ses flancs, soit dans la vallée du Rhône, soit du côté de Rumilly et d'Albens. Mais dans les hautes régions de la Savoie, les névés se développaient toujours davantage; les basses vallées s'encombraient de plus en plus, et le niveau supérieur des glaciers montait progressivement. La chaîne du Gros-Foug finit par être ensevelie sous les glaces. A Mont Clergeon, au-dessus de Ruffieux, nous avons reconnu un terrain erratique avec roches des Alpes à plus de 1000 mètres de hauteur. Le point culminant de la chaîne est à 1,060 mètres, et en face, sur le Colombier, on trouve le terrain erratique à plus de 1,150. Il est donc permis de croire que la glace, dépassant le sommet du Gros-Foug, s'élevait au même niveau des deux côtés de la vallée du Rhône. A plus forte raison, il en a été de même pour la chaîne surbaissée de la

Chambotte qui côtoie le lac du Bourget. De bonne heure elle a été franchie par les glaciers de la Haute Savoie. Nous pensons même, comme nous l'avons indiqué sur notre petite carte d'assemblage, que ce sont plus particulièrement les glaciers d'Annecy et de Beaufort qui ont traversé la Chambotte pour obéir à la pression du glacier de l'Isère qui venait par la cluse de Chambéry et qui les empêchait de descendre vers le sud.

Le lac du Bourget, déjà comblé par un culot inerte de glace, et le prolongement nord de la chaîne du mont du Chat ne purent les arrêter. Nous croyons même avoir trouvé les traces de leurs moraines jusque vers Lyon et le sud du plateau bressan.

D'après l'examen des blocs de granite et de granite porphyroïde que nous avons étudiés au col de la dent du Chat et tout autour de la montagne de la Charve, nous supposons que ce terrain erratique d'un caractère spécial vient des chaînes situées à l'est d'Albertville. En effet, pour M. Guyot, la roche caractéristique de ce massif de montagnes est un granite porphyroïde blanchâtre, à grain moyen et égal, contenant de gros cristaux étroits et allongés offrant la plus grande analogie avec la roche dont nous parlons. M. Favre pense que son gisement primitif est voisin de Beaufort ou de la Roche-Cervins (1). Ce granite, dont nous pensons avoir trouvé des blocs énormes près de Lyon, apparaît aussi à l'état erratique sur le revers méridional du mont de Sion. Nous avons déjà expliqué comment son transport s'est primitivement opéré dans cette direction.

Revenons à l'étude du terrain erratique de la rive gauche du Rhône.

Le val du Fier était trop étroit pour laisser passer un gla-

---

(1) *Recherches géologiques*, etc., p. 163.

cier jusque dans le bas de cette gorge étroite et profonde.
Les glaces agirent plutôt sur les parois supérieures en vertu
de leur dilatation (2), et un torrent sous-glaciaire dont on
voit encore des lambeaux d'alluvion, s'écoulait en suivant le
lit actuel du Fier pour mêler ses eaux à celles du fleuve qui
devait couler sous le glacier du Rhône.

Plus au sud, au pied du mont Clergeon, le sol de la vallée
du Rhône est parsemé de blocs et de débris alpins, et sur le
flanc de la montagne, les chemins qui s'élèvent en lacets au-
dessus de Ruffieux et de Chindrieux laissent paraître sur leurs
talus de nombreux affleurements de terrain erratique.

En arrivant à Ruffieux, on voit dans les murs de nombreuses roches des Alpes provenant de l'exploitation des blocs
erratiques. Au pied de la colline de Châtillon, les calcaires
sont moutonnés, et des gneiss, des quartzites, des grès anthracifères, apparaissent sur le sol. Au nord-ouest de la gare
de Châtillon, nous avons admiré de belles surfaces d'urgonien
polies et couvertes de longues rayures parallèles. Ces stries
se dirigent vers le N20O. Sans doute elles ont été creusées
lorsqu'une partie des glaciers de la Savoie, dans leur dernière période d'extension, venaient opérer, vers Châtillon,
Chanaz et Vions, leur jonction avec les glaces de la vallée du
Rhône. Ces surfaces polies ont été protégées par d'épaisses
moraines dont on voit encore des vestiges aujourd'hui. Cependant il faut avouer que dans une localité comme celle en
question, où l'allure des anciens glaciers s'est souvent modi-
difiée, il est difficile de tirer une conclusion précise de l'examen des rayures, en dehors de l'évidence du passage d'un
ancien glacier. Sur notre carte nous n'avons donc pu tenir
compte de ce simple accident. Près de ces surfaces striées,
un gros bloc très anguleux, presque cubique, de grès anthra-

(1) Violet-le-Duc, *Le massif du Mont-Blanc*, p. 56.

cifère et offrant un volume de 8 à 10 mètres, est à moitié enterré dans la vigne des Teppes. (Fig. 47.)

(Fig. 47.)

Le Molard de Vions, qui s'élève comme une pyramide tronquée au milieu des alluvions du Rhône et des marais de la Chautagne, a subi tout l'effet de la pression des 900 mètres de glace qui devaient représenter la puissance verticale de l'ancien glacier du Rhône, au moment de son entrée dans le cirque de Belley. Toutes les saillies de cette colline de calcaires jurassiques et crétacés ont été broyées, arrondies par la marche de ce colosse dont la force dynamique était formidable. Çà et là on découvre des fragments de roches des Alpes. Au pied de la Commanderie et dans les vignes voisines, il y a des débris de gros blocs de phyllade noire, semblable à la roche du Leva-Naz de Culoz ; un mur en est presque entièrement construit.

CHAPITRE VIII

GLACIERS DE LA HAUTE-SAVOIE ET DE LA SAVOIE. — A l'est
de la chaîne du Gros-Foug, les plateaux et les vallées de
la Savoie sont couverts de blocs erratiques et de lambeaux
de boue glaciaire. A Frangy, à Clermont, à Menthonex, à
Vallières, à Sallenoves, aux Balmes de Sillingy, etc., nous
avons encontré des brèches triasiques, des quartzites, des
schistes chloriteux, des protogines, granites porphyroïdes;
mais nous ne pouvons répéter les nomenclatures de notre
catalogue. Nous citerons pourtant à Desingy deux blocs de
protogines de 25 mètres cubes environ qui portent le nom de
Pierre-de-Liesse ou *de Réjouissance*. En suivant le chemin de
Saint-André à Chavannes, nous avons vu un bloc anguleux de gneiss, cubant approximativement une centaine de
mètres. Ce bloc s'appelle la pierre du Gros-Car. (Fig. 48.)

Mentionnons encore la *Roche-des-Fées*, près des gorges du
Fier, à Lovagny. Nous aurons des observations analogues à
faire pour les vallées du Chéran et du Sierroz. Le terrain erratique avec sa boue glaciaire, ses cailloux striés, ses blocs
volumineux, apparaît partout.

Nous l'avons vu à Rumilly, à Massingy, à Ansigny, à Albens
etc.

(Fig. 48.)

La vallée du Sierroz a servi pendant longtemps de débouché
à une grande partie des glaciers de la Haute-Savoie. Dans la
commune de Grésy-sur-Aix, au-dessus de Saint-Simon, des
calcaires néocomiens sont polis et rayés dans le sens de la
direction moyenne de la vallée. Vers les carrières d'Antoger,
on trouve des preuves semblables du passage des anciens
glaciers, lorsqu'ils allaient se déverser dans le bassin du
Bourget. Une fois que ce bassin a été comblé par les glaces de l'Isère, du Rhône et de la Haute-Savoie, le niveau
des glaciers s'éleva, et il serait intéressant de retrouver dans
la vallée du Sierroz les traces de leurs limites supérieures.

En montant le sentier de la Cluse, au-dessus de Montcel, nous avons aperçu près de Favrins (950 mètres) quelques échantillons de schiste chloriteux. Aux hameaux des Toquets et des Huguets, commune de Saint-Offenge, jusqu'à 900 mètres d'altitude, on remarque des débris alpins. Malheureusement au-dessus des ces cotes, la montagne de la Cluse ne présente que des escarpements sur lesquels le terrain erratique n'a pu se maintenir en place. Nous n'avons donc rencontré aucune station pour déterminer le niveau que nous voulons rétablir. A l'ouest, de l'autre côté de la vallée, on ne peut que constater que le glacier a traversé la chaîne de la Chambotte. Ainsi, dans la commune des Cessens, à Cheney et sur l'arête des montagnes, nous avons vu des blocs de grès carboniférien, de brèche triasique, de gneiss, de diorite, de serpentine, etc, d'un mètre cube environ. La montagne de Corsuet ou de la Biolle offre comme celle de Cessens de nombreux placards de terrain erratique à la croix de la Biolle, aux Chevalets, à Sargoin, à la Chambotte, etc., et sur toute sa crête.

Si les glaciers de la Haute-Savoie, au lieu de suivre la direction du Sierroz, se sont dirigés vers le sud-ouest, c'est qu'ils étaient repoussés par une branche du glacier de l'Isère qui venait par la cluse de Chambéry. La jonction de ces deux systèmes de glaciers a dû s'opérer dans les environs d'Aix-les-Bains; près de cette ville on aperçoit deux terrains erratiques différents; celui de la vallée du Sierroz se reconnaît à la présence d'une roche spéciale, le poudingue nummulitique des Beauges, tandis que des roches de la Tarantaise caractérisent celui qui a été apporté du côté de Chambéry.

Le glacier de l'Isère sous l'influence de conditions météorologiques qu'il nous est impossible de préciser, mais qui pouvaient favoriser le développement de tel ou tel glacier, a pu lancer des branches secondaires du côté d'Annecy, par Albertville et Ugines comme par le col de Tamié et Faverges (1); mais la masse principale de ce grand glacier a dû suivre sa propre vallée pour arriver à Montmeillan, après s'être réunie aux glaciers de la Maurienne qui descendaient par la vallée de l'Arc.

L'étude des glaciers de la Savoie est tout à fait en dehors des limites que nous avons tracées à notre travail ; nous n'en parlons que subsidiairement, parce qu'ils ont été, sur un certain parcours, à l'époque quaternaire, les agents de transport de notre terrain erratique.

Nous n'entrerons donc dans aucun détail pour suivre leurs traces dans chacune des vallées de ce pittoresque pays, pour étudier tous les accidents de leur progression, pour retrouver leurs niveaux supérieurs. Il nous suffira de dire que les bassins de réception de ces immenses amas de glaces s'étendaient jusqu'aux cimes qui servent de limites entre la Savoie et le Piémont, depuis le massif du Mont-Blanc (4,810 mètres) jusqu'au mont Thabor (3,212 mètres), en passant par le petit Saint-Bernard (2,161 mètres), le mont Ormelon, le mont Iseran (4,045 mètres), la Roche-Melon, le mont Ambin. Nous ne savons pas à quelle hauteur s'élevaient les anciens glaciers amassés dans les cirques protégés par ces hautes cimes, mais certainement elle était largement suffisante pour leur permettre d'atteindre, sur les chaines secondaires, la cote de 1,200 mètres que M Ch. Lory, M. le chanoine Chamousset, MM. E. Benoît, A. Favre et nous-même nous avons retrouvée partout, près de Grenoble, près de Chambéry, à la dent du Chat, au Colombier, au signal de Retord etc. Du reste M. A. Favre a signalé la présence du terrain erratique sur deux points intermédiaires, à des niveaux qui se rapportent très

(1) A. Favre, *Recherches géologiques*, p. 161.

bien à cet ensemble, à 1,600 mètres aux Chapelles, sur la rive droite de l'Isère, en amont de Moutiers (1) et à 1,460 mètres au Semnoz, au sud d'Annecy,

Il existait donc une harmonieuse unité dans le phénomène glaciaire. Toutes ces masses s'équilibraient les unes les autres, et M. Favre, en transcrivant ces notes d'altitude, ne put s'empêcher d'être frappé de la coïncidence de toutes ces mesures et de celles qu'il avait déjà données pour la grande vallée de la Suisse.

GLACIER DE L'ISÈRE, CLUSE DE CHAMBÉRY. — L'immense fleuve de glace qui s'écoulait par la vallée de l'Isère, après avoir dépassé Montmélian, vint se briser contre le massif du mont Granier qui se dresse fièrement en face du débouché de la vallée de l'Isère, comme la chaîne du Jura s'élève vis-à-vis de l'ouverture du Valais. Nous avons vu que le glacier du Rhône, en venant se heurter contre les montagnes jurassiques, s'était divisé en deux branches principales et en quelques petits rameaux; il en fut de même pour le glacier de l'Isère. Il se divisa en deux branches; l'une se dirigea sur Chambéry, et l'autre, plus importante, descendit vers Grenoble. Enfin un rameau pénétra dans le massif de la Grande-Chartreuse. Mais nous nous occuperons ultérieurement de cette dernière expansion en décrivant les glaciers de ce groupe de montagnes. Disons seulement, pour compléter la série de nos niveaux, qu'au col du Frêne, c'est-à-dire au point de sa séparation d'avec le grand glacier, le terrain erratique apparaît à 1,164 mètres, et qu'il est par conséquent certain que la glace a dû monter plus haut. Nous retrouvons sur ce point la cote de 1,200 environ que nous avons déjà citée si souvent. A l'est, sur la montagne de la Thuile, de l'autre côté de la cluse de Chambéry, le chanoine Chamousset, en 1844, avait retrouvé

---

(1) *Recherches géologiques*, p. 163.

également la limite supérieure des anciens glaciers au-dessus
du col du Pré (1138^m), par lequel ils s'étaient déversés dans
les Beauges.

Lorsqu'on parcourt la vallée de Chambéry, on ne peut s'empêcher de voir de nombreux blocs erratiques et de magnifiques affleurements de boue glaciaire. Dans la commune de
Chignin commence le grand dépôt morainique qui a été
abandonné par la branche nord du glacier de l'Isère, sur tout
le revers ouest du mont de la Thuile, et qui a recouvert les
montagnes de Curienne, pour s'étendre jusque sur le territoire des Déserts (1060^m). Cette moraine qui apparaît sur une
foule de points, renferme beaucoup de blocs de schiste chloriteux, de brèche triasique, de grès carboniférien.

Dans le fond de la vallée, à la Boisserette, commune de
Triviers, la moraine a une très grande épaisseur : quelques
affleurements présentent une puissance de 6 à 8 mètres de
hauteur. A Saint-Jean-d'Arvey, à Saint-Alban, on peut faire
des observations analogues.

On voit quelques blocs d'euphotide et de serpentine dans
le terrain erratique de Triviers. Mais cette euphotide n'est
pas celle de la vallée de Saaz, c'est une roche foncée grisâtre
qui vient des montagnes de la Savoie. Il faut donc se garder
de supposer que le glacier du Rhône, à une certaine époque,
a pu pénétrer jusque dans la cluse de Chambéry.

Toutes les collines qui dominent Chambéry au sud, sont
couvertes par la boue glaciaire, qui atteint parfois une épaisseur de 10 mètres.

Les blocs y sont assez nombreux ; voici les principales roches qui les composent : gneiss, calcaires magnésiens de la
Maurienne, brèches triasiques, schistes chloriteux, granite, grès anthracifère, quartzite, etc., etc. Au-dessus des
carrières de Lémenc, vers le château de Bressieux, les
roches calcaires sont moutonnées, polies et couvertes de

stries dirigées du S.-E. au N.-O. Elles indiquent clairement
le sens de la marche du glacier qui s'avançait vers le lac du Bourget, et qui déposait sa moraine profonde sur les collines de
Bassens et de Saint-Alban. A la Boisse, au nord de la gare de
Chambéry, la moraine offre une puissance de plus de 10 mètres. De profondes ravines laissent voir de belles coupes de
boue glaciaire, et cette localité peut être prise comme type
pour l'étude du terrain erratique de cette partie de la Savoie.
On y voit toute la série des dépôts quaternaires, les argiles
lacustres et les lignites à la base, puis les alluvions, et les
sables, et enfin la moraine à cailloux striés et à blocs anguleux. Nous avons déjà mentionné avec détails cette station
dans le premier chapitre de cette seconde section; nous
n'avons pas à en parler plus longuement ici.

Au delà de la Boisse, jusqu'à Aix-les-Bains, on rencontre la
boue glaciaire à Verel, à Sonnaz, à Viviers, à Vogland, à Dru-
mettaz. C'est toujours la moraine latérale droite de cette
branche du glacier de l'Isère qui apparaît au pied des escarpements de la montagne de Nivolet, jusqu'à ce qu'elle vienne
opérer sa jonction avec la moraine latérale gauche du glacier qui descendait par la vallée du Sierroz.

Sur le côté gauche de la cluse de Chambéry, le glacier de
l'Isère a laissé des traces non moins évidentes de son passage. Dans les communes des Marches et d'Apremont, on retrouve partout la moraine et ses blocs. Ce sont des matériaux
provenant de la Maurienne et de la Tarantaise qui tapissent
tout aussi bien le fond de la vallée que les flancs des montagnes voisines. Notre bien regretté ami, M. l'abbé Vallet, qui
connaissait si bien les montagnes de la Savoie, n'hésitait pas
à reconnaître l'origine de ce terrain glaciaire et à le rapprocher de celui de l'Isère et de l'Arc.

Impossible de citer tous les blocs que nous avons vus et
dont un grand nombre nous ont été signalés par M. G. de Mor-

tillet ; mentionnons seulement de gros blocs de protogine au hameau de la Pierre-Grosse, un bloc de micaschiste cubant 40 mètres au Severt, commune d'Apremont. Au milieu des blocs calcaires qui couvrent les collines des Abymes-de-Myans et qui proviennent d'un éboulement du mont Granier, on voit çà et là de gros fragments de roches silicatées, tout autour de la chapelle de Notre-Dame de Myans.

Sur le territoire de Montagnole au pas de la Fosse, la

(Fig. 49.)

(Fig. 50.)

route de Chambéry au col du Frêne traverse une accumulation énorme de matériaux alpins (Fig. 49, 50, 51, 52 et 53) venus de la Maurienne et de la Tarantaise. Dans l'espace d'un

hectare on peut compter une trentaine de blocs volumineux
de granite ou de grès. Aux Savons, à la Fosse, au Villard,

(Fig. 51.)

(Fig. 52.)

(Fig. 53.)

à la Curia, ce sont des grès anthracifères de schistes chloriteux, des brèches triasiques des granites posphyroïdes, dont

quelques-uns atteignent le volume de 16 mètres cubes. Il en
est de même à Saint-Baldoph, à Barberaz, etc. Le Valangien
de Bellecombettes, à Montagnole, est poli, rayé et cannelé sur
de grandes surfaces (Fig. 54), et toutes ces rayures vont du
S.-S.-E. au N.-N.-O. conformément à la direction qu'ont dû
prendre les blocs du pas de la Fosse pour arriver de la Tarantaise. On retrouve également des rochers polis et rayés
dans le même cas à Jacob près des cascades.

(Fig. 54.)

Le glacier a franchi toutes les croupes des collines qui se
détachent du massif de la Chartreuse, et a laissé des blocs et
des lambeaux de sa moraine sur les plateaux ou les vallons
de Vimines, de Saint-Cassin, de Saint-Sulpice; il a poli et
rayé les calcaires, il a même pénétré jusqu'à Saint-Thibaud
de Couz et à Saint-Christophe, où il a laissé un bloc
de schiste chloriteux de 72 mètres cubes, reposant sur l'urgonien.

Il est probable que ces vallées, avant l'arrivée du glacier alpin, étaient déjà occupées par des glaciers locaux,
dont les moraines étaient entièrement composées d'éléments
calcaires. Il devait aussi y en avoir un dans la grande
vallée qui descend des Déserts à Chambéry. Bientôt nous

en signalerons d'autres semblables dans le Bugey, dans le massif de la Chartreuse, dans les montagnes du Villars de Lans.

Ne pouvant s'avancer dans la vallée du Bourget, qui était obstruée par des glaces descendues de la Haute-Savoie, la branche du glacier de l'Isère, dont nous nous occupons, se rejeta vers l'ouest pour franchir l'arête déprimée de la montagne d'Aiguebellette et se déverser dans le Petit-Bugey et les plaines occidentales du Bas-Dauphiné. Mais pendant longtemps elle fut arrêtée dans sa marche par la chaîne de montagne de la dent du Chat et de l'Épine qui lui barrait le passage. Pendant que progressivement elle élevait son niveau supérieur pour surmonter l'obstacle dressé devant elle, elle déposa contre le flanc de ces montagnes une masse énorme de matériaux erratiques et traça avec les calcaires de Saint-Sulpice et de Vimines des rayures, des stries franchement dirigées de l'est à l'ouest, suivant le dernier sens imprimé à sa marche.

Cette moraine forme un amas considérable dans lequel les eaux pluviales ont creusé de superbes ravins. Nous citerons comme les plus remarquables celles de Pravaux, du Frenet, près Saint-Sulpice et le ravin de Forésan.

En même temps que ces glaces s'amoncelaient contre la montagne de l'Épine et s'épanouissaient dans les vallons de Saint-Thibaud de Couz et de Saint-Christophe, elles se répandaient au nord, en longeant le pied la chaîne de la dent du Chat, pour aller rejoindre le glacier de la Haute-Savoie, dont une partie se déversait par le col où passe la route de Belley à Chambéry.

A la Motte-Servolex, il y a des blocs de 30, 50, 80 mètres de granites porphyroïdes, de grès ou de poudingue carbonifé-rien. A l'ouest du Bourget, non loin de la route du Mont-du-Chat il y a même un gros bloc de brèche triasique perché d'une manière très pitoresque au-dessus d'autres fragments de roches. (Fig. 55.)

(Fig. 55.)

GLACIER DE L'ISÈRE (SUITE), GRÉSIVAUDAN.   Au lieu de poursuivre plus à l'ouest l'étude de ce glacier (ce que nous nous proposons de faire plus tard), nous allons revenir à la branche du glacier de l'Isère qui s'est dirigée vers Grenoble, et nous allons essayer de retrouver les vestiges de son passage dans la vallée de Grésivaudan.

Toute la chaîne du pic de Belledone, dont les sommets s'élèvent à plus de 2,000 et même à près de 3,000 mètres, était jadis couverte de grands glaciers qui sont représentés de nos jours par ces névés et ces amas de glaces éblouissantes, qui brillent encore vers les points culminants et dans les hautes vallées qui les entourent.

· Ces anciens glaciers étaient considérables et venaient tous aboutir dans la vallée transversale de l'Isère par les profondes échancrures qui y débouchent à l'est; de telle sorte que cette belle et grande vallée devait être en partie comblée par des glaces locales avant l'arivée du puissant glacier de l'Isère.

Ces glaces locales, en s'épanouissant dans la vallée du Grésivaudan, restèrent d'abord stationnaires et par conséquent ne s'écoulaient ni au sud ni au nord. D'ailleurs il est probable que des phénomènes analogues se passaient en aval et au sud de Grenoble et que le fond des vallées du Drac et de l'Isère était partout encombré de glaces, pour ainsi dire inertes. M. Lory pense même que ces amas de glaces firent refluer vers Chambéry les eaux de l'Isère et détournèrent ainsi momentanément le cours de cette rivière.

Cet état de choses ne put se maintenir, car à mesure que les glaciers prirent plus de développement dans les grandes vallées des Alpes, dans celles de l'Isère, de l'Arc, du Drac et de la Romanche, comme dans les vallées de la Haute-Savoie, la vallée du Grésivaudan fut envahie par les glaces des grands glaciers aussi bien que le furent la vallée du Rhône, vers Bellegarde et Seyssel, ainsi que la vallée du Bourget et la cluse de Chambéry. Ces masses de glaces obéissaient à un mouvement de translation sous la double action de la pesanteur et de la dilatation, suivant la pente moyenne des bassins, et elles entraînèrent avec elles toutes les glaces locales qu'elles rencontrèrent sur leur route. Les glaciers de la chaîne de Belledone, les glacier d'Allevard, de Theys, des Adrets, de Laval, de Sainte-Agnès, de la combe de Lancey, de Revel, de Saint-Martin d'Uriage, etc., devinrent alors de simples tributaires du glacier de l'Isère et lui apportèrent leurs glaces et leurs moraines.

Sur notre carte nous avons essayé de faire comprendre la double allure de ces glaciers en figurant la première direction de leur marche par des lignes pointillées et la seconde par des lignes pleines.

Tout le bassin d'Allevard a été occupé par des glaciers dont il reste encore des lambeaux suspendus aux sommités des hautes montagnes qui dominent le pays au Grand Charnier, à la Roche Saint-Hugon, au Gleizin, et près des Sept-Laux. Sur le chemin du pont de Veyton, les poudingues anthracifères, les grès, sont moutonnés et offrent

des preuves irrécusables des passages des anciens glaciers.
Du reste tout le pays est couvert de débris erratiques plus
ou moins volumineux qui s'élèvent vers le sommet de la
montagne de Bramefarine (1,231 m.). Cette cote vient encore nous donner un précieux point de repère pour établir
le niveau général des anciens glaciers au débouché des principales vallées des Alpes.

La vallée de l'Allevard a donc été comblée par des glaces.
Les glaciers du Bréda n'ont pas contribué seuls à cette tâche,
et nous pensons que, au moment de sa plus grande extension, le glacier de l'Isère a lancé un de ses rameaux vers
Allevard par la vallée de la Rochette, pour côtoyer la chaîne
de Belledone, et se réunir aux glaces qui s'écoulaient par la
vallée du Grésivaudan. Pendant la décroissance de la période
glaciaire, les glaces d'Allevard ont flué vers l'Isère soit par la
vallée du Moutaret et du Bréda, soit par celle de Saint-Pierre
et de Moretel. Ce sont des protogines, des poudingues anthracifères, des diorites, des roches métamorphiques qui dominent dans le terrain erratique d'Allevard.

Dans toutes les vallées qu'on peut suivre au sud d'Allevard,
on voit également des vestiges d'anciennes moraines qui parfois offrent une grande puissance. Dans le Grésivaudan on
trouve souvent en face de ces petites vallées secondaires,
des portions de moraines frontales des anciens glaciers qui
les comblaient jadis. M. Lory prétend à juste titre que la colline de Saint-Nazaire est constituée par des alluvions et des
débris erratiques descendus de la chaîne du pic de Belledone
par la combe de Lancey.

A Revel, aux granges de Fredières, à 1,100 mètres d'altitude, il y a un groupe très important de gneiss amphibolique,
de diorite, de serpentine, de granite. Quelques blocs atteignent un volume de 5, 10, et même 15 mètres cubes. Aux Mo-
lettes, aux Jacquets, ce sont des schistes talqueux, des gneiss,

des granites, des diorites, des amphibolites, des grès anthracifères, etc. Il en est de même sur les territoires du Pinet
et de Saint-Martin d'Uriage.

Au midi de ces stations, le glacier de l'Isère a rencontré
les glaciers réunis de la Romanche et du Drac. Nous allons
donc revenir en arrière pour étudier sur la rive droite du
Grésivaudan les traces du phénomène glaciaire. La disposition
topographique de cette région ne s'est pas prêtée à la formation des glaciers locaux, car les neiges ne pouvaient s'accumuler contre les grandes parois verticales qui limitent à l'est
le massif de la Chartreuse et qui s'élèvent à 1,800 mètres au
dessus du thalweg de la vallée. Le glacier de l'Isère a coulé
le long de ces grandes murailles de rochers et n'a pu laisser
des lambeaux de ses moraines que sur l'immense gradin qui
découpe en deux parties les escarpements de cet énorme massif calcaire.

A Bellecombe, à Saint Marcel, c'est à-dire en face de la
vallée de la Haute–Isère, le glacier a déposé une masse
énorme de matériaux alpins. On retrouve à Saint-Bernard,
à Saint-Hilaire, à Saint Pancrace, des protogines, des gra
nites porphyroïdes, des schistes métamorphiques, des poudingues anthracifères, des brèches triasiques qui sont des
dépendances de l'ancienne moraine latérale droite du glacier
de l'Isère.

Au sud de la dent de Crolles (2066), la chaîne s'abaisse;
le col des Ayes laisse passer un chemin qui pénètre dans
l'intérieur du massif, mais le glacier n'a pu le franchir étant
resté au-dessous de son niveau. Il n'a fait qu'abandonner de
nombreux blocs erratiques au pied du Petit-Som.

Les flancs du Saint-Eynard, à Meylan, à Saint-Imier, à
Corenc, à Arvilliers, sont aussi couverts, de blocs et de débris alpins.

Dans les vignes de la Tronche, M. Lory a indiqué un bloc

énorme de grès anthracifères qu'on a détruit en partie. Tout
au tour de Bouquéron le sol est jonché de roches silicatées.
Ces restes de moraines s'élèvent aussi à une grande hauteur.

M. Lory a reconnu, sur les coteaux de Corenc à Chante-
merle et sur le flanc oriental de Mont-Rachais jusqu'à la
Bastille des fragments anguleux de quartzite de la Maurienne et de la Tarantaise et des blocs de brèche triasique
des grès anthracifères qui indiquent clairement leur origine.
Il y a simultanément des roches de cristallisation de la chaîne
de Belledone. Mais les roches de l'Oisans et du Pelvoux et les
grès ou poudingues anthracifères des environs de la Mure
manquent pour ainsi dire complètement.

ENVIRONS DE GRENOBLE. - Il est inutile de faire ressortir
toute l'importance de cette observation de M. Lory. En la
transcrivant le savant professeur a tracé nettement l'origine
et la marche des glaciers qui venaient converger à Grenoble.
D'un côté le glacier de l'Isère, qui contournait le massif de la
Grande-Chartreuse, et de l'autre les glaciers réunis de la Romanche et du Drac, qui enveloppaient le massif du Vercors et
du Villard-de-Lans. En aval de Grenoble, ces deux groupes
de glaciers n'en formaient plus qu'un seul qui s'avançait, par
la vallée de Voreppe, vers les plaines basses du Dauphiné.

M. Lory a de plus déterminé le niveau supérieur de ces
anciens glaciers en signalant sur les rochers calcaires qui
dominent Grenoble au nord, des débris alpins situés à l'altitude de 1200 mètre, soit 1000 mètres environ au-dessus de
l'Isère. Cette cote est des plus remarquables, parce qu'elle
démontre encore l'évidence du parfait équilibre qui s'était
établi dans les anciens glaciers au sortir des grandes vallées
alpestres.

GLACIERS DU DRAC ET DE LA ROMANCHE. Les glaciers de la

Romanche et du Drac, qui venaient se confondre en une seule masse de glace au sud et non loin de Grenoble, avaient leurs bassins d'alimentation près des hautes chaînes qui séparent le bassin de l'Isère de celui de la Durance. C'étaient les glaces qui s'amoncelaient dans la grande vallée de la Grave, comme dans le cirque de la Bérarde, qui entretenaient le glacier de la Romanche, tandis que celles du Champsaur, du Devoluy, du Val-Godmard, du Val-Jouffrey, du Trièvre, alimentaient le glacier du Drac.

L'étude du terrain erratique de ces régions élevées étant complètement en dehors de notre programme, il nous suffira de dire que les cimes qui entourent ces divers bassins de réception ont très souvent une altitude supérieure à 2000 mètres et atteignent même 3 et 4000 mètres. Les névés et les glaces qui en dépendaient, avaient donc largement la pente nécessaire pour atteindre près de Grenoble la niveau de 1200 mètres, signalé par M. Lory.

Les alluvions des glaciers de la Romanche et du Drac renferment des éléments qui leur donnent un caractère spécial et qui permettent de les reconnaître même lorsqu'elles sont étalées dans les plaines du Bas-Dauphiné conjointement avec les alluvions des glaciers savoisiens. En effet, chaque fois qu'on rencontre des galets, des fragments de variolite, de cette roche brune, tachée de points blancs, on peut-être certain de voir des terrains charriés par le Drac ou la Romanche. Les variolites affleurent surtout dans le bassin du Drac, près de la Mure et d'Aspres-lès-Corps, mais on en voit aussi dans le Val-Jouffrey, et M. Lory, sur sa carte géologique de Dauphiné, en a figuré quelques pointements dans le bassin de la Romanche, à l'est du Villard-d'Arène, et près du Villard-Reymond.

Le savant professeur de la Faculté de Grenoble a en outre reconnu une différence entre les grès anthracifères de la

Mure, de la Motte et du bassin du Drac et ceux de la Savoie (1). Cette observation ainsi que la présence des variolites lui ont fourni le moyen de distinguer, même dans la vallée de Voreppe, où les deux systèmes de glaciers étaient resserrées l'un contre l'autre, les alluvions et le terrain erratique des glaciers de la Romanche et du Drac, d'avec les produits du transport du glacier de l'Isère. Au sortir des montagnes, les alluvions et le terrain erratique de la Romanche et du Drac occupent la vallée de l'Isère de Moirans à Saint-Marcellin, et de plus la partie sud de la vallée de la côte Saint-André.

Pendant que les neiges s'entassaient dans les grands cirques alpestres pour engendrer des glaciers qui devaient se développer de plus en plus et se répandre au loin dans les plaines dauphinoises, comme d'immenses fleuves grossis par l'apport de tous leurs tributaires, de petits glaciers locaux fonctionnaient dans les vallées secondaires et gardaient leur indépendance jusqu'à ce qu'ils fussent envahis et entraînés par les glaciers principaux. M. Lory a cité un de ces petits glaciers près du Pont-Haut dans les environs de la Mure; ce glacier a laissé une alluvion propre, un terrain erratique particulier. Le même professeur en a décrit d'autres à Avignon et, dans la vallée du Drac ainsi que dans la vallée de l'Ebron entre Mens et Clelles (2), ces exemples peuvent suffire. Du reste, nous l'avons déjà dit, des phénomènes identiques se sont passés dans le Jura, et nous aurons bientôt l'occasion d'en étudier de semblables dans le Bugey, dans les montagnes de la Grande-Chartreuse et dans le massif du Villars-de-Lans.

Après avoir ainsi fait connaître l'origine des glaces qui se sont écoulées par la vallée de Grenoble et de Voreppe, et

---

(1) *Bull. Soc. de stat, de l'Isère*, 3° série, t. II, p. 462. 1871.
(2) *Description géologique du Dauphiné*, § 329-330.

avoir de nouveau constaté ce fait important que, sur une grande ligne allant de Bellegarde à Grenoble, les anciens glaciers alpins s'étaient fait équilibre à un niveau de 1200 mètres environ, nous allons revenir sur nos pas pour retrouver le glacier du Rhône dans les environs de Culoz et en reprendre l'étude, en poursuivant ses traces jusque dans les montagnes du Bugey, la vallée de l'Ain. Puis nous nous occuperons de sa liaison, de ses rapports avec les glaciers de la Savoie débordant dans les plaines dauphinoises par les dépressions de la chaîne de la dent du Chat et se combinant eux-mêmes avec les glaciers du Dauphiné pour former le grand glacier delphino-savoisien qui est venu jusque sur les collines de Lyon, de Vienne et de Thodure, etc.

CHAPITRE IX

GLACIER DU RHONE ET GLACIERS JURASSIENS EN BUGEY

GLACIER DU RHONE (SUITE), CIRQUE DE BELLEY. — Après s'être fait jour par la grande ouverture de Culoz-Chanaz, par les échancrures de la chaîne de la Charve et du mont du Chat, les glaciers réunis du Rhône, de l'Arve, de la Haute-Savoie, se sont avancés à l'ouest, vers Belley et la chaîne du Molard du Don. Partout sur leur route ils ont laissé de nombreuses traces de leur passage. Toute la partie septentrionale de la chaîne qu'ils ont franchie, est couverte de débris alpins ou présente de nombreuses surfaces de roches polies et rayées. Les territoires des communes de Conjux, de Saint-Pierre de Curtille, d'Ontex, de Chanaz, en offrent de nombreux exemples. Nous nous contenterons de faire figurer un gros bloc de gneiss de 6 mètres cubes, brisé à moitié par un coup de mine et situé dans une vigne sur le bord d'un chemin, montant du bourg de Chanaz à Landar. (Fig. 56.)

(Fig. 56.)

En outre, des blocs erratiques et des amas de boue glaciaire qui sont très fréquents dans le bassin de Belley, nous avons cherché à reconnaître si les glaciers n'avaient pas laissé sur le sol d'autres traces de leur passage, qui pourraient nous indiquer les détails de leur allure. Les conseils de notre excellent ami M. E. Benoît, et des courses multipliées nous ont permis de retrouver sur de nombreux rochers calcaires des rayures, dont l'étude nous a présenté le plus grand intérêt. Nous avons relevé leurs diverses directions avec le plus grand soin, nous les avons reportées sur la feuille de Belley de la carte de l'état major, nous les avons reliées entre elles, nous les avons complétées, et nous avons fini par tracer ainsi la marche de cette partie du glacier rhodano-savoisien.

Au pied de la tour du vieux château de Lavours, le calcaire offre des rayures dirigées du N.-E. au S.-O., qui indiquent clairement le sens de la progression du glacier au sortir du défilé de Culoz, direction en harmonie avec la configuration topographique générale de la contrée. La poussée du glacier a dû naturellement se faire du côté où se trouvait le plus d'espace. Mais à 5 kilomètres au nord-ouest de Lavours, à Ceyzérieux, vers la grange des Roches et vers Ardosset, il y a de vastes surfaces d'urgonien, polies et couvertes de rayures et de cannelures, présentant une direction complètement différen - te des premières, ces rayures ne sont plus dirigées vers le S.-O., elles remontent vers le N. 60,0. Ce changement de di- rection est facile à expliquer, il est même très naturel, car en prolongeant ces cannelures on voit qu'elles aboutissent à l'entrée de la grande vallée du Valromey qui vient s'ouvrir à Arthemar, au nord de Saint-Martin de Bavel et de Virieu-le Grand, et il ne reste plus qu'à conclure qu'une branche du grand glacier se détachant de la masse centrale a pénétré dans le Valromey et a gravé sur le sol le sens de sa progres sion. D'autres rameaux se sont insinués dans la crevasse de Thézillieu, dans la cluse de Rossillon et de Tenay, pendant que le glacier principal pivotait autour du Molard du Don pour aller s'épanouir dans les plaines du Bas-Dauphiné et des Dombes.

Nous étudierons successivement ces différentes masses de glaces avec leur terrain erratique, leurs blocs, leurs accidents, et nous commencerons par celles du Valromey.

VALROMEY. — Cette belle vallée est creusée entre la chaîne du Colombier et celle des montagnes de Cormaranche et de Hauteville. Elle s'étend au nord, sur une longueur de trente kilomètres, jusque vers les plateaux élevés qui dominent la cluse profonde où dorment les eaux du lac de Silan et où s'écoulent impétueusement celles de la Semine. A l'époque glaciaire les neiges durent s'accumuler de bonne heure sur les hautes cimes (1,000 à 1,600$_m$) qui entourent cette grande vallée, et le Valromey fut occupé par un glacier jurassien, un glacier local qui posséda une existence indépendante jusqu'à l'arrivée du grand glacier alpin. Le glacier du Valromey ne pouvait transporter que des fragments de calcaires, c'est pour- quoi l'on reconnaît très facilement ses moraines particulières au-dessous de celles que le glacier du Rhône a apportées et qui renferment des échantillons de toutes les roches des Alpes. Nous pourrions citer une foule de points où l'on pourrait voir la superposition de ces deux systèmes de moraines, mais nous nous contenterons de mentionner les coupes que nous avons étudiées à Songieu, près de la maison de M. Pétré et au nord de Sothonod.

Le glacier à éléments calcaires pouvait bien émousser les rochers qui se trouvaient sur son passage, mais il lui était impossible de les couvrir de stries, de cannelures. On ne doit donc pas être surpris de voir à Passin, près de la route de Champagne à Brénaz, un vaste plateau calcaire dont les surfaces sont moutonnées, parfois légèrement striées, mais ne présentent jamais de rayures, de cannelures semblables à celles de Ceyzérieu.

Sur notre carte nous avons figuré par des lignes bleues pointillées, le glacier jurassien du Valromey ; des flèches marquent le sens de sa progression du nord au sud.

Dès que le glacier du Rhône eut pénétré dans le cirque de Belley, ses glaces s'épanouirent de toutes parts, elles contournèrent le Colombier et ne tardèrent pas à rencontrer le glacier du Valromey. Les deux glaciers restèrent quelque temps buttés l'un contre l'autre ; puis une lutte s'ouvrit entre eux, et, selon les conditions atmosphériques, leurs moraines s'enchevêtrèrent ou subirent des alternatives d'avancement ou de recul. Le niveau des deux glaciers s'éleva, puisqu'il n'y avait plus d'écoulement possible, mais le bassin d'alimentation du glacier rhodano-savoisien étant énormément plus considérable que celui du glacier du Valromey, celui-ci fut vaincu et le glacier du Rhône le couvrit de ses glaces et de ses moraines. Des moraines latérales composées de roches alpines cheminèrent donc de chaque côté du Valromey, mais en sens inverse des anciennes moraines du glacier jurassien.

c'est-à-dire du sud au nord, au lieu du nord au sud. Des lignes rouges pleines, terminées par des pointes de flèches, figurent sur notre carte le développement et les allures du glacier alpin du Valromey, c'est-à-dire de la branche du glacier du Rhône qui a envahi cette grande vallée. Sur les flancs des montagnes qui la limitent à l'est et à l'ouest, on voit de nombreux blocs erratiques. A Virieu-le-Petit, des blocs alpins reposent sur de puissants amas de boue glaciaire à cailloux striés, accumulés dans les gorges qui descendent des sommets du Colombier. Ce sont des amphibolites, des gneiss, des talcites, des grès houillers, des cargneules, des quartzites, des schistes siliceux, etc., en un mot toute la collection des roches du Valais, et du massif de la Pierre-à-Voir. Ces mêmes roches apparaissent à Lochieu, à Brénaz, à Songieu.

Au hameau de Bordèse, vers le chemin qui conduit à la Chartreuse d'Arvières, ces blocs sont très nombreux ; un grand nombre ont été brisés ou refendus pour servir de murs de clôture. En montant vers les ruines de l'ancien couvent, on voit quelques débris alpins épars dans la forêt de sapin au dessous de la cote 1,100 mètres.

Nous avons déjà établi, d'après M. E. Benoît et nos observations personnelles, le niveau supérieur atteint par le glacier à l'entrée du Valromey. Nous n'avons pas à revenir sur cette question; mais nous devons ajouter que ce niveau s'est toujours sensiblement maintenu à mesure que le glacier s'avançait vers le nord de la vallée. Ainsi à Sothonod, sur la route de Champagne à Billiat, quelques fragments de quartzite, de calcaire noir, de schiste micacé, apparaissent à plus de 1,000 mètres. Mais dans cette station le terrain erratique n'est pas disposé simplement. Il faut tenir compte de l'influence des glaciers locaux à moraines calcaires qui occupaient la vallée où passe la route et qui repoussaient dans le bas les débris alpins. Plus au nord, à la Croix-Perret, commune de Hoton

nes, M. E. Benoît et nous, nous avons pu, d'une manière indépendante, fixer, appoximativement à 1,100 mètres, la limite
supérieure et septentrionale du glacier du Valromey. En effet
au nord de cette croix, nous n'avons retrouvé aucun débris alpin, tandis que, un peu au sud, le terrain en est
parsemé. Au midi de la grange de Surmont et des fermes de
la Raie et de la Sèche, il y a même d'énormes placards de ter
rains erratiques avec roches des Alpes. Une saillie de la montagne semble avoir retenu le glacier qui aurait été forcé d'accumuler des moraines contre cet obstacle. Quelques petits
blocs de roches silicatées sont déposés entre ces fermes et
marquent ainsi à 1,100 m. la limite du terrain erratique
alpin.

Sur les Plans-d'Hotonnes, les débris alpins disparaissent;
M. Benoît et nous, nous n'avons plus trouvé que des débris
de moraines calcaires d'anciens glaciers locaux. Malgré d'attentives recherches, nous n'avons reconnu aucun fragment si-
licaté sur tout le vaste plateau qui s'étend au nord du Grand-
Abergement et qui sépare le Valromey de la cluse de Silans.
Nous avons surtout constaté ce fait près de la grange Mortier,
qui est voisine du col que franchit la route de Nantua (1,045 m.)
et près de la grange du Chat à l'embranchement de la route
de Retord (1207 m.). Si le terrain erratique alpin manque
vers ces deux stations qui sont les points les moins élevés du
pays, à plus forte raison ne doit-il pas se retrouver ailleurs
Il faut donc supposer avec M. Benoît que ce plateau, au moment de l'extension des glaciers, était couvert par une puissante calotte de glaces et de neiges qui s'est opposée au
développement du glacier de Valromey et qui l'a constam
ment séparé de la branche du glacier du Rhône qui s'était
insinuée dans la cluse de Silans et que par conséquent tout
le terrain erratique du Valromey y a pénétré par le sud.

Dans le centre de cette vallée, les blocs alpins sont peut-être un peu moins abondants que sur les flancs du Colombier, mais néanmoins il est très facile d'en retrouver sur le territoire de chaque commune. Nous pourrions en citer à Arthemard, à Yon, à Passin, à Fitignieux, Sutrieu, Lompnieu, Ruffieu, Vieu, Champagne. Entre l'Arvière et le ruisseau qui s'échappe de la source intermittente du Groin, il y a un énorme lambeau de moraine dans lequel les fragments alpins sont combinés à de nombreux débris calcaires. On voit d'autres restes de moraines au midi de Massignieux-de-Belmont et de Cervérieux.

Entre Songieu et Hotonnes, M. E. Benoît a vu deux blocs demi-métriques, de calcaire à gryphées, et la présence de cette roche au milieu de cette vallée creusée dans les terrains jurassiques supérieurs ou crétacés lui a semblé assez étrange. Mais, comme il nous l'a fait observer lui-même, depuis que M. A. Favre a signalé un affleurement de gryphées arquées près du mont Buet, il n'y a rien d'extraordinaire à retrouver ces fossiles dans des blocs erratiques du Valromey, car nous savons d'autre part que cette vallée a été occupée par un rameau détaché des glacier réunis du Rhône et l'Arve et que les roches du mont Buet ont pu se déverser par Martigny dans le Valais.

Le long du flanc ouest du Valromey on trouve naturellement les débris de la moraine latérale gauche du glacier alpin. Nous avons vu ou bien on nous a indiqué des blocs de brèche triasique, de grès houiller, de quartz, de cargneule. A Charancin, à Luthézieu et dans les forêts de Ruffieu et de Lompnieu.

Mais cette chaîne de montagnes, étant moins élevée que celle du Colombier, offre plusieurs cols par lesquels le glacier du Valromey s'est déversé dans le bassin de Thézillien, de Cormaranche et de Hauteville.

Un des principaux passages a été le col de la Lèbe (925 m.)

au-dessus de Thézillieu et de Charancin. M. Benoit nous l'a
indiqué comme saupoudré de cailloux et de petits blocs alpins.
Au sommet de la montée, la route franchit le col sur une roche corallienne nivelée et striée. Les stries se dirigent du
N.-E. au S.-O. vers Thézillieu; la même direction se retrouve
gravée sur d'autres roches du voisinage. Une branche du
glacier du Valromey contournait donc la montagne du Cu-
villon pour aller porter son tribut aux amoncellements de
Thézillieu et Genevrais dans le bois de la Côte-Aubert. Au
pied du signal de Cormaranche, ainsi que dans le col de
Mazières, où passe la route de Champagne à Hauteville, des
débris alpins épars sur le sol indiquent une autre expansion
latérale du glacier du Valromey. On peut suivre cette traînée de roches de cristallisation jusque dans la vallée de Hauteville, où elle s'étend même au nord de Lompnieu, en se
combinant avec d'autres moraines.

VALLÉE DE THÉZILLIEU ET PLATEAU DE HAUTEVILLE. —
Ces amas de terrain erratique déposés dans une haute vallée,
parallèle au Valromey se reliaient d'un autre côté au glacier
du Rhône épanoui dans le cirque de Belley. En effet, lorsqu'on
gravit l'étroite et profonde vallée de l'Arène, dans laquelle
passe la route de Virieu-le-Grand à Hauteville, on voit à
toutes les hauteurs de nombreux blocs de roches des Alpes,
dont quelques-uns atteignent un volume assez considérable.
À Ponthieu, sur le plateau de Sainte-Blésine et jusqu'au delà
de Lavaus, on reconnaît ce terrain erratique qui s'élève jusque près du signal de la Bourbellière (1,050 m.).

Mais dans le fond de la vallée et sur les plateaux, conjointement avec ce dépôt de roches des Alpes on aperçoit des
moraines calcaires charriées par de petits glaciers locaux,
avant et peut-être après l'arrivée du glacier du Rhône.

Le terrain erratique de Thézellieu se rattache à celui de

Cormaranche et de Hauteville dont nous avons déjà parlé.
Nous verrons bientôt que la branche du glacier alpin qui
tranportait ces moraines dut rencontrer au nord de Lompnes
un glacier jurassien qui venait à sa rencontre par la vallée
de Brénod et de Champdor. Ces deux glaciers, maintenus à
l'est par les montagnes du Valromey se déversèrent à l'ouest,
puis au nord, pour descendre la Combe du Val.

Mais reprenons notre étude au point où nous l'avons laissée.
Pendant que des glaces des Alpes pénétraient dans les gorges
de l'Arène, au-dessus de Virieu-le-Grand, d'autres glaces se
répandaient dans le val d'Armix, vers Egieu et Prémillieu, où
elles abandonnèrent des blocs de conglomérat anthracifère,
des roches métamorphiques, des gneiss, des quartzites et de
nombreux cailloux alpins. Au moment de leur plus grande
extension les glaciers durent couvrir presque tous ces plateaux accidentés d'une couche de glace plus ou moins épaisse,
qui ne laissait dépasser au-dessus d'elle, comme des îlots,
que les points les plus élevés.

ENVIRONS DE ROSSILLON. - Avant l'époque de leur développement, les glaces du Rhône s'amoncelèrent simplement
au pied des montagnes qui limitent au nord le cirque de Belley et vinrent butter contre d'autres glaces qui descendaient
des hauts plateaux du Bugey par la cluse de Rossillon.

Sans doute ce fut à cette époque que se déposèrent en
grande partie ces énormes amas de cailloux roulés qui apparaissent vers la montée de Coin, près de Rossillon, et qui
rappellent les alluvions amoncelées sur les flancs du Petit-
Crédo, non loin de Bellegarde, et vers la vallée de la Valserine.
Du côté de la cluse de Rossillon, les débris sont exclusivement calcaires et, à mesure qu'on se dirige vers l'est, on
voit qu'ils se mélangent à des roches des Alpes.

Le glacier du Rhône, barré d'abord dans sa route, ne tarda

16

pas à surmonter l'obstacle qui s'opposait à sa progression. Les glaces de la cluse de Rossillon se transformèrent en un culot inerte qui fut recouvert par le glacier du Rhône. Il est donc tout rationnel de ne rencontrer pour ainsi dire aucun débris erratique dans le fond de cette cluse et dans celle de Tenay. Les glaces des Alpes n'y ont pas circulé, elles ont passé bien plus haut et se dirigeaient dans un autre sens, emportant leurs moraines vers des points éloignés. Les débris de roches cristallines qui se trouvent rarement dans ces dépressions, y sont tombés au moment de la fonte des glaciers, ou bien ils y ont été amenés postérieurement par les eaux des plateaux environnants.

PLAN D'EVOGES. — COMBE DU VAL, VALLÉES SECONDAIRES, RIVE DROITE. — Dès que le glacier alpin atteignit les plateaux de Bugey, il put s'épanouir largement. Ce fut alors qu'il déposa les moraines d'Armix, de Thésillieu, de Cormaranche, de Hauteville, que nous venons de citer. En même temps il s'étendit jusqu'au pied des montagnes de l'Avocat et de Luisandre, qui lui opposèrent une barrière insurmontable. Il franchit le plan d'Evoges et les plateaux d'Aranc, et se trouva en contact avec un grand glacier jurassien ; seulement au lieu de l'aborder de front, comme il avait toujours fait pour ceux qu'il avait déjà rencontrés sur sa route, il le surprit par derrière, pour confondre ses glaces, ses moraines avec les siennes et cheminer ensemble dans toute la Combe-du-Val, jusque vers la vallée de l'Ain.

A proprement parler, il n'y eut pas de lutte entre les deux glaciers ; leurs actions devinrent concomitantes et, comme l'a fort bien dit M. E. Benoît, le glacier jurassien ne fit en quelque sorte que *relayer* (1) les blocs alpins que lui confia le glacier du Rhône.

_____

(1) *Bulletin de la Soc. géol.*, 2ᵉ série, t. XX, p. 351.

Au lieu de s'opposer et de se détruire, leurs efforts se combinèrent dans le même sens, et c'est grâce à cette double influence qu'on peut expliquer la longueur énorme de cette trainée de roches des Alpes que M. Benoît et nous, nous avons suivie à travers les vallées du Bugey dans la Combe-du-Val et dans la vallée de l'Ain sur une distance de près de 50 kilomètres.

Entre Aranc et Izenave, cette branche du glacier du Rhône, combinée avec des glaces jurassiennes, rencontra d'autres glaces qui venaient du côté de Hauteville et de Brénod et qui ont gravé sur les calcaires du moulin de Merlet les preuves de leur passage en les couvrant de leurs stries.

Une partie de ces glaces appartenaient encore au glacier du Rhône et elles déposèrent des roches des Alpes au-dessus des moraines calcaires de l'ancien glacier jurassien; près du moulin de Merlet et au sud de Corlier, les moraines calcaires sont très développées. Ce devait être, puisque le glacier jurassien que nous avons représenté sur notre carte (feuille de Nantua) par des lignes bleues pointillées, a fonctionné dans la Combe du Val bien plus longtemps que le glacier alpin, qui n'a occupé cette région que temporairement et partiellement, au moment de sa plus grande extension. En effet, cette branche du glacier du Rhône n'a pu se développer librement dans cette grande vallée. Le glacier de la vallée de Brénod, repoussé vers le nord-ouest par les glaces qui débordaient de Hauteville, vint opérer sa jonction avec la branche d'Evoges-Aranc, dans les environs d'Aranc, de Corlier et d'Izenave, et fut assez puissant pour refouler les glaces alpines contre le flanc ouest de la Combe-du-Val et se maintenir d'une manière indépendante le long du flanc est de la même vallée. Il se passa donc en cette région un phénomène très curieux que nous avons cherché à représenter sur notre carte, au moyen d'un ensemble de lignes pleines, rouges et bleues, à peu près parallèles.

Au moment du plus grand développement des glaciers, le côté gauche de la Combe du Val fut occupé par une branche du glacier du Rhône qui déposait sur le sol et contre les pentes de la chaîne des Joux-Blanches des blocs et des débris de roches des Alpes, tandis que le côté droit était recouvert par des glaces jurassiennes qui ne charriaient que des fragments calcaires.

Ainsi le long des Joux-Noires, point de gneiss, de conglomérat anthracifère ni ne roches métamorphiques, de roches schisteuses, si communes sur la rive gauche; mais exclusivement des roches locales, à peine striées et émoussées.

Toutes les petites vallées qui descendent des Joux-Noires servaient également de lits à des glaciers locaux dont il est facile de retrouver des traces. Par exemple, on voit de belles moraines calcaires dans le bas de la commune de Chevillard, le long de la nouvelle route de Brénod, ainsi que dans la vallée de Vaux qui vient aboutir à Maillat. On retrouve encore ces moraines à éléments calcaires sur la pente ouest des Monts-d'Ain, et même près de la montagne de Chamoise, il y a des calcaires polis et moutonnés. Quelques stries, mal indiquées, montrent cependant qu'elles ont été creusées par des glaces qui descendaient du haut du Signal (1,031 mètres) jusque dans la vallée de l'Oignin. Malgré nos recherches, nous n'avons pu découvrir de roches des Alpes. C'est toujours la moraine latérale droite du glacier jurassien de la vallée de l'Oignin et de ses tributaires.

La cluse du lac de Nantua a été aussi occupée par un glacier jurassien qui a laissé pour preuve de son existence des surfaces moutonnées le long de la route de Port et la dépression du lac de Nantua lui-même, car pour rendre compte de la présence de ce lac au milieu d'éboulis et de terrain de transport ou d'alluvions, il faut recourir à l'intervention d'une masse de glace qui en aurait ménagé la profondeur et à toutes les autres explications qui ont été données à propos des lacs de la Suisse, de la Savoie et de la Haute-Italie.

Ce glacier de Nantua était assez considérable; il se ramifiait dans toutes les vallées qui viennent converger à l'est de cette ville, et il se reliait intimement à celui de la cluse de Silan.

Les vallées qui entourent la forêt de Montréal, ainsi que la vallée de l'Ange, étaient encombrées par d'autres glaciers lo caux. A Montréal même, nous avons vu un énorme bourrelet de fragments erratiques, une véritable moraine transversale. Dans cette moraine, M. Benoît et nous, nous avons recueilli au milieu d'une masse énorme de débris erratiques, des frag ments de roches silicatées. Nous pensons donc que le glacier qui venait de Martignat a été, à un moment quelconque, barré par un épanouissement latéral du glacier alpin et jurassien de la Combe-du-Val, et qu'à la rencontre de ces glaciers s'est déposé cet amas de débris erratiques.

M. Benoît qui a fait avant nous une remarquable étude du glacier de la vallée de l'Oignin, a cité des moraines analogues vers Brion et vers le moulin de Béard, commune de Géovressiat. Pour l'établissement du chemin de fer de Bourg à Nantua, les collines de Brion ont été tranchées, et les coupes mises à découvert peuvent offrir de belles démonstrations en faveur des idées émises par notre ami. Ces moraines marquent un temps d'arrêt dans la marche du glacier, mais elles ne cons tituent pas ses dernières limites; les glaces sont allées beau coup plus loin au nord, et on retrouve constamment, jusque vers la vallée de l'Ain, la moraine calcaire superposée aux puissantes alluvions de la plaine d'Izernore.

Combe du Val, rive gauche. — Maintenant revenons sur la rive gauche de l'Oignin et complétons nos recherches sur les allures du glacier de la Combe du Val. Après la description de ses moraines calcaires, nous allons de nouveau nous retrouver en face de moraines à éléments alpins, par suite de la disposition que nous avons déjà indiquée pour l'arrangement de cet ancien glacier. Disons d'abord que dans la Combe-du Val les roches des Alpes sont tellement connues par les habitants, qu'ils leur ont donné des noms particuliers ; ils les appellent les *pierres bleues*, les *pierres à sel*, les *pierres qui ne font pas la chaux*. Ces débris erratiques devaient en effet attirer l'attention, car ils sont nombreux dans cette partie de la vallée ; de plus leur volume est parfois assez considérable et leur aspect diffère complètement de celui de toutes les roches du pays. Le flanc de la montagne de l'Avocat est tapissé de ces débris alpins jusqu'à une assez grande hauteur (709$_m$?) que malheureusement nous n'avons pu déterminer exactement. Dans toute la commune de Vieux-d'Izenave, il y a des roches schisteuses ou granitoïdes. Nous en avons vu à Talipiat, à Corcelette ; mais le dépôt le plus remarquable apparaît vers le moulin de Badadan, près du bief de Sapey. Deux blocs cubent l'un 1 mètre, l'autre 4 mètres, et ils sont entourés d'autres plus petits ; ce sont des talcschistes, des gneiss,

(Fig. 67.)

des micaschistes nacrés, des protogines, des calcaires noirs, des dioritines, des quartzites.

A l'ouest du moulin Badadan, dans un site sauvage, au lieu dit la Serbatière, M. Prénat nous a signalé un gros bloc de gneiss à mica blanc, presque entièrement enfoui dans le sol (Fig. 57).

La surface de ce fragment alpin mesure 2^m 80 sur 1^m 90, son volume dépasse de beaucoup celui des blocs qui environnent le moulin. Ce bloc est le plus considérable de la région. Son enfouissement l'a protégé jusqu'à présent, mais il mériterait d'être classé comme *monument scientifique*.

Nous avons vu des débris alpins tout le long du ruisseau du Bourrey; on les a même utilsés pour faire tantôt des murs, tantôt des digues, des barrages ou les culées d'un petit pont.

La gorge pittoresque de Sappey a peut-être laissé passer un rameau du glacier de la Combe du Val; mais un épanouissement plus considérable s'est produit dans la vallée où passe la route de Pont-d'Ain à Nantua. Tout le fond de la vallée est couvert de placards de moraines calcaires; mais sur les hauteurs on retrouve des débris alpins. A Étable (726 ^{m}) nous en avons vu quelques-uns, et nous en avons suivi les traces en descendant à Poncin. Près des hameaux de Covron et de Chamagnat, nous avons reconnu de petits morceaux de gneiss, de dioritine, de grès houiller. Sans doute il n'y a jamais eu dans cette station de véritables moraines, mais ces débris alpins ont été entraînés jusque-là, lorsque la partie gauche du glacier de la Combe du Val a son maximum de développe ment, s'élevait assez haut pour franchir sur quelques points la chaîne des monts Berthiand.

Dans tout le cirque de Cerdon et dans les environs de la Balme, nous n'avons observé que des débris calcaires. De ce fait on est en droit de conclure que toutes ces dépressions étaient comblées par des glaciers locaux, sans relation aucune avec les rameaux du glacier du Rhône. A Peyriat nous avons retrouvé les débris alpins. Le long de la route

de Volognat à Ceigne, ce sont des talcschistes, des dioritines, des grès houillers, des schistes métamorphiques, des
grès, des calcaires noirs. Dans le village quelques blocs servent de chasse-roues au pied des maisons.

(Fig. 58.)

Les débris alpins sont nombreux sur tout le territoire de la
commune de Volognat, mais, peut-être parce que les plus
gros ont été détruits ou employés comme matériaux de construction, ces fragments de roches silicatées n'offrent généralement qu'un petit volume. Afin de garantir d'une destruction à peu près certaine ces précieux témoins des anciens
phénomènes géologiques de cette vallée, située presque à une
des limites extrêmes du terrain erratique, M. Prénat a réuni quelques blocs de roches des Alpes épars dans les champs voisins
et en a fait élever une pyramide à l'entrée de son parc. Il vient
d'en faire don à l'État (Fig. 58).

Espérons que d'autres propriétaires intelligents imiteront
sa générosité et son zèle pour la science.

Mais les fagments alpins sont très nombreux sur toute la
chaîne du mont Berthiand (800ᵐ). Depuis longtemps M. E.
Benoît les a signalés près du col qui sert de passage à la

route de Bourg à Nantua. Mais c'est dans la forêt de Senois,
sur le chemin de Mens, à la cote 762ᵐ que nous en avons vu
la plus belle collection, serpentines, quartzites, talcschistes,
dioritines, grès houillers, d'un petit volume en général.
Peut-être en a-t-on brisé d'autres plus considérables. Il y

(Fig. 59)

en a même au point culminant de la colline du bois de Senois
à 800 mètres d'altitude (Fig. 59.)

NOUVELLE PREUVE DE LA SOLIDARITÉ DES ANCIENS GLACIERS.
— La hauteur que le terrain erratique alpin a atteinte sur le
mont Berthiand peut nous fournir un nouvel argument pour
prouver la complète solidarité qui existait dans la masse entière du glacier du Rhône, car cette altitude de 800 mètres se
retrouve à l'extrémité nord de la grande vallée de la Suisse, à
la jonction de la branche septentrionale du glacier du Rhône
avec les glaciers de la Linth et du Rhin, et de plus la distance est la même depuis les environs de Baden jusqu'au débouché du Valais vers le lac de Genève, que de ce point jusque vers le mont Berthiand à Volognat. Rien ne peut être plus
concluant, à notre avis.

COMBE DU VAL (SUITE.) — Mais Volognat n'a pas servi de limite à la progression du glacier alpin jurassien de la Combe du
Val. Sur la route de Matafelon et de Thoirette, à Nuirieux, à
Intriat, à Pérignat, on voit des débris de roches des Alpes et
parfois quelques pointements calcaires polis et striés.

Depuis longtemps M. Benoît a signalé dans la plaine d'Izernore quelques débris alpins, et nous y avons fait des observations analogues. Le glacier s'est donc étendu jusque vers
la vallée de l'Ain. Nous pensons même qu'à la hauteur de
Matafelon et de Thoirette, il dut rencontrer des glaces qui
descendaient du nord en suivant cette vallée, et qu'il fut entraîné par elles vers le midi avec ses moraines de roches de
cristallisations. Le fait est que M. Benoît et nous, nous avons
vu à Thoirette un assez grand nombre de cailloux de gneiss,
de diorite, de quartzite, etc. On pourrait croire d'abord
que ce ne sont que des alluvions de l'Oignin reprises par la
rivière d'Ain, mais à cette objection nous répondrons de suite
que ces débris atteignent à la Thoirette une assez grande hauteur au-dessus du thalweg de la vallée pour faire penser que
ce ne sont pas les eaux qui les ont transportés dans un point
si élevé. En outre plus au midi, M. Ch. Tardy nous a indiqué
un assez gros bloc erratique de roche verdâtre, entre Simandre
et le Grand-Corent. Ce bloc à lui seul suffirait pour prouver
que le glacier alpin jurassien a pénétré jusqu'à ce point de la
vallée de l'Ain. Mais il y a plus. Dans la vallée de Romanèche
nous avons vu quelques débris de roches des Alpes, tombés
sans doute du haut des crêtes voisines, et c'est en face de ce
village, sur la rive gauche de la rivière d'Ain, près de Bolozon, que notre ami M. A. Prénat a recueilli un fragment, gros
comme le poing et assez mal roulé, d'euphotide verte de la
vallée de Saas. Nous avons déjà parlé de ce curieux fragment,
mais nous ne pouvons nous dispenser de faire remarquer une
fois de plus la longueur du trajet qu'il a dû parcourir pour

venir de la chaîne du Mont-Rose jusque dans la vallée de l'Ain,
à travers les vallées de la Suisse et du Bugey. Sur notre carte
d'assemblage il est facile de suivre toutes les sinuosités de sa
route, et on peut se convaincre alors que pour un pareil itinéraire l'intervention des glaciers était indispensable.

Au midi de Hautecour, en allant de la tour de Bohans au
signal de Hautecour, nous avons été surpris de reconnaître à la surface du sol un véritable terrain erratique alpin ;
ce sont des amphibolites. des talcschistes, des gneiss, des
calcaires noirs, et surtout des quartzites. Ce terrain s'élève à
une hauteur déterminée, constante, 410 mètres environ, et
nous semble être les restes de la dernière moraine frontale
du glacier de la Combe du Val, épanoui dans la vallée de
l'Ain.

Comme toujours nous avons cherché à représenter sur
notre carte, la marche sinueuse, contournée de ce glacier par
des lignes de couleur et des flèches qui indiquent le sens de
la progression des glaces.

En même temps il y a peut-être eu des épanchements de
terrain erratique alpin par-dessus les cols du mont Berthiand ;
nous sommes tout disposés à le croire, d'après les observations que nous avons pu faire sur les lieux, dans les environs de Leissard et de Solomiat. Si l'on franchit le sol par
lequel passe la nouvelle route de Hautecour à Neuville, on ne
trouve plus de débris alpins. Cette colline leur a servi de barrage. Dans toute la vallée du Suran nous n'avons pas découvert
de traces d'erratique alpin, mais dans la vallée de l'Ain, après
avoir dépassé le signal de Hautecour, on voit que les roches
des Alpes ne sont plus représentées que par quelques galets
qui deviennent de plus en plus rares, et qui sont mêlés aux
alluvions de la rivière.

Dans la vallée de l'Ain on ne retrouve pas seulement des
moraines venues des Alpes ; il s'est passé dans cette région

des phénomènes analogues à ceux que nous avons décrits à propos de la vallée de la Valserine, de celles du Valromey ou de la Combe du Val. Depuis plusieurs années M. Benoît a constaté dans les environs de Romanèche et de Hautecour, la présence d'un terrain erratique entièrement composé d'éléments calcaires, transportés par un glacier local jurassien, dépendant des masses de glaces qui, à une certaine époque, ont encombré toute la vallée de l'Ain (1).

L'exposé de ces faits termine la description d'un des rameaux les plus intéressants, les plus développés du glacier du Rhône; il faut donc que nous revenions sur nos pas, pour reprendre l'étude du glacier principal que nous avons laissé, lorsqu'il se développait dans le cirque de Belley.

CIRQUE DE BELLEY (SUITE). — Après avoir gravé des stries et des rayures sur les calcaires qui supportent le vieux château de Lavours, la masse principale du glacier du Rhône s'est avancée vers le S.-O. où l'espace s'ouvrait largement devant elle. Toute la vaste dépression qui est creusée entre la chaîne de la Dent du Chat et celle du Molar dd eDon est en quelque sorte couverte par les lambeaux de la moraine profonde de l'ancien glacier. Dès que le sol n'a pas été lavé et raviné par les eaux, il apparaît recouvert par une couche irrégulière de boue glaciaire à cailloux striés et à blocs erratiques. Ces blocs sont très nombreux; c'est par centaines, c'est par milliers qu'on pourrait les compter. Les plus curieux sont mentionnés dans notre catalogue. Nous ne pouvons en donner une nouvelle liste. Parfois ils sont très volumineux et, chose remarquable, les plus gros sont tous de la même roche, la phyllade noire, la roche du Leva-Naz de Culoz. On dirait comme une traînée de gigantesques fragments

---

(1) *Bulletin de la Soc. géol.*, 2ᵉ série, t. XVI, p. 117.

destinés à jalonner approximativement la marche du glacier du Rhône.

(Fig. 60)

Après le bloc de Culoz, nous citerons sur les confins des trois communes de Cugieu, de Virieu le-Grand, de Saint-Martin de-Bavel un bloc de phyllade qui devait cuber plus de 400 mètres et dont il ne reste que la moitié brisée en plusieurs morceaux (Fig. 60).

(Fig. 61)

Aux Ecuriaz ou Ecruaz, près de la ferme de la Burbanne,

non loin de Belley, il y a plusieurs blocs de phyllade (Fig. 61

(Fɪɢ. 62)

et 62) cubant de 100 à 300 mètres. Enfin la *Grosse-Pierre-Bise* de Montarfier (Fig. 63) offre un volume approximatif de 400 mètres, et le propriétaire nous a affirmé en avoir exploité environ la moitié ! Nous pourrions en citer d'autres, mais ces exemples doivent suffire ici en dehors de notre catalogue.

(Fɪɢ. 63)

Si ce n'est pas par leurs dimensions, les blocs des environs de Belley intéressent souvent par la manière dont ils ont été

déposés sur le terrain par le glacier ; rien de plus pittoresque
que le *Bloc-des-Fées* (Fig. 64), énorme parallélipipède de

(FIG. 64)

grès anthracifère, dressé presque en équilibre instable sur une
de ses petites arêtes, au sommet de la commune de Vollien,
au-dessus de Pugieu, et cette jolie *Pierre-Perdrix* (Fig. 65)
arrêtée sur la pente de la petite montagne qui domine le lac
d'Arboriaz, à Collomieu et ces blocs qui sont perchés sur

(FIG, 65)

l'arête de la montagne de Parves et qui semblent prêts à
disparaître dans l'abîme ouvert au-dessous d'eux et tant d'autres sur les montagnes de la chaîne surbaissée de Saint-
Champ ou sur les flancs du Molard de Don et du Tantaine.

Nous citerons encore la magnifique pierre à écuelles de Thoys, commune d'Arbigneu, dans la vallée du Furans, près Belley. Ce bloc de grès anthracifère, d'un mètre cube environ et d'une forme très grossièrement ovoïde est orné d'une soixantaine d'écuelles simples ou conjuguées. Les gens du pays l'appellent la *Boule de Gargantua* et prétendent que les godets dont il est couvert ont été creusés par la pression des doigts du géant. Ce bloc qui est la première pierre à écuelles citée dans l'Est de la France vient d'être cédé à l'État par Mme Falsan (1).

Le glacier qui avait charrié ces débris avait en moyenne au moment de son maximum de développement 700 mètres d'épaisseur; on comprend par conséquent bien facilement comment il a pu arrondir toutes les collines, tous les rochers qui se sont trouvés sur son passage. Et depuis l'époque glaciaire les agents atmosphériques ont fait disparaître souvent ces formes moutonnées.

Les mêmes causes ont effacé bien des stries, des rayures gravées sur des calcaires polis; mais parfois aussi la boue glaciaire les a conservées, et nous en avons retrouvé sur bien des points, par exemple au Lit-au-Roi, à Massigneu, à Contrevoz, à Magnieu, à Saint-Champ, à Armaille, à Andert, à Arbignieu, à Collomieu, à Conzieu, Prémezel etc., etc.

C'est du reste en relevant toutes les directions de ces stries et en complétant leur tracé, que nous avons dessiné les lignes qui figurent sur notre carte, la progression du glacier du Rhône. En moyenne, ses rayures se dirigent vers le sud ouest.

A l'ouest de Conzieu nous avons vu des stries gravées suivant la même direction sur des roches calcaires formant la base de la montagne et fortement relevées. On aurait dit que

(1) Falsan, De la présence de quelques pierres à écuelles dans la région moyenne du bassin du Rhône. *Matériaux pour l'histoire primit. de l'homme*, juin 1878.

AF
1878

LA BOULE DE GARGANTUA

Bloc erratique de grès anthracifère alpin

orné d'une soixantaine d'ÉCUELLES simples ou conjuguées

Thoys près Belley (ain)

l'impulsion qui chassait les glaces en avant, avait eu assez de force pour les faire remonter contre les flancs de la chaîne du Tantaine.

Aujourd'hui lorsqu'on parcourt le cirque de Belley et qu'en regardant le sud-ouest on aperçoit l'énorme barrage formé par les montagnes d'Izieu, de Saint-Benoît, de Tantaine, du Mollard de Don, on ne comprend pas pourquoi le glacier du Rhône ne s'est pas plutôt dirigé vers le sud, point où aboutit la large vallée dont Belley occupe le centre. La glace dut primitivement suivre cette direction, mais sa marche en ce sens ne fut que temporaire, car au milieu de la période glaciaire, tout le Bas-Dauphiné fut encombré d'une masse énorme de glaces qui s'était déversée par toutes les dépressions des chaînes secondaires et qui s'étendaient de puis le Rhône jusqu'à l'Isère. Ces glaces ne pouvaient alors se laisser pénétrer par d'autres courants qui les auraient abordées latéralement; elles les faisaient plutôt refluer vers le nord, comme nous l'avons vu précédemment, en décrivant les anciens glaciers du Valromey et de la Combe du Val, ou bien encore elles les forçaient à se déverser par-dessus la chaîne du Mollard du Don, lorsque le glacier du Rhône put atteindre un niveau convenable.

ALLUVIONS GLACIAIRES. — BLOCS ET CONGLOMÉRAT DE LA MOLLASSE MIOCÈNE PRÈS DE BELLEY. — Comme partout, dans le bassin de Belley les alluvions glaciaires ont précédé l'arrivée des glaces et par conséquent elles sont toujours placées au-dessous du terrain erratique proprement dit. Pour s'en convaincre on n'a qu'à parcourir la vallée de l'Ousson ou celle du Furans. Les alluvions de ces petites rivières renferment des galets de roches du pays associés à des fragments roulés de roches des Alpes. Nous y avons même recueilli des euphotides de Saas. Ces alluvions sont très développées près de Rossillon. Il faut bien se garder de confondre ces alluvions glaciaires avec des couches de graviers qui sont intercalées à la base de la mollasse marine et qui occupent également le fond du cirque de Belley. Ces graviers miocènes sont presque en tièrement composés de roches locales et renferment parfois des blocs calcaires assez considérables qu'on pourrait pren dre pour des blocs erratiques. Quelques géologues ont com mis cette erreur et ont proclamé l'existence de glaciers mio cènes dans les environs de Belley. Ils auraient mieux fait de grouper ces graviers et ces blocs avec le conglomérat que M. Benoît a reconnu à la base de la mollasse de Saint-Martin- de-Bavel et qu'il a signalé comme une formation de rivage En effet au Bac près Belley, comme à Saint-Martin de Bavel, les blocs sont peu volumineux, arrondis, privés de stries, toujours composés de roches du voisinage. Quelques-uns sont percés de trous de pholades. Puis il y a dans l'ensemble de la formation un arrangement assez régulier ; des lits minces, très inclinés de graviers et de blocs alternent avec des cou ches plus épaisses de sable fin, souvent durci par des infiltra tions calcaires. Non seulement ce terrain ne ressemble pas à l'erratique alpin, mais encore il diffère complètement de l'er ratique jurassien que nous avons étudié dans le Valromey et dans la vallée de l'Oignin. Il faut donc maintenir pour lui la classification adoptée par M. E. Benoît : formation miocène et de rivage.

La disposition de cette coupe rappelle, en effet, celle d'un cône de remblai qui aurait été déposé par un cours d'eau dans la mer miocène pour y former un delta. Les bancs horizon taux de gravier qui devaient recouvrir ces couches inclinées, ont été emportés par des dénudations plus récentes.

BOUE GLACIAIRE ; SON INFLUENCE SUR LE RÉGIME HYDROLO- GIQUE DU BUGEY. — La boue glaciaire a une grande importance, près de Belley, par la grandeur de la surface du sol qu'elle occupe, par les énormes blocs qu'elle renferme ou qui lui sont subordonnés, par la manière dont elle a préservé les calcaires polis et striés sur lesquels elle repose; mais de plus elle a une influence remarquable sur le régime hydrolo gique de la contrée.

Le cirque de Belley est formé par une cuvette de calcaires jurassiques et néocomiens, traversés par de grandes failles, découpés par de nombreuses cassures. Sur ce fond incapable de retenir les eaux se sont déposés les sables de la mollasse et les alluvions anciennes, terrains encore plus perméables que les formations sous-jacentes ; et cependant, tout autour de cette ville, il y a une vingtaine de petits lacs placés à tous les niveaux, depuis 230 mètres (lac de Barre) jusqu'à 705 (lac d'Ambléon), creusés dans toutes les formations. En outre de ces lacs, partout on aperçoit des marais, des tourbières qui retiennent les eaux de pluie.

Cette disposition des eaux stagnantes à la surface d'un sol accidenté, découpé par de nombreuses failles rappelle les observations que M. Ch. Martins a faites sur l'origine des tourbières dans le Jura neuchâtelois (1). Dans les environs de Belley, comme près de Neuchâtel, c'est la boue glaciaire, l'argile à cailloux rayés, qui forme au fond de chaque cuvette l'enduit imperméable.

Dans les Dombes ce phénomène a pris un développement bien plus considérable, car c'est encore la boue glaciaire et le limon argileux provenant de la décompositon des couches superficielles de l'alluvion glaciaire qui constituent le fond de tous les étangs. En effet, en dehors du sol limité par les moraines frontales des anciens glaciers, le sol ne présente plus des conditions favorables pour retenir les eaux.

(1) *Bullelin Soc. botan. de France*, t. XVIII, 22 décembre 1871.

MONTAGNE DE PARVES. — En même temps que les glaciers
pénétaient dans le cirque de Belley par toutes les échancrures
ouvertes devant eux, une de leurs branches suivait la
vallée où coule aujourd'hui le Rhône et se dirigeait directement vers le sud, en s'avançant entre la chaîne de la
dent du Chat et la montagne de Parves. Ces glaces se répandirent d'abord dans les plaines de la Savoie et du Dauphiné,
en se combinant avec celles qui avaient passé par la vallée
de Belley, puis elles se heurtèrent à d'autres glaces qui leur
barrèrent le passage, et leur niveau s'éleva progressivement.
Dans ces conditions, au lieu de contourner la montagne de
Parves, elles la firent disparaître sous les flots de leur marée
montante et la couvrirent de leurs moraines, la sillonnèrent
de leurs stries. Nous avons déjà cité les blocs qui se sont arrêtés sur la crête de cette montagne dans une situation si
pittoresque qu'on les a pris autrefois pour des monuments
druidiques ; mais toutes les communes de Parves et de Nattages
sont couvertes de débris erratiques alpins. Depuis longtemps
M. E. Benoît les a signalés. Quelques-uns atteignent des
dimensions considérables. Nous ne voulons que citer celui
que nous avons dessiné dans notre catalogue et qui se trouve

(FIG. 66)

dans un pré sur le bord du chemin de Nant à Parves (Fig. 66).

C'est un bloc de phyllade noir de 45 mètres cubes qui vient compléter encore la série de ces gros blocs que nous avons mentionnés dans les environs de Belley. Parfois la moraine profonde atteint une grande puissance, ainsi que nous l'avons vu vers la montagne de Lachat. Ce terrain a même une in fluence marquée sur la végétation du pays. C'est à sa pré- sence qu'on doit ces magnifiques châtaigniers qui couvrent les pentes orientales de la montagne et qui empruntent au ter rain erratique les éléments siliceux qui leur sont nécessaires pour vivre au milieu de roches calcaires. Dans certains en- droits les eaux sous-glaciaires ont lavé la moraine profonde, ont roulé les fragments erratiques, et l'on voit aujourd'hui une alluvion qui remplace la boue à cailloux striés. Dans la crevasse qui sépare l'ancienne Chartreuse de Pierre Châtel du fort des Bancs, il y a des amas de terrain erratique pla- cardés contre la base de grandes parois de rochers qui do- minent le chemin de Nattages et le cours du Rhône (Fig. 67.)

(Fig. 67.)

Dans un de ces dépôts nous avons recueilli un fragment d'euphotide de la vallée de Saas; ce qui nous prouve que cette échancrure a servi de passage à un rameau du glacier du

Rhône, soit pendant sa période d'extension, soit pendant celle du retrait.

Près de Pierre-Châtel, les stries sont de l'E. à l'O. c'est-à-dire qu'elles sont parallèles à la direction de la crevasse étroite dans laquelle la glace a dû forcément s'écouler, en cédant à la pression des masses qui venaient du côté de la Savoie. Mais ce n'est là qu'un simple accident; sur toute la montagne de Parves, la direction moyenne des stries est du N.-E. au S. O., elle est la même que dans tout le bassin de Belley. En effet, au moment de la plus grande extension des glaciers, la montagne de Parves, comme toutes les collines environnantes, était devenue incapable de modifier la marche des glaciers réunis du Rhône et de la Savoie qui progressaient en obéissant à une impulsion générale bien plus forte que la résistance offerte par tous les obstacles qui se dressaient sur leur route.

Les glaces débordaient alors par-dessus toutes les dépressions de la grande chaîne de la dent du Chat. La montagne de la Charve était ensevelie sous le fleuve solide qui en arrondissait les contours et les aspérités. Le col que franchit la route de Belley à Chambéry laissait passer une partie des glaces de la Savoie et par l'échancrure largement ouverte de la montagne de l'Épine se déversait, sur le Petit-Bugey et le Bas-Dauphiné, un immense courant de glace venant soit du bassin d'Annecy, soit du bassin de l'Isère. — A l'ouest du massif de la Grande-Chartreuse ces glaces opéraient leur jonction avec celles qui débouchaient au midi par la vallée du Grésivaudan. Ce fut tout cet ensemble qui s'épanouit en éventail dans les plaines des départements de l'Ain et de l'Isère et s'étendit jusque vers Bourg, Lyon et Thodure. Nous aurons bientôt à nous en occuper d'une manière toute spéciale. Pour le moment il ne faut pas oublier le glacier du Rhône, et il s'agit d'en poursuivre les traces au delà du cirque de Belley.

L'extension maximum des anciens glaciers ne fut qu'un acte
de cette pièce immense jouée sur le grand théâtre de la na
ture. Ce développement fut suivi d'une phase de retrait et
d'agonie. Les glaces étalées dans les régions lointaines fon-
dirent lentement et finirent par disparaître ; mais plus près
des hautes montagnes de la Suisse et de la Savoie le phénomène glaciaire continua encore longtemps à fonctionner avec
régularité. Seulement les glaciers offraient un développement de plus en plus restreint, et en définitive les glaciers
qui occupent aujourd'hui les vallées creusées entre les cimes
des Alpes ne présentent plus que la continuation très amoin-
drie de ce phénomène. Nous ne saurions trop le redire.

MORAINES FRONTALES DE RETRAIT. — Il arriva donc un
moment où le glacier que nous décrivons déposa ses moraines frontales à la hauteur de Belley dans la vallée où coule
le Rhône. M. Benoît, avant nous, avait déjà considéré comme
des moraines terminales de cet ancien glacier d'énormes
bourrelets de terrain erratique qui barrent pour ainsi dire
la vallée vers Massignieu-de-Rives. Nous avons même cru
reconnaître un autre bourrelet parallèle, mais bien plus petit,
dans le bas de Cressin, avant d'arriver à Rochefort. Nous
adoptons donc l'opinion de M. Benoît pour expliquer l'origine
de ces amas transversaux.

Avec ce géologue (1) nous sommes disposés à y voir des
moraines terminales déposées pendant la période de retrait
du glacier du Rhône. Effectivement comment pourrait-on admettre que les glaces, lorsqu'elles avaient 900 mètres d'é-
paisseur, n'aient pas écrasé, nivelé ces bourrelets qui ne
leur présentaient qu'une si faible résistance ? A nos yeux les
environs de Massignieu de Rives ont gardé l'aspect topogra-

(3) *Bulletin Soc. géol.*, 2° série, t. XV, p. 337, 1838.

phique que la contrée devait avoir, lorsque les glaciers l'abandonnèrent.

En un mot, la vue de ces collines parallèles offre un nouvel
exemple de *paysage morainique*, tel que le comprend M. De-
soz, qui vient de créer cette expression.

En poursuivant cette étude, nous retrouvons dans le Bas
Dauphiné et le Bas-Bugey d'autres moraines pareillement
disposées.

Chaine du Molard de Don. — Lorsque le glacier du
Rhône et de l'Arve eut comblé le bassin de Belley, il put déborder par dessus les parties les plus basses de la chaîne du
Molard de Don. Les montagnes de Saint-Benoit (781 mètres),
de Crotet (571 mètres), de Tantaine (1,020 mètres), sont
donc couvertes de débris alpins.

On en retrouve aussi sur tout le plateau d'Inimont (709 mètres) et sur les pentes de la montagne de Lachat, qui forme une
espèce d'éperon autour duquel le glacier a contourné. Cette
montagne sans doute n'a pas été surmontée par le glacier,
qui n'a pu la recouvrir de ses moraines que jusqu'à la hauteur de 1,100 mètres. Cette limite est nettement accusée par
des dépôts erratiques qui ne dépassent pas ce niveau et qui
renferment une série de roches des Alpes, quartzites, gneiss
amphiboliques, grès anthracifères, schistes micacés, brèches
triasiques, dioritines, amphibolites, schistes talqueux, phyllades noires, protogines, cargneules etc. Souvent ces débris
cubent 3 à 4 mètres. Ils sont accumulés en masse dans une
petite dépression à l'ouest et en bas de l'arête de la montagne. On est là en face des débris de l'ancienne moraine latérale droite du glacier du Rhône, à l'époque de son plus majestueux développement. Le bloc alpin le plus élevé est un
fragment de grès anthracifère de 2 mètres cubes qui s'est
arrêté à 1,100 mètres, en haut de l'escarpement qui domine
le cirque de Belley.

PENTE DE LA SURFACE DU GLACIER. — Pour franchir l'espace qui sépare ce point de la chaîne du Colombier, où le terrain erratique s'élève à près de 1,200 mètres, le glacier a parcouru un espace de 17 kilomètres en abaissant son niveau de 100 mètres, c'est-à-dire près de 6 mètres par kilomètre. Cette pente est très rapide et se trouve en rapport avec celles que M. Favre a signalées pour le glacier du Rhône dans le Valais (1), mais elle diffère étrangement de cette horizontalité qui s'est maintenue sur une si grande étendue à 1,200 mètres, le long des chaînes secondaires, depuis Grenoble jusque contre les flancs du Jura suisse. On trouve facilement la raison de cette différence d'allure, lorsqu'on pense qu'après avoir dépassé la série de montagnes qui les retenaient pour ainsi dire prisonnières dans les vallées du Rhône de Genève à Culoz, dans celles du lac du Bourget et de Chambéry, comme dans le Grésivaudan, les glaces ont pu se répandre librement dans les grandes plaines de l'Isère et de l'Ain, en abaissant constamment leur niveau vers le Mont-d'Or lyonnais.

BROUILLARDS RAPPELANT LES ALLURES DE L'ANCIEN GLACIER DU RHÔNE. — C'est en étudiant les lambeaux de terrain erratique dispersés à différents niveaux, c'est en catologuant les blocs alpins, c'est en relevant les directions gravées sur les roches calcaires, que nous avons cherché à rétablir les limites de l'ancien glacier du Rhône, lorsqu'il occupait le bassin de Belley. Puis notre imagination, s'emparant de ces bases certaines, a pu reconstituer les faits et se représenter ce tableau de l'époque glaciaire. Mais par une belle matinée d'automne, nous avons cru assister au phénomène lui-même. Nous étions assis sur un des blocs qui dominent l'immense bassin ouvert depuis le Molard de Don jusqu'aux cimes neigeuses des Alpes, et nous

(1) *Archives des sciences de la Bibl. univ.*, t. LVII, p. 192, 1876.

admirions avec une émotion profonde le magnifique panorama qui se déroulait à nos pieds.

Tout d'un coup nous vîmes de légers brouillards, chassés par le vent du nord, se répandre dans la vallée du Rhône à l'est de Culoz, et recouvrir les marais de la Chautagne. Progressivement leurs masses devinrent plus épaisses et plus denses; elles envahirent la vallée du Bourget et celle du Rhône : elles se répandirent dans le cirque de Belley, ensevelissant, comme sous un blanc linceul, le paysage qui nous avait émerveillés. Et leurs masses grossissaient toujours, et toujours le vent du nord amoncelait de nouveaux brouillards

Leur niveau montait, montait toujours ; des rameaux puissants pénétraient dans le Valromey, dans la cluse de Rossillon ou pénétraient dans la gorge de Thézillieu ; mais le fleuve lui-même venait directement se heurter contre les flancs du Molard de Don. Belley et ses collines ne se distinguaient plus, et la montagne de Parves disparaissait lentement sous les flots pressés de ces humides et froides vapeurs.

En même temps les brouillards s'élevaient contre les dômes arrondis de la Charve. Ne pouvant plus être renfermés dans les vallées de la Savoie, ils se déversaient par les cols de la dent du Chat et par la vaste ouverture de l'Épine pour retomber en magnifiques cascades jusqu'au pied de la chaine qui leur avait opposé une impuissante barrière. D'instant en instant ces cascades devenaient de plus en plus abondantes ; leurs flots grossissaient sans cesse et se transformaient en larges fleuves qui se réunissaient bientôt en une seule masse pour s'avancer majestueusement dans l'espace qui s'ouvrait devant eux.

Le Petit-Bugey, le Bas-Dauphiné furent à leur tour submergés ; alors les sommets des Alpes et des montagnes de la Savoie, les points culminants du Colombier, la dorsale de la Vacheresse, le massif de la Grande-Chartreuse, que les glaciers anciens n'avaient pu atteindre, dominaient seuls, comme un archipel, cet océan de brouillards.

Le plateau d'Inimont fut aussi recouvert, mais les vapeurs ne s'élevèrent pas jusque vers nous; et le Molard de Don forma comme jadis un grand îlot

Ce spectacle était merveilleux ! Une baguette magique semblait nous avoir transporté à des centaines de siècles en arrière ! Cette masse uniforme et blanchâtre qui nous environnait de toutes parts, n'était-elle pas l'ancien glacier du Rhône dans toute sa majesté ? N'était-ce pas ce glacier qui venait de suivre sous nos yeux, pour la seconde fois, cette route dont nous avions si péniblement cherché à retrouver les traces sur le sol ?

Le temps n'existait donc plus pour nous : quelques minutes avaient suffi pour nous faire vivre au milieu de la période glaciaire ! L'illusion était complète ! Mais quelques rayons de soleil vinrent bientôt la dissiper. Sous l'influence de la chaleur des colonnes de nuages se détachant çà et là, les brouillards s'élevèrent successivement vers le ciel, toutes les vapeurs se dissipèrent et le sol se montra comme une mosaïque éclatante de lumière et de couleurs : l'image du glacier du Rhône avait disparu.

CHANGEMENT DE DIRECTION DU GLACIER DU RHÔNE. — L'éperon de la montagne de Lachat, dont l'arête n'a jamais été envahie par les glaces, est couvert de chaque côté de terrain erratique; c'est donc une sorte de *mela* autour duquel le glacier du Rhône a tourné pour se répandre sur le plateau d'Inimont.

Cette direction nouvelle se trouve gravée sur plusieurs rochers dans les environs de l'église. Au lieu de se diriger vers le sud-ouest, comme dans le bassin de Belley, les stries remontent vers le nord-ouest. Cette direction n'est pas un

simple accident; on la remarque sur une foule de points,
ainsi que dans la vallée du Rhône, au pied des montagnes du
Bugey et sur les plateaux calcaires du Bas-Dauphiné. C'est
une conséquence de l'épanouissement des glaciers dans les
plaines qui s'étalent au delà des contreforts des Alpes. La
glace répandue sur le plateau d'Inimont, sur les montagnes
du Bugey, a été obligée de céder à une pression venant du
sud et de s'étendre sur le plateau des Dombes en remontant
jusque vers Bourg.

PLATEAU D'INIMONT. MASSIF DE LA CHARTREUSE DE PORTES.
— Le glacier du Rhône a laissé partout des traces de son
passage sur ce massif montagneux; on reconnaît des lambeaux
de sa moraine profonde, aussi bien près d'Inimont que dans
les environs de Belley, malgré une différence de niveau de
600 mètres en moyenne. Sur le flanc ouest de la montagne
de Lachat, à 1,000 mètres, nous avons dessiné un bloc de

(FIG. 68.)

quartz, cubant approximativement une quarantaine de mètres, c'est le plus gros de toute la région (Fig. 68.)

En s'approchant du village d'Inimont, on voit de nombreux
débris alpins, des blocs de brèche triasique de plusieurs mè-

tres cubes. La petite église (909 m.) est entourée de fragments erratiques, et les murs qui soutiennent sa terrasse sont construits avec des matériaux alpins. Mais au nord est du village il nous a semblé reconnaître un terrain erratique local. Sans doute un petit glacier jurassien fonctionnait le long des pentes de Lachat et venait confondre sa moraine calcaire avec les débris cristallins charriés par le glacier du Rhône. Ce dernier suivait un vaste sillon dirigé vers le nord-ouest et abandonnait des roches alpines jusque vers Ordonnaz.

Cette traînée de terrain erratique, déjà observée par M. Benoît, formait la moraine latérale droite du glacier du Rhône au moment de son plus grand développement et côtoyait la dorsale de la chaîne du Molard de Don.

A cette époque, la cluse de Saint-Rambert et de Rossillon était encombrée de glace, de telle sorte que le rameau qui passait à Ordonnaz pouvait s'étendre au delà de cette profonde crevasse et rejoindre les glaces qui s'étalaient sur le plateau d'Évoges et dont une partie s'écoulait par la Combe du Val, ainsi que nous venons de le dire quelques-paragraphes plus haut.

D'un autre côté, toute l'extrémité méridionale de la chaîne d'Inimont a été franchie par le glacier, et ces masses de glace, faisant leur jonction avec celles de la vallée du Rhône et du Dauphiné, s'avancèrent ensemble vers le nord-ouest. Le col à l'entrée duquel est creusé le joli petit lac d'Ambléon a servi de couloir à une partie du glacier. Sur les bords de la route de Lhuis nous avons vu des rochers calcaires polis et couverts de stries (nord-ouest). Cette direction est en même temps celle de la vallée et celle de l'allure générale du glacier.

Au delà de la chaîne du Molard de Don, tout le massif de la Chartreuse de Portes est couvert de débris erratiques. Les sommets seulement, le Frioland, le Crêt de Pont, par exemple, en sont dépourvus ; les moraines n'ont pu les atteindre, Nous avons catalogué les principaux blocs que nous avons observés dans ce massif de montagnes, et nous ne citerons ici que celui de la Croix-de-Luidon, ceux d'Ordonnaz, et enfin le bloc de granite porphyroïde que nous avons vu jadis près de l'entré de la Chartreuse de Portes. Ce bloc a été détruit, mais heureusement nous pouvons en publier un dessin que nous avons fait il y a déjà une vingtaine d'années. C'est ce bloc qu'on apperçoit dans la figure suivante (Fig. 69) en avant de la porte du couvent.

(FIG. 69.)

Le bloc de Portes était célèbre parmi les géologues lyonnais. M. Jules Itier l'avait signalé pour la première fois, et MM. Drian, Fournet, Thiollière, l'avaient mentionné dans leurs études. M. Benoît s'était aussi occupé de lui (1) ; il pensait que c'étaient les Chartreux qui l'avaeint transporté d'une station voisine jusque auprès de leur couvent, autour duquel on n'apercevait aucun autre débris alpin.

ENVIRONS DE SAINT-RAMBERT EN BUGEY ET D'AMBRONAY. — Toutes ces glaces qui avaient peu de puissance sur les pla-

(1) *Bulletin Soc. géol*, 2ᵉ série, t. XX, p. 352.

teaux et les hautes vallées se dirigeaient vers le N.-O., passaient par-dessus la vallée de Saint-Rambert et allaient se butter vers Montgriffon et le mont Luisandre, contre des glaciers jurassiens qui leur barraient le passage. Peut-être y eut-il un écoulement par la vallée de Saint-Jérôme, un relais analogue à celui que M. Benoit a supposé pour transporter l'erratique alpin par la Combe du Val jusque vers la rivière d'Ain. Mais cet écoulement n'aurait été que temporaire et n'aurait presque pas laissé de traces de son passage. Nous n'avons même pas osé le figurer sur notre carte.

Toutes les vallées qui descendent des montagnes du Bugey vers le cours de l'Ain, dans les environs de Jujurieux, de Saint-Jean le Vieux, d'Ambronay, de Douvres, étaient encombrées de glaces locales qui ont laissé souvent des traces de leurs moraines à éléments calcaires. Sur le mont Luisandre, ainsi que dans les vallons qui l'entourent, nous n'avons pas trouvé le moindre vestige de roches des Alpes ; mais plus à l'ouest on en reconnaît, et on dirait qu'une partie des glaces des montagnes de la Chartreuse de Portes a pu se déverser jusque dans les Dombes, soit en suivant temporairement, au moment de leur plus grande extension, une ligne droite comme celle que nous avons tracée sur notre carte, soit en contournant les montagnes.

Le fait est que les collines d'Ambronay nous ont montré un certain nombre de débris alpins.

VALLÉE DU RHÔNE (RIVE DROITE) DE CORDON A LAGNIEU. —Avant de pouvoir s'élever par-dessus le plateau d'Inimont et le massif de la Chartreuse de Portes, le glacier du Rhône a contourné le sud de la montagne d'Izieu, en couvrant de ses moraines les collines de Cordon. Nous avons même observé au pied du château de Cordon des stries un peu effacées, qui semblaient appartenir à deux systèmes de direction, l'un allant vers le S.-O., et l'autre vers le N.-O. Rien ne peut paraître étrange dans cette double orientation, car lorsque le glacier a pu s'étendre librement dans la plaine du Dauphiné, il s'avança naturellement vers le S.-O. ; mais plus tard il fut refoulé vers le N.-O. Enfin pendant la dernière phase de son existence, il est possible qu'il ait repris sa direction primitive Mais la direction N.-O. est incontestablement la plus importante, elle est d'ailleurs parallèle au cours du Rhône qui suit lui-même la base des montagnes du Bugey.

Disons maintenant quelques mots des faits qui ont dû se passer vers la rive droite de ce fleuve. La petite plaine allongée et étroite qui sépare les montagnes du Rhône est toute parsemée dé blocs alpins et de terrain erratique. Nous avons vu des fragments plus ou moins gros de grès anthracifère, de micaschiste, de quartzite, de dioritine, de brèche triasique, de schistes métamorphiques, à Murs et Cordon. M. Benoît nous a donné des notes manuscrites sur les petits dépôts de la colline d'Évieu et des environs de Lhuis. Nous avons vu, comme lui, les amas d'erratique de Groslée, de Serrières, de Villebois. Dans cette dernière commune il y a plusieurs surfaces de calcaire de la grande oolithe, polies et rayées suivant la direction moyenne du cours du Rhône. Près de Saint-Sorlin et jusque vers Lagnieu, on suit des amas d'erratique alpin. On en retrouve aussi des placards sur le flanc des montagnes qui dominent le Rhône, dans le fond des vallées; mais là l'erratique alpin se combine avec un terrain glaciaire apporté par de petits glaciers jurassiens qui fonctionnèrent dans ces vallées d'une manière indépendante, tant qu'elles ne furent pas envahies par le glacier du Rhône. Souvent ces amoncellements de boue glaciaire sont considérables; au-dessus de Bouis, commune de Villebois, ils offrent une épaisseur de plus de 60 mètres.

Les eaux sauvages et pluviales ont profondément entamé

ces amas, et sur ces talus d'érosion on aperçoit de nombreux blocs perchés sur des colonnes de débris, ainsi que nous avons essayé d'en représenter une sur la figure ci-jointe (Fig. 70), qui représente le petit vallon des tufières, au pied des montagnes de Portes. Cette accumulation de boue à cailloux striés n'est-elle pas une preuve convaincante de la durée du phénomène glaciaire?

(FIG. 70.)

Durant un temps très long, les montagnes de Bugey ont limité à l'est le glacier du Rhône, et tous ces amas de boue à cailloux striés ne sont en définitive que les lambeaux de son ancienne moraine latérale droite dont le niveau s'élevait proportionnellement à celui des glaces. Les blocs erratiques apparaissent de toutes parts sur les coteaux. Au-dessus de Saint-Sorlin, près de la ferme du Bessey, on pourrait collectionner la plupart des roches du Valais et de la Haute-Savoie. M. Benoît a cité un gros bloc de 10 mètres cubes de conglomérat anthracifère déposé près du sommet de Talabois, commune de Souclin. Nous avons encore vu ce bloc que notre ami appelait *pierre d'achoppement* des théories diluviennes; mais nous craignons que son propriétaire ne l'ait détruit.

CHAPITRE X

MASSIF DE LA GRANDE-CHARTREUSE ET DU VILLARD-DE-LANS
GLACIER DE L'ISÈRE

Des phénomènes glaciaires dans le massif de la Grande-Chartreuse. — Vallée de Voreppe, rive droite. — Massif du Villard-de-Lans. — Vallée de Voreppe, rive gauche. — Vallée de l'Isère de Tullins à Saint-Marcellin. — Moraine terminale. — Environs de Voiron et de Rives. — Alluvions anciennes du Dauphiné. — Vallée de la côte Saint-André. — Moraine terminale de Thodure. — Pente du glacier. — Environs de Voreppe et de Saint-Julien-de-Raz

DES PHÉNOMÈNES GLACIAIRES DANS LE MASSIF DE LA GRANDE-CHARTREUSE. VALLÉE DE VOREPPE (RIVE DROITE). — Pendant que le glacier du Rhône, combiné avec celui de l'Arve, pénétrait dans les montagnes du Bugey, le glacier de l'Isère s'écoulait par les larges vallées de Chambéry et du Grésivaudan et lançait un de ses rameaux par le col du Frêne, dans l'intérieur du massif de la Grande Chartreuse. Ce col, étant situé à une altitude de 1164ᵐ, ne put servir que temporairement de passage à une partie du glacier de l'Isère. Cependant malgré son peu de durée, ce fait est incontestable, car partout dans le fond de cette haute vallée on aperçoit des débris alpins et on en suit la traînée jusque dans l'intérieur des montagnes de la Chartreuse. Ainsi en s'avançant vers Saint-Pierre-d'Entremont, on aperçoit à la Coche, à Tencove, aux Martinons, à Brancaz, des blocs de grès anthracifères, des granites, des gneiss, des serpentines accompagnés de quelques euphotides.

Au col du Frêne la boue glaciaire a été lavée, emportée; il ne reste que des blocs sur le sol, mais vers les deux derniers hameaux cités, près d Entremont-le-Vieux, ce terrain à cailloux striés se présente avec une épaisseur de 7 à 8 mètres.

Aux Combes, aux Bessonnes, aux Courriers, au Château et le long de la route, des blocs souvent deux fois cubiques de grès carbonifériens, de calcaires magnésiens, de calcaire noir de la Maurienne, de gneiss, sont subordonnés à des amas de boue glaciaire. Ces dépôts erratiques apparaissent encore dans la vallée de Corbel. Près de ce village, il y a un groupe considérable de blocs erratiques, parmi lesquels on remarque principalement des granites porphyroïdes, des brèches triasiques, des grès et des poudingues anthracifères, des gneiss, et des micaschistes, dont le volume moyen est de 1 à 2 mètres cubes. A Perruçon les blocs sont plus gros; ce sont des poudingues anthracifères et des granites porphyroïdes.

L'origine de ce terrain erratique ne saurait être douteuse, car ses éléments rappellent les roches de la Savoie; mais il est plus difficile de déterminer la route qu'il a suivie, car deux vallées aboutissent à Saint-Pierre-d'Entremont, celle qui vient du col du Frêne et une autre plus profonde qui suit le cours du Guiers-Vif. Un rameau du glacier de l'Isère a pénétré par le col du Frêne c'est évident; mais depuis longtemps les géologues ont supposé que le glacier delphino-savoisien c'est-à-dire le glacier qui couvrait les plateaux et les plaines du Dauphiné, avait pu s'insinuer dans les montagnes de la Chartreuse, en passant par les profondes vallées du Guiers-Vif et du Guiers Mort. On a même proposé le mot de *remous* (1) pour mieux faire comprendre l'allure de la glace qui revenait pour ainsi dire sur son parcours, en pénétrant dans ces vallées. Nous admettons volontiers cette hypothèse, et nous pensons que c'est un rameau détaché des glaces qui s'écoulaient par la

(1) Note de M. Dausse, *Association lyonnaise pour l'avancement des sciences* Session de Lyon P. 402, 1873.

vallée de Couz qui a transporté jusqu'aux granges du Maillat,
près de la Ruchère, à 1,200 mètres environ d'altitude, un amas
considérable de blocs de grès carboniférien, de grès nummulitique, de granite porphyroïde de 3 à 4 mètres cubes.

Cet amas peut être évalué à plus de 200 mètres cubes; il
repose sur un bourrelet de boue glaciaire qui doit être considéré comme une des moraines terminales du massif de la
Chartreuse. Nous croyons en outre que les glaces qui ont passé par la gorge du Guiers-Vif, ont rencontré au dessus de
Saint-Pierre-d'Entremont, celles qui descendaient du col du
Frêne ; c'est ce qui explique la grande abondance des blocs
erratiques répandus autour de ce village.

Ces blocs sont aussi plus volumineux que dans la vallée
d'Entremont; l'un d'eux, de calcaire magnésien, a près de
4 mètres cubes. La jonction de ces deux branches de glacier s'est donc opérée sur ce point; mais ce n'est pas à dire
pour cela que les débris alpins n'aient pas pénétré plus
avant dans le massif de la Chartreuse. Au moment où les glaces
ont atteint leur niveau le plus élevé, elles ont pu passer par le
col de Cucheron (1,080 mètres) pour s'avancer jusque dans le
bassin de Guiers-Mort. Depuis longtemps M. Lory a signalé
cet épanchement d'erratique alpin, et nous avons suivi cette
traînée de blocs de calcaire dolomitique, de granite, de ser
pentine, de gneiss, de grès carboniférien, depuis Saint-Pierre
d Entremont jusque dans la vallée de Saint Pierre de Chartreuse.

Dans ce bassin se sont produits des phénomènes semblables
à ceux dont nous venons de parler.

Le petit rameau qui avait franchi le col de Cucheron s'est réuni à une branche importante de glacier delphino savoisien qui
s'était insinuée dans la vallée du Guiers-Mort et qui a déposé
des fragments de roches des Alpes dans toutes les vallées qui
aboutissent à celle du Guiers, près du couvent de la Grande-

Chartreuse, au hameau de la Diot, au village de Saint-Pierre etjusque vers le chalet de Vallombrey.

Le glacier alpin a donc pénétré par trois échancrures dans le massif de la Chartreuse : le col du Frêne, les deux gorges du Guiers-Vif et du Guiers-Mort ; les autres cols, ceux de la Charmette, de Porte, de l'Emendra, de Saint-Pancrace, de l'Alpette, de Léliaz, de la Ruchère, qui s'ouvrent bien au-dessus de 1,200 mètres, cote la plus élevée atteinte par les anciens glaciers, n'ont pu laisser passer aucun bloc erratique, comme l'a fait observer M. le professeur Lory, dans sa belle description géologique du Dauphiné.

Il est bien entendu que nous ne parlons ici que de l'inté-rieur du massif, car le glacier alpin s'est dilaté dans toutes les vallées qui rayonnent autour de ces montagnes, comme celles de Sappey, de Proveysieux, de Sarcenaz, de Chalais etc., dans lesquelles on voit de nombreuses roches des Alpes, jusqu'à un niveau déterminé par la limite supérieure de l'an-cien glacier delphino-savoisien, 1,200 mètres environ.

En s'avançant dans la vallée de Voreppe le glacier alpin a laissé dans une masse de localités des traces de son passage en polissant et en striant des rochers. On voit des calcaires ainsi façonnés au-dessous de la Bastille de Grenoble, et on en retrouve jusqu'à l'ouverture de la vallée ; mais la plus belle surface polie apparaît vers les carrières de Fontanil. Environ 2 mètres de boue glaciaire recouvrent ces cal-caires et ont protégé leur surface des influences atmos-phériques, de telle sorte que chaque fois qu'on opère un nouveau déblai, on met à nu une roche polie toute couverte de stries, de rayures, gravées dans le sens de la direction moyenne de la vallée ou de la marche du glacier.

Parfois les stries ont été creusées en remontant la pente du rocher. Pendant sa réunion à Grenoble la Société géologi-que de France a déjà étudié les calcaires de Fontanil en 1840,

De même que le terrain erratique du Bugey a été déposé par
des glaciers de deux systèmes différents, les uns venant des
Alpes et les autres d'origine locale, ainsi dans le massif de la
Chartreuse un terrain glaciaire à éléments uniquement calcaires
se combine à une formation erratique dans laquelle abondent
les roches silicatées cristallines. Ce groupe de montagnes, dont
les sommets s'élèvent à plus de 2,000 mètres et qui est sillonné
par de grandes vallées, disposées en vastes bassins de réception, devait en effet avoir ses glaciers propres, spéciaux.

Ces glaciers pendant longtemps ont dû conserver leur indépendance et n'ont fini par la perdre qu'après avoir lutté contre les envahissements du glacier alpin. Ces glaciers secondaires devaient occuper les vallées des deux Guiers, les vallées de Proveysieux, de Sarcenaz et celles du Sappey. On reconnaît leur existence aux lambeaux de leurs moraines calcaires qui se distinguent facilement du terrain erratique alpin.
Il est à croire que pendant la période de retrait, les glaciers
de la Chartreuse ont divorcé avec le glacier alpin, pour me
servir de l'expression de M. Benoit, et ont fonctionné quelque
temps avec indépendance jusqu'à leur agonie et leur mort.

MASSIF DU VILLARD-DE-LANS. — VALLÉE DE VOREPPE
(RIVE GAUCHE). Nous allons encore nous trouver en face de
phénomènes identiques en étudiant les montagnes du groupe
du Villard-de-Lans qui sont comprises dans le périmètre de
notre carte. Nous allons reconnaître des traces de la lutte
que des glaciers locaux ont soutenue contre les empiéte-
ments du grand glacier alpin. Un de ces glaciers occupait la
vallée du Furon et venait déboucher à Sassenage dans la
vallée du Grésivaudan.

Le fond de cette vallée est encombré de fragments plus ou
moins volumineux, appartenant aux calcaires néocomiens
qui constituent les crêtes élevées de la Moucherolle et des

montagnes voisines. MM. Alb. Gras et Lory, loin de voir dans
ces amas de calcaires les restes d'un éboulement, n'ont pas
hésité à les considérer comme des lambeaux de la moraine
profonde d'un glacier local qui aurait fonctionné dans la vallée
d'Engins ou du Furon, et ils ont regardé comme la moraine
frontale de ce petit glacier, les amoncellements de terrain
erratique qui apparaissent sur les rochers des côtes de Sassenage. A quelle époque cette moraine frontale s'est-elle déposée? M. Lory pense que sa formation doit être placée après
le retrait du grand glacier alpin. Notre ami M. Reymond, qui
vient d'étudier cette moraine d'une manière toute particulière, croit qu'elle est antérieure à l'arrivée du grand glacier.
Il nous serait difficile d'accepter cette dernière hypothèse,
car nous ne pourrions comprendre comment les glaces qui
s'écoulaient par la vallée du Grésivaudan et qui devaient
avoir sur ce point près de 1,000 mètres de puissance, n'auraient pas entraîné avec elles, pour la confondre avec leur
moraine profonde, la petite moraine frontale du glacier d'Engins; mais nous devons ajouter que ce glacier local, comme
tous les glaciers de sa catégorie, a dû fonctionner d'une
manière indépendante, et déposer une moraine frontale, calcaire, sur les côtes de Sassenage bien avant l'arrivée du glacier alpin, et il est possible qu'un lambeau de cette moraine
primitive, protégé par des glaces inertes ou par un accident
du sol, ait été épargné par le courant du grand glacier; mais
certainement c'est après le retrait et la fonte du glacier alpin, que la nature a mis la dernière main à la moraine frontale calcaire des côtes de Sassenage.

Un autre glacier à moraines calcaires a laissé des vestiges
de sa présence dans la partie supérieure de la la vallée de la
Bourne dans le cirque d'Autrans. Ce glacier, bien plus développé que celui du Furon, devait déboucher près de Pont en-
Royans. Sa moraine est entièremeut composée d'éléments
calcaires.

Il y a bien entre Méaudre et Autrans, une colline composée de cailloux roulés, parmi lesquels on reconnaît des roches des Alpes mélangées à des jaspes de diverses couleurs et même à des fragments de roches volcaniques; mais, ainsi que nous l'a dit M. F. Reymond qui l'a étudiée avec soin, cette colline n'a absolument rien de commun avec les phénomènes glaciaires et, en adoptant l'opinion de M. Lory, il faut la regarder comme une dépendance de la mollasse marine, soulevée à une grande hauteur et séparée des formations qui apparaissent au pied de la chaîne du Vercors.

Quant à un terrain erratique glaciaire alpin, M. Reymond en a vainement cherché des traces dans la vallée d'Autrans et de Méaudre. Le col qui se trouve vers les hameaux des Brigands et de la Cordelière et qui s'ouvre à la cote de 1,219 mètres et 1,252 mètres, leur a barré le passage.

Des glaciers locaux de moindre importance descendaient vers le cours de l'Isère et occupaient les vallées qui découpent le pourtour de ce massif de montagnes. Mais ces petits glaciers furent presque tous absorbés par le glacier alpin qui entoura le massif du Villard-de-Lans d'une ceinture de glaces qui s'élevait en moyenne à 1,200 mètres.

Lorsque les flancs des montagnes ne sont pas trop abrupts pour retenir les moraines des glaciers combinés du Drac et de l'Oisans qui venaient s'unir, près de Grenoble, à celui de l'Isère, il est facile de retracer cette limite. Ainsi sur les flancs du Moucherotte, M. Reymond a vu disparaître les débris alpins à la hauteur de 1,200 mètres. Il lui a même semblé que ces roches erratiques dépassaient un peu cette limite dans les bois de sapins qui s'étendent au pied de la montagne, comme si, avant de s'engouffrer dans l'étroite vallée de Voreppe, le glacier avait dû refluer sur lui même. Tout le plateau de Saint-Nizier (1,050 mètres à 1,150 mètres) est parsemé de blocs alpins; mais ils sont encore plus nombreux vers l'habert Rey, entre Pariset et Saint-Nizier.

Ce sont des granites, des roches amphiboliques, des spilites, des grès, des poudingues anthracifères, toute une collection de roches des bassins du Drac et de la Romanche ;
le volume moyen de ces blocs est de 2 à 6 mètres.

Naturellement le glacier alpin, en descendant au delà de
Grenoble, rencontra le glacier d'Engins et lui barra le passage.

Ici comme près de Bellegarde et dans le Valromey, le
glacier alpin a été vainqueur ; après avoir arrêté le cours
du petit glacier, il l'a recouvert de ses glaces. Un de ses
rameaux contourna la face occidentale du Moucherotte et
vint se butter contre les glaces de la plaine de Lans et
contre les roches qui dominent à l'ouest la vallée d'Engins.
Mais, en somme, ce remous eut peu d'importance, et la
masse du grand glacier se dirigea vers le nord-ouest de la dent
du Loup.

Au pied de la pyramide de la Buf, les éléments alpins s'é-
lèvent à 1,100 mètres approximativement ; sur le plateau
d'Aizy et en descendant à Noyarey, on voit de nombreux
blocs erratiques, surtout des roches vertes et des granites.

Mais c'est à Montaud et aux hameaux du Fayard et de la
Guillautière, qu'apparaît un magnifique dépôt d'erratique alpin. De toutes parts, dans les champs, le long des chemins,
le glacier a abandonné des blocs nombreux, en grande partie
composés de silicates magnésiens verdâtres. En s'élevant de
Montaud à la dent de Moirans, M. Reymond a mesuré un
bloc de gneiss amphibolique cubant une cinquantaine de mètres. Il a reconnu la présence de blocs erratiques alpins jusqu'en haut de la dent de Moirans (993 mètres).

Sur le versant sud-est de cette dent, les calcaires sont
presque partout moutonnés et polis par ces glaces qui dans
leur marche sont venues se heurter contre cet obstacle.

Comprimées entre le massif de la Grande-Chartreuse et celui
du Villard-de-Lans jusqu'à la pyramide de la Buf, ces masses

énormes de glaces qui remplissaient la vallée de Voreppe
se maintinrent à l'altitude moyenne de 1,200 mètres ; mais dès
qu'elles eurent dépassé la dent de Moirans et le plateau de
Montaud, où elles abandonnèrent une si grande quantité de
débris alpins, leur niveau dut s'abaisser rapidement, et elles
s'épanouirent en éventail sur les plateaux et dans les plaines
du Bas-Dauphiné.

Au sortir de la vallée de Voreppe, elles se divisèrent en
deux branches ; l'une remonta un peu vers le nord ouest dans
le sens du prolongement de la vallée qu'elle venait d'abandonner, et l'autre se dirigea vers le sud-ouest en contournant
le massif que nous venons d'étudier et en suivant le cours
de l'Isère.

En effet, en s'élevant de Montaud vers le col (1,000) ouvert
entre le Bec-d'Orient (1,554 mètres) et le contrefort qui atteint
la cote de 1,107 mètres, on voit disparaître les débris alpins
très rapidement ; on n'en rencontre même pas à 100 mètres au-
dessous du col. Des blocs calcaires assez nombreux et intacts
sembleraient indiquer qu'un glacier local descendant du Bec-
d'Orient aurait existé dans la dépression qu'occupe le hameau
des Coings (870 mètres).

En descendant du col à la Rivière (190 mètres) on ne rencontre des débris alpins qu'à 400 ou 500 mètres au-dessus de
la vallée. Ceux mêmes qui apparaissent vers ce village sont de
petite taille. Il est probable que le glacier alpin n'a pas franchi le col du Bec-d'Orient, mais qu'à partir de Montaud, en
abaissant toujours son niveau supérieur, il a contourné le
contrefort calcaire qu'enveloppe l'Isère.

Des circonstances indépendantes de notre volonté nous
ayant empêchés de parcourir le massif du Villard-de-Lans,
nous avons été heureux de profiter des notes que M. Reymond
a bien voulu nous communiquer. C'est pour nous un devoir et
un plaisir de remercier ici publiquement cet excellent ami

de l'ardeur avec laquelle il s'est empressé de compléter notre travail.

VALLÉE DE L'ISÈRE DE TULLINS A SAINT-MARCELLIN. MO-
RAINE TERMINALE. — Après avoir franchi le défilé de Voreppe
et de l'Echaillon, le glacier alpin vint se heurter contre les
montagnes de Parménie (734 mètres) et du signal de Morsonna (787 mètres) qui les obligèrent à se diviser en deux
courants.

Ces masses de glaces étaient encore très puissantes, puisque, près de Tullins dans la tranchée de la Peyrade, M. Lory
a vu de la boue glaciaire à cailloux striés presque au niveau
des alluvions modernes de la vallée (193 mètres) et que d'un
autre côté on trouve des blocs erratiques jusqu'à près de
700 mètres d'altitude sur les flancs de la colline du Signal.

(FIG. 71).

Les blocs manquent sur tout le plateau tertiaire qui s'é-
tend entre Morette et la Forteresse ; mais on pourrait suivre
une trainée de terrain erratique qui aurait passé par le petit
col ouvert au sud de Morsonna pour se diriger sur Saint
Paul-d'Izeaux.

Tout le territoire de la commune de Tullins est parsemé de débris alpins ou de lambeaux de boue glaciaire. Ce sont des grès anthracifères, des amphibolites, des gneiss, des quartzites. Le plus grand bloc du pays est un bloc d'amphibolite de 27 mètres cubes, situé au hameau d'Élimard. On l'appelle le bloc des Vernes. (Fig. 71.)

Près de Morette nous avons reconnu le même assemblage de roches Un bloc de poudingue anthracifère, appelé la Pierre-Charcone (fig. 72), atteint le volume de 32 mètres

(Fig. 72).

cubes et deux autres blocs sont presque aussi gros. L'un se nomme le bloc de la Blache. (Fig. 73.)

A Cras, à Vatilieu, des calcaires, des granites, des diorites s'associent aux roches que nous venons de citer, mais il est difficile de se rendre compte du volume primitif des blocs, car les plus considérables ont été exploités comme maté riaux de construction dans ce pays dont le sol et les montagnes ne sont composés que de galets et de poudingues.

Avec M. Lory nous croyons voir dans ces blocs erratiques, dans ces placards de boue glaciaire déposés suivant une certaine ligne au sommet de ces collines, les vestiges de la moraine frontale de l'ancien glacier au moment de son plus grand développement. Lorsque leur niveau n'était pas si élevé, les glaces restaient encaissées entre les deux groupes montagneux qui dessinent la vallée de l'Isère.

(Fig. 73).

Le fond de cette vallée est pour ainsi dire couvert de blocs erratiques et de boue glaciaire à cailloux striés, lorsque le sol n'a pas été dénudé par les eaux ; à Chantesse, à Poliénas, à l'Albenc, à Vinay, à Têche, on trouve des granites à grain fin, des granites porphyroïdes, des protogines, des gneiss, des gneiss amphiboliques, des diorites, des amphibolites, des quartzites, des grès anthracifères, des euphotides, etc...; mais à mesure qu'on s'avance vers le sud-ouest on voit que le volume semble diminuer et ne plus dépasser à la fin 1 ou 2 mètres cubes.

A Saint-Marcellin on a utilisé les matériaux erratiques pour les constructions ; mais les blocs qu'on voit en place dans les gravières sont tous roulés. On comprend, en les voyant en cet état, qu'on a dépassé la véritable limite de l'ancien glacier alpin et qu'on marche sur les alluvions glaciaires.

Nous avons continué à faire de semblables observations en poussant nos explorations vers Chatte, puis vers Saint-Apollinaire et Saint-Antoine.

Le grand fleuve qui s'échappait des glaciers du Dauphiné ne semble pas avoir déposé sès alluvions à plus de 300 mètres, tandis que l'Isère coule à 170 mètres en moyenne.

Plus au sud-ouest les débris alpins diminuent progressivement de volume. En aval de Romans ce sont toujours les mêmes roches, mais on ne voit plus de blocs, même à l'état roulé; il n'y a que des galets.

Il est facile de raccorder avec ces faits les phénomènes qui se sont passés sur la rive gauche de l'Isère. Nous avons déjà parlé de l'erratique de la Rivière; il nous reste à étudier celui qui apparaît en aval de ce village.

Au pied du rocher qui supporte les ruines de la tour d'Armieu, dans la colline de Saint-Gervais, la boue glaciaire repose sur un calcaire poli et strié; c'est une preuve incontestable du passage du glacier; mais plus en descendant on voit diminuer les débris alpins en volume et en nombre. Le glacier atteignait encore un niveau assez élevé, à près de 400 mètres au-dessus de la vallée.

Mais à Rovon, au bas de Saint-Gervais, il y a une telle accumulation de granites porphyroïdes, d'euphotides, de quartzites, d'amphibolites, de micaschistes, de grès et de poudingues anthracifères, de calcaires blancs ou noirs, qu'on ne peut s'empêcher de la regarder comme un reste de la mora ineterminale de l'ancien glacier de l'Isère.

Toutes les maisons du village sont construites en matériaux erratiques.

Cette limite n'est pas absolue. Entre Rovon et Cognin, nous avons encore vu de la boue glaciaire et des blocs alpins jusqu'au hameau du Cottet ; puis les blocs s'arrondissent, les fragments erratiques se transforment en galets et on ne trouve plus que des alluvions. En jetant les yeux sur la carte, on voit facilement que ces localités correspondent aux stations que nous avons décrites sur la rive droite de l'Isère.

En somme au delà de Vinay et de Cognin le véritable ter-tain erratique disparaît ; ce ne sont que des alluvions dans lesquelles l'Isère a creusé successivement son lit.

M. Lory a reconnu dans ces alluvions toutes les roches de la partie dauphinoise du bassin actuel de l'Isère. La protogine, les gneiss chloriteux et surtout les gneiss amphiboliques et les diorites de l'Oisans s'y montrent en quantité prédominante. Les quartzites sont moins abondants; ils proviennent des pou-dingues plus anciens qui forment les collines voisines. A ces roches on peut joindre de nombreux fragments de vario-lite ou spilite du Drac.

Environs de Voiron et de Rives. — Une partie seule-ment du glacier de l'Isère s'est détournée au sud-ouest pour suivre le cours inférieur de cette rivière ; une autre branche s'est épanouie dans les plateaux et les collines situés en face de l'ouverture de la vallée de Voreppe et s'est écoulée par la vallée de la Côte-Saint-André.

Par suite de l'ordre qui reste toujours établi dans la disposi-tion des moraines d'un glacier, les roches de l'Oisans et du bassin du Drac qui occupaient le côté gauche de la vallée de Voreppe n'ayant pas trouvé un débouché assez considé-rable par la vallée de l'Isère, sont allées se déposer sur la vallée de la Côte-Saint-André. Nous présumons même que pendant la première phase du phénomène glaciaire, les glaces des montagnes dauphinoises arrivèrent dans la cluse de Voreppe avant celles de la Savoie et se répandirent les premières sur toute la région qui s'étend à l'ouverture de la vallée. Plus tard les glaces du bassin de la Haute-Isère se combinèrent avec celles de l'Oisans pour progresser ensemble par la cluse de Voreppe. Ces glaces savoisiennes gardaient alors le côté droit de cette vallée et ajoutèrent des roches de la Savoie aux dépôts erratiques déjà étalés dans les environs de Moirans, de Rives et de Voiron.

Enfin au moment de la plus grande extension des glaciers, les glaces qui débordaient de la Savoie par la vallée de Couz, par les Échelles et par la large dépression de la montagne de l'Épine, trouvant déjà une grande partie du Bas-Dauphiné encombrée par le glacier du Rhône et de la Haute-Savoie, vinrent se réunir au glacier de l'Isère pour former ce que M. Lory a justement appelé le glacier delphino-savoisien.

Nous avons essayé de représenter sur notre carte ces différents mouvements des glaciers qui se sont opérés successivement avec des alternatives à diverses époques.

Les lignes orange figurent les glaces de l'Oisans et du Drac. Dans la partie gauche de la vallée de Voreppe et dans la vallée de l'Isère, de Tullins à Vinay et au sud de la vallée de la Côte, les lignes sont pleines, pour faire comprendre que ces glaces dans cette portion de leur parcours n'ont jamais été couvertes par des glaces d'une autre origine. Elles sont pointillées près de la rive droite de ladite vallée de Voreppe dans les environs de Moirans, parce que dans cette région elles ont dû être envahies par les glaces du glacier delphino-savoisien arrivant soit par le Grésivaudan, soit par les cols qui s'ouvrent au nord du massif de la Grande Chartreuse.

Il est inutile de dire que le tracé de ces lignes ne peut être que très approximatif, car, suivant telle ou telle circonstance atmosphérique, l'allure des glaciers a pu se modifier.

Pourtant il y a des faits qui restent acquis, tels que la localisation des matériaux des bassins de la Romanche et du Drac contre les flancs des montagnes du Villard-de-Lans et dans la vallée de Tullins, ainsi que dans la partie sud de la vallée de la Côte Saint-André et dans les environs de Moirans et de Voiron.

Peut-être avons-nous trop prolongé l'extension du glacier delphino-savoisien, en amenant les lignes qui le représentent jusque vers les collines qui bornent au sud la vallée de la Côte Saint-André, et aurions-nous dû laisser entières les lignes orange des glaces de l'Oisans. Nous avons cru distinguer un mélange de roche de la Savoie, et, après des hésitations, nous avons essayé de représenter ce fait passager et temporaire par un entre croisement de lignes.

Mais, nous le répétons, un doute reste dans notre esprit, et nous aurions préféré accorder moins d'importance à ce détail et faire notre tracé d'après la démarcation indiquée par M. Lory, depuis Saint-Aupre jusqu'à la Côte Saint-André.

ALLUVIONS ANCIENNES DU DAUPHINÉ. — Avant d'étudier le terrain erratique de la Côte Saint-André, nous ne pouvons nous dispenser de nous occuper des alluvions anciennes de toute cette partie du Dauphiné. Le glacier de l'Isère, en venant frapper contre les collines de Parménie et de Morsonna, s'est divisé en deux branches, celle de Tullins et Vinay et celle de la Côte Saint-André.

Le fond de ces deux vallées est composé d'alluvions, mais leurs niveaux sont bien différents ; le thalweg de la première est à 193 mètres, en face de Tullins, à 185 mètres près de Rovon, et celui de la seconde à 433 mètres à Beaucroissant et à 303 à Saint-Étienne de Saint-Geoirs, soit en moyenne une différence de 200 mètres. D'où peuvent provenir ces deux niveaux ? Nous allons essayer de l'expliquer, sans nous dissimuler les difficultés qui se rattachent à cette question.

Pendant que les glaciers se développaient à la fin de la période pliocène dans la haute vallée des Alpes, les torrents sous-glaciaires grossis par les eaux de fonte entraînaient dans les vallées inférieures des masses énormes de graviers et de galets qui en élevèrent le sol jusqu'à une hauteur qu'il serait difficile à déterminer aujourd'hui.

Dans ces conditions il se forma, à l'ouverture de la vallée de Voreppe, un immense cône d'alluvions qui devaient offrir les plus grands rapports avec celui qui se constituait en même temps et dans des circonstances analogues, au débouché de la vallée du Rhône, près de Lagnieu, et dont le plateau des Dombes est le plus vaste lambeau. En effet, pour nous, deux contrées ne peuvent pas avoir plus de rapports au point de vue géologique que le Bas-Dauphiné et les Dombes : nous y voyons se succéder les mêmes terrains dans le même ordre. Dans le bas les marnes à lignites avec des faunes identiques, puis des sables caractérisés par la présence du *Mastodon arvernensis* ; plus haut une masse énorme de cailloux roulés, de graviers, que nous appelons alluvions anciennes ou glaciaires, et qui représentent près de nous le pliocène moyen, le pliocène supérieur et le commencement du quaternaire.

Nous ne contestons pas la présence de poudingues miocènes en Dauphiné. Depuis l'ouverture de la cluse de Voreppe, les eaux qui y ont circulé, ont dû entraîner au loin avec elles des débris roulés de toute nature, même lorsque la mer miocène occupait encore la vallée du Rhône; mais nous pensons qu'on a exagéré l'étendue et l'importance de ces poudingues miocènes en y rattachant les nappes de galets qui s'étendent sur les hauts plateaux dauphinois. En effet, comment faire rentrer dans le miocène cette formation de transport qui en est séparée par les sables à *Mastodon dissimilis* ou *arvernensis* regardés à juste titre comme pliocènes inférieurs? C'est impossible. Nous sommes donc tout disposés à relier aux alluvions anciennes ou glaciaires des Dombes les nappes de galets qui s'étendent sur tous les plateaux de chaque côté de la vallée de la Côte-Saint-André et que M. Lory a appelés dans la légende de sa carte, *terrain de transport ancien des plateaux du Bas Dauphiné,* superposé au terrain de mollasse ou aux roches granitiques des bords du Rhône.

Seulement ce qui complique la question en Dauphiné, c'est que dans cette région le sol a dû subir des mouvements d'exhaussement assez brusques pendant que les Dombes restaient dans une immobilité relative. En résumé, il y a parallélisme entre les formations des deux pays, mais différence dans les altitudes de chaque dépôt. En Dombes et près de Lyon les marnes à lignites sont à 217 mètres en moyenne (Miribel, Mollon, Priay), et à Hauterives elles affleurent à 330 mètres environ, soit une différence de 100 mètres approximativement.

Les nappes caillouteuses qui atteignent seulement 310 mètres près de Lyon, s'élèvent à Hauterives à 420 mètres ; c'est la même dénivellation.

De plus, en Dombes les terrains ont conservé une horizontalité à peu près absolue de l'ouest à l'est ; tandis que dans le Dauphiné tous les terrains se relèvent depuis le Rhône jusque vers les chaînes de montagnes à une assez grande hauteur.

Tout cela nous semble indiquer que des mouvements orographiques se sont opérés très tardivement dans le département de l'Isère, et nous serions tentés de les placer à la fin ou au milieu du pliocène supérieur, avant l'arrivée des glaciers en dehors des chaines secondaires.

Nous dirons plus loin quelle a été l'influence de cette disposition du sol sur la marche générale du glacier.

Déjà une grande partie des alluvions glaciaires, les alluvions glaciaires pliocènes, s'étaient répandues dans les plaines, lorsqu'une secousse vint soulever les plateaux du Bas-Dauphiné à la hauteur où nous les voyons actuellement. Les nappes de sables et de graviers et les terrains sous-jacents, furent séparés des montagnes calcaires contre lesquelles ils venaient butter ; la vallée de Tullins fut esquissée. Ce fut peut-être à cette époque que les poudingues de la route de Voreppe à la Grande-Chartreuse furent redressés.

Une ou plusieurs cassures durent pareillement ébaucher la vallée de la Côte Saint-André en séparant les deux plateaux qui la limitent au nord et au sud.

Les eaux de l'Isère, au lieu de se répandre dans une large plaine étalée devant elles, furent alors obligées de se concentrer dans la crevasse de Tullins qui longeait les montagnes de Lans et qu'elles ne tardèrent pas à élargir, à façonner ; tandis que le glacier alpin arrivant à Voreppe et à Moirans se heurta contre une série de collines qui lui barrèrent le passage et détournèrent sa marche vers le sud-ouest. Mais ce débouché, moins vaste qu'aujourd'hui, ne put suffire à son écoulement.

La masse des glaces devenant de plus en plus considérable, son niveau s'éleva et ne tarda pas à dépasser celui des collines de Rives (433 mètres). Une branche se détacha dans ce moment du glacier primitif et vint s'écouler par la dépression qui se dirigeait directement de l'est à l'ouest, de Rives au Rhône. Ce rameau finit par acquérir une grande importance, parce qu'il était directement soumis à la pression du glacier qui s'avançait dans la vallée de Voreppe. De plus à ces glaces venait se combiner (*dans une proportion que nous regrettons d'avoir exagérée sur notre carte*) une partie du glacier delphino savoisien.

De la fonte de ces glaces, après leur réunion, devaient résulter de vastes torrents sous-glaciaires qui ajoutèrent leur action à celles des glaces elles-mêmes pour façonner d'une manière presque définitive la vallée de la Côte Saint-André.

En attribuant cette influence aux torrents sous-glaciaires sans faire intervenir directement les eaux de l'ancienne Isère

pour le creusement de la vallée de la Côte Saint-André, nous
ne pouvons rien dire d'exagéré. En voyant le développement
que devaient avoir les anciens glaciers, nous croyons qu'il
n'y a pas disproportion entre la cause et l'effet. Dans les
plaines delphino-lyonnaises l'action des torrents sous-glaciaires s'est manifestée d'une manière encore plus grandiose.
Pour nous, les alluvions glaciaires occupent donc entre
Rives et la Côte deux niveaux différents : les plus anciennes,
celles qui représentent dans le Dauphiné les formations pliocènes moyennes et supérieures, occuperaient les hauts plateaux par suite du mouvement du sol assez récent, et les
alluvions quaternaires recouvriraient le fond de la vallée.
Traiter plus en détail cette question géologique pourrait
nous entraîner en dehors de notre sujet.

Nous ne voulons qu'exposer notre manière de voir relati
vement à la disposition des alluvions glaciaires, pliocènes et
quaternaires de cette partie du Dauphiné et aux rapports qui
doivent exister entre les terrains tertiaires et quaternaires de
l'Ain et de l'Isère, rapports sur lesquels on n'a pas encore assez insisté jusqu'à présent.

Nous allons reprendre l'étude du terrain erratique proprement dit que nous avons interrompue pour jeter un coup
d'œil rapide sur les alluvions qui l'ont précédé, et sur la
marche du glacier qui l'a transportée.

Vallée de la Côte Saint-André. Moraine terminale de
Thodure. — Nous venons de dire quelle a été, d'après nous,
la marche la plus probable du glacier de l'Isère. On ne pourra donc pas s'étonner de trouver dans tout le cirque de Moi
rans et contre les collines qui le dominent des dépôts de boue
glaciaire et de blocs erratiques. Les roches de l'Oisans com-
binées avec quelques roches de la Haute-Isère apparaissent
en effet parsemées sur le sol des communes de Moirans, de

Coublevie, de Voiron, de Vourey, de Renage, de Charnècles, de Murette, de Saint Cassient, de Saint-Blaise, d'Apprieu.

Les roches peuvent se rapporter au gneiss, à la protogine, au granite porphiroïde, au grès carboniférien, au schiste chloriteux, aux brèches triasiques, au quartzite, à la diorite, à la serpentine, à l'amphibolite, à l'euphotide, etc.

Nous ne pouvons décrire le terrain erratique de chaque station, il nous suffira de dire que dans cet amphithéâtre opposé à la poussée du glacier, la boue glaciaire atteint parfois d'énormes épaisseurs.

A Charnècles elle a bien 10 mètres de puissance, à Apprieux elle est aussi très développée. Dans d'autres localités, comme à Criel, station décrite avec soin par M. Lory, elle se confond parfois avec les alluvions glaciaires par suite de remaniements superficiels, opérés sous l'influence de la glace ou des eaux de fonte.

Une fois que le glacier de l'Isère put s'élever au-dessus du cirque que nous venons de décrire rapidement (433 mètres, 463 mètres), il se déversa par-dessus le seuil de la plaine de la Bièvre pour se diriger en partie vers la vallée de la Côte Saint-André, et il fut limité au midi par les collines de Beaucroissant, de Saint-Paul d'Izeaux, de Saint-Étienne de Saint-Geoirs, de Saint Pierre de Bressieux, de Viriville, contre lesquelles il déposa sa moraine latérale gauche dont on retrouve de nombreux vestiges en parcourant, comme nous l'avons fait, les territoires de toutes les communes situées le long de cette ligne.

Le défaut de matériaux de construction a fait rechercher avec soin les gros blocs, et on les a brisés pour les exploiter. A Bressieux il en existait un de 150 mètres cubes qu'on a détruit, il y a quelques années.

De l'autre côté de la vallée on retrouve également des lambeaux de terrain errratique. Le glacier de l'Isère a même

déposé des blocs et des cailloux striés jusqu'au niveau du signal d'Ornacieux (528 mètres).

On reconnaît toujours la plupart des roches de l'Oisans dans
cette région.

Cette branche du glacier avait relativement peu d'épaisseur.
Cette puissance nous est indiquée par la différence de niveau
qui existe entre la plaine de la Bièvre, 447 mètres et la cote de
700 mètres, à laquelle on trouve des blocs erratiques sur le
flanc de la colline de Morsonna, d'après M. Lory ; soit une
épaisseur d'environ 250 mètres. Des blocs existent sur la
petite montagne de Parménie (650 mètres).

Au milieu du chemin qui monte de Beaucroissant au couvent de Parménie, il y a au pied de la montagne, presque à
l'entrée de la forêt, un bloc erratique de grès anthracifère
cubant approximativement un demi-mètre. Ce bloc porte le
nom de *Pierre-Pucelle*. Voici la légende qui lui a mérité ce
nom et qui doit remonter à une haute antiquité, malgré la
tendance qu'on a dans le pays à la rajeunir. On raconte
qu'une jeune fille fut un jour poursuivie dans ce bois par des
malfaiteurs. Saisie de frayeur, elle se recommanda à Dieu et
se précipita contre ce bloc de grès. Elle s'y cramponna si fortement que les brigands ne purent l'en arracher, et cette
pierre miraculeuse garda l'empreinte de ses genoux, de ses
cuisses et de ses doigts.

(Fig. 74).

En effet, sur un des côtés de ce bloc qui présente un plan

assez régulier, on voit trois dépressions un peu allongées, arrondies à une de leurs extrémités et qui offre une ressemblance très vague avec les empreintes qu'on croit y reconnaître. La dépression inférieure, qui est la plus profonde, la plus arrondie, serait le moulage d'un des genoux de cette jeune fille. (Fig. 74.)

Sur la face supérieure de ce bloc, qui forme un angle droit avec le côté dont nous venons de parler, il y a plusieurs petits creux naturels dont quelques-uns cependant semblent avoir été artificiellement et grossièrement agrandis ; disposition qui permettrait de classer ce bloc parmi les pierres à écuelles. (Fig. 75.)

(FIG. 75.)

Les gens du pays prétendent que ces creux sont précisément les empreintes des doigts de la jeune fille.

La légende de la *Pierre-Pucelle* a donc sous ce rapport quelque analogie avec celle de la Boule de-Gargantua à Thoys, près Belley ; mais nous devons ajouter que pendant que cette pierre à écuelles était abandonnée au pied d'une haie, le bloc du chemin de Parménie était l'objet d'une sorte de vénération. De tous côtés on vient le voir, tout le monde le connaît, et nous avons encore vu des pèlerins, en montant à la chapelle de Parménie, tremper dévotement leurs doigts dans l'eau de pluie que contenaient encore quelques-uns de ces godets.

A partir de Beaucroissant le niveau du glacier baissa rapidement, et les glaces ne purent franchir les collines de 500 et tant de mètres qui leur servaient de digues au sud, et elles vinrent déposer leurs moraines frontales (Fig. 76), près de Faramans, Beaufort, Thodure, pour en former la colline d'Antimont(1), long bourrelet transversal qui barre en quelque sorte la vallée de la Côte Saint-André, en ne laissant qu'un étroit passage pour la route, le chemin de fer et la rivière, comme l'a fait si justement observer M. Lory.

(Fig. 76).

La beauté de cette moraine provient de ce que les glaces qui l'ont transportée et déposée, étaient resserrées dans une vallée bien limitée ; car si les glaces avaient pu s'épanouir en éventail, comme sur les plateaux du Bas-Dauphiné et des Dombes, il n'y aurait pour ainsi dire pas eu de moraines latérales et frontales. Les matériaux auraient été trop épar-

(1) La moraine d'Antimont indique l'avancement extrême du glacier. Mais au nord de Beaucroissant, à travers la plaine de la Bièvre, nous avons cru reconnaître une autre moraine transversale à la vallée et marquant un temps d'arrêt dans la marche rétrograde du glacier ; le fait serait facile à vérifier.

pillés pour former un bourrelet bien accusé à l'extrémité et
sur les côtés du glacier. (Fig. 77.)

(FIG. 77.)

FIG. 78.

Cette colline présente un entassement confus de blocs erratiques et de boue glaciaire de 60 à 80 mètres d'épaisseur.
Ce sont toujours les mêmes roches, grès et poudingues,

anthracifères, diorite, amphibolite, gneiss. (Fig. 78 et 79)

Près de Thodure, quelques blocs atteignent le volume de 25, 45, 95 mètres cubes. (Fig. 80.)

(FIG. 79.)

(FIG. 80)

Cette station offre tous les caractères d'une moraine terminale. Puis au delà tout terrain erratique disparaît ; on ne voit plus que des alluvions à éléments roulés, et si l'on aperçoit encore quelques petits blocs jusqu'à Beaurepaire et Lans-Lestang, on reconnaît bien vite, à leurs arêtes arrondies, qu'ils ont été entrainés par les eaux, au delà des limites de l'ancien glacier.

PENTE DU GLACIER. — La moraine d'Antimont ne s'élevant qu'à 435 mètres et la plaine voisine étant elle-même à une altitude moyenne de 350 mètres, le glacier n'avait plus qu'une épaisseur de 90 mètres approximativement. Depuis Beaucroissant jusqu'à Thodure , c'est-à-dire en parcourant un espace d'une trentaine de kilomètres, le glacier avait perdu 160 mètres de hauteur. Il avait donc une pente d'un peu plus de 5^{mm} par mètre.

A partir de la pyramide de la Buf, près de laquelle le glacier s'élevait encore à 1,200 mètres dans la vallée de Voreppe les glaces s'abaissèrent de 500 mètres, franchissant un espace d'une quinzaine de kilomètres pour déposer leurs blocs erratiques seulement à la hauteur de 700 mètres sur le flanc de la colline de Morsonna. Leur surface présentait donc une pente de 33^{mm} par mètre.

ENVIRONS DE VOREPPE ET SAINT-JULIEN DE RAZ. — Lorsque le glacier de l'Isère s'écoulait en partie par la vallée de Tullins et par celle de la Côte Saint-André, en même temps il contournait faiblement les montagnes de Voreppe pour aller s'épanouir sur les collines environnantes et lancer de petits rameaux dans tous les vallons qui descendent du massif de la Grande-Chartreuse.

A Voreppe même il y a beaucoup de blocs erratiques, des grès, des poudingues anthracifères, des amphibolites. Dans la vallée qui monte vers la chartreuse de Chalais, on ren-

contre aussi des blocs jusqu'à la hauteur de 950 mètres environ, c'est-à dire à un niveau parfaitement ¡analogue à celui
qu'ils atteignent de l'autre côté de la vallée, à Montaud, ainsi
que l'ont observé M. Lory et M. Reymond.

Le glacier a pénétré en même temps dans la vallée de
Pommier et a abandonné des blocs de granites divers, de
grès anthracifères, le long de la route, sur les flancs des
montagnes, dans le village même, dans les hameaux voisins
et à Chaby, en remontant dans le massif de la Grande-Chartreuse, jusqu'à la hauteur de 940 mètres. Les blocs de grès
se comptent par centaines et cubent en moyenne de 2 à
5 mètres.

On poursuit ce terrain erratique jusqu'à Saint-Julien de
Raz, où se trouvent des amas énormes de blocs erratiques de
toutes natures. Souvent ces blocs sont très volumineux, il y
en a qui ne mesurent pas moins de 50, 80, 200 mètres cubes, et ils sont placés parfois dans des positions si étranges,
si pittoresques, qu'on les prendrait pour des dolmens, des
menhirs, des cromlechs.

Au milieu d'une masse de grès carbonifériens, on aperçoit
çà et là des schistes chloriteux, des granites, des euphotides
compactes.

Cette accumulation de fragments erratiques de toutes grosseurs, n'est autre chose que la moraine terminale de la partie
droite de glacier de l'Isère ; mais nous pensons qu'il faut reconnaître pour le transport de ce terrain l'influence du glacier
delphino savoisien débouchant par les échancrures qui s'ouvrent au nord des montagnes de la Chartreuse. Pour établir
la part qui devrait être attribuée à chaque glacier, la détermination des roches ne peut être utilisée, car la partie droite
du glacier de l'Isère transportait, comme l'autre glacier, des
roches de la Haute-Savoie.

D'ailleurs si le glacier de l'Isère pouvait déposer des blocs à Chaby à 940 mètres sur le flanc occidental du massif de la Grande-Chartreuse, il fallait nécessairement qu'il fût maintenu à ce niveau par la résistance du glacier delphino savoisien qui couvrait toutes les Terres-Froides.

M. Lory place le point de départ de la ligne de jonction des deux glaciers à Saint-Aupre et la prolonge jusqu'à la Côte Saint-André ; c'est également le tracé que nous avons adopté en dernier lieu. Mais, nous le répétons, ces délimitations ne peuvent être que fort approximatives, car ces points de contact ont dû osciller d'après bien des circonstances.

CHAPITRE XI

GLACIERS DELPHINO-SAVOISIENS ET GLACIER DU RHONE
AU DELA DES CHAINES SECONDAIRES

Principaux passages des glaciers alpins pour envahir le Bas-Dauphiné et les Dombes. — Terres-Froides, partie méridionale de l'arrondissement de Vienne, moraines terminales du Petit-Bugey (Savoie). Arrondissement de la Tour du-Pin. — Plateaux du Bas-Dauphiné. — Moraines de retrait. — Partie septentrionale de l'arrondissement de Vienne. — Plaines du Bas-Dauphiné. — Alluvions anciennes ou glaciaires. — Terrains et blocs erratiques — Possibilité d'u 1 barrage dans la vallée du Rhône au midi de Lyon.

PRINCIPAUX PASSAGES DES GLACIERS ALPINS POUR ENVAHIR LE BAS DAUPHINÉ ET LES DOMBES. — Après avoir terminé la description du glacier de l'Isère, nous allons reprendre l'étude du glacier delphino-savoisien, ainsi que celle du grand glacier du Rhône et de ses affluents. Ces glaciers ont déjà franchi les défilés et les cols des chaînes secondaires et ils vont se répandre dans les plaines immenses disposées pour les recevoir. S'il fallait rechercher toutes les traces de leur passage, s'il fallait énumérer tous les dépôts de terrain erratique, tous les blocs qu'ils ont abandonnés dans le Bas-Dauphiné ainsi que sur les collines de Lyon et le plateau des Dombes, notre tâche serait bien ingrate, car nous n'aurions plus, comme précédemment, à décrire les luttes, les entre-croisements des divers glaciers, à suivre leurs trainées au milieu de vallées sinueuses et écartées, à calculer la puissance de leurs masses et les niveaux atteints par leurs surfaces supérieures, à reconnaître la nature de leurs blocs, la composition de leurs moraines, la direction de leurs stries. Il ne s'agirait au contraire que de décrire les lambeaux de terrain

20

erratique déposés sur une vaste plaine ou sur de monotones plateaux.

Heureusement ce travail, dont nous ne pouvions nous dis-penser en écrivant cette monographie, a déjà été résumé dans notre catalogue.

Nous n'avons donc qu'à exposer les observations les plus importantes que nous avons pu faire en étudiant les vestiges de cette immense mer de glace depuis le Jura et les chaînes dauphinoises jusque vers les moraines terminales de Vienne, de Lyon et de Bourg.

Mais avant de commencer cette étude rendons nous rapide-ment compte de la situation, du nombre et de la disposition des principaux dégorgeoirs par lesquels les glaciers alpins se sont déversés sur les plaines et les plateaux du Bas-Dau-phiné et des Dombes.

Au nord de la vallée de l'Isère que nous venons de décrire, nous rencontrons d'abord la vallée de Couz, qui a servi de passage à une branche des glaciers de la Savoie. Le col qui fait communiquer cette vallée à celle des Échelles, n'étant qu'à l'altitude de 556 mètres et le glacier s'élevant à près de 1,20 mètres, la glace devait avoir sur ce point une puissance de 600 mètres environ et occuper tout l'espace qui sépare le mont Grêle et la partie méridionale de la chaîne de l'Épine d'avec le massif de la Grande-Chartreuse. La surface de ce glacier devait avoir de 3 à 4 kilomètres de largeur. Il ne faut donc pas s'étonner s'il a pu transporter en Dauphiné une masse considérable de terrain erratique.

D'ailleurs ces glaces, qui probablement ont pénétré dans les vallées des deux Guiers, lorsqu'elles avaient leur plus grand développement, s'unissaient au glacier delphino savoi-sien qui s'épanouissait à l'ouest de la chaîne de l'Épine, après l'avoir franchie par la longue dépression d'Aiguebellette (1,003 mètres).

Cette seconde branche était considérable ; elle devait avoir près de 200 mètres de puissance verticale au dessus du passage de l'Épine avec un diamètre de plus de 8 kilomètres du mont Grêle (1,426 mètres) jusqu'au signal de Château Richard (1,365 mètres).

Au nord de la dent du Chat (1,400 mètres) il y eut un moment où une quatrième nappe de glace qui recouvrait la chaine de la montagne de la Charve, dont le point culminant constitue un piton isolé (1,164 mètres) au milieu de dépressions assez fortes, formait une seule mer de glace jusqu'au Grand-Colombier, au-dessus de Culoz. Cette branche du glacier, la plus large de toutes, avait une largeur maximum de 20 kilomètres, mais l'épaisseur de la glace était des plus variables.

Au-dessus du cours du Rhône (239 mètres) elle devait atteindre près de 1 000 mètres (961 mètres) ; tandis qu'au-dessus du sommet de la montagne de la Charvaz, (1,164 mètres) elle se réduisait à une quarantaine de mètres. Mais il faut observer que ce piton occupe un espace très restreint, et que, au nord et au midi, la nappe de glace reprenait plus d'importance. Ainsi vers le col par lequel passe la route de Chambéry (636 mètres) il y avait entre le sol et la surface supérieure de la glace une différence de niveau de plus de 500 mètres (564 mètres), et du côté de Saint-Pierre de Curtille et de Chanaz cette différence se maintenait dans des conditions analogues jusqu'au défilé du Rhône.

Du reste pour comprendre la disposition de la glace dans ces divers passages il suffit de jeter les yeux sur la coupe ci jointe. Mieux qu'une longue description elle rendra compte des faits et de l'allure des différentes branches de l'ancien glacier du Rhône et du glacier delphino-savoisien.

Ce sont ces quatre dégorgeoirs, 1° de Culoz à la dent

nite porphyroïde, de schiste chloriteux ou talqueux, de brèche triasique. Parfois ces blocs sont assez volumineux et cubent 10, 25, 36 et 64 mètres.

A la Chapelle, hameau de la commune de Merlas, il y a un bloc de quartzite de plus de 40 mètres cubes et qui est con-nu dans tout le pays sous le nom de *Pierre-à-Mata*.

Ce bloc a été souvent regardé par plusieurs anciens archéo-logues comme un dolmen ou pierre de sacrifice. Pour le mo-ment nous dirons simplement que nous ne partageons pas cette opinion. D'ailleurs nous nous proposons de faire ulté-rieurement une étude spéciale de ce bloc au point de vue archéologique.

Nous avons retrouvé ce même terrain erratique sur tout le territoire de Saint-Nicolas de Marcherin, de Chirens, de Bil-lieu, de Charavines, de Montferra et tout autour du lac de Pa-ladru. Sur une colline qui domine le lac, deux blocs de grès carboniférien s'appellent, l'un la *Pierre qui danse*, l'autre la *Pierre de Brama-Loup*.

En nous avançant à l'ouest, nous avons toujours reconnu le terrain erratique alpin ; citons seulement les communes de Virieu, de Chabons, du Grand-Lemps, de Bizonnes, d Eydo-ches, où apparaissent toujours les mêmes roches, schistes chloriteux, gneiss, grès anthracifère, quartzites, brèches tria-siques et autres roches de la Savoie.

Champier serait situé sur un des points de la moraine ter-minale du glacier. Dans le village il y a de grands amas de ro-ches des alpes, mais les glaces n'ont pu dépasser le niveau des collines qui s'élèvent à l'ouest de la route à près de 600 mètres ; toutefois elles se sont étendues au nord et au sud du plateau de Bonnevau. Elles ont déposé des blocs sur les collines de Nantoin.

Cependant à Semons, à la bifurcation de la route de Saint-Jean de Bournay un lambeau de boue glaciaire plaqué contre la colline et renfermant quelques blocs de grès anthracifères et de brèche triasique indique l'existence d'une ancienne moraine qui devait sans doute se relier à celle de Faramans, Beaufort et Thodure, qui est plus au sud et qui est encore si majestueuse, si bien conservée. Semons indique vraiment un des points extrêmes de l'extension du glacier ; au delà de cette localité on ne voit plus que des cailloux roulés ou des blocs arrondis, perdus dans les alluvions.

Au nord de Commelle, de l'autre côté du plateau de Bonnevau, à Chatonnay, on retrouve le terrain erratique bien développé. C'est à lui qu'on a même emprunté tous les matériaux de construction pour les maisons particulières, le château, la tour de l'horloge et les murs de soutènement de l'ancien château. Sur le plateau il n'y a pas de débris alpins ; le sol n'est formé que de cette nappe de glaise et de cailloux roulés que M. Lory a si bien décrite et qui s'étend jusqu'à Jardin près de Vienne.

Le terrain erratique normal affleure à Saint-Jean de Bournay, mais on a de la peine à la reconnaître à l'ouest de ce village.

Près de Villeneuve de Marc et d'Eyzin-Pinet, on ne voit plus que quelques cailloux striés et quelques blocs parmi les alluvions ; mais la moraine ne devait pas être éloignée, puisque les galets glaciaires n'ont pas perdu leurs stries durant le transport. Peut-être même ce fait pourrait s'expliquer en disant que le glacier s'est bien étendu jusque sur ce point, mais que postérieurement des courants d'eau ont lavé et modifié ses moraines. Quoi qu'il en soit, M Lory place Messies, une commune voisine, sur la limite extrême du glacier delphino-savoisien. Cette délimitation est d'autant plus difficile à rétablir que le glacier ne devait pas avoir de moraines frontales bien caractérisées.

D'après la dilatation des glaces dans ces plaines, les débris erratiques, au lieu de former des bourrelets bien accentués, devaient simplement s'éparpiller sur le sol, comme ils le font encore aujourd'hui dans les Alpes, lorsqu'un glacier sort d'une vallée très resserrée pour s'étaler dans une plaine largement ouverte.

Lorsqu'on a franchi une ligne passant par Semons, Messies, Eyzin-Pinet, Jardin, on ne revoit plus de terrain erratique glaciaire, mais on peut encore rencontrer des blocs alpins qui ont été entraînés par les eaux, par les torrents, en dehors des limites des anciens glaciers.

C'est à cette catégorie que nous rattachons les blocs alpins que de Saussure a vus au milieu des alluvions d'Auberives en revenant de son voyage en Provence et qu'il regrettait si vivement de voir détruire pour être employés à la construction d'un pont (1); c'était sans doute la Varèze, petite rivière sur laquelle on voulait jeter un pont, qui avait jadis entraîné ces gros blocs jusqu'à Auberives, lorsque ses eaux étaient grossies par la fonte du glacier delphino-savoisien.

PETIT-BUGEY (SAVOIE). — Après avoir franchi le passage de l'Épine, les glaces de la Savoie retombèrent en cascade sur le plateau de Novalaise et du lac d'Aiguebellette jusqu'à ce qu'une espèce d'équilibre s'établit entre les glaces amoncelées des deux côtés de la montagne. L'obstacle une fois franchi, les glaces se répandirent devant elles, en se combinant avec celles qui débordaient par la vallée du Rhône et le col de la dent du Chat, ainsi que par la vallée de Couz.

Le Petit-Bugey fut le premier envahi, et partout il a conservé des traces du passage du glacier ; tantôt ce sont des amas de terrain erratique, tantôt des blocs alpins, tantôt des surfaces calcaires, polies, moutonnées ou arrondies.

---

(1) 1er volume, p. 383 et 438 *Ann. Soc. d'agr.*, t. X, p. 267 et 322.

Au col de la Crusille, des stries, des rayures, franchement dirigées de l'est à l'ouest, indiquent clairement quel était le sens de la marche du glacier au sortir de la grande dépression de la montagne de l'Épine ; mais au nord-ouest, à quelques kilomètres de là, d'autres stries sont marquées sur les rochers de Saint-Maurice de Rotherens, sur le mont Tournier, et elles accusent l'influence de la poussée du glacier du Rhône et de la Haute-Savoie; au lieu de se diriger encore de l'est à l'ouest, elles sont tracées dans le sens du sud-ouest, en se reliant avec celles que nous avons décrites dans le cirque de Belley et à Cordon. On n'a qu'à jeter un coup d'œil sur la feuille de Belley de notre carte pour voir l'ensemble de ces directions et se rendre compte de la marche générale du glacier.

Tout le sol du Petit-Bugey est parsemé de blocs erratiques; dans chaque commune on les voit apparaître. Citons seulement les plus remarquables. A Gerbaix il y a plusieurs gros blocs : l'un de granite cubant 10 mètres est connu sous le nom de *Cheval-Gris;* un autre, beaucoup plus gros 300 mètres cubes, est composé de brèche de Vimines et s'appelle la *Roche du Gros-Buisson.* La *Pierre Garet* est un bloc de grès carboniférien de 54 mètres cubes.

La *Pierre de Cusset* que nous avons vue près de Loisieux est un fragment de brèche triasique de 24 mètres cubes. Des blocs de grès anthracifères, de granite, de schiste chloriteux, entourent cette *Pierre de Cusset* et avec eux on voit des quartiers de calcaire dolomitique de la dent du Chat qui mesurent depuis 5 mètres cubes jusqu'à 160 mètres cubes.

Mentionnons encore un bloc de 6 mètres cubes d'euphotide compacte de la Maurienne et un autre de 48 mètres cubes de brèche de Vimines, déposés sur le territoire de la commune de Grésin.

A Traise nous avons constaté la présence d'un groupe considérable de blocs de phyllade, dont les plus gros offrent un volume de 6 à 8 mètres cubes. Avec ces blocs il y en a d'autres de provenance savoisienne.

Nous avons reconnu aussi à Yenne, à Saint-Paul, à Meyrieux, toute la collection des roches de la Savoie : micaschiste, quartzite, brèche triasique, poudingue anthracifère, grès bigarré, gneiss, granite porphyroïde. Cette dernière roche est la plus abondante vers le col de la dent du Chat. On dirait les débris d'un véritable convoi.

Cet amas de granite fixa notre attention d'une manière toute particulière, lorsque nous étudiâmes cette belle montagne, car nous nous rappelions que ces mêmes granites sont représentés en Dombes par des blocs énormes et que nous pensions trouver au-dessus du lac du Bourget un jalon qui pourrait nous aider à retracer la route qu'ils avaient suivie. En parlant de la *Pierre-Brune* de Rancé près Trévoux nous ferons connaître le résultat de nos observations.

Lorsqu'elle n'a pas été lavée ou entraînée par les eaux, la boue glaciaire accompagne les blocs erratiques dans le Petit-Bugey. Souvent ce terrain atteint une grande épaisseur. En montant de la chapelle Saint-Martin à Loisieux, nous avons aperçu des affleurements de près de 40 mètres d'épaisseur. Mais il faut dire que cette moraine profonde a une puissance très irrégulière, suivant les accidents du sous-sol.

Sur toute la chaîne de la Charve, depuis la dent du Chat jusqu'à Chanaz, nous avons constaté la présence de nombreux blocs alpins. Nous en avons vu reposant souvent sur des roches moutonnées dans les communes de Saint-Pierre-de-Curtille, d'Ontex, de Conjux... Ces blocs sont très abondants sur l'autre versant de la chaine. Près de la chapelle de la dent du Chat, le petit plateau de Gratte-Loup qui forme une délicieuse terrasse au-dessus du lac de Bourget est couvert de débris alpins.

De même que vers la montagne de l'Épine nous avons vu

que le glacier avait gravé sur les rochers des stries E.-O. pour indiquer le sens de sa progression, nous en avons retrouvé également creusées dans une direction identique, près du col que franchit la route de la Belley à Chambéry. Mais ce n'est pas seulement la présence des stries, des surfaces polies, des blocs erratiques qui prouve que le glacier du Rhône a recouvert toute cette chaine, l'a, à un moment, ensevelie sous ses glaces. Nous avons une preuve presque aussi évidente dans les formes émoussées de ces montagnes jusqu'à 1,200 mètres qui présentent un vif contraste avec les silhouettes anguleuses de la dent du Chat (1,400 mètres) et des arêtes qui s'élèvent au-dessus d'Aix les-Bains depuis la Cluse (1,568 mètres) jusqu'à la dent de Nivolet (1,553 mètres). Des flancs du Colombier nous avons souvent admiré ce magnifique bassin et nous avons toujours été frappés de la netteté avec laquelle ces différences de contours pourraient aider à trouver la limite supérieure des anciens glaciers.

ARRONDISSEMENT DE LA TOUR-DU-PIN. PLATEAUX CALCAIRES DU BAS-DAUPHINÉ. — Jusque sur les bords du Rhône et les collines lyonnaises, on voit dans tout l'arrondissement de la Tour-du-Pin la boue glaciaire associée à des blocs erratiques de toutes grosseurs. Il faut donc admettre que le glacier delphino savoisien, ne formant plus qu'une unique nappe de glace avec le glacier du Rhône et de la Haute-Savoie, a occupé tout le Bas-Dauphiné et l'a couvert de sa moraine profonde. Dans toute cette région nous avons vu des blocs et des affleurements de boue glaciaire, mais nous nous garderons bien d'énumérer de nouveau les listes de nos catalogues. Nous renvoyons donc pour tous les détails à la première partie de notre monographie. La nappe de glace n'a rencontré aucun obstacle, elle s'est avancée régulièrement, se dilatant ouj ours proportionnellement avec les quantités que lui fournissaient ses bassins d'alimentation. A mesure qu'elle progressait, elle perdait en épaisseur ce qu'elle gagnait en largeur.

A une époque elle eut 100 kilomètres de diamètre, elle mais en possédait plus les 1,000 mètres de puissance qu'elle avait près de Culoz, de Chambéry et de Grenoble. Il ne nous est pas même possible d'évaluer son épaisseur, de calculer la rapidité de l'inclinaison de sa surface avant d'arriver vers Lyon, car dans le Bas Dauphiné, les points de repère nous manquent ; aucune montagne n'est assez élevée pour servir de glaciomètre. Cependant plus loin nous dirons quelques mots sur cette question Le glacier n'a rencontré que des collines sur sa route ; il les a surmontées et a laissé sur leurs surfaces des traces ineffaçables de son passage. Depuis longtemps les géologues ont cité les magnifiques calcaires polis qui se trouvent à l'est de la Balme, sur les plateaux qui dominent le cours du Rhône.

MM. Lory, Thiollière, Fournet, Drian, ont décrit, avec des interprétations différentes du phénomène, les surfaces polies et rayées des calcaires d'Amblagnieux, de Parmilieu, etc.

Ce ne sont plus de petits affleurements de roches usés par le glacier et couverts de stries, mais bien des aires immenses sillonnées souvent de profondes cannelures, qui elles mêmes présentent de nombreuses rayures dirigées dans le même sens. Ces cannelures ont parfois 15, 20 centimètres de profondeur. Peu importent les accidents du sol, les stries, les cannelures restent toujours rectilignes et parallèles les unes aux autres. A Parmilieu, vers le hameau de Pressieux, on trouve de beaux exemples de roches ainsi façonnées ; ailleurs ces calcaires usés servent d'aire pour battre le blé. Vers les carrières, chaque découverte pour l'exploitation fait apparaître de nouveaux affleurements qui, grâce à la protection de la boue calcaire qui les recouvrait, ont conservé un poli admirable et des stries d'une finesse prodigieuse. Tous ces sillons, toutes ces cannelures, toutes ces stries, ont la même direction ; elles vont du S.-E. au N.- O., elles suivent la direction moyenne de la vallée du Rhône.

Il est évident que les montagnes du Bugey au pied desquelles coule le Rhône, ont servi de digue aux glaces répandues sur les plateaux inférieurs et ont dirigé leur marche.

L'étude de ces surfaces polies fournit un précieux argument en faveur de la théorie glaciaire ; nous en avons déjà fait ressortir l'importance, ce n'est pas le cas de revenir sur ce que nous avons dit, soit dans notre catalogue, soit en commençant cette troisième partie de notre ouvrage.

Afin de continuer la marche que nous avons déjà suivie jusqu'à présent, on nous permettra de citer quelques blocs importants, avant de quitter les plateaux et les collines du Bas-Dauphiné pour aborder les vastes plaines qui s'étendent à leur pied, à l'ouest.

A Sermérieu nous avons vu un bloc de gneiss qui cubait 40 mètres. Un autre bloc de même nature, qui pouvait mesurer 600 mètres, vient d'être détruit. Un bloc de grès anthracifère de 4 mètres cubes vient également d'être brisé pour être employé à la construction d'un pont, près de Saint-Ondras. Mais ce n'est pas le moment d'énumérer les blocs détruits ; nous en parlerons plus tard. Occupons-nous seulement de ceux que nous avons observés. Près de Crachier, aux Marinières, nous avons vu un bloc de schiste chloriteux de 125 m. c., et cependant il avait été déjà exploité aux trois quarts pour la construction de la maison commune. Au hameau du Moulin il y a d'autres blocs très volumineux.

Nous avons remarqué près du moulin de Saint-Victor, un bloc calcaire des chaines secondaires qui cubait 27 mètres. En passant, citons près d'Arandon des surfaces calcaires polies et couvertes de rayures gravées du S.-E. au N.-O. et tout entourées de petits blocs, de grès et de brèche triasiques, de gneiss, de poudingue nummulitique et de serpentine Mentionnons encore près de Saint-Baudille la *Pierre du Mariage*, bloc de quartzite de 5 m. c.; près de Soleymieux un bloc de calcaire nummulitique de 48 m. c. appelé *Teiche-à-Cache* (Fig. 81.)

(FIG. 81.)

(FIG. 82.)

(FIG. 83.)

Près de Trept sont deux énormes blocs de brèche triasique nommés l'un (Fig. 82), la *Pierre du Bon-Dieu*, (240 m. c.), l'autre (Fig. 83), la *Pierre du Diable* (112 m. c); un bloc de brèche triasique de 20 mètres cubes gît près du lac de Moras ; puis la *Pierre-à-Femme*, bloc de brèche triasique de 70 mètres cubes, se voit à Mont-Plaisant, commune de Vénérieu, et la *Pierre de Millet* (Fig. 84), bloc de la même roche, cubant

(Fig. 84.)

60 mètres est située près de la Verpilière. A Panossas il y a des blocs de 12, 18, 32 et 72 mètres cubes ; à Frontonas les gros blocs alpins sont très nombreux. Un bloc de brèche triasique porte le nom *Pierre de Chapelard* et cube 16 mètres ; un bloc de grès métamorphique offre un volume de 70 mètres. Un autre bloc composé d'un calcaire cristallisé, gris, veiné de blanc, est appelé la *Roche de Chatigneux* (Fig. 85). Il cube en-

(Fig. 85.)

viron 27 mètres et sur sa face nord les habitants du pays

croient reconnaître des empreintes qu'ils appellent les *Pieds de Dieu;* enfin, pour terminer cette liste, citons le gigantesque bloc de la *Pierre de la Mule du Diable* près de Moras,

(FIG. 86.)

offrant le volume de 624 m. c. Ce bloc (Fig. 86), le plus considérable du Bas-Dauphiné, est composé de schiste chloriteux; il est accompagné d'un autre fragment de même roche de 128 mètres cubes appelé le *Bloc du Peyret* (Fig. 87).

(FIG. 87)

Cette nomenclature ne peut donner qu'une idée très incomplète du nombre et de la grosseur des blocs erratiques déposés par les anciens glaciers, car ces blocs ont été exposés à une foule de causes de destruction ; un grand nombre ont disparu, mais ceux que nous avons cités suffisent pour prouver l'existence du phénomène glaciaire et indiquer sa grandeur.

La boue glaciaire est subordonnée aux blocs erratiques et forme sur les plateaux du Bas-Dauphiné une couche presque continue qui n'a été entamée que par des courants d'eau. Ses affleurements sont infinis ; nous ne citerons même pas les plus importants, puisque nous en avons indiqué la plupart dans la première partie de cet ouvrage.

MORAINES DE RETRAIT. — Dans la vallée du Rhône la boue glaciaire apparaît presque partout où les érosions ne l'ont pas enlevée ; cependant elle ne semble pas avoir été répartie uniformément. Dans certaines localités elle atteint une si grande puissance qu'on ne peut s'empêcher d'en prendre les amas pour des lambeaux d'anciennes moraines frontales, déposées pendant la période de retrait du glacier. Ainsi M. Benoit (1) et nous, nous attribuons cette origine à des accumulations de terrain erratique qui forment des collines dans les environs de Lagnieu. Au sortir de cette petite ville, la route d'Ambérieu a largement entamé un de ces dépôts, et nous croyons nous rappeler que c'est la vue de cette coupe qui a convaincu M. Benoit, au début de ses études géologiques, de l'extension d'un ancien terrain glaciaire jusque dans les montagnes du Bugey. Cette moraine terminale de Lagnieu a été déposée pendant le retrait du glacier ; elle devait se développer jusque sur la rive gauche du Rhône, laissant un large passage pour les eaux de ce fleuve. Plus tard les eaux de fonte ont largement agrandi cette brèche et n'ont laissé que des amas isolés.

(1) *Bull. Soc. géol.* 2ᵉ série, t. XV. p. 383, 1858.

Avec MM. Lory et Benoît nous sommes tentés de regarder encore comme les vestiges d'une moraine frontale du glacier du Rhône, une suite de bourrelets de terrain erratique qui s'étalent sur une grande ligne courbe passant par Blie Saint-Jean de Niost, Saint-Maurice de Gourdan, la Balme et Hières, et allant aboutir à Satolas, Grenay, Saint-Quentin en Dauphiné.

En traçant le contour de ces bourrelets sur une carte, on obtient une ligne sensiblement parallèle à la grande moraine terminale du glacier delphino-savoisien, étalée sur les collines lyonnaises, et ce parallélisme n'est qu'une nouvelle preuve à ajouter à l'appui de la théorie glaciaire.

PARTIE SEPTENTRIONALE DE L'ARRONDISSEMENT DE VIENNE. PLAINES DU BAS-DAUPHINÉ. ALLUVIONS ANCIENNES OU GLACIAIRES. — Une fois qu'on a dépassé la ligne dessinée par les escarpements calcaires de la Balme et de Crémieu, on comprend que l'étude du terrain erratique, loin de se simplifier, se complique par suite de l'action des torrents sous-glaciaires, ou de l'ancien Rhône, dont on doit tenir compte.

La vallée du Rhône ayant été ébauchée par des mouvements de terrains antérieurs à la période glaciaire a dû toujours servir à l'écoulement des eaux de fonte d'une partie des glaciers de la Suisse et de la Savoie. Le fleuve entraînait au devant d'eux une masse énorme de débris de roches de toutes natures enlevés sans cesse aux moraines et aux formations voisines et tranformés bientôt en cailloux roulés. Ce sont ces galets, ces graviers, ces sables qui constituent pour nous les alluvions anciennes ou glaciaires. Le Rhône a roulé les éléments de ces alluvions depuis les Alpes jusque vers Lyon, en comblant sur son passage toutes les dépressions qui se trouvaient en dessous d'un certain niveau, comme celles d'Aoste, de Morestel, de Bourgoin, de la Verpilière par exem-

ple ; il a déposé une nappe immense de graviers qui s'est étalée librement au sortir des défilés du Bas-Bugey, du Bas-
Dauphiné à l'ouest de Lagnieu et de la Balme. Ces alluvions
souvent de plusieurs dizaines de mètres de puissance, formaient donc en aval des stations que nous venons de citer,
comme un vaste *cône de déjection tès surbaissé* qui s'étendait
transversalement depuis Vienne jusque plus au nord que Bourg.

Au midi de Vienne, il y a bien d'autres alluvions sur lesquelles le Rhône n'a pas été sans influence, mais ces alluvions
se combinaient en partie avec celles de l'Isère que nous
avons déjà étudiées et nous n'avons pas ici à nous en préoccuper.

Le plateau bressan n'étant qu'un lambeau de cette nappe
d'alluvions, détaché des montagnes du Bugey et des collines
calcaires du Dauphiné par des érosions subséquentes à sa
formation, son niveau supérieur doit nous fournir d'utiles
points de repère pour chercher à rétablir celui de la nappe
primitive des alluvions glaciaires.

Le sol des Dombes s'abaisse assez régulièrement vers le
nord et son point culminant qui est situé à l'ouest, presque
en face du débouché du Rhône, s'élève en nombre rond à
310 mètres, à Vancia, déduction faite des épaisseurs du terrain
erratique et du lehm. En prolongeant une ligne à l'est et en
la maintenant à cette hauteur on voit qu'elle vient butter
contre les escarpements de la Balme, d'Hières et de Crémieux
qui constituent une· suite d'arêtes atteignant en moyenne
400 mètres d'altitude, de 372 mètres à 444 mètres.

En relevant faiblement vers l'est la ligne menée de Vancia,
nous aurons donc résolu le problème que nous nous étions
posé et nous pourrons nous figurer par la pensée la topographie du pays avant le creusement des vallées actuelles du
Rhône et de l'Ain, et rétablir ce plateau qui n'en faisait
qu'un avec celui des Dombes. Une vaste et monotone plaine

de cailloux, légèrement inclinée vers le sud-ouest s'étendait donc sans discontinuité jusque vers Lyon et Vienne ; les larges dépressions dans lesquelles l'Ain et le Rhône coulent aujourd'hui n'existaient pas encore.

Les roches des Alpes ne furent pas seules mises à contribution pour fournir les éléments que le Rhône charriait ; cet ancien fleuve en empruntait à tous les terrains qui affleuraient sur sa route. Les terrains tertiaires, miocènes supérieurs et pliocènes inférieurs qui étaient déposés en Dauphiné et en Bugey et qui offraient moins de résistance que les autres formations furent vivement attaqués. Il est donc naturel de retrouver, au milieu des graviers des alluvions anciennes, des fossiles remaniés provenant des sables miocènes supérieurs, *Dendrophyllia Collonjoni*, *Balanus*, *Nassa Michaudi*, etc. et des marnes pliocènes inférieures, *Paludina Dresseli*, *Valvata Vanciana*, etc., comme nous l'avons déjà dit dans un précédent chapitre (1).

C'est pendant cette période de comblement des vallées, que des galets de quartz et d'autres roches des Alpes se sont introduits dans la grotte de la Balme ; nous en avons trouvé jusque dans les galeries supérieures où ils avaient servi à creuser les magnifiques *marmites des Géants* dans lesquelles nous les avons recueillis.

Lorsque se déposaient ces alluvions, le massif des plateaux calcaires du Bas-Dauphiné formait une grande île triangulaire, car le Rhône gonflé par les eaux de fonte des anciens glaciers se divisait en deux branches principales près de Brégnier-Cordon. L'une remontait vers le nord-ouest en suivant la vallée que parcourt le Rhône actuel, l'autre se dirigeait vers les Avenières, Morestel, Arandon pour s'écouler par une suite de dépressions qui viennent aboutir par Bourgoin dans les plaines du Bas-Dauphiné.

(2) Ante, II, t. I, 2ᵉ sect., ch. I, p. 80, *Ann. Soc. d'agr.* 5ᵉ série, t. I, p. 632, 1878.

Un autre bras se dirigeait plus au sud en passant par Vézé-ronce, Vignieu, pour rejoindre le premier, en amont de Bour-goin. D'ailleurs les trainées d'alluvions abandonnées par ces bras du Rhône sont clairement indiquées sur la carte géolo-gique du Dauphiné par M. Lory. La colline des Avenières constituait une île à un moment donné avant d'être un sim-ple monticule au milieu d'une plaine de graviers; il en a été de même pour le plateau de Passin et de Sermérieu, ainsi que pour le pays qu'on appelle encore l'île d'Abeau. Pour l'étude du terrain erratique de ces contrées il faut tenir comp-te de ces courants diluviens qui ont lavé, entraîné la boue glaciaire sur bien des points, car après la période de comble-ment il y a eu la période de creusement qui a affecté égale-ment les moraines déposées par le glacier delphino-savoi-sien.

Ces alluvions anciennes reposent normalement sur nos ter-rains pliocènes inférieurs, sables ferrugineux à *Mastodon dissimilis* de Trévoux, tufs à empreintes végétales de Mexi-mieux, et elles supportent le terrain erratique à cailloux striés à gros blocs.

Les alluvions anciennes ou glaciaires formaient déjà une vaste plaine de gravier légèrement inclinée à l'ouest, au nord et au sud et soudée aux montagnes du Bugey et aux collines du Bas-Dauphiné, lorsque les glaciers dans leur course ma-jestueuse arrivèrent à franchir le seuil élevé de la Balme, d'Hières, et de Crémieu et à déborder sur la plaine.

La nappe de glace continua donc à progresser pour obéir aux forces irrésistibles qui la poussaient en avant malgré le peu de pente du sol; mais le Rhône, au lieu de rester un fleuve coulant à ciel ouvert et charriant des débris qui exhaussaient le fond de son lit, devint un fleuve sous-glaciaire aux eaux moins chargées de bébris, qui commença à creuser le sol en dessous du glacier. Il en fut de même pour la rivière d'Ain.

Ce large torrent sous-glaciaire, ne pouvant plus élever le fond de son lit, commença à creuser la vaste dépression dans laquelle il coule aujourd'hui depuis Pont-d'Ain jusqu'à Loyette, et qui sépare le plateau des Dombes du Bugey. La marche de ces courants fut très irrégulière; une masse de causes, des éboulements de glaces par exemple, devaient en faire varier la direction. D'ailleurs nous ne prétendons pas attribuer à l'action du Rhône et de l'Ain sous-glaciaires tout le creusement des vallées de ces deux cours d'eau. Nous croyons au contraire que ces vallées ont été simplement ébauchées pendant cette période, et qu'elles ont reçu plus tard, principalement pendant la fonte générale des anciens glaciers, l'aspect qu'elles ont de nos jours. Ainsi le triangle bressan a dû être d'abord bien plus vaste pour se retirer progressivement vers le nord, à mesure que les érosions du Rhône rongeaient sa base.

Près de Lyon ces phénomènes ont été très complexes ; la Saône eut son influence spéciale, comme nous le dirons bientôt.

TERRAIN ET BLOCS ERRATIQUES. — D'après la grande part que nous attribuons aux effets diluviens glaciaires et post-glaciaires, il est évident que la moraine profonde du glacier delphino-savoisien a été vivement attaquée dans les plaines dauphinoises et qu'il ne doit en rester que des lambeaux au sommet des témoins laissés par les cours d'eau.

Ainsi le terrain erratique avec blocs et cailloux striés recouvre les collines de Chavanoz, d'Anthon, de Jonage, de Janériaz, de Chavanieux, de Panossas, de Satolas, de Puzignan, de Meyzieux, de Genas, de Décines, de Saint-Priest, de Bron, etc., comme il couvre toutes les Dombes.

Autour du château de Malatrais, près de Janeyrias (286ᵐ), il y a une accumulation de blocs de pegmatite, de granite; de schiste chloriteux ; sur la colline du Colombier un fragment de calcaire métamorphique a un volume de 24 mètres cubes ; un bloc de diorite cube 12 mètres ; un autre de calcaire blanc très cristallin n'a que 9 mètres. Indiquons encore un bloc de granite de 10 mètres cubes, un bloc de même volume de schiste chloriteux, deux de gneiss de 30 mètres cubes et de 20 mètres cubes, déposés avec un grand nombre de plus petits blocs sur la colline de Satolas.

Il y avait aussi beaucoup de blocs alpins à Décines et dans les communes environnantes, mais la plupart ont été exploités comme matériaux de construction. Heureusement la *Pierre-Fitte* (Fig. 88) a été conservée ; c'est peut-être le plus remarquable de tous.

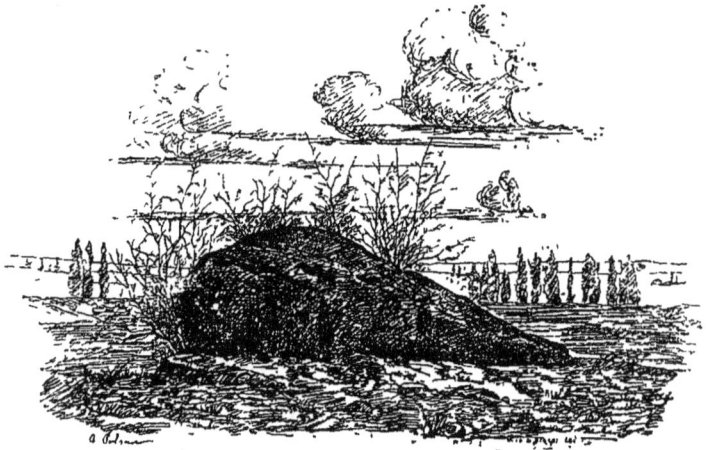

(Fig. 88.

C'est un gros bloc de 7 mètres cubes de granite, qu'on a considéré comme un monument préhistorique et qui est couché au milieu d'un champ. Plusieurs écuelles (1) ont été creusées sur le flanc de cette espèce de menhir.

La colline de Bron sur laquelle on vient d'établir un fort, est également couverte de terrain erratique. On retrouve dans

(1) Falsan, De la présence de quelques pierres à écuelles dans la région moyenne du bassin du Rhône *Matériaux*, juin 1878.

cet amas la plupart des roches des Alpes et des chaînes secondaires. Deux énormes cailloux de calcaire noir, polis et sillonnés de stries ont été extraits des fossés du fort et ont été of-
ferts par M. le capitaine du génie Têtard, chargé de diriger
les travaux, à l'administration du Muséum qui les a fait déposer à l'entrée de la galerie des terrains tertiaires et quaternaires.

Nous avons fait des observations analogues dans toute la
région qui s'étend au midi, à l'est du Rhône jusque vers Vienne.
A la Verpilière, à Saint-Quentin, à Heyrieux, nous avons vu
partout le terrain erratique. A Saint-Quentin, près du four à
chaux, un gros bloc de gneiss atteint le volume de 60 mètres
cubes. Nous ne pouvons citer les autres blocs que nous
avons vus pendant nos courses du côté de Vienne, dans les
communes de Toussieu, de Chandieu, de Chaponney, de Feyzin, de Saint-Symphorien d'Ozon, de Communay, de Seyssuel,
d'Estrablin.

Mais il ne faut pas croire que la nappe de terrain erratique
soit uniforme. Ce terrain affleure principalement sur les plateaux, aux sommets des collines et manque dans les vallées
d'érosion : ainsi à Luzinay, à Villette-Serpaize, à Saint-Just-
Chaleyssin, à Oytier, à Septème, les eaux ont emporté le terrain erratique, blocs et cailloux striés. En petit c'est le même
phénomène que celui que nous avons décrit pour les plaines
delphino-lyonnaises. Seulement les effets ont été produits
par des cours d'eau infiniment plus petits que le Rhône.

POSSIBILITÉ D'UN BARRAGE DANS LA VALLÉE DU RHONE AU
MIDI DE VIENNE. — Près de Vienne la vallée du Rhône se
resserre, le fleuve coule entre deux massifs de roches de cristallisation ; à l'est le massif du Pilat qui s'élève progressivement jusqu'à une grande hauteur (1434 mètres) et dont la
base forme une terrasse atteignant assez rapidement une alti-

tude moyenne de 350 mètres ; à l'est les hauteurs de la Poipe
(343 mètres) et de Jardin (410 mètres) qui vont se relier par
une pente ascendante, régulière au plateau de Bonnevaux
(514 mètres 560 mètres).

Ces montagnes forment donc une espèce de barrage transversal à la vallée du Rhône, barrage dont le dégorgeoir assez
étroit d'un à deux kilomètres au plus, entre la Poipe et les
collines d'Ampuis, a pu s'encombrer par les glaces du Pilat et
du glacier du Rhône, de manière à faire refluer les eaux vers
Lyon et empêcher leur écoulement au sud.

La possibilité de ces obstructions de la vallée du Rhône, au
midi de Vienne, pourrait être utile pour expliquer certains faits
dépendants de l'histoire des temps quaternaires des environs
de Lyon. Près de cette ville les alluvions glaciaires, le terrain
erratique à cailloux striés, le lehm ne dépassent pas en effet
la hauteur maximum de 328 mètres au signal du Gras (fort
de Vancia).

CHAPITRE XII

ENVIRONS DE LYON

Les alluvions glaciaires ne se sont pas élevées jusqu'au sommet du Mont-d'Or. — Limites des
alluvions alpines à l'ouest. Alluvions alpines; alluvions lyonnaises et beaujolaises. — Les
vallées du Rhône et de la Saône dans le bassin de Lyon ont subi un premier creusement avant
l'arrivée du glacier alpin. — Moraines terminales près de Lyon. — Ancien cours de la Saône.
— Erratique des collines lyonnaises.

Les alluvions glaciaires ne se sont pas élevées jusqu'au sommet du Mont-d'Or. — Les alluvions glaciaires
ont formé d'abord une vaste nappe de cailloux à surface régulière, très légèrement inclinée vers l'ouest. Près de Lyon
cette formation de transport s'élevait à une hauteur moyenne
de 300 mètres.

Ainsi cette cote de 300 mètres nous est donnée par la
moyenne des affleurements de la partie méridionale du triangle bressan, mais on la retrouve approximativement à Sainte-
Foy (310 mètres), à Saint-Genis (295 mètres), à Millery
(300 mètres), à Vourles (289 mètres), à Brignais (296 mètres), à Chaponost près des aqueducs (320 mètres), à Francheville (293 mètres), à Ecully (305 mètres), à Charbonnières
(300 mètres), à Saint-Didier, plaine de Crécy (282 mètres), à
Saint-Cyr, route du bourg aux Ormes et près du château de
M. Künckel (290 mètres); à Trévoux (281 mètres). On ne
peut se figurer un niveau plus régulier, mieux établi sur
une longueur de plus de 30 kilomètres, et nous aurions
pu très facilement grandir le champ de nos observations.

Nous ne pouvons donc pas accepter pour limite supérieure de ces alluvions la cote de 500 mètres indiquée par M. Fournet dans le Mont d'Or lyonnais et répétée depuis par M. Lory (1), d'après notre ancien professeur. En effet nous avons parcouru bien des fois ce massif de montagnes, nous avons profité de tous les travaux qui pouvaient nous fournir des coupes naturelles de terrains, et jamais, ni dans les anfractuosités du sol ni dans les crevasses des calcaires, nous n'avons trouvé un lambeau quelconque d'un dépôt ressemblant à l'alluvion glaciaire, dès que nous avions dépassé le niveau de 300 mètres. Pourtant nous devons ajouter que sur les pentes est de la Roche et du Narcel, à Giverdy, en haut du Petit-Mont-Toux, comme dans le vallon de la Longe, nous avons vu de très rares cailloux de quartzite dispersés de loin en loin dans les champs.

Mais le nombre en était si restreint que nous n'avons pu nous empêcher de penser qu'ils avaient été apportés dans ces localités par les anciens habitants. Nous étions d'autant plus fondés à avoir cette opinion que près de ces galets nous en avons recueilli de façonnés comme ceux qu'on trouve dans les cités lacustres pour servir de percuteurs ou de pilons. En outre on a découvert dans ces stations plusieurs haches en pierre polie, généralement en dioritine ou en amphibolite, ainsi que des flèches à ailerons en silex.

Sans doute ce sont les galets de quartzite de ces stations préhistoriques que M. Fournet avait rattachés à l'alluvion ancienne.

Les travaux entrepris dernièrement pour établir une redoute au mont Narcel (588 mètres) et un grand fort, une sorte de citadelle, au mont Verdun (625 mètres), nous ont offert une excellente occasion de savoir si vraiment les alluvions s'étaient élevées jusqu'au sommet de nos montagnes. Plusieurs

_____

(1) *Description géologique du Dauphiné*, p. 626.

fois nous nous sommes rendus sur les lieux pour vérifier les faits, et M le commandant Segrétain, ainsi que M. le lieutenant Magué avaient l'obligeance de nous tenir au courant de tout ce qu'ils avaient pu observer relativement à cette question. Les déblais ont été considérables ; on a remué plusieurs dizaines de mille mètres cubes et l'on n'a trouvé aucun lambeau d'alluvion. Au mont Verdun nous avons vu une immense crevasse creusée dans le calcaire à entroques, et comblée par des débris de calcaire jaune de ciret et de calcaire blanc oolithique·

Or le ciret a été entièrement enlevé à la surface du sol au sommet du Verdun, et l'oolithe blanche manque dans tout le Mont-d'Or. Ce remplissage s'était donc en partie opéré avant les dénudations de nos montagnes, peut être au moment de leur soulèvement. Dans les interstices des gros blocs il y avait de menus débris, beaucoup de charveyrons ou rognons siliceux du bajocien, quelques rognons d'hydroxyde de fer ou petites œtites, puis de rares ossements appartenant à une faune pliocène moyenne et supérieure : *Hippopotamus major, Elephas meridionalis, Rhinoceros megarhinus, Testudo?* etc., enfin quelques petits galets, très rares. Nous n'en avons vu que deux ou trois.

Mais ces cailloux d'où pouvaient-ils venir, pour être tombés dans une crevasse située à 625 mètres ?

Au mont Narcel sur l'emplacement même de la batterie, nous avons aussi trouvé d'autres petits galets de quarzite, de jaspe rouge, dans une crevasse ouverte dans l'infralias (588 mètres) et comblée avec de la terre renfermant les mêmes débris animaux que celles du Verdun. Seulement les galets étaient plus nombreux ; nous en avons recueilli plus d'une douzaine. Quelle est leur origine ? Voilà un problème difficile à résoudre. Faut il pour l'expliquer recourir avec M. Fournet à la formation d'une nappe caillouteuse qui aurait comblé jusqu'à cette hauteur, tout l'espace compris entre les Alpes et les montagnes

du Lyonnais et toutes les vallées du Rhône et de la Saône ?
Mais n'y aurait-il pas disproportion entre la cause et l'effet ?

Il faut donc ou admettre que ces galets ont été apportés de
main d'homme avant d'avoir glissé dans ces crevasses pendant
la période préhistorique, ou bien, ce qui nous paraît plus naturel, croire qu'ils ont été entraînés dans ces fissures, dans
ces fentes par les eaux marines mises en mouvement à l'é-
poque du soulèvement de ces montagnes.

Les ossements pliocènes y auraient été entraînés posté.
rieurement.

Peut être l'avenir fournira une meilleure explication En
attendant nous n'en voyons pas de plus simple. Du reste si
les alluvions anciennes s'étaient élevées à une aussi grande
hauteur au Mont-d'Or, on devrait en retrouver des traces
à un niveau correspondant sur les pentes est des montagnes
du Lyonnais, et précisément personne n'a pu observer ce fait.
Auprès de ces montagnes les alluvions ne dépassent pas l'altitude de 300 mètres.

LIMITES DES ALLUVIONS GLACIAIRES ALPINES A L'OUEST.
ALLUVIONS ALPINES, ALLUVIONS LYONNAISES ET BEAUJOLAISES.
Quoi qu'il en soit de l'origine de ces cailloux du Mont-d'Or, les
alluvions anciennes s'étendaient jusque vers les montagnes du Lyonnais. M. le professeur Leymerie a eu l'obligeance
de nous communiquer une petite carte sur laquelle il avait
tracé, pendant son séjour dans notre ville, la limite extrême
de ces alluvions. Cette ligne part d'un point situé au nord-
ouest de Charbonnières pour passer ensuite à l'ouest de Saint-
Genis les Ollières, à Craponne, à Chaponost, puis entre Brignais et Soucieu. Plus au sud elle fait une pointe vers Tal-
luyers, contourne à l'est la butte de Montagny, passe au
pied de Chasagny pour se prolonger un peu à l'ouest de Givors,
de Bans, de Loire, pour se maintenir à une certaine hauteur

sur les collines de Saint-Romain, de Sainte-Colombe, de Saint-Cyr, d'Ampuis. Des lambeaux de terrain cailouteux, épargnés sur les plateaux ou sur les flancs des vallées servent de point de repère pour établir cette limite avec assez d'exactitude.

Mais le glacier alpin n'est pas le seul qui soit venu à Lyon.

Pendant que des neiges et des glaces s'accumulaient sur les sommets des Alpes, des glaciers occupaient les monts du Beaujolais et du Lyonnais, et leurs torrents sous-glaciaires entraînaient leurs alluvions au-devant d'eux.

Ces alluvions des glaciers de nos montagnes se reconnaissent sur une foule de points, d'après la nature particulière de leurs éléments, et elles ont formé des plateaux qui se sont équilibrés avec les grandes plaines des alluvions alpines. Nous avons déjà étudié la nature de ces alluvions locales (1) ; plus loin nous décrirons leurs allures, leurs dispositions, lorsque nous étudierons d'une manière spéciale les glaciers de nos montagnes lyonnaises et beaujolaises.

Ces deux systèmes d'alluvions ont fini par se rencontrer à un moment donné. Les alluvions alpines, étant plus puissantes que les autres, ont dû les couvrir sur certains points, les refouler en quelque sorte, et s'avancer elles-mêmes jusqu'à une petite distance des chaînes de montagnes qui leur servaient de bassin d'alimentation. Pour nous résumer nous répéterons que les alluvions alpines ont formé près de Lyon une vaste plaine ou plutôt *une espèce de cône de déjection très surbaissé à sections presque horizontales* qui s'étendait depuis les collines calcaires du Bas-Dauphiné jusque vers les montagnes du Lyonnais. Nous dirons plus loin, à propos du lac bressan, pourquoi nous préférons cette expression de *cône de déjection très surbaissé* à celle de *delta*, qui a déjà été em-

(1) Ante, t. II, 2ᵉ section, chap. I, p. 73. *Ann. Soc. d'agr.* 5ᵉ série, t. I, p. 648, 1878.

ployée par d'autres géologues (1) pour faire comprendre la disposition de nos alluvions anciennes.

LE GLACIER ALPIN NE S'EST PAS AVANCÉ JUSQUE VERS LES PENTES DU MONT-D'OR LYONNAIS. — Depuis la fin de l'époque crétacée le Mont-d'Or domine la partie de la vallée du Rhône et de la Saône où s'étendent aujourd'hui les Dombes et les plaines delphino-lyonnaises. Pendant l'envahissement de la contrée par les glaciers alpins ce groupe de montagnes a su garder son indépendance.

Sur la pointe méridionale du triangle bressan, la moraine terminale se trouve au camp de Sathonay, aux Mercières, à Caluire, au fort Montessuy, à Cuire et sur tout le plateau de la Croix-Rousse. Elle est restée à une certaine distance des pentes de Mont-d'Or. Le glacier alpin ne s'est donc pas étendu jusque vers le pied de ce groupe de montagnes, comme on l'a dit si souvent à tort, d'après des observations trop rapidement faites. Nous avons multiplié avec le plus grand soin nos recherches dans ce pays que l'un de nous habite, et jamais nous n'avons trouvé dans le Mont-d'Or, même à sa base, la plus légère preuve du séjour du glacier alpin. Il est vrai que d'autres géologues et nous-mêmes, nous avons vu un certain nombre de blocs erratiques de petite grosseur sur le territoire des communes de Saint-Rambert et de Collonges, mais ce serait commettre une grave erreur que de conclure de la présence de ces blocs à l'extension des anciens glaciers jusque sur les points où on les trouve. Ce qui constitue le terrain erratique glaciaire normal ce n'est pas un amas de blocs erratiques et de graviers, mais bien des accumulations de boue à cailloux striés avec quelques blocs. Or jusqu'à présent il ne nous a pas été possible de retrouver le moindre lambeau de

_____

(1) M. de Rosemont : *Études géologiques sur le Var et Rhône.*

de ce terrain si caractéristique sur la rive droite de la Saône au nord de Lyon. En découvrira-t-on plus tard? Il nous est bien permis d'en douter. Mais après nos minutieuses recherches, finirait-on par en apercevoir un lambeau recouvert par des terrains plus modernes, ce ne pourrait être qu'un simple accident de médiocre importance, ne pouvant indiquer que l'extension passagère d'un rameau détaché du grand glacier, et rien ne prouverait que le glacier alpin a franchi en masse la limite que nous venons de tracer plus haut.

Les blocs erratiques de la base du Mont-d'Or, les blocs que nous avons vus autour de l'église de Collonges, ceux qu'on observe à Saint-Rambert, dans le chemin des Petites-Balmes se dirigeant sur la Chaux ou bien dans le chemin de la gare à Saint-Cyr, au-dessus du gneiss, avec un peu de sable et de gravier, ne sont autre chose que des blocs roulés par les eaux en avant du glacier. Nous avons déjà cité des blocs erratiques dans une situation analogue au delà des moraines terminales du Bas-Dauphiné, à Auberives par exemple. A Saint-Rambert, à Collonges, ces blocs sont roulés; ils ne présentent aucun reste de poli glaciaire, ils n'offrent aucune strie; ils ne sont accompagnés d'aucun caillou strié. Mais leur présence sur une des terrasses de la rive droite de la vallée de la Saône à Collonges, à l'altitude 220 mètres environ, prouve d'une manière évidente qu'au moment de la plus grande extension des glaciers, le creusement de la vallée de la Saône ne pouvait pas dépasser cette cote de 220 mètres approximativement.

LES VALLÉES DU RHÔNE ET DE LA SAÔNE, A LEUR PASSAGE A LYON, ONT SUBI UN PREMIER CREUSEMENT AVANT L'ARRIVÉE DU GLACIER ALPIN. — En même temps que le Rhône et la rivière d'Ain attaquaient les alluvions glaciaires du Bas-Dauphiné et

du Bugey occidental, la Saône se creusait un nouveau lit, et
les eaux qui descendaient des glaciers· des montagnes du
Lyonnais ébauchaient les vallées de Tassin, de Francheville,
de Beaunant, d'Oullins et de Brignais. De telle sorte que lorsque le grand glacier delphino-savoisien vint occuper l'emplacement où Lyon a été construit, les vallées du Rhône et de la
Saône étaient déjà en partie creusées. Cette conclusion est
basée sur la simple observation des faits.

Le glacier alpin s'est d'abord maintenu sur le plateau de
Sathonay à une certaine distance du lit de la Saône. Il n'y a
donc pas là d'observation à faire pour étudier les rapports qui
ont pu exister entre le creusement de la vallée et l'approche
du glacier. Mais au sud de la Croix-Rousse c'est bien différent,
car le terrain erratique apparaît sur la rive droite de la rivière
à Fourvière, à la Sara, et l'on peut se rendre compte des conditions dans lesquelles le glacier alpin a franchi cet espace.
Hé bien ! que voit-on ?

Sur les pentes est de la colline de Fourvière, le long du
cours de la Saône, on aperçoit des placards de terrains erratiques avec cailloux striés et gros blocs. Les travaux entrepris
dans la propriété des Frères de la doctrine chrétienne et ceux
de la gare Saint-Paul en ont mis plusieurs affleurements à
découvert. Pour que le terrain erratique ait pu prendre cette
disposition, il faut nécessairement que la vallée de la Saône
ait été creusée jusqu'à une certaine profondeur avant l'arrivée
du glacier alpin. Mais ce n'est pas seulement au pied de Fourvière que ces placards existent, on les reconnaît au dessous
de Saint-Just, à Choulans et tout le long du coteau de Sainte-
Foy. La nouvelle route de Lyon à ce bourg en a mis au jour
de nombreux dépôts, et même au-dessous du fort Sainte-Foy
un de ces amas offre une épaisseur de plusieurs mètres.
Comment ces dépôts auraient-ils pu s'opérer dans des conditions semblables, si l'action combinée de la Saône et du

Rhône n'avait pas préparé convenablement le terrain, en opérant un premier creusement de la vallée (1)?

À Oullins il en est de même; la plaine de cailloux de l'alluvion glaciaire était déjà profondément entamée, lorsque le glacier alpin a abordé cette localité. Le terrain erratique forme des placards; des blocs apparaissent sur les pentes est des collines. Citons pour exemple le clos qui dépend du collège des Pères dominicains.

La côte de Lorette qui s'élève à l'ouest d'Oullins et qui se prolonge jusque vers Saint-Genis a également son flanc oriental couvert de boue à cailloux striés, et cette colline n'est qu'un bourrelet façonné en grande partie aux dépens de l'alluvion glaciaire avant l'arrivée du glacier. La grande vallée qui s'ouvre au midi de Saint-Genis et qui se dirige vers le Rhône, a été creusée à la même époque. Comment pourrions-nous en douter, puisque dans le fond de cette vallée à gauche de la montée de Vourles, nous avons vu des amas de boue glaciaire avec cailloux striés et blocs erratiques de plusieurs mètres d'épaisseur. Dans le thalweg de la vallée, au sud de la propriété Rival, il n'y a que du gravier et des sables, tout le terrain erratique glaciaire a été emporté postérieurement par les eaux. Nous avons fait des observations analogues en parcourant les pentes est des collines qui dominent le cours du Rhône depuis Oullins et Pierre-Bénite jusqu'à Grigny et Givors, à Irigny, à Vernaison, à Charly et à Millery.

Le creusement de la vallée du Rhône jusqu'à une certaine profondeur avant l'arrivée du glacier alpin est donc un fait positif, évident.

MORAINES TERMINALES PRÈS DE LYON. — Au lieu de se maintenir constamment sur la rive gauche de la Saône, le glacier

<hr/>

(1) Voir la coupe de la colline de Saint-Irénée, Ante II vol., 2ᵉ section, chap. I p. 68. Ann. Soc. d'Ann., 5ᵉ série, t. I, p. 640.

alpin s'est avancé sur la rive droite en envahissant le plateau de Fourvière, et la Saône a été barrée entre Vaise et Serin. Mais le glacier ne s'est pas étendu beaucoup à l'ouest ; nous avons retrouvé sa moraine frontale bien caractérisée à Fourvière, Loyasse, Saint-Irénée. Les fossés. des forts de ces deux dernières localités sont entièrement creusés dans la boue glaciaire; mais plus à l'ouest ce terrain disparaît; on ne voit plus que l'alluvion glaciaire avec quelques blocs perdus, entraînés par les eaux. C'est encore la moraine frontale qui constitue toute la dorsale de la colline de Saint-Foy. Le fort qui porte le nom de ce village est construit sur ce terrain qui se prolonge au sud, vers la colline de Narcel (317 mètres) où l'on avait établi une redoute en 1870. A l'ouest, rien que des alluvions et des blocs perdus.

De l'autre côté, au sud de la rivière d'Oullins, cette même moraine frontale, en suivant assez régulièrement la même ligne courbe, se prolonge sur la côte de Lorette, sur la colline de Beauregard et des Barolles ; puis elle franchit la route de Brignais, et on continue à la suivre dans la même direction sur les plateaux de Vourles, de Charly et de Millery, pour arriver près du Rhône.

Entre Millery et Givors, on en perd la trace par suite de l'action des masses d'eau qui ont coulé par la vallée du Garon et dont nous allons nous occuper bientôt.

La limite de cette grande moraine est très régulière et se laisse facilement déterminer. En l'étudiant d'une manière complètement indépendante, M. le docteur Magnin et nous, nous l'avons tracée d'une façon identique sur nos cartes d'excursions (1). Pour se rendre compte de sa disposition générale il suffit de jeter les yeux sur notre carte, feuille de Lyon.

Nous connaissons donc deux points importants : nous sa-

---

(1) *Recherches sur la géographie botanique du Lyonnais*, p. 84.

vons que la Saône a été barrée par le glacier alpin entre Serin et Vaise et qu'à partir de ce point le glacier lui-même a déposé sa moraine frontale à l'ouest et à une petite distance de la rive droite de la Saône et du Rhône.

Cherchons à déterminer maintenant quelle a été l'influence de ces faits sur nos cours d'eau.

ANCIEN COURS DE LA SAÔNE. — Ne pouvant plus s'écouler facilement au sud, les eaux de la Saône ont reflué sur elles-mêmes. Puis elles se sont étalées dans la vallée du ruisseau d'Ecully à l'ouest de Vaise pour franchir le seuil de la Demi-Lune (217 mètres, 223 mètres) continuer et leur cours par la vallée de Tassin, de Francheville, où coulaient déjà l'ancien ruisseau de Charbonnières et celui d'Izeron.

M. Tardy, qui a fait une étude attentive des terrains tertiaires et quaternaires des environs de Lyon et de la Bresse admet comme nous que la Saône a dû passer par la vallée de Tassin (1).

Toutes les eaux qui descendaient des montagnes lyonnaises, se réunissaient donc à la Saône, à l'ouest de notre ville, au moment de la plus grande intensité du phénomène glaciaire, pour se diriger vers le Rhône par la vallée d'Oullins, où passe encore la rivière d'Izeron. Mais la disposition des moraines frontales au nord et au sud de cette vallée nous prouve que ce dégorgeoir a été fermé en grande partie pendant quelque temps par le glacier.

Dans ces conditions la Saône et ses affluents, grossis encore par les eaux de fonte des glaces arrêtées sur les collines de Fourvière et de Sainte-Foy, profitèrent d'un léger accident du sol pour s'ouvrir un passage par la vallée de Beaunant qu'ils élargirent énormément et qui ne laisse aujourd'hui circuler aucun ruisseau. Après avoir dépassé la vallée de Beaunant

---

1 *Bull. Soc. géolog.* 3ᵉ série, t. V, p. 731, 1877.

ces masses d'eaux pénétrèrent dans celle de Brignais pour aller rejoindre le Rhône en suivant le cours actuel du Garon. Les dimensions grandioses des vallées d'Écully, de Francheville, d'Oullins, de Beaunant, de Brignais, s'adaptent très-bien avec le système hydrographique que nous venons d'esquisser, car il faut reconnaître que le volume des eaux de la Saône glaciaire devait être bien plus considérable que celui de la Saône que nous voyons de nos jours.

D'ailleurs une tradition très populaire à Lyon fait passer anciennement la Saône par les vallées que nous venons d'indiquer. Seulement au lieu de faire intervenir un glacier pour modifier le cours actuel de la rivière, on suppose que c'est le rocher de Pierre-Scize, réuni encore à celui de Serin, qui avait servi d'obstacle. Pour nous, nous recourons plus volontiers à l'influence des glaces, car nous regardons la crevasse de Pierre-Scize comme une conséquence du soulèvement du Mont-d'Or. Elle serait donc bien antérieure à l'époque glaciaire et au creusement de nos vallées quaternaires. Les alluvions du glacier alpin l'auraient une première fois comblée, lorsqu'elles s'étendaient jusqu'aux montagnes du Lyonnais. Puis les eaux d'une ancienne Saône devenues plus limpides, s'y seraient ouvert un passage en emportant les graviers qui l'obstruaient; enfin le glacier lui-même l'aurait obstruée momentanément et aurait forcé ainsi la rivière à suivre un autre tracé. A la fonte du glacier, se serait établi pour notre contrée le régime hydrographique actuel.

ERRATIQUE DES COLLINES LYONNAISES. — Après avoir fait connaître les limites extrêmes du glacier alpin dans les environs de Lyon, en suivant la courbe de ses moraines frontales, et après avoir indiqué l'influence de l'extension des glaces sur les allures de nos rivières, il nous reste à dire quelques mots sur le terrain erratique lui même.

Sur le plateau de la Croix-Rousse, la boue à cailloux striés formait une nappe à peu près régulière. Ainsi chaque fois qu'on attaque le sol on rencontre des blocs erratiques ou simplement la boue glaciaire.

Les calcaires blancs des chaines secondaires ont fourni le contingent le plus considérable à la masse des blocs erratiques. Pour se rendre compte de ce fait, on n'a qu'à visiter la chambre d'emprunt du chemin de fer (**Fig. 89**) de Sathonay au nord de Caluire.

(Fig. 89.)

Au pied des maisons de Cuire et de Caluire on voit aussi un grand nombre de blocs du jurassique supérieur ou du néocomien employés comme chasse-roues. Il y a quelques années, nous avons même engagé M. Bonnet, ingénieur en chef de la voirie municipale, à faire disposer en pyramide quelques gros blocs de calcaires au milieu d'une des pelouses de l'ancien Jardin des Plantes.

Parfois ces fragments sont très volumineux; en établissant le plan incliné du chemin de fer de la Croix-Rousse, on en a découvert un de 34 mètres cubes.

Une autre roche très abondante à la Croix-Rousse est une espèce de cargneule triasique, cloisonnée, d'un aspect spécial, d'une couleur grisâtre et différant complètement de celle de nos montagnes.

De ce que ces espèces sont les plus abondantes, il ne faut pas conclure que les autres roches des Alpes fassent défaut : on en retrouve la série presque complète : les fossés et les talus du fort Montessuy en montrent une belle collection, que nous avons retrouvée plus au nord, lorsqu'on a creusé les mamelons des Mercières et de la Pape, au nord de Caluire, pour y établir des redoutes, en 1870.

Ce terrain erratique a tant de rapports avec le terrain glaciaire de certaines parties des Alpes, où se trouvent des formations calcaires et des roches de cristallisation, comme près de Rosenlauï et de Grindelwald, qu'on aurait de la peine à à les distinguer. A ce propos on nous permettra de rappeler que lorsque Dollfus-Ausset vint visiter les travaux du fort Montessuy accompagné de son guide chef, ce montagnard ne put s'empêcher de ressentir une émotion profonde en reconnaissant sur nos collines un terrain semblable à celui que les glaciers déposaient chaque année près de son chalet (1).

Sur le plateau de Fourvière le terrain erratique est très développé. Le fort et, le cimetière de Loyasse sont en partie établis sur la boue glaciare, et lorsqu'on a creusé les fondatons de la nouvelle église de Fourvière, on a profondément attaqué ce terrain. Les blocs ne dépassaient pas le volume de quelques mètres cubes, mais ils étaient très nombreux.

A Sainte-Foy, à Oullins, le terrain erratique offre les mêmes caractères; mais à Saint-Genis quelques blocs de granite sont remarquables par leur grosseur. Nous avons dessiné

(1) Ante, Ier vol. p. 484. — *Ann. de la Soc d'agr.* t. X, p. 368.

dans notre catalogue la pierre de Saint Nicolas (Fig. 90)

(FIG. 90.)

et la Pierre Souveraine (Fig. 91). Ce dernier bloc offre le plus grand intérêt sous le rapport historique, car on prétend qu'après la sanglante bataille de Brignais, livrée en 1362, contre les Malandrins, les Routiers et les Grandes-Compagnies, le prince Jacques de Bourbon et son fils y furent déposés, mortellement blessés, avant d'aller expirer à Lyon; mais au point de vue géologique ce gros fragment de roches est

(FIG. 91)

très remarquable. On le prendrait d'abord pour un morceau

détaché du grand filon de granite qui passe à Saint-Genis, mais cette opinion ne peut être acceptée, car ces deux granites sont de nature différente, et de plus ce bloc est à moitié enfoui dans la boue glaciaire qui repose elle-même sur l'alluvion ancienne étalée sur des roches anciennes, granites et micaschistes. Si l'on n'admettait pas pour ce bloc un transport par les anciens glaciers, il faudrait expliquer comment il aurait pu remonter depuis le niveau des affleurements de granite jusque sur le plateau élevé que forment les terrains quaternaires, et le problème serait plus difficile ! D'ailleurs dans le terrain erratique de Barolles on trouve bien d'autres blocs de granite et de protogine, associés à toutes les roches des Alpes.

Il est bien plus simple de penser que tout ce terrain a été charrié de la même manière. Du reste, en parcourant le Dauphiné nous avons bien trouvé d'autres blocs plus volumineux, et nous n'avons pas hésité à leur attribuer une origine glaciaire. Comparées à la pierre de la Mule du Diable d'Artas, la Pierre-Souveraine et la pierre de Saint-Nicolas de Saint-Genis perdent bien de leur importance.

En Dombes nous citerons d'autres blocs également plus volumineux, et disposés dans des conditions analogues.

A Vourles, à Millery, à Charly, le terrain erratique ne nous a présenté aucun caractère particulier. En parcourant ces communes nous n'avons vu aucun gros bloc. Sans doute les plus volumineux ont été exploités comme matériaux de construction, pour être utilisés dans un pays où le sol n'est composé que de gravier et de sable.

CHAPITRE XIII

LES DOMBES

Plateau des Dombes, allures générales et bassins principaux. — Les moraines frontales sont perpendiculaires à la poussée du glacier. — Influences des moraines et des alluvions gla. claires sur la perméabilité du sol. — Difficultés d'observations. — Boue glaciaire intercalée au milieu des alluvions glaciaires. — Limites de l'alluvion glaciaire à l'ouest, à l'est et au nord. — Preuves de l'existence d'un lac au pied de la chaîne beaujolaise. — Ancien lac de la Bresse. — Moraines frontales, moraines de retrait. — Paysage morainique. — Placards de terrain erratique contre les balmes orientales du plateau des Dombes, glissements, fausse apparence de deux terrains erratiques. — Boue glaciaire, couches stratifiées, refoulement des couches, blocs erratiques. Fossiles du terrain erratique des Dombes. — Rapports entre les fossiles de nos moraines et ceux du terrain erratique de la Haute-Italie.

PLATEAU DES DOMBES. ALLURE GÉNÉRALE ET BASSINS PRIN-CIPAUX. — Le plateau des Dombes est le plus grand lambeau d'alluvions glaciaires qui a été épargné près de Lyon par les érosions anciennes.

Dans son ensemble, la pente de sa surface se prononce légèrement du côté du nord-ouest, à contre-sens de l'inclinaison du cours de la Saône, qui descend du nord au sud, et de celui de la rivière d'Ain, qui s'écoule vers la même direction, c'est-à-dire que la surface des Dombes forme une anomalie au milieu de l'allure générale de la grande vallée de Saône comprise entre les montagnes du Beaujolais et la chaîne du Jura.

Cette disposition orographique qui est du reste, comme nous l'avons déjà fait voir, en parfait rapport avec l'origine et le mode de formation de cet immense plateau caillouteux, explique clairement pourquoi les petites rivières qui le sillonnent, la Chalaronne, le Renon, la Veyle, la Reyssouze, coulent, pour ainsi dire, en sens inverse de la grande rivière dans laquelle elles vont se jeter.

Sur le rebord occidental de ce plateau, au-dessus de la falaise qui domine le cours de la rivière d'Ain, le sol est en moyenne plus élevé qu'à l'extrémité du triangle bressan, puisque sa surface se maintient en moyenne entre 310 mètres et 320 mètres depuis le Bourg Saint Christophe, au-dessus de Meximieux, au midi et jusque près de Dompierre et Druillat, au nord. Il y a même des cotes qui atteignent des altitudes bien plus élevées. Nous avons noté celles de 325 mètres, 329 mètres, entre Crans et Châtillon-la-Pallud, celles de 337 mètres au-dessus de Priay, celle de 339 mètres au pavillon des Vignes à Chalamont, et même celle de 377 mètres au mont Margueron, à l'ouest de Druillat. Près de Lyon les cotes de 310, 320 sont des exceptions. Cette disposition du sol ne fait que confirmer notre manière de voir sur la topographie générale de l'ancien cône de déjection dont le plateau bressan n'est qu'un lambeau, car, pour comprendre le véritable rapport de ces cotes élevées avec la surface primitive des alluvions glaciaires, il faudrait les comparer non pas avec les altitudes du plateau de Sathonay, de Rillieu, de Vancia, qui se trouvent bien trop à l'ouest, dans une région où le sol était déjà très-abaissé, mais plutôt avec le niveau que ces alluvions devaient atteindre avant leurs érosions entre les rochers de la Balme et de Crémieux et la côtière de Miribel et de la rivière d'Ain. Nous avons dit que la surface des alluvions glaciaires pouvait s'élever jusqu'à près de 400 mètres à à l'ouverture de la vallée du Rhône de 380 à 390 mètres (1).

De cette manière tout s'harmonise ; les cotes les plus élevées se raccordent avec l'allure primitive de la surface de l'ancien cône de déjection.

---

(1) Ante, t. II, 2ᵉ sect., ch. XI. *Ann. Soc. d'Agr.*, 5ᵉ sér., t. II p. 320.

Mais si cette pente N. O. est la plus générale, il ne faut pas en conclure qu'elle est la seule qu'on puisse déterminer sur ce plateau. Depuis 1838, M. le professeur Fournet a signalé (1) l'existence d'une sorte de dorsale peu accentuée qui partage en deux bassins principaux les eaux de la partie sud-est des Dombes. Cette espèce de bourrelet se dirige du S.-O. au N.-E., presque parallèlement à la côtière qui domine le cours du Rhône et de l'Ain, depuis le Mas-Rilliez jusqu'en face de Pont-d'Ain. Comme cette dorsale se trouve sur le prolongement de la faille de Curis-Poleymieux-Limonest au Mont d'Or, notre ancien professeur pensait que cette ligne anticlinale pourrait bien être « le résultat de la double action du diluvium et des mouvements de l'écorce terrestre. » On ne peut nier cette configuration du sol, c'est elle qui motive la direction N.-O. S.-E. de plusieurs petites rivières, le Durlet, le bief de Janet, le Gardon, le Toison, etc., qui se jettent dans la rivière d'Ain, le Longerent, qui se perd sous Meximieux, dans les sables de la Valbonne ; le Cotey et la Sereine, qui sont des affluents du Rhône. Mais nous pensons que la formation de cet accident topographique ne peut être attribuée qu'à l'action de la rivière d'Ain, lorsqu'elle a commencé à entamer les alluvions glaciaires pour y creuser son lit, car nous n'avons aucun fait pour prouver que des mouvements orographiques se sont produits depuis les temps quaternaires, près de Lyon. Rien ne paraît avoir troublé les rapports qui existaient entre les couches relevées du Mont-d'Or lyonnais et les terrains modernes déposés à leur pied.

Il est bien plus simple de regarder cette dorsale comme un bourrelet séparant deux bassins dont l'un serait formé par la pente générale du pays et l'autre par des érosions diluviennes Nous pensons même que quelques dépôts morainiques ont

---

(1) *Bull. Soc. géol.* 5e session de Lyon, 1859 et *Géolog. lyonn.* 1862. Ann. Soc. d'agric. de Lyon

donné encore un peu plus de relief à cet accident topographique.

A l'exemple de M. le docteur Magnin (1), nous reconnaissons dans les Dombes un troisième bassin parfaitement délimité, mais peu étendu, le bassin du marais des Échets, qui autrefois était un lac sans écoulement.

Ce bassin a pour nous un intérêt tout particulier, car nous ne pouvons nous empêcher de croire qu'il faut le considérer comme le résultat de l'action de nos anciens glaciers. En effet, comme le dit le docteur Magnin, le bassin des Échets est limité au nord par les moraines de Mionnay, à l'ouest par la moraine qui s'étend des Échets au bois Rozet et à Vancia, au sud par le rebord même du plateau, et enfin à l'est par les hauteurs situées entre Tramoye et la Saulsaie, qui sont aussi couvertes de terrain erratique.

Les moraines qui limitent à l'ouest le bassin des Échets, au lieu de former à elles seules tout le relief qui borne la cuvette de ce côté, ne sont plutôt que des placards appliqués contre des masses d'alluvions glaciaires ou des bourrelets disposés au-dessus du plateau qui s'étend à l'ouest des Échets et dont le niveau se relie à celui de l'autre plateau qui se développe à l'est, au nord et au sud du marais. On ne peut donc pas soutenir que ce sont les moraines de Mionnay et des Bruyères elles-mêmes qui constituent le rebord occidental de ce bassin; mais elles ont contribué à lui donner plus de relief.

Il est plus probable que cette dépression avait déjà été façonnée avant l'arrivée du glacier par les eaux de fonte qui creusaient, qui sillonnaient toutes les Dombes, et qu'ensuite le dégorgeoir de ces eaux a été obstrué par de nouvelles alluvions et par des dépôts morainiques, lorsque cette cuvette était occupée par le glacier lui-même.

Aujourd'hui la tranchée qui fait communiquer le marais des

_____

(1) *Recherches géolog. botan. et statis. sur l'impaludisme dans les Dombes* etc. p. 13, 1876.

Echets avec la vallée de la Saône est un déversoir artificiel qui a été commencé en 1841 par le duc Philippe de Savoie et qui n'a été achevé entièrement que dans les premières années de ce siècle.

LES MORAINES FRONTALES SONT TOUJOURS PERPENDICULAIRES A LA POUSSÉE DES GLACES. INFLUENCE DES MORAINES ET DE L'ALLUVION SUR LA PERMÉABILITÉ DU SOL. — Nous n'avons pas à faire ressortir l'importance de ce travail qui a entamé une colline sur une profondeur d'environ 30 mètres et qui a livré à l'agriculture une surface de près de 2,000 hectares; mais nous dirons seulement que la direction des moraines qui limite le bassin au nord-ouest se trouve exactement perpendiculaire à la poussée de l'ancien glacier alpin, et nous avouerons qu'avant l'achèvement du tracé de notre carte, cette position des moraines des Echets nous avait paru bien étrange, car nous pensions qu'en face de l'ouverture de la vallée du Rhône en Bugey, près de Lagnieu, vallée que le glacier avait dû suivre, la poussée des glaces se dirigeant vers Lyon avait dû être directement de l'est à l'ouest. Nous ne nous figurions pas alors ce magnifique épanouissement du glacier alpin sur le plateau des Dombes qui a fait rayonner, comme les plis d'un éventail, les poussées des diverses masses de glace. On n'a qu'à jeter les yeux sur notre carte et l'on verra que les moraines des Echets, quant à leur disposition, se trouvent en harmonie avec les autres moraines des environs de Lyon et des Dombes qui sont toutes déposées selon des lignes perpendiculaires aux grands traits rouges qui indiquent le sens de la progression de notre ancien glacier.

De même que c'est une moraine qui a contribué à isoler le bassin des Échets, c'est aussi la boue argileuse de la moraine profonde du glacier alpin qui, en partie, a rendu imperméable cette vaste cuvette de gravier.

D'ailleurs ce phénomène est très fréquent dans toutes les Dombes ; c'est la boue glaciaire, dépendant de la moraine profonde de l'ancien glacier, qui a contribué à l'établissement des nombreux étangs qui couvrent presque toute la surface de cette région. En effet dès qu'on a franchi les anciennes moraines frontales, dès qu'on se trouve en dehors du périmètre occupé par le glacier alpin, on voit subitement disparaitre les étangs. En 1868 nous constations déjà ce fait (1) Seulement aujourd'hui nous sommes moins exclusifs que nous ne l'étions alors. Nous adoptons en partie l'opinion de M. Benoît sur son limon jaune, et à l'influence de la boue glaciaire nous joignons celle de l'argile qui provient de la décomposition des couches superficielles de l'alluvion glaciaire. Quel est le rôle de chacun de ces terrains pour rendre les Dombes imperméables ? nous ne saurions exactement le préciser. Pour arriver à un résultat sérieux il faudrait sans doute se livrer à une étude détaillée du sol de chaque étang, ce qui serait en dehors de notre programme ; mais nous ne pouvons nous empêcher de reconnaître cette triple cause.

En Bugey, dans les environs de Belley, dans un pays découpé par les failles, les lacs, les tourbières, les marais sont très nombreux, et nous n'avons pu expliquer la stagnation de ces masses d'eau que par l'influence de la boue glaciaire qui rend imperméable chaque dépression du sol. Ces petits lacs apparaissent à tous les niveaux, et l'alluvion glaciaire n'est établie que dans le fond des vallées ; son action est donc nulle ou du moins très restreinte. Mais en Dombes les faits sont différents ; l'alluvion glaciaire est le terrain dominant, c'est celle qui supporte toujours la boue glaciaire, de telle sorte que l'argile qui résulte de sa décomposition doit combiner son influence à celle du terrain erratique lui-même. Il ne faut pas

---

(1) Rapport à M. Belgrand. *Bull. Soc. géol* 1868, p. 374.

oublier que ces phénomènes de décomposition sont très importants ; nous les avons étudiés d'une manière spéciale en décrivant les alluvions glaciaires.

Pour le moment nous ne pouvons entrer dans plus de détails sur les terrains des Dombes ; des renseignements plus complets seront mieux à leur place dans le chapitre consacré au lehm et aux terrains qui leur sont subordonnés. Il nous suffit de constater que les anciennes moraines du plateau bressan ont eu dans cette région la même influence que dans le Bugey sur le régime des eaux.

DIFFICULTÉS D'OBSERVATION. — L'uniformité du sol des Dombes en rend l'étude très monotone et surtout très difficile. Les coupes naturelles sont très rares, toujours très incomplètes ; généralement on ne peut apercevoir que la surface du sol et ne voir qu'un seul terrain, sans pouvoir découvrir ses relations avec les formations sous-jacentes. Il faut profiter de tous les creusements, de tous les travaux de déblais entrepris dans cette vaste plaine, et malheureusement ils sont très rares. Ainsi, avant qu'on ait commencé à creuser les fossés du fort de Vancia, et qu'on ait fait les travaux de la route du Mas-Rilliez à Miribel, il nous était impossible de savoir que le signal du Gras était une butte morainique recouverte par une épaisse couche de lehm et déposée elle-même sur des alluvions glaciaires. Nous n'avions également aucune idée des fossiles remaniés qui pouvaient se trouver soit dans les sables et graviers glaciaires, soit dans la partie inférieure de la boue à cailloux stiés. Ce sont les tranchées du chemin de fer de Bourg qui nous ont également appris à connaître la disposition des terrains des environs de la Croix-de-Bussy et du plateau du Vernay. Ce sont les travaux de déblai entrepris pour établir en 1870 les redoutes des Mercières qui nous ont montré, sur un nouveau point, les

relations qui existent entre l'alluvion, le terrain erratique
proprement dit et le lehm, en nous révélant en même temps la
présence de blocs erratiques énormes dans des espaces où
l'on n'avait vu auparavant qu'une immense étendue de terre
végétale. Autrefois on avait utilisé de la même manière les
travaux du fort de Montessuy. C'était pour leur montrer les
coupes des talus des fossés que Fournet y avait conduit
Blanchet, Dollfus-Ausset, Ed. Collomb et bien d'autres géologues.

Puits du Plantay. Boue glaciaire intercalée au milieu
des alluvions. — En 1864 on a creusé un puits large et profond à la trappe du Plantay, au .milieu des Dombes, et le fo-
rage de ce puits nous a montré des faits très curieux. On a
d'abord traversé une couche de terre végétale ou de limon,
puis un ensemble d'une sixaine de mètres de gravier, de sable, et enfin on a attaqué le terrain erratique normal, à cailloux
striés. Cette formation devait reposer sur une première masse
d'alluvions glaciaires.

L'examen de la surface du sol ne pouvait donner aucun indice pour permettre de prévoir cette disposition des couches profondes.

Cette intercalation de terrain à cailloux striés au milieu
de deux masses d'alluvions, ne nous prouve pas l'existence
de deux périodes glaciaires, mais simplement un mouvement
de recul des glaces pendant lequel des alluvions nouvelles
seraient venues recouvrir la moraine abandonnée par le glacier. Après cette oscillation dont nous ne pouvons connaître
l'amplitude, mais qui ne doit être qu'un phénomène restreint
particulier, puisqu'on n'en retrouve des traces nulle autre
part, les glaces ont repris leur marche régulière. En avant
de tous les glaciers actuels on peut constater des enchevêtrements analogues, résultant de la même cause.

LIMITES DE L'ALLUVION GLACIAIRE A L'OUEST, A L'EST ET AU
NORD. — PREUVE DE L'EXISTENCE D'UN LAC AU PIED DE LA
CHAINE BEAUJOLAISE. ÉQUILIBRE DES DIVERS GROUPES D'ALLU-
VIONS. — Après avoir décrit la disposition générale de l'alluvion glaciaire en Dombes, sa légère pente vers le N.-O., la
division de sa surface en plusieurs bassins, ses rapports avec
le terrain erratique proprement dit, il convient de chercher à
en retrouver les limites.

Du côté de l'ouest le cône de déjection s'avança progressivement vers les montagnes du Beaujolais, mais il ne tarda
pas à rencontrer les alluvions glaciaires de l'Azergues et des
autres rivières qui descendaient des fleuves de la chaîne
beaujolaise.

Ces deux systèmes d'alluvions se confondirent, se mélan-
gèrent sur leurs bords, s'enchevêtrèrent. Malheureusement
les érosions de la Saône se sont produites généralement sur
leur ligne de contact, de telle sorte qu'il est devenu impossible de délimiter exactement aujourd'hui leurs contours. Cependant sur plusieurs points nous avons pu constater un mélange de roches des Alpes et de roches du Beaujolais. Déjà
en 1858, M. Benoît (1) a fait connaître une de ces localités
en décrivant la vallée de la Chalaronne. Nous en avons étudié d'autres au midi de Châtillon, à Guéreins, à Genouilleux.
Nous en avons également observé sur la rive droite de la
Saône, dans les environs de Blaceray, et tout le long de la
côte qui domine la vallée de la Saône.

Les alluvions alpines arrivant de l'est et les alluvions beaujolaises arrivant de l'ouest, à la rencontre les unes des autres,
n'ont pas tardé à se faire équilibre. Sans doute les moins
importantes, les alluvions beaujolaises, ont été refoulées à
l'ouest, mais leurs niveaux réciproques ont dû se maintenir

(1) *Bull. Soc. géol.* 2ᵉ série. t. XV, p. 331.

en parfait équilibre. Aussi de chaque côté du chenal que la Saône s'est creusé, nous retrouvons pour les alluvions des altitudes correspondantes, altitudes qui de part et d'autre vont toujours en s'abaissant vers le nord, conformément à l'allure générale du plateau des Dombes. Ainsi les cotes de 300 mètres des environs de Vancia et des Echets, se retrouvent à l'ouest pour les plateaux d'alluvions, qui se développent sur les deux rives de l'Azergues, près de Dommartin et au-dessus de Chessy. Les plateaux qui s'allongent au pied de la chaîne beaujolaise, à l'ouest de Villefranche (270 mètres), correspondent aux plateaux de Savigneu, de Cibeins (269 mètres), et M. Arcelin (1) a retrouvé cette même cote (270 mètres) pour les alluvions glaciaires du Mâconnais, celles de la vallée de l'Orlois par exemple. Du reste cette altitude s'observe également près de Bourg. De Bourg à Vancia, dans l'intérieur de la Dombes, le niveau se maintient toujours plus élevé. Il y a une double pente vers l'ouest.

A l'ouest, les alluvions alpines ont donc été barrées par celles du Beaujolais; à l'est, avant les érosions, les montagnes du Bugey leur opposaient une digue insurmontable.

Mais au nord, où l'espace était ouvert, jusqu'où s'étendent-elles? M. Benoît (2) les a suivies jusqu'au delà de Marboz, au nord de Bourg. Il ajoute même « que du rivage jurassique de Coligny jusqu'à la Saône, la Bresse offre une large bande transversale où on ne trouve aucun caillou. Ceux qu'on rencontre plus au nord, proviennent des Vosges et du plateau central. » Malgré son importance, cette délimitation des alluvions anciennes alpines n'est pas encore tracée avec la précision désirable, au nord de Bourg; mais nous espérons que pour dresser les feuilles de la carte géologique de France,

---

(1) Les formations tertiaires et quaternaires des environs de Mâcon, p 63 1877.
(2) Bull. Soc. géol. 2ᵉ série, t. XV, p. 829.

M. Benoît et M. Delafont résoudront ce problème d'une manière satisfaisante, en indiquant les cantonnements principaux des alluvions des Alpes et de celles des Vosges et du
plateau central.

Ancien lac de la Bresse. — On a souvent dit que les
alluvions de la Bresse s'étaient déversées dans un grand lac ;
mais comme, en étudiant avec soin la masse de ces alluvions,
nous n'avons trouvé que sur un seul point, au pied des montagnes beaujolaises, une disposition qui pût nous rappeler
l'allure des couches d'une terrasse *sous-lacustre*, nous aimons mieux supposer que le Rhône et la rivière d'Ain, au
débouché des montagnes du Bugey, ont charrié et déposé
successivement leurs alluvions dans une vaste plaine basse et
marécageuse, formée des terrains pliocènes inférieurs, qui
s'étendait depuis les montagnes calcaires du Bas-Dauphiné
jusqu'aux gneiss du Lyonnais. Cette masse d'alluvions, s'augmentant toujours, encombra notre vallée et finit par y établir une sorte de barrage transversal, comme on en voit
se créer si souvent dans les hautes vallées par les cours
d'eau qui y débouchent latéralement.

L'effet de ce barrage, de cet encombrement, que nous avons
déjà regardé, comme un *cône de déjection très surbaissé* et *très
étendu*, fut de faire refluer les eaux de la Saône vers le nord,
et de former un lac dont le niveau s'élevait à mesure que la
masse des alluvions prenait plus de développement. Sur l'arête
de déversement, une partie des eaux de la rivière d'Ain et du
Rhône se séparant de la masse principale qui continuait
son cours vers le midi, devait s'écouler dans ce lac, à la formation duquel la contrée se prêtait si bien. En effet, en amont
de cette accumulation de graviers alpins, il y avait une vaste
cuvette parfaitement circonscrite, fermée de toutes parts et
d'où les eaux ne pouvaient s'échapper qu'à partir d'un

niveau assez élevé. Ces déversoirs ne pouvaient être que
les cols et les vallées qui ont été mis à profit depuis, pour
l'établissement du canal du Rhône au Rhin, et des deux autres
canaux du Centre et de la Bourgogne. Il est même très remarquable de voir que les points de partage des eaux de ces
trois canaux se trouvent presque en rapport avec le niveau
des alluvions glaciaires pris au fort de Vancia, près de Lyon,
où elles atteignent l'altitude de 315 mètres (vers la Balme
et Crémieu leur niveau devait même être plus élevé). Ainsi
pour le canal de Bourgogne ce point de partage est, à la cote
la plus forte, de 365 mètres ; pour le canal du Rhône au
Rhin, elle n'atteint pas 350 mètres, enfin pour le canal du
Centre, elle ne dépasse pas 309 mètres et reste inférieure à
celle de Vancia.

Le col franchi par le canal du Centre a donc pu servir de
dégorgeoir à une partie des eaux du lac de la Bresse, qui devait
ainsi se rendre dans le bassin de la Loire. Cet état de choses
fut de courte durée, car la Saône ne tarda pas à se creuser
de nouveau un lit en érodant les alluvions glaciaires au pied
du Mont-d'Or.

Lorsque ce lit fut obstrué, vers le rocher de Pierre-Scize et
vers Fourvière, par le front du glacier alpin, cette rivière put
se frayer un passage plus à l'ouest, comme nous l'avons
déjà dit, et continuer à servir à l'écoulement du lac burgon-
do-bressan.

Après la fonte du grand glacier, la Saône reprit son cours
primitif en passant par Lyon même et creusa son lit d'une
manière suffisante pour le mettre au niveau de celui du Rhône
qui continuait à s'abaisser.

Les eaux du lac bressan diminuèrent progressivement, et à
la place de cette masse d'eaux stagnantes, il n'y eut plus
qu'une rivière grossie par l'apport de tous ses tributaires.

La grande section de la vallée où elle passe de nos jours,

nous prouve que cette ancienne Saône devait avoir un volume considérable; mais le climat devint plus sec, le lac se tarit, et cet énorme cours d'eau se transforma petit à petit en cette paisible rivière dont César admirait la tranquillité et qui fait le charme le plus doux des campagnes lyonnaises.

TERRASSES SOUS-LACUSTRES AU PIED DE LA CHAINE BEAU-JOLAISE. — Si nous refusons de croire que le Rhône et la rivière d'Ain ont laissé tomber leurs alluvions dans un lac à eaux profondes, ouvert à leur sortie des montagnes du Bugey, nous n'en supposons pas moins l'existence d'un lac dans les conditions que nous venons d'indiquer, et par conséquent nous sommes tout disposés à admettre sur certains points, la formation de terrasses sous-lacustres, lorsque les dispositions topographiques s'y prêtaient. Nous en avons même découvert un magnifique exemple en visitant les gravières de Grammont, commune de Blacé, au nord de Villefranche à 3 ou 4 kilomètres à l'est des montagnes du Beaujolais. La coupe était si nette que nous l'avons fait photographier et le dessin ci-contre (Fig. 92) n'est que la reproduction d'une des photographies.

(FIG. 92.)

Le talus de cette gravière représentait toutes les disposi-

tions de couches que M. Colladon a signalées en décrivant (1)
les tranchées qui ont été ouvertes en 1870 dans la terrasse
d'alluvions sur laquelle est bâtie la ville de Genève et qu'il a
fait photographier pour en communiquer des épreuves à
l'Académie des sciences.

A Grammont, comme à Genève, il y a à la base de la cou
pure, une série de couches inclinées sous un angle de 45° en
viron et sensiblement parallèles les unes aux autres. Ces
couches sont formées tantôt par du sable fin, tantôt par un
mélange de sable et de gravier. Le grand axe des galets est
toujours parallèle à l'inclinaison des couches. Les couches
paraissent plonger à l'ouest du côté des montagnes du Beau
jolais.

Les éléments de cette alluvion sont mixtes et proviennent
soit des Alpes, soit des montagnes voisines; les cailloux alpins sont bien arrondis ; les fragments de roches beaujolaises
sont mal roulés, mais ils constituent la masse principale de ce
terrain de transport. Les graviers et les sables sont lavés et
privés de tout limon, et les fragments sont généralement
triés d'après leur grosseur ou leur densité.

Si on s'en rapporte aux études faites par M. Dausse (2) et
M. Colladon, on ne peut hésiter à regarder cette sablière
comme le reste d'une terrasse sous-lacustre dont les éléments
ont été charriés dans un lac par un cours d'eau qui coulait du
sud-est au nord-ouest dans le même sens que les rivières des
Dombes et qui entraînait avec des fragments de roches locales, schistes, granites, mélaphyres, gangues quartzeuses de
filon, une certaine quantité de roches des Alpes. Ce lac ou
plutôt ces eaux dans lesquelles se déposait cette terrasse
n'étaient qu'une partie du grand lac de la Bresse, compris en-

---

(1) Archives des sciences phys. et nat. 1870. t. XXXIX — M. Stanislas Meunier : *Les causes
actuelles en géol.*, p. 200.
(2) *Bull. Soc. géol.* 1866 et 1868.

tre la chaîne beaujolaise et les amas d'alluvions qui s'accumulaient à l'est de l'autre côté de la vallée, en refoulant les eaux devant elles.

Pour compléter la similitude qui existe entre la coupe de la gravière de Grammont et celles des tranchées de Genève, toutes les strates inclinées de ce *cône edremblai* s'arrêtent uniformément à un plan horizontal formé par des couches de gravier et de sables, composées, comme les inférieures, d'éléments alpins et de roches beaujolaises. Dans ce système de nappes horizontales les grands axes des galets sont de même parallèles à la direction des couches.

Le niveau du lac nous est donné par le plan de partage entre les couches inclinées et les couches horizontales. Ce plan est approximativement à la cote de 275 mètres et correspond au rebord du plateau bressan qui apparaît de l'autre côté de la Saône.

Une fois que le remblai formé par les couches inclinées eut atteint le niveau supérieur du lac, il parut un *delta* sur lequel le cours d'eau, qui avait charrié les premiers sables, continua à couler en abandonnant une nouvelle alluvion qui se répandit sur cette plaine en couches à peu près horizontales. Ainsi s'explique l'arrangement de ces deux groupes d'alluvions.

Nous avons essayé de représenter la disposition des ces alluvions sur le schéma suivant (Fig. 93).

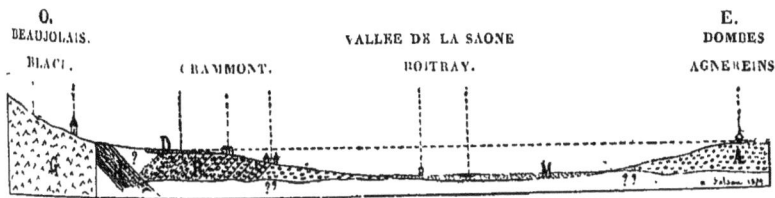

(Fig. 93.)

À gauche de la coupe schématique de la vallée de la Saône

on voit les schistes anthracifères H venir butter avec une forte inclinaison contre les granites et les porphyres G de la chaîne beaujolaise. Ces schistes sont recouverts par le cône de remblai R, qui s'est formé dans le lac dont nous venons de parler. Sur ces couches inclinées de sable et de gravier s'étalent des bancs horizontaux de sable D, qui devaient s'avancer dans ce lac comme un delta et dont le niveau supérieur (275 mètres) se relie avec celui des contreforts du plateau des Dombes A, à Villeneuve, Agnereins (274 mètres, 285 mètres). Avant les érosions qui ont creusé la vallée de la Saône, les alluvions des Dombes s'étendaient jusque vers les montagnes du Beaujolais, et la surface de ce plateau est représentée par la ligne pointillée de notre schéma D A.

Il faut ajouter que M. Arcelin (1) a reconnu dans le Mâconnais que les alluvions anciennes de la Mauvaise, de l'Arlois, de la Mouge, de la Petite-Grosne forment des terrasses qui s'élèvent au débouché des vallées à la hauteur de 270 mètres. Voilà donc encore sensiblement le même niveau, apparaissant sur un point assez éloigné, et ce sont là d'excellents points de repère pour retrouver la hauteur à laquelle s'est élevé l'ancien lac de la Bresse.

Sans doute les eaux ont atteint pendant quelque temps une cote plus élevée, en rapport avec celle de 320 mètres qui est celle du barrage formé près de Lyon par les alluvions glaciaires (Vancia, Sainte-Foy, Chaponost), mais ce régime n'a été sans doute que temporaire, et un chenal pour l'écoulement de la partie supérieure du lac de la Bresse n'a pas tardé à se creuser entre Lyon et les montagnes du Lyonnais. La cote de 270 mètres n'en serait pas moins intéressante, parce qu'elle nous indiquerait avec précision un des niveaux auxquels les eaux du lac bressan se seraient longtemps maintenues.

(1) *Les formations tertiaires et quaternaires des environs de Mâcon*, p. 62, 63, 94.

MORAINES FRONTALES. — MORAINES DE RETRAIT. — A mesure qu'elles s'éloignent de la partie méridionale du triangle bressan, les moraines frontales qui étaient encore si nettes à Caluire, à Sathonay, à la Croix-de Bussy, à Vancia, s'effacent et deviennent de moins en moins visibles. Il s'est passé là, dans les Dombes, un fait semblable à celui que nous avons étudié dans le Bas-Dauphiné, au midi de Vienne. Le glacier se dilatant largement dans une vaste plaine ne put déposer des moraines frontales sous forme de bourrelets, comme il l'a fait près de Lyon, en face du débouché de la vallée du Rhône, au delà des montagnes du Bugey, ou encore dans la vallée de la côte Saint-André, près de Thodure. La moraine superficielle était composée d'éléments *très éparpillés* qui ne pouvaient constituer des amas accentués, en tombant ou en glissant à l'extrémité du glacier. Cependant il ne peut y avoir que des erreurs de détail, lorsqu'on veut retracer les limites du plus grand développement des glaces alpines dans les Dombes.

Ainsi nous sommes arrivés au même résultat qu'avaient déjà obtenu MM. E. Benoit et Lory en esquissant dans le *Bulletin de la Société géologique* (1) une petite carte du glacier du du Rhône. A défaut de véritables moraines frontales il faut prendre pour guide la boue à cailloux striés à blocs erratiques.

Mais encore cette boue glaciaire est souvent très difficile à observer, car sur tout le pourtour extérieur du glacier, depuis Sathonay jusqu'à Bourg, comme à Vancia et à la Croix-de-Bussy, une épaisse couche de lehm masque le sous-sol.

Heureusement les tranchés du chemin de fer de Lyon à Bourg par les Dombes ont mis à jour quelques beaux affleu

_____

(1) 2ᵉ série, t. XV, p, 821 et p. 364, 1863.

rements, qui présentaient d'intéressantes coupes de morai
nes, lorsque nous les avons fait photographier. (Fig. 94).

(FIG. 94.)

En voici une qui laisse voir des débris alpins de toutes
grosseurs, disposés confusément dans le talus de la voie
ferrée. Cette coupe est prise près du pont des Mercières au
midi du camp de Sathonay.

En profitant de tous les accidents du terrain on finit par
retrouver de petits affleurements, jusqu'à certaines localités
au-delà desquelles on ne voit plus de boue glaciaire. On cherche à relier ces stations entre elles et on arrive ainsi à tracer
la limite extrême du terrain erratique.

C'est ainsi que nous avons procédé peur dresser notre
carte. Nous n'avons reconnu qu'une localité où la disposition
de la moraine faisait exception. Cette localité déjà vue par
Necker (1) en 1840, a été depuis décrite avec soin par M. E.
Benoît (2) en 1858, c'est la forêt de Seillon près de Bourg.

En effet il y a sous cette forêt une magnifique moraine

(1) Etudes géologiques dans les Alpes. t. I", p. 272.
(2) Bull. Soc. géol, 2ᵉ série, t. XV, p. 332,

frontale qui a été recoupée par le chemin de fer, mais il ne faut pas croire que cette moraine forme à elle seule tout le bourrelet qui est recouvert par le bois de Seillon. Cette moraine n'a fait que donner plus de relief à un accident du sol. Comme partout, la moraine de Seillon est perpendiculaire à la ligne indiquant la direction de la marche du glacier.

Nous pouvons signaler d'autres moraines dans les Dombes, mais comme elles ne sont point situées près des points extrêmes où l'on voit disparaître la boue glaciaire, nous pensons que ce sont des moraines de retrait. Il y en a de très belles près de Saint-Jean de Thurignieux et de Rancé, à l'est de Trévoux. La disposition générale de ces deux moraines paraît s'écarter de l'arrangement normal, leur direction est oblique à celle de l'avancement du glacier. Comparativement à l'immense développement des moraines des Dombes cette anomamalie n'est qu'un détail sans importance. D'ailleurs on ne peut pas se figurer que les contours extrêmes du grand glacier alpin aient été tracés comme avec un compas. Pour une masse de causes il devait y avoir sur quelques points des espèces de festons, des irrégularités peu importantes.

Près d'Ars il nous a semblé voir d'autres lambeaux de moraines; l'église d'Ars est bâtie sur une butte de boue glaciaire.

On pourrait peut-être trouver les vestiges d'une ancienne moraine de retrait en reliant les buttes de terrain erratique qui apparaissent près du château de Montillier, puis à Versailleux et à Chalamont, et d'après M Benoît on pourrait prolonger cette moraine jusqu'à Saint-Nizier le Désert (1).

La colline qui porte le pavillon des vignes à Chalamont, s'élève jusqu'à 339 mètres. Peut-être le sommet de ce cône a été rapporté de mains d'hommes pour lui donner plus d'im-

(1) *Bull. Soc. géol.* 2' série, t. XV, p. 332.

portance et en faire une véritable Poype, mais partout on aperçoit des cailloux striés et des blocs erratiques sur ce bourrelet qui constitue le point culminant de la Dombes, si on laisse de côté la colline Druillat qui atteint la cote de 377 mètres.

Nous serions tentés de signaler un autre bourrelet morainique plus à l'est, d'après des observations que nous avons faites à Pérouge, à Rignieux-le-Franc, à Crans, à Châtillon-la-Palud. Mais nous devons avouer que les formes en sont très indécises. En général des érosions ont modifié la surface du sol et ont rendu très difficile la reconstitution de l'aspect qu'il devait avoir au moment du retrait du glacier alpin.

Paysage morainique. — Cependant quelques localités présentent d'heureuses exceptions à cette monotone uniformité. Ainsi dans les environs du camp de Sathonay, comme près de la Grosse-Pierre-Brune de Rancé, près des gravières de Saint-Galmier, à l'ouest des Échets, près de Chalamont et dans une infinité d'autres stations, les moraines frontales forment encore au-dessus des champs de longues collines souvent parallèles. Les broussailles qui les recouvrent donnent au paysage un caractère particulier qui se reconnaît très vite.

On voit que c'est bien là le paysage morainique tel que M. Desor l'a décrit (1) en parlant de certaines contrées de la Suisse ou de la Haute Italie, dans lesquelles le sol a gardé fidèlement l'empreinte laissée par les anciens glaciers.

Placards de terrain erratique contre les balmes orientales du plateau des Dombes. Glissements, fausse apparence de deux terrains erratiques. — A Meximieux, à Pé-

---

(1) Le paysage morainique, son origine glaciaire, etc. Paris, Sandoz et Fischbacher, 1875.

rouges, à Mollon, à Loye, à Gévrieux et sur plusieurs autres points on voit des placards de terrain erratique adossés contre les falaises de graviers qui dominent le cours du Rhône et celui de l'Ain, à l'est du plateau bressan. Pour expliquer cette disposition, analogue du reste à celle que nous avons signalée à Sainte-Foy et à Lyon même, contre le coteau de Saint-Just et de Fourvière, il faut admettre que la rivière d'Ain et le Rhône ont commencé à creuser leurs lits soit avant, soit pendant l'extension des glaciers alpins sur les plaines des Dombes.

Dans d'autres stations ces placards de terrain erratique paraissent simplement provenir de glissements postérieurs au retrait des glaciers. Le long de la route de Lyon à Genève, depuis Saint-Clair jusqu'à Neyron, par suite de cette disposition du sol, on voit apparaître à mi-coteau, au niveau de la route, des affleurements de boue à cailloux striés et à blocs erratiques, et comme d'autre part on sait que le terrain erratique recouvre le plateau, on pourrait être porté à croire qu'il y a dans les environs de Lyon deux terrains erratiques et que par conséquent deux périodes glaciaires se seraient manifestées dans notre région. MM. S. Gras (1) et Tardy (2) ont soutenu cette hypothèse; mais nous ne pouvons partager l'opinion de ces géologues, car nous sommes persuadés que ce terrain erratique inférieur n'est qu'un accident superficiel, tandis que, si réellement les glaciers étaient venus deux fois jusqu'à Lyon, on pourrait retrouver jusque dans l'intérieur de nos alluvions les traces de leurs dépôts. Précisément c'est le contraire qu'on observe. Nous avons pu facilement nous rendre compte du véritable arrangement de ces terrains quaternaires, en étudiant une vaste sablière qu'on venait d'ouvrir dans la propriété Laboré à Saint-Clair, près Lyon (Fig. 95).

(1) *Bull. Soc. géol.* 2ᵉ série, t. XIV. p. 207.
(2) *Bull. Soc. géol.* 3ᵉ série, t. IV, p. 285,

A gauche de la figure on voit, en A, une masse puissante de graviers et de sables qui n'est découpée par aucun terrain étranger ; ce sont les alluvions anciennes ou glaciaires.

(FIG. 95.)

Plus haut à une vingtaine de mètres, des blocs erratiques, des cailloux striés, empâtés dans un gravier terreux, s'étendent sur les alluvions. Ce terrain erratique E n'a pas l'aspect normal; c'est un mélange d'alluvion et de boue glaciaire qui a glissé du sommet du plateau. Le terrain erratique en place affleure à une altitude bien plus élevée.

A droite de la figure la coupe ne présente plus la même disposition. On aperçoit une couche de boue glaciaire ondulée, B, prise entre deux paquets de lehm L. Cette couche ne peut être que le résultat d'un glissement qui vient affleurer près de la route. Elle devait peut-être se relier au terrain erratique remanié que nous venons d'indiquer en haut et à gauche de notre dessin.

Si nous rétablissons la disposition primitive des lieux avant les déblais opérés par l'extraction du gravier, nous verrions dans l'ensemble de la coupe géologique de cette partie du triangle bressan : 1° en dessous de la route des graviers; 2° au niveau de la route un affleurement de terrain erratique à cailloux striés; 3° une seconde masse de gravier et de sable; 4° en haut du plateau la boue glaciaire à blocs. Il y aurait donc en fait deux affleurements de terrain erratique, l'un inférieur, l'autre supérieur; mais ce ne serait là qu'une fausse apparence, puisque cette disposition est superficielle et ne se retrouve pas dans les couches qui ont été mises au jour par les déblais et qui forment réellement la base du plateau. Près de Lyon, pas plus à Beaunant, à Francheville qu'à Saint-Clair, ainsi que dans toutes les Dombes, nous n'avons jamais vu le terrain erratique normal former deux terrains distincts.

Après avoir indiqué la disposition générale des moraines des Dombes, il nous reste à étudier ce terrain au point de vue de ses éléments physiques et des débris organiques qu'il peut renfermer.

Boue glaciaire, couches stratifiées, refoulement des couches, blocs erratiques. — Comme aspect général, le terrain erratique des Dombes offre les plus grands rapports avec celui des collines lyonnaises et du Bas-Dauphiné. Pour avoir une idée de la nature pétrographique de ces éléments, il faudrait consulter ce que nous avons écrit sur le terrain erratique de Beynost (1).

C'est une terre argileuse, jaunâtre, fine, renfermant sans ordre, sans classement d'après le volume et la densité, des débris de roches des Alpes et des chaînes secondaires, généralement couverts de stries et offrant des angles et des arêtes.

Cependant il est possible de voir çà et là au milieu de ce pêle-mêle quelques couches stratifiées disposées comme celle qu'on aperçoit dans le fond de la photogravure Fig. 89), prise dans la chambre d'emprunt du chemin de fer de Sathonay, au nord de Caluire. Au milieu d'un amas morainique de 8 mètres environ de puissance, nous avons vu un petit lit horizontal d'argile jaunâtre qui laissait échapper de petits filets d'eau, retenue par ce fonds imperméable.

La disposition de cette coupe montre clairement qu'il y a

(1) 1er vol., p. 262. A. l l. Soc. d'agr. t. X, p. 146.

eu dans cette station un temps de recul dans la marche du
glacier et que cette couche argileuse a été déposée en avant
de la moraine frontale, soit dans un bassin, soit dans le fond
du lit d'un petit cours d'eau ; puis le gacier s'avançant de nouveau a recouvert de ses débris cette couche stratifiée.

Ailleurs, dans les fossés du fort de Vancia par exemple,
nous avons vu au milieu de la moraine des plissements de
couches très remarquables ; nous en donnons un dessin
(Fig. 96).

(FIG. 96.)

Des couches argileuses semblent s'être formées avec récur-
rence et horizontalement au milieu de la moraine, puis après
un mouvement de recul le glacier s'est mis de nouveau en
marche et a exercé ainsi sur les terrains déposés devant lui
une pression latérale assez forte pour refouler les couches sur
elles mêmes. Sans la présence de ces lits d'argile stratifiée,
ce phénomène de pression aurait passé inaperçu. Il a dû se
produire fréquemment en avant du glacier ; mais les circonstances permettent rarement de nous en rendre compte.

Quelquefois les blocs ont un volume assez considérable et
pourtant nous ne pouvons guère savoir ce que pouvait être
véritablement le terrain erratique de la Dombes sous le rapport de la grosseur des blocs qu'il renfermait, car dans ce
pays éloigné de toutes chaînes de montagnes, privé pour
ainsi dire jusqu'à nos jours de bonnes voies de communi-
cation, les blocs erratiques ont dû être exploités partout

comme matériaux de construction. Maintenant on aime mieux faire venir des calcaires des carrières du Bugey, qu'employer les gros fragments alpins.

Cependant malgré la güerre acharnée qu'on leur a faite, nous avons pu cataloguer quelques beaux blocs, soit qu'ils aient été épargnés par les destucteurs, soit qu'ils aient été mis à découvert par des travaux récents.

Nous avons déjà cité les gros blocs de la Croix-Rousse et du fort de Montessuy ; nous n'avons pas à y revenir, et nous commencerons par citer les nombreux blocs de calcaires jurassiques supérieurs ou valangiens, qui apparaissent dans la chambre d'emprunt de Caluire en quantité si considérable qu'on ne peut s'empêcher de penser qu'ils ont formé un véritable convoi, charrié par l'ancien glacier. La chambre d'emprunt située au midi des Échets, près de l'endroit où le le chemin de Fontaines croise le chemin de fer de Bourg, montre une accumulation tout aussi considérable des mêmes blocs calcaires.

Dans les fossés des redoutes de Mercières et de la Pape, nous avons vu des blocs erratiques énormes, des schistes, des granites, des calcaires de plusieurs dizaines de mètres cubes. Au nord-est du camp de Sathonay il y avait un bloc de quartz de 1 à 2 mètres cubes qu'on appelait le *Bût de Gargantua* (Fig. 97)

(FIG..97)

Ce gros débris d'un filon alpin a été détruit depuis quelques années.

Au nord de Rillieux, sur le bord du chemin de Neyron, un bloc de phyllade a été taillé pour servir de piedestal à une croix (Fig 98)

(FIG. 98.)

Les blocs sont très nombreux à Sathonay, à Fontaines, à Rillieux. En creusant les fossés du fort de Vancia on en a mis plusieurs à découvert. Sur notre demande, la direction du génie en a fait placer deux assez volumineux, l'un de calcaire blanc, l'autre de calcaire noir, à l'entrée du fort de chaque côté de l'entrée principale.

Près de la ferme des Échets et tout autour du marais, les blocs sont très abondants. Ainsi on voit plusieurs blocs erratiques dans une gravière au bout de la grande route, à l'est de la ferme de la Grillote et avant d'arriver vers Mionnay. Un fragment de schiste noir pouvait bien mesurer 3 à 4 mètres cubes (Fig. 99).

(FIG. 99).

Nous ne citerons que ceux de la petite colline des bruyères

de Fontaines qui sont en grande partie encore enfouis dans le
sol. Malheureusemsnt le plus beau de ces blocs a été presque
exploité.C'était un bloc énorme de granite porphyroïde appelé
la *Pierre-Vieillette*. Les fragments qu'on en a extraits à coups
de mine ont servi à bâtir toutes les fondations et le soubasse
ment de la maison voisine, qui a plusieurs fenêtres de façade.

Le plus volumineux bloc erratique des Dombes est la
Pierre-Brune de Rancé (Fig. 100) située à l'est de Trévoux

(Fig. 100.)

C'est un énorme fragment de granite porphyroïde de plus de
100 mètres cubes, car on ne peut mesurer sa base, qui est en-
fouie dans le sol. Ce bloc a été aussi exploité, mais comme les
matériaux qu'on en retirait n'étaient pas de bonne qualité, on
a renoncé à le détruire. D'autres fragments de granite porphyroïde gisent dans un bois près de la route de Saint-Jean de
Thurignieux. On retrouverait donc dans cette localité les
traces d'un convoi de granite semblable aux convois de calcaire blanc que nous avons reconnus dans les chambres d'emprunt des Échets et de Caluire. Cette espèce de transport est
un des caractères du terrain glaciaire.

Il est intéressant de le retrouver en étudiant le terrain erratique des Dombes. Nous avons déjà eu l'occasion de citer
la traînée de gros blocs de phyllade noire qu'on peut suivre
depuis Culoz jusqu'au delà de Belley.

Nous avons d'abord été fort surpris de voir que les deux plus gros blocs des Dombes appartenaient à la même roche et qu'ils étaient accompagnés d'autres fragments plus petits de même nature; mais lorsque le tracé de notre carte a été achevé, nous avons vu que les lignes qui passaient par les Échets et Rancé allaient aboutir aux montagnes granitiques de Beaufort en passant par-dessus la montagne de la Charve et le col de la dent du Chat, où nous avons recueilli de nombreux fragments de granite porphyroïde. Nous pouvons donc tracer la route suivie par ces gros blocs aussi bien que nous avons indiqué celle du galet d'euphotide trouvé par M. Prénat à Bolozon, dans la vallée de l'Ain. On nous a signalé la présence d'un autre bloc de granite à Marlieu, puis un gros bloc de protogine près de Chalamont sur la route de Frans. Dans le centre des Dombes les blocs sont rares; ils ont dû être en grande partie détruits.

M. Prénat a cédé à l'Etat un bloc de roche calcaréo-siliceuse qui se trouve dans son domaine de Mont-Croissant, commune de Villars (Fig. 101).

(FIG. 101.)

Il nous en a indiqué un autre dans une ferme voisine. C'est

un fragment demi-métrique d'une roche des Alpes, qui sert de chassé-roues au pied de la maison (Fig. 102).

(FIG. 102.)

D'après le même observateur, un fragment d'une roche quartzeuse de même volume gît sur le bord de la route de de Villars à Trévoux au Petit-Laboury, commune de la Peyrouse (Fig. 103).

(FIG. 103.)

Les blocs sont plus nombreux vers les moraines de retrait de Meximieux, Beynost, Rignieux-le-Franc, Loyes, le Montillier, Chalamont, Saint-Nizier-le-Désert, Servas, Lent, etc.

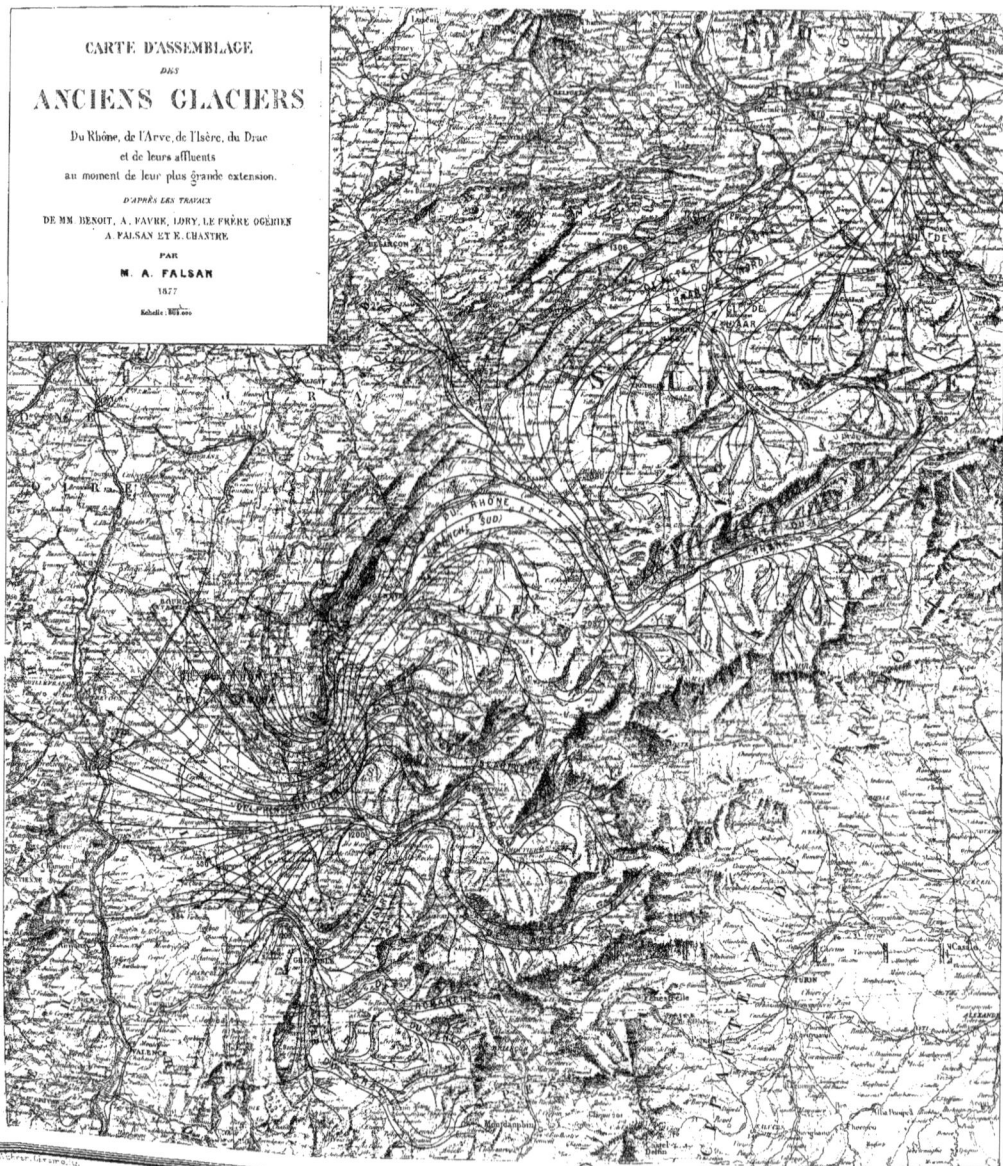

CARTE D'ASSEMBLAGE
DES
ANCIENS GLACIERS
Du Rhône, de l'Arve, de l'Isère, du Drac
et de leurs affluents
au moment de leur plus grande extension.

D'APRÈS LES TRAVAUX
DE MM BENOIT, A. FAVRE, LORY, LE FRÈRE OGÉRIEN
A. FALSAN ET E. CHANTRE
PAR
M. A. FALSAN
1877

Echelle : 805.000

En effet tous les échantillons se rapportaient aux espèces que nous avons déjà mentionnées en décrivant les alluvions glaciaires et qui appartiennent soit au miocène marin supérieur, soit au pliocène inférieur d'eau douce, aux couches à Paludines (1). En voici la liste : *Nassa Michaudi* (Thiol.) *Dendrophyllia, Colonjoni* (Thioll.), *Bryozoaires, Paludina Dresseli* (Tourn.) *Valvata Vanciana* (Tourn.) *Valvata depressa, Cypris ?.. Pisidium ?* Dans l'intérieur des Paludines, il y avait un sable jaunâtre renfermant des débris de *Nassa*, de *Dendrophyllia Colonjoni* et des *Bryozoaires*. Ce sable n'avait aucun rapport avec l'argile glaciaire qui renfermait les Paludines; ces deux faits suffiraient pour établir le remaniement de ces fossiles. ·

À quelques . kilomètres à l'est de Vancia, M. l'abbé Philippe nous a signalé un autre gisement de fossiles remaniés dans la partie inférieure du terrain erratique ; c'est le talus qui se trouve en haut du chemin neuf qui monte de Miribel au Mas-Rilliez. Cette station, plus facile à étudier que la première, nous a fourni une série de fossiles plus complète. Avec les *Nassa Michaudi* et les *Dendrophyllia Colonjoni*, nous avons recueilli des *Turbo speciosus*, des *Balanus?* des *Bryozoaires?* des *Paludina Dresseli*, (Tourn.) des *Valvata Vanciana* , (Tourn.) *Neritina Philippi*, n. s. (Tourn.), *Melanopsis buccinoides* (Ferru) *Unio*

Tous ces fossiles se trouvent aussi dans les alluvions glaciaires qui forment le terrain sous-jacent, et même en bas du Mas-Rilliez, à mi-coteau, M. l'abbé Philippe a reconnu au pied d'un petit bois le véritable gisement des *Paludina Dresseli*, des *Valvata vanciana* et des *Unio*, au milieu des marnes grises du pliocène inférieur.

Pour se rendre compte de la manière par laquelle ces fossiles peuvent réapparaître dans la boue glaciaire, il faut recourir à la même explication que celle que nous avons donnée
antérieurement, à propos des mêmes fossiles qu'on voit dans
les alluvions glaciaires (1)

RAPPORTS ENTRE LES FOSSILES DE NOS MORAINES ET CEUX
DES MORAINES DES ANCIENS GLACIERS DE LA HAUTE-ITALIE.— Ces
fossiles étant remaniés d'une manière évidente, leur présence
dans la boue glaciaire ne peut avoir aucune influence pour
nous engager à modifier l'âge du terrain erratique des environs de Lyon, tel que nous l'avions établi avant la découverte de ces débris organiques. A plus forte raison nous ne
pouvons en tirer aucune conclusion pour fixer la chronolo-
gie des moraines étudiées par M. l'abbé Stoppani et M. Desor
dans la Haute-Italie et rattachées par ces savants à l'époque
pliocène.

En effet nous pensons toujours que la période du plus grand
développement des glaciers du versant occidental des Alpes
dépend de l'époque quaternaire ; mais nous admettons bien
que, avant de venir jusque sur les collines lyonnaises, les
glaciers alpins ont mis un temps considérable pour franchir
cet espace et qu'ils fonctionnaient déjà dans les Alpes et même
peut-être dans le Jura, pendant qu'ailleurs se déposaient des
terrains pliocènes. D'ailleurs c'est par suite de cette conviction que nous avons rangé dans le pliocène moyen et le
pliocène supérieur une grande partie de nos alluvions glaciaires, ainsi qu'on peut le voir sur le tableau synoptique
précédent (1re section, chapitre ii.)

Rien ne nous empêche donc de croire que, pendant que
près de Lyon les fleuves échappés des glaciers pliocènes des

---

(1) *Ante*, 2e section, chap. Ier, p. 83. *Ann. Soc. d'agr.* 8e série, t. I, p. 655. 1878.

Alpes répandaient des alluvions enrichies de fossiles miocènes et pliocènes remaniés, les glaciers de la Haute-Italie
s'avançaient dans un immense fiord qui occupait les plaines de la Lombardie et de la Vénétie et qui renfermait toute
une faune pliocène.

D'ailleurs la distance qui sépare les Alpes des amphithéâtres
morainiques de la Dora Baltea, du lac de Côme et des anciennes moraines de la Cassina Rizzardi, étant bien moins grande
que l'intervalle qui se trouve entre les Alpes et Lyon, a dû être
franchie pendant un temps bien plus court que celui que le
glacier alpin a mis pour venir jusque sur les rives de la Saône.
Il ne serait donc pas impossible de pouvoir rapporter à l'époque pliocène la présence des anciens glaciers au pied des contreforts de la Haute Italie, tandis que l'avancement des glaciers
alpins jusqu'à Lyon ne se serait opéré que plus tard, pendant
l'époque quaternaire.

La présence de ces fossiles dans les moraines de Balerna,
de la Cassina Rizzardi et des autres stations a été interprétée
diversement par MM. Stoppani, Desor, Gastaldi, C. Mayer,
Favre. Nous ne pouvons prendre aucun parti dans cette question de géologie locale que nous n'avons pu étudier sur place;
nous dirons seulement que les deux hypothèses, celle de la contemporanéité des glaciers alpins et de la faune pliocène marine que renferment leurs moraines, ou celle du remaniement
de ces mêmes fossiles, peuvent se concilier avec les faits que
nous avons observés en étudiant le terrain erratique glaciaire
de la partie moyenne du bassin du Rhône.

CHAPITRE XIV

Coup d'œil général sur nos anciens glaciers ; importance de l'ancien glacier u Rhône depuis le Haut-Valais jusqu'à la colline de Fourvière. — Carte d'assemblage du glacier du Rhône et des glaciers delphino-savoisiens. — Comparaison des glaciers d'écoulement du Bas-Dauphiné et des Dombes avec les glaciers réservoirs du versant occidental des Alpes.

COUP D'OEIL GÉNÉRAL SUR NOS ANCIENS GLACIERS. — IMPORTANCE DU GLACIER DU RHÔNE. — Après avoir suivi en détail la marche des glaciers alpins qui ont envahi notre région, nous allons étudier, sur une carte spéciale, l'ensemble de cette immense nappe de glaces, afin de mieux saisir son allure générale et la disposition harmonieuse de ses différentes masses.

Le glacier du Rhône a été le plus puissant, le plus vaste glacier de notre bassin, et par conséquent il peut nous servir de type.

En effet on suit la traînée de ses moraines sur un espace de 460 kilomètres environ, depuis les roches moutonnées du Schneestock et du Gallenstock, dans le canton du Haut Valais, jusque vers les moraines frontales de Lyon et des Dombes. La glacier du Rhin l'a empêché de s'étendre tout aussi loin vers le nord, mais la différence d'étendue de ses deux branches est peu considérable. Tandis que si l'on compare sur la carte d'assemblage ci-jointe le développement de ce grand glacier avec celui des autres masses de glaces qui descendaient par les vallées de la Reuss, de l'Aar, de l'Arve,

de l'Isère, de l'Arc, de la Romanche, on est frappé de la disproportion qui se manifeste entre le glacier principal et les
glaciers secondaires qui pourraient n'être considérés que
comme ses tributaires ou ses subordonnés.

Le glacier du Valais, enfermé entre les hautes cimes neigeuses des Alpes bernoises et des Alpes pennines, atteignait
à lui seul des proportions colossales. Ses névés s'élevaient au
Schneestock jusqu'à 3,550 mètres, et sa puissance verticale ne
mesurait pas moins de 1,200 à 1,680 mètres, d'après M. Favre, pour ne plus avoir sans doute qu'une épaisseur de quel ·
ques dizaines de mètres à l'extrémité de son épanouissement.
dans la plaine du Bas Dauphiné, sur les collines lyonnaises,
en face du massif du Mont-d'Or et sur le plateau des Dombes.

Lorsque les glaciers anciens étaient contenus dans les
grandes vallées des Alpes ou des chaînes secondaires, ils ont
laissé sur le flanc des montagnes des blocs erratiques ou des
cailloux rayés qui sont d'excellents points de repère pour
rétablir les niveaux supérieurs auxquels se sont élevées ces
masses de glaces pendant la période de leur plus grande extension.

C'est pourquoi nous avons pu tracer les limites supérieures
du glacier du Rhône dans le Valais et dans la grande vallée
qui s'étend depuis Genève jusqu'à Culoz, ainsi que celles des
glaciers delphino·savoisiens dans la vallée du lac du Bourget,
dans la cluse de Chambéry et dans la vallée du Grésivaudan,
où toutes ces dernières glaces atteignaient un niveau uniforme
de 1,200 mètres. Mais une fois que la chaîne de la Charve, de
la dent du Chat, de l'Epine, et le massif de la Grande-Chartreuse furent franchis, le niveau des glaces s'abaissa rapide-
dement et leurs masses gagnèrent en surface ce qu'elles perdirent en épaisseur; malheureusement dans le Bas Dauphiné,
dans les plaines delphino-lyonnaises et sur le plateau bressan

PROFIL EN LONG D'UNE PARTIE DE LA RIVE DROITE DE LA VALLÉE DU RHÔNE.

L'immense étendue qu'elle embrasse nous a forcés à ne pas garder les mêmes proportions pour les hauteurs que pour les distances. C'est pourquoi nous avons adopté l'échelle de 1: 320,000 pour les longueurs et celle de 1 : 80,000 pour les hauteurs.

Nous nous faisons un plaisir et un devoir de remercier cordialement ici, notre ami M. Anselmier, ingénieur-géographe, qui a bien voulu, avec son obligeance habituelle, nous dresser cette coupe depuis le Haut-Valais jusqu'au col de la Faucille à l'ouest de Genève, d'après la carte fédérale suisse au $\frac{1}{00.000}$. La suite a été dressée par l'un de nous d'après la carte de France au $\frac{1}{320.000}$.

En voyant sur cette coupe la puissance que le glacier du du Rhône atteignait dans le Valais, on comprend facilement comment il a pu en grande partie contribuer avec d'autres glaciers moins considérables à combler le lac de Genève d'un culot inerte glace sur lequel ont pu passer, en notable proportion, les glaces et les alluvions anciennes qui sont venues jusqu'à Lyon.

D'après la configuration topographique de cette partie de la Suisse, on serait tenté de croire que la masse principale du glacier du Valais a dû se diriger vers le S.-O., en suivant la pente générale de la vallée du Rhône. Mais il n'en a pas été ainsi, et les géologues suisses ont cru même pendant longtemps que le glacier du Rhône s'était arrêté en amont de Bellegarde et s'était entièrement écoulé vers le Rhin. Ces deux opinions sont exagérées.

Le glacier du Rhône ne put s'avancer tout entier vers le S.-O., car la vallée de ce fleuve est presque barrée deux fois par des chaines transversales, celle du mont de Sion et du Vuache, puis celle de la dent du Chat; mais cependant l'étude des matériaux erratiques nous a prouvé qu'une partie des glaces du Valais a pu franchir ces défilés pour aller s'épanouir dans les plaines delphino-lyonnaises et bressanes.

Néanmoins ces obstacles firent refluer les glaces du Valais sur elles-mêmes, les obligeant à franchir le seuil du Jorat et à former une branche puissante qui se dirigea au nord vers le Rhin en côtoyant la chaine du Jura et en suivant la grande vallée de la Suisse déjà partiellement encombrée par les glaces descendues des hauteurs de l'Oberland bernois Les recherches de M. Guyot et des autres géologues sur l'origine des matériaux morainiques de cette belle vallée ne·laissent aucun doute à cet égard.

Ces deux branches, après leur séparation du glacier du Valais qui leur servait de tronc commun, s'avancèrent donc, l'une vers sud, l'autre vers le nord, tout en gardant un équilibre parfait dans toute leur masse à mesure qu'elles s'éloignaient de leur point de départ, ainsi que nous l'avons déjà dit.

Au sud toutes les glaces de la Savoie et du Dauphiné participèrent elles-mêmes à cette harmonie, et nous avons déjà fait voir que depuis Culoz jusqu'à Grenoble le niveau supérieur s'était régulièrement maintenu à la cote de 1,200 mètres.

Après avoir franchi les défilés et les cols de chaines secondaires qui l'avaient maintenu, comme par une sorte de barrage en partie submersible, le glacier du Rhône, allié aux glaciers delphino-savoisiens, se déversa dans les vastes plaines qui s'étendaient devant lui et qui étaient complètement libres.

L'espace étant ouvert, ces masses de glaces allaient donc sans doute pouvoir suivre la pente générale de la vallée du Rhône. Mais cette marche leur fut interdite et, comme en Suisse, le glacier du Rhône fut obligé de se replier sur lui-même, de faire un coude et de remonter encore une fois vers le nord. Voici la raison de ce changement de direction.

Les couches tertiaires du Bas-Dauphiné ont subi un soulèvement assez récent qui les a élevées à 700 mètres, 500 mètres, 380 mètres, tandis que le plateau des Dombes n'atteint à son point culminant que 325 mètres, de telle sorte que dans l'ensemble de ces plateaux il y a une pente contraire à celle du fleuve. Le glacier a donc été contraint de subir l'influence de cette disposition topographique et c'est pourquoi il s'est plutôt développé du côté du Bourg, de Châtillon, de Trévoux que du côté de Vienne et de Thodure. En définitive le glacier du Rhône, au lieu de descendre régulièrement le long de la vallée où coule ce fleuve, a été obligé de se replier deux fois sur lui-même pour suivre une pente inverse à celle du fleuve, la première fois en Suisse, la seconde sur le plateau des Dombes et les plaines delphino-lyonnaises.

Nous nous sommes efforcés de représenter aussi clairement que possible sur notre carte d'assemblage cette disposition qui met en évidence l'allure générale de nos anciens glaciers et la solidarité qui unisssait leurs différentes masses.

Comparaison des glaciers d'écoulement du Bas-Dauphiné et des Dombes avec les glaciers réservoirs du versant occidental des Alpes. — A un autre point de vue nos anciens glaciers peuvent se diviser en deux groupes, les *glaciers réservoirs* dans lesquels les neiges et les glaces s'accumulaient et s'entassaient comme dans des bassins de réception, et les *glaciers d'écoulement.*

Naturellement les glaciers réservoirs étaient contenus dans les hautes vallées de la Suisse, de la Savoie et du Dauphiné, et nous pouvons considérer comme glaciers d'écoulement les masses de glaces qui après avoir dépassé les chaînes secondaires se sont épanouies en éventail dans les vastes plaines des vallées de la Saône et du Rhône.

Cet épanouissement a été immenses; nous l'avons déjà dit, il s'étendait depuis Bourg jusqu'à Thodure, dans la vallée de la Côte-Saint-André, sur un espace d'une centaine de kilomètres de largeur. Les effets de l'ablation devaient être considérables, et pourtant cette vaste masse de glace devait constamment être maintenue en équilibre par l'apport de celles qui descendaient des bassins de réception. Il était donc intéressant de chercher à nous rendre compte de la proportion qui existait entre les glaciers d'écoulement de nos plaines et les glaciers réservoirs qui, enfermés dans les grandes chaînes des montagnes, étaient chargés de les entretenir.

Suivant une méthode indiquée par M. A. Favre, voici comment nous avons cherché à résoudre ce problème : sur notre carte d'assemblage nous avons découpé avec soin toute la partie de la feuille où est figuré l'épanouissement des glaciers quaternaires alpins dans les plaines et les plateaux du Bas-Dauphiné, ainsi que sur le plateau des Dombes. Puis nous avons fait de même pour la partie de la feuille représentant l'ensemble des bassins de réception ou glaciers réservoirs, en laissant toutefois de côté la moitié du Valais pour correspondre à la masse de glaces qui devait s'écouler vers le Rhin par la vallée de la Suisse et qui ne devait pas entrer dans nos calculs. Nous avons pesé ces deux portions de notre carte proportionnelles aux deux groupes de glaciers en question, et nous avons vu que la carte des glaciers réservoirs pesait quatre fois plus que celle des glaciers d'écoulement. Ces deux systèmes de glaciers devaient donc être approximativement entre eux comme 1 : 4. Sans doute ce résultat ne peut être exact, car il faudrait plutôt chercher à calculer le volume, la masse de chaque groupe de glaciers que de chercher à évaluer la surface sur laquelle ils se développaient à leur *niveau supérieur ;* mais néanmoins cette évaluation approximative n'est pas sans intérêt.

Elle montre que, grâce aux conditions climatologiques anciennes, la surface circonscrite pour les moraines terminales des glaciers de notre région était en rapport suffisant avec celle des bassins d'alimentation pour que les glaciers d'écoulement pussent se maintenir en équilibre avec les glaciers réservoirs. Après avoir terminé par cette vue d'ensemble nos études sur les glaciers alpins de la partie moyenne du bassin du Rhône, nous allons résumer nos recherches sur les anciens glaciers du Lyonnais, du Beaujolais et du mont Pilat.

CHAPITRE XV

Considérations générales. — Glacier de la vallée de l'Ardière ou de Beaujeu. — Glacier du bassin de la Mauvaise. — Glacier de la vallée de la Vauxonne et des vallées voisines. — Glacier de la vallée du Nizerand. — Glacier de la vallée de l'Azergues. — Glaciers des vallées de la Turdine et de la Brevenne. — Glaciers du mont Pilat et de la vallée du Gier.

CONSIDÉRATIONS GÉNÉRALES. — L'extension des glaciers quaternaires alpins jusqu'à Lyon une fois admise, on pouvait supposer *a priori* que le développement de ces glaces sur une surface de terrain aussi considérable n'avait pu s'opérer sans modifier profondément les conditions climatologiques de toute la contrée et sans favoriser l'apparition de glaciers dans les montagnes voisines, celles du Beaujolais et du Lyonnais. D'ailleurs dans ces groupes de montagnes les dispositions topographiques se prêtaient parfaitement à l'établissement et au fonctionnement des phénomènes glaciaires.

Les sommets s'élèvent encore aujourd'hui jusqu'aux altitudes de 800 mètres à 1,000 mètres, et de grandes vallées, prenant très souvent naissance dans de vastes cirques bien circonscrits, découpent ces massifs montagneux et viennent aboutir dans de vastes plaines.

Par suite de l'abaissement de la température moyenne et de l'humidité des saisons estivales, les neiges devaient nécessairement s'accumuler dans les cirques, se transformer en névés, puis en glaces, et s'écouler sous forme de glaciers jusqu'à leur épanouissement dans les plaines, au débouché de chaque vallée.

Toutes ces déductions basées sur des faits généraux nous permettaient donc de conclure qu'il avait existé de véritables glaciers dans les montagnes du Beaujolais et du Lyonnais, en même temps que les Dombes et les plaines delphino-lyonnaisés étaient ensevelies sous des glaces descendues des hautes vallées des Alpes. Mais ce procédé était insuffisant pour faire naître en nous une conviction profonde, et cette idée *a priori* n'était capable que de nous engager à faire sur les lieux de sérieuses et attentives recherches pour retrouver sur le terrain les véritables preuves de l'existence de ces anciens glaciers. L'un de nous se chargea exclusivement de ces recherches et résuma très rapidement en 1870 le résultat de ses observations. Cette note est la première, croyons-nous, dans laquelle on ait positivement affirmé l'existence ancienne de glaciers (1) dans les montagnes qui s'élèvent sur la rive droite de la Saône. Depuis, ces faits ont été discutés, tantôt admis, tantôt repoussés; mais constamment nos recherches, nos études sur le terrain, n'ont fait que donner un nouvel appui à notre manière de voir, et nous espérons que les découvertes des autres géologues viendront encore confirmer l'opinion que nous avons exposée il y a déjà dix ans. Ainsi dans la *Revue du Lyonnais* (1879) on annonce la découverte de cailloux striés dans la vallée de la Gròne, au sud de Cluny, et M. Tardy, qui nie encore l'existence d'anciens glaciers dans le Beaujolais *du côté de Beaujeu*, vient d'annoncer à la Société géologique (séance du 23 juin 1879) qu'il est tout disposé à reconnaître une moraine à Sainte-Cécile la Valouse, sur le chemin de fer de Mâcon à Paray-le-Monial, en amont de Cluny. Or nous nous demandons comment on peut

---

(1) A. Falsan. Note sur une carte du terrain erratique de la partie moyenne du bassin du Rhône. *Archives des sciences de la biblioth. universelle de Genève*, p. 12. Juin 1870.

admettre l'existence d'anciens glaciers dans la vallée de la
Grône, si on ne l'admet pas dans les vallées de l'Azergues et
de l'Ardière, qui rayonnent toutes les trois autour du massif de
Saint-Rigaud et du Moné et qui ont entre elles les plus grandes analogies de configuration topographique ! Ce serait
exactement comme si l'on consentait à voir des traces d'anciens glaciers dans le massif de la Grande-Chartreuse, tout
en refusant de croire à leur ancien développement dans les
montagnes du Villars-de-Lans qui ne sont séparées que par la
cluse de Voreppe.

Peut-être c'est parce que M. Tardy n'a pas trouvé de cailloux striés près de Beaujeu, qu'il nie l'existence des anciens
glaciers qui occupaient jadis la vallée où s'élève aujourd'hui
cette ville, mais, dans ce cas, il devrait bien ne pas attacher
tant d'importance à la présence de ce caractère, car il sait
bien que même près de quelques glaciers actuels les stries
manquent, lorsque les éléments des moraines appartiennent
à certaines roches grossières qui ne prennent pas le poli.
D'ailleurs lorsqu'il s'agit de glaciers pliocènes, glaciers dont
l'existence ne nous est pas du tout prouvée jusqu'à présent, il
se montre moins exigeant. Il n'a pas trouvé de stries sur les
galets, les petits blocs des prétendues moraines pliocènes de
Varambon et des environs de Belley, mais il n'en poursuit pas
moins son idée ; les stries alors lui importent peu ; il veut des
glaciers pliocènes et il en voit partout, même lorsque les
galets ne sont pas striés.

Mais revenons à notre sujet, le fait est vrai jusqu'à
maintenant : les cailloux striés manquent ou du moins sont
très rares dans les montagnes du Lyonnais et du Beaujolais,
mais l'absence de ce caractère n'entraîne pas nécessairement
les géologues à nier l'existence d'anciens glaciers.

L'observation d'autres faits peut leur servir à reconstituer
les phénomènes glaciaires dans certaines contrées. Ainsi c'est

la vue d'une masse énorme de blocs de grès entassés sur la crête d'une colline qui coupe transversalement la vallée de l'Ardière, à Durette, en aval de Beaujeu, qui nous a suggéré la pensée d'admettre des glaciers dans les vallées du Beaujolais. Voici comment l'un de nous résumait sa manière de voir il y a près de dix ans (1) : « J'ai parcouru quelques vallées du Beaujolais et j'ai reconnu dans certains terrains de transport superficiels, placardés sur le dos ou sur les flancs des collines, la plupart des caractères du terrain erratique. Malheureusement je ne puis dire que *la plupart des caractères*, car il y manque un des plus importants, celui de la présence des stries; mais l'absence de ce caractère ne me semble pas devoir infirmer la détermination que j'ai cru pouvoir faire récemment de ces terrains. En effet dans la partie du Beaujolais que je viens d'observer, les roches ne se composent que de grès, de mélaphyres, de granites friables, de schistes métamorphiques. Ces roches exposées aux agents atmosphériques prennent mal le poli, et conservent d'autant plus difficilement les traces des stries que leurs fragments, emballés plutôt dans une espèce d'arène que dans une véritable argile, ont leurs surfaces ou même leur masse entièrement kaolinisées. Du reste, dans les glaciers actuels, lorsqu'ils cheminent au milieu de roches de cristallisations grossières, les éléments de leurs moraines sont rarement striés.

GLACIER DE LA VALLÉE DE L'ARDIÈRE OU DE BEAUJEU. — « Si l'on n'admet pas la théorie du transport par les glaciers pour expliquer la formation et le dépôt avec gros blocs et sans triage de quelques terrains qui tapissent les pentes de plusieurs vallées du Beaujolais, entre autres celle de l'Ardière, on se trouve en face de difficultés insurmontables.

---

(1) Falsan. — *Archives de la biblioth. universelle des sciences.* Juin 1870.

« Il faut alors avoir recours à de grands courants diluviens capables de transporter sur la crête de la colline de Durette des blocs de grès deux fois métriques ; mais puisque cette vallée, que nous avons choisie pour exemple, vient aboutir au-dessus des Ardillats, au point de partage des vallées divergentes de l'Azergues et de la Grône et de celle des affluents de la Loire, il devient impossible d'indiquer sur un sommet étroit et isolé, les sources de ces immenses nappes d'eaux courantes qui devaient se diffuser de toutes parts et néanmoins avoir la puissance de transporter de gros quartiers de roches à de grandes hauteurs. Au contraire, avec la théorie glaciaire, tout s'explique facilement par l'accumulation séculaire des névés et la progression lente de la glace. »

Les blocs de grès de la colline de Durette sont assez volumineux ; ils mesurent souvent un mètre de longueur sur 0^m, 40-0^m, 50 d'épaisseur, c'est-à-dire que leurs dimensions sont en rapport avec la puissance des bancs de grès triasique qui recouvrent la montagne d'Avenas et dont ils ont été forcément détachés. Or, du sommet de cette montagne jusqu'à la colline de Durette, il y a, en ligne directe, une sixaine de kilomètres et ces deux points sont séparés l'un de l'autre par de profondes vallées. Nous voulons bien admettre que ces vallées ont été creusées ou plutôt approfondies depuis le dépôt de ces blocs (ce qui ne peut être vrai que dans certaines limites très restreintes); mais, tout en faisant cette concession, nous ne pouvons supposer que cette accumulation de blocs ne soit que le résulat d'un simple éboulement, comme plusieurs géologues ont essayé de le dire. En effet la montagne d'Avenas s'élève d'une manière assez abrupte au-dessus de Beaujeu, et la face de cette partie escarpée regarde le sud. Donc, si le couronnement de cette montagne qui s'élève approximativement à 600 mètres au-dessus de la vallée, s'était éboulé, les débris ne pouvaient faire autrement que rouler

directement au pied de cette pente, et s'arrêter à Beaujeu,
au lieu de rouler, jusqu'à 6 kilomètres plus à l'est, pour se
déposer en amas sur la colline de Durette. Dans ce cas il y
aurait des masses de blocs sur le trajet parcouru ; il y en aurait surtout au pied de la montagne d'Avenas et sur ses
flancs. Précisément ils y sont très rares. L'hypothèse d'un
transport par suite d'un éboulement considérable est donc
inadmissible pour expliquer la disposition des blocs de grès
de la colline de Durette, et comme la théorie diluvienne est
tout aussi impuissante pour résoudre ce problème, comme
nous venons de le dire, il faut donc recourir à l'intervention
d'un ancien glacier qui aurait autrefois rempli tout le cirque
ainsi que toute la vallée de Beaujeu, et qui aurait déposé pendant un temps d'arrêt les blocs de Durette pour en faire une
vaste moraine frontale, transversale à la vallée. De cette manière toute difficulté disparaît et l'accumulation des blocs de
Durette n'est plus qu'une simple moraine, comme nous en
avons tant vu en étudiant les glaciers alpins. Les galets de
cette moraine sont-ils striés ou ne le sont-ils pas ? Peu importe.

La théorie glaciaire peut seule expliquer le phénomène général, et cela nous suffit pour nous convaincre. D'ailleurs
des fragments de grès grossiers, des porphyres quartzifères en
partie décomposés, ne peuvent pas avoir été rayés comme de
simples morceaux de calcaire.

Mais nous avons encore d'autres considérations à faire va-
loir. Ainsi la localisation de ces blocs est des plus remarquables. Au lieu de former une traînée le long de la vallée,
ils constituent un amas disposé transversalement, et ils sont
tous sur la rive gauche de l'Ardière.

De l'autre côté de la rivière on ne voit que des blocs qui y
ont été transportés artificiellement.

Ce groupement systématique d'un terrain de transport se

lie intimement avec les phénomènes glaciaires et en est une des meilleures preuves.

Puis, il faut bien le dire, l'aspect de cette moraine se modifie chaque année: de jour en jour il est plus difficile d'en reconnaître le véritable caractère.

Depuis douze ans nous avons vu disparaître la plupart des blocs, et nous sommes persuadés que dans un petit nombre d'années il n'en restera qu'un nombre insignifiant, incapable de figurer une ancienne moraine frontale. Ces blocs ont été exploités d'abord comme matériaux de construction et ont été ainsi dispersés non seulement vers l'autre rive de l'Ardière, mais dans tout le pays. A présent on suit une méthode plus expéditive pour les faire disparaître : à leur pied on creuse des fosses profondes dans lesquelles on les enterre. Puis on les recouvre de terre et on plante de la vigne sur le sol redevenu uni.

Un seul propriétaire, M. Million, nous a affirmé en avoir traité ainsi *plusieurs centaines* dans son domaine. Dans tout le Beaujolais on a recours à ce moyen pour en débarrasser les vignes ; nous le savons d'une manière positive par les renseignements que nous avons obtenus en interrogeant les habitants ou les vignerons. Aussi l'aspect du sol au débouché de chaque vallée a-t-il été profondément changé par la culture. Chaque année nous avons pu constater ce fait.

Cette moraine de Durette n'est pas la seule qui ait été déposée par le glacier de Beaujeu ; il y en a une autre plus en aval, à Gourgerou et à Briante, en haut de la montée de la route de Belleville ; c'est une seconde accumulation de blocs de fragments de toutes grosseurs, de toutes natures, déposés parallèlement à la moraine de Durette et transversalement à la direction de la vallée de l'Ardière. Le chemin de fer de Beaujeu à Belleville a recoupé ce terrain, et au moment de l'établissement de cette ligne ferrée, le talus fraîchement arasé offrait une coupe des plus intéressantes. C'était une argile sableuse, jaunâtre, qui renfermait des blocs de grès triasiques, des mélaphyres, des porphyres, des quartz, des schistes métamorphiques, de toutes grosseurs jusqu'à celle de 1 mètre cube. Le tout était entassé confusément et présentait l'aspect d'un terrain erratique glaciaire. En face de cette colline sur la rive gauche de l'Ardière, il y en a une autre qui s'avance vers la rivière et qui paraît former la seconde partie du croissant de la moraine coupée par le cours d'eau.

Après avoir étudié tout d'abord les principales moraines du glacier de l'Ardière, puisque c'étaient leurs débris qui nous avaient révélé son existence, nous allons chercher à en retracer les dimensions et les limites.

A l'ouest de Beaujeu de hautes montagnes de 800 à 950 mètres, se reliant toutes pour former une crête demi-circulaire, entourent le grand cirque des Ardillats qui sert de point de départ à la vallée de Beaujeu. Ce cirque peut avoir en moyenne 7 kilomètres de diamètre, et depuis les sommets qui limitaient ce bassin de réception, jusque vers la moraine frontale de Gourgerou et de Briante, il y a une distance d'une quinzaine de kilomètres.

La vallée de Beaujeu étant peu étendue, les glaces se sont promptement épanouies dans la plaine et les moraines frontales étaient à une petite distance des névés; mais elles pouvaient avoir assez d'importance, car un glacier qui remplissait la vallée de Marchampt venait se réunir à celui de Beaujeu, à l'est de Quincié, près du pont des Samson, et apportait un tribut considérable de glace et de débris erratiques.

En résumé la vallée de Beaujeu se trouve plusieurs fois barrée par des dépôts transversaux, demi-circulaires, morainiques, bien caractérisés malgré l'absence de stries sur leurs éléments, et elle nous a servi de point de départ pour étudier les traces que les phénomènes glaciaires ont laissées dans le Beaujolais et le Lyonnais.

GLACIER DU BASSIN DE LA MAUVAISE. — Tout fait présumer que la vallée de la Mauvaise a été le théâtre de phénomènes analogues à ceux qui se sont passés dans les vallées de Beaujeu et de Marchampt. Le pic des Aiguillettes correspond à la montagne d'Avenas, et les neiges ont dû s'accumuler dans la vallée qui se développe dans ce massif de montagnes, aussi bien que dans celle de l'Ardière.

M. l'abbé Ducrost nous a indiqué à Émeringes quelques blocs d'arkoses assez volumineux ; il est à croire qu'ils faisaient partie d'une moraine qui aurait été déposée de la même manière que celle de Durette.

D'autres blocs existent sur les territoires des communes de Romanèche, de Fleurie, de Lancié, de Saint Amour ; mais comme nous n'avons pas visité nous-mêmes ces localités qui se trouvent sur la limite extrême du champ de nos études, nous nous bornerons à donner ces indications sans entrer dans aucun détail sur la disposition du terrain erratique de cette région, et sans chercher à grouper systématiquement les observations dont notre ami M. l'abbé Ducrost a eu l'obligeance d'enrichir notre catalogue.

GLACIERS DE LA VALLÉE DE LA VAUXONNE ET DES VALLÉES VOISINES. — La Vauxonne prend sa source dans un cirque presque aussi beau, et tout aussi régulier que celui des Ardillats. De hautes montagnes, celle du Télégraphe de Marchampt (732 mètres), du signal d'Augel (890 mètres), et la crête de Saint-Cyr le Chatoux (692 mètres, 648 mètres), le dominent de trois côtés et en forment un superbe bassin de réception pour les neiges et les névés qui devaient entretenir un petit glacier garnissant le fond de la vallée de la Vauxonne.

Ce glacier avait moins de développement que celui de l'Ardière, tout au plus une dizaine de kilomètres, et il n'a laissé que des traces peu caractérisées de son passage. Cepen-

dant nous avons cru reconnaître les vestiges d'une moraine
frontale dans un amas de fragments de quartz et de porphyre
d'un demi-mètre cube qui apparaît en travers de la vallée
près d'un moulin, en aval du Perréon.

Au débouché de la vallée de la Vauxonne dans la plaine
depuis Charentay jusqu'à Marsangue, on voit encore un certain nombre de gros blocs de grès qui sont déposés dans la
plaine suivant une ligne courbe dont la concavité fait face aux
montagnes beaujolaises et dont la corde est perpendiculaire
à la direction moyenne de la Vauxonne.

Nous avons vu de ces blocs sur la place et dans le bourg de
Charentay. A la croisée de deux chemins, au hameau de
Chesne, il y en a un assez considérable (Fig. 104).

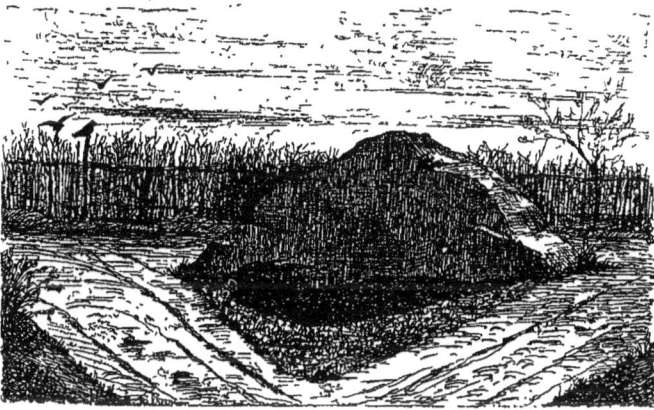

(Fig. 104).

On les retrouve au bas de la commune de Saint-Étienne la
Varenne, à Néty, à la Bâtie, puis dans le territoire de Blacé,
à Blaceray, à Marsangue. Mais, il faut bien le dire, pour favoriser la culture de tous ces exellents vignobles dont le sol atteint un prix très élevé, on a fait aux blocs erratiques une
guerre d'extermination impitoyable, et cette guerre est commencée depuis lontemps. On n'épargne que les blocs situés
le long des chemins ou au pied des maisons.

Citons ceux de Marsangue pour exemple et mentionnons le beau bloc qui, au milieu de la cour d'une des fermes du château de Longsard, à Arnas, sert de table aux vignerons pendant l'été (Fig. 105).

(Fig. 105).

Ce bloc provient de l'ancienne moraine de Chambély qu'on a fait disparaître pour la culture de la vigne et qui se trouvait à une petite distance de cette ferme, en se rapprochant de la côte beaujolaise.

Nous en avons vu disparaître plusieurs, et lorsque nous avons commencé nos recherches, ce travail de destruction était presque achevé. A Chesne, à Dermery, des vignerons, des propriétaires, nous ont affirmé en avoir détruit ou enterré un nombre considérable. L'aspect général de la contrée a donc été modifié artificiellement.

D'après tout ce que j'ai vu et d'après les renseignements que j'ai pu recueillir, tous ces blocs étaient alignés suivant une courbe sur un espace étroit, de chaque côté duquel on n'en apercevait aucun. Cette disposition est des plus étranges et ne saurait s'expliquer par aucune théorie diluvienne; mais au contraire cette régularité, cet alignement en forme de croissant rappellent tout à fait l'arrangement des moraines en face des glaciers actuels.

Si par la pensée, comme on a tout lieu de le faire, on rétablit les anciens glaciers qui devaient remplir les vallées du Beaujolais et qui devaient s'épanouir dans la plaine de la grande vallée de la Saône, on découvre très facilement la solution de ce problème de géologie topographique.

Avant de passer à l'étude d'un autre glacier, rappelons que les gravières de Grammont dans lesquelles nous avons trouvé la coupe d'un cône de remblai et d'un delta formé dans l'ancien lac bressan sont situées près des restes des anciennes moraines du glacier de la Vauxonne (1).

Ainsi que nous l'avons déjà dit en parcourant cette partie de la vallée de la Saône qui s'étale au pied de la chaîne du Beaujolais, on voit un mélange des alluvions locales et des alluvions des Alpes, et près de la croisée de Blaceray on observe un béton ferrugineux que nous avons déjà décrit précédemment (2).

GLACIER DE LA VALLÉE DE NIZERAND. — Naturellement nous avons retrouvé dans la vallée de Nizerand les traces des mêmes phénomènes que dans les vallées de l'Ardière et de la Vauxonne.

Mais cette troisième vallée étant moins développée que les deux autres, les restes morainiques y sont encore moins importants.

À l'ouest de Villefranche on voit d'abord un grand plateau très uniforme qui atteint la cote de 270 mètres que nous avons déjà signalée à Grammont, commune de Blacé en Beaujolais, ainsi qu'en Dombes et en Mâconnais. Ce plateau s'étend jusqu'au pied des montagnes beaujolaises; il est entièrement

(1) *Ante*, p. 358.
(2) Premier. vol. p. 39 1 et 415.

composé d'alluvions locales dans lesquelles on reconnaît
toutes les roches voisines et surtout un grand nombre de
charveyrons ou rognons siliceux du calcaire à entroques.

Près de Rivolet dans un petit bois nous avons cru retrouver
un amas transversal de blocs et d'autres débris rocheux, c'est-
à-dire des restes de moraines ; mais l'arrangement de ce terrain est si confus que pour accepter l'existence d'un glacier
dans la vallée du Nizerand, nous nous appuyons plutôt sur
l'idée générale des analogies qui devaient exister, à la même
époque, entre toutes les vallées du Beaujolais, que sur l'étude
particulière de la vallée en question.

Glacier de la vallée de l'Azergues. — Notre conviction est beaucoup mieux établie vis-à-vis de l'ancien glacier de la vallée de l'Azergues, de cette grande vallée qui
part du massif de Saint-Rigaud et qui en rayonne avec celles
de la Grône, de l'Ardière et du Sornin. Nous avons déjà dit,
à propos de la vallée de l'Ardière, que cette configuration du
sol exclut toute idée de recourir à l'intervention de courants
diluviens pour expliquer le charriage des terrains de transport
de ces vallées. Il faut donc invoquer l'action des glaciers,
quoiqu'on ne trouve dans cette région ni cailloux striés ni
blocs erratiques aux dimensions gigantesques.

Nous avons déjà dit ce que nous pensions de l'absence des
stries ; nous n'avons qu'à ajouter, pour les blocs erratiques,
que la nature des roches du pays ne se prête pas à ce
qu'elles se fragmentent en masse d'un volume considérable ;
ce sont des schistes, des mélaphyres, des porphyres, des gangues quartzeuses de filons qui naturellement se divisent en
petits morceaux.

C'est d'ailleurs cette disposition qui a donné en partie
aux montagnes du Beaujolais ces formes arrondies qui se
voient si bien des rives de la Saône et qui diffèrent si profon-

dément des silhouettes anguleuses et des aiguilles de chaines gneissiques des Alpes. Il est donc facile de comprendre pourquoi de gros blocs de roches n'ont pu se détacher des coupes arrondies, des ballons, qui dominent la vallée de l'Azergues.

Les moraines de ce pays doivent par conséquent avoir un caractère spécial ; mais l'absence de gros blocs erratiques, pas plus que celle de cailloux striés, ne peut suffire pour ébranler nos convictions.

En effet comment pourrait-on supposer que lorsque des glaciers s'étendaient depuis la Saône jusqu'aux Alpes, la vallée de l'Azergues, si bien circonscrite, si bien entourée de hautes montages, n'aurait pas eu son glacier propre, de même qu'aujourd'hui, au dessus de la limite des neiges éternelles, chaque vallée des Alpes a son glacier spécial ? Autrefois cette limite s'était abaissée jusqu'au niveau de nos plaines : chaque vallée devait donc avoir également son glacier.

En outre au débouché de cette vallée, au midi de Bagnols, nous avons trouvé des amas de fragments de roches disposés en croissants en travers de la direction de l'Azergues, et nous croyons que ces sortes de bourrelets ne peuvent avoir été déposés que par un glacier. Ces accumulations de débris de toutes natures, disposés pêle-mêle sans aucun ordre, et leur alignement suivant certaines lignes courbes dont la convexité est dirigée vers l'aval de la rivière, rappelle trop la disposition des moraines frontales pour qu'on puisse les placer dans un autre groupe de terrains.

Nous avons reconnu nu de ces dépôts au midi de Bagnols, au milieu des communaux ; il se prolonge à l'est jusque vers Alix, et à l'ouest nous l'avons suivi jusqu'à la descente de la route de Villefranche à Chessy.

C'est une zone assez étroite dans laquelle se trouvent concentrés un grand nombre de petits blocs. Il y n'en a en pareille quantité ni en amont ni en aval. A la descente de la route de Chessy ces blocs sont si nombreux qu'on en fait une véritable exploitation.

Toutes les roches de la partie supérieure de la vallée de l'Azergues y sont représentées.

Les grès sont très nombreux ; ils viennent des affleurements d'Oingt. On les exploite pour faire des pavés d'échantillons. Ces grès restent toujours cantonnés d'après leur lieu d'origine : c'est encore un caractère du terrain morainique.

A Lozanne le chemin de fer de Lyon à Roanne a recoupé des amas de blocs de 30 à 50 centimètres cubes mélangés confusément à des fragments de toutes grosseurs, de toutes natures. Nous avons visité en 1869 cette localité avec M. E Benoît, qui n'a pu s'empêcher de reconnaître, comme nous, à ce terrain des caractères morainiques. Il y aurait donc là une moraine frontale qui marquerait un des points d'arrêt les plus avancés du glacier de l'Azergues.

Un instant nous avons espéré trouver des stries sur les calcaires métamorphiques marmoréens de Ternand. M. E. Pélagaud a bien voulu se joindre à nous pour faire ces recherches ; mais nos observations sont restées sans résultat. Nous ne les mentionnons que pour tenir en garde les personnes qui voudraient se servir de l'absence de stries glaciaires sur les calcaires de Ternand, comme d'un argument pour combattre la théorie que nous défendons. Les stries manquent, c'est vrai ; mais ce calcaire étant très fendillé, a dû subir depuis longtemps les influences atmosphériques.

La surface, qui a dû être usée par le passage du glacier a disparu depuis longtemps ; les stries se sont effacées. De plus le bourg de Ternand occupe precisément la plus grande partie de l'affleurement et le couvre de ses constructions.

Les observations sont donc difficiles et incomplètes, et le

calcaire blanc veiné de jaune et de rose qui apparaît dans plusieurs rues nous a paru plutôt usé et strié par le passage des voitures que par le glissement d'un glacier.

Il y a bien des affleurements de marbre à une altitude plus élevée ; mais ces stations devaient être au-dessus du niveau supérieur des glaces ; nous n'avions pas à nous en préoccuper.

Avant de terminer la description de cet ancien glacier, il nous reste à dire un mot sur ses dimensions et sur le développement de ses alluvions.

Depuis le Moné (1,000 mètres), la roche d'Ajoux (973 mètres), le Tourvéon (953 mètres), dont les flancs formaient le bassin d'alimentation du glacier de l'Azergues, on mesure une distance de 30 kilomètres jusqu'à la moraine frontale de Bagnols-Chessy-Alix, et de près de 40 jusqu'à celle de Lozanne. Ces dimensions se rapprochent de celle du glacier d'Aletsch, qui est de nos jours le plus grand glacier des Alpes et qui ne mesure que 25 kilomètres de longueur. La limite supérieure de l'ancien glacier est plus difficile à préciser. Nous dirons seulement que la moraine des communaux de Bagnols est à une centaine de mètres au-dessus du fond de la vallée de l'Azergues ; il est juste d'ajouter que cette vallée a dû s'approfondir depuis la fin de la période glaciaire.

Les alluvions de cet ancien glacier, connues autrefois sous le nom de diluvium de la vallée de l'Azergues, sont largement développées ; elles formaient un immense cône de déjection qui s'équilibrait soit avec des alluvions glaciaires des vallées de la Brevenne et de la Turdine, soit avec les alluvions alpines qui arrivaient de l'est. On ne peut donc pas être surpris lorsque l'on voit que le plateau des communaux de Bagnols, composé exclusivement des alluvions de l'Azergues, atteint la cote de 310 mètres environ, qui est celle des alluvions de Vancia, de Sainte-Foy, de Chaponost et de Dommartin.

Ces alluvions devaient se réunir à celles du plateau bressan et elles n'en ont été séparées que postérieurement par les érosions de la Saône et de l'Azergues. Elles restent encore plaquées en forme de terrasses le long de la chaîne calcaire de Charnay. On les retrouve à Chazay, à Morancé, à Lucenay, et elles se prolongent au delà de Limas. Dès que la montagne s'abaisse, elles se fusionnent avec d'autres alluvions que des courants dérivés de l'ancienne Azergues charriaient par la vallée d'Alix. La chaîne de Charnay-Pommiers s'élevait donc à une certaine époque comme une île au milieu d'une plaine marécageuse, sillonnée par les eaux sous-glaciaires qui y déposaient leurs alluvions. De même que le Mont-d'Or, cette suite de montagnes a pu servir de refuge aux animaux qui fuyaient les inondations des plaines et qui ont laissé leurs dents ou des débris osseux dans les fentes des rochers d'où on les extrait de nos jours.

Claciers des vallées de la Brevenne et de la Turdine. — Il y a déjà près de quarante-quatre ans que M. V. Thollière a observé avec autant d'attention que de surprise des blocs de porphyre quartzifère d'un demi-mètre cube qui s'étaient déposés au-dessus de l'Arbresle sur le plateau de Persanges et de Belmont. Malgré le transport assez long qu'ils avaient dû subir, ces blocs étaient à peine arrondis sur leurs angles. En se conformant aux théories enseignées à cette époque dans notre ville, M. Thiollière voulut s'expliquer ce charriage par l'action de masses d'eaux diluviennes, mais il ne put s'empêcher de trouver étrange le développement d'une pareille force, et il semble qu'il lui était resté quelque doute sur la valeur du système scientifique qui lui avait été en quelque sorte imposé.

En dehors de ces considérations théoriques, M. Thiollière eut le talent de découvrir l'analogie qui existait entre ce qu'il appelait le terrain diluvien des vallées de la Brevenne et de la Turdine et le terrain de transport ancien de la vallée de l'Azergues et de toutes les vallées du Beaujolais.

Naturellement M. Fournet et M. Drian ne virent dans ces différents dépôts que le résultat d'une action diluvienne puissante.

Nous ne voulons pas exposer de nouveau ici les impossibilités qu'on rencontre, lorsqu'on veut expliquer l'origine de toutes ces masses d'eau, lorsqu'on veut retrouver les réservoirs qui ont fourni ces lames diluviennes douées d'une vitesse prodigieuse et naturellement ayant besoin d'immenses bassins d'alimentation. Il nous suffira de répéter pour les vallées de la Brevenne et de la Turdine ce que nous avons déjà dit pour les vallées de l'Azergues, de l'Ardière et bien d'autres, c'est que, lorsqu'on cherche ces anciens réservoirs, on trouve au contraire des crêtes de montagnes, des cimes élévées isolées de plusieurs côtés, et se reliant à des chaînes qui constituent des limites entre plusieurs grands bassins. Qu'y a-t-il à la place de ces réservoirs, de ces bassins d'alimentation gigantesques ? des points de divergence, de partage, c'est-à-dire des contrées dans lesquelles les eaux ne peuvent pas s'acculer ! Si nous remontons dans la vallée de la Brevenne ou celle de la Turdine, nous arrivons de part et d'autre vers les sommités qui séparent le bassin du Rhône de celui de la Loire, sans pouvoir retrouver l'origine des anciennes lames diluviennes. Il faut donc encore une fois renoncer aux théories des géologues lyonnais et recourir à l'intervention des glaciers. En effet si les parties élevées des deux vallées qui nous occupent n'ont pu contenir des lacs d'une capacité suffisante pour entraîner, pendant leurs débâcles et jusque sur des plateaux élevés, des blocs volumineux et tout un terrain de transport, du moins les cirques qui dominent ces cours d'eau sont admirablement disposés pour recevoir une accumulation considérable de neiges, capables d'engendrer des névés et de véritables glaciers. Du reste, si nous avons admis l'existence d'anciens glaciers dans les montagnes du Beaujolais, pendant le maximum d'extension des glaciers alpins, comment pourrions-nous supposer que les vallées de la Brevenne et de la Turdine n'étaient pas elles-mêmes encombrées de glaces ?

Aussi, lorsque avec M. Benoît nous avons visité, en 1869, le débouché de toutes ces vallées, nous n'avons pas hésité à considérer comme terrain erratique glaciaire les terrains de transport qui nous environnaient.

Depuis cette époque notre manière de voir n'a fait que prendre plus de précision, et les recherches que M. E. Pélagaud a bien voulu entreprendre, sur notre demande, dans cette contrée qu'il habite et qu'il connaît si bien, sont venues encore confirmer notre conviction scientifique à l'égard des anciens glaciers du Lyonnais.

Que M. Pélagaud nous permette de le remercier de l'empressement avec lequel il a répondu à notre appel.

Nous allons résumer brièvement les notes qu'il nous a fait le plaisir de nous transmettre et que nous avons publiées *in extenso* dans notre premier volume.

Le glacier de la Brevenne avait des proportions assez considérables, puisque cette petite rivière a un parcours d'une trentaine de kilomètres.

Dans le haut l'écartement des chaînes latérales est peu important, mais dans le bas la vallée s'ouvre davantage et plusieurs vallées secondaires qui mesurent une dizaine de kilomètres de longueur, les vallées du Cosne, du Conan, de la Trésoncle, viennent sur la rive gauche lui apporter le tribut de leurs eaux et de leurs alluvions. Sur la rive droite il y a d'autres vallées latérales, il est vrai, plus petites ; mais que cependant on ne doit pas négliger dans cette étude ; ce sont les vallées qui descendent de la chaîne d'Iseron.

Toutes ces dépressions ont dû se remplir de neiges, de névés et de glaces, de telle sorte que le glacier de la Brevenne devait avoir près de l'Arbresle une importance considérable, et il ne faut pas oublier que sur ce point il se combinait avec toutes les glaces qui descendaient de la vallée de la Turdine pour aller se joindre ensemble, près de Lozanne, le grand glacier de l'Azergues.

Le glacier du Cosne a donc pu transporter les blocs de syé-nite, de brèche quartzeuse que M. Pélagaud a vus près du village de Brullioles, au pied du crêt Pottu.

Le glacier du Conan, d'après le même géologue, paraît avoir atteint une grande élévation, et des blocs à peine émoussés de schiste amphibolifère ont été déposés sur les flancs de la vallée près de Trèves, entre Saint-Julien et Bibost. On voit aussi de l'autre côté de la vallée, au-dessous du village de Bessenay, le long des haies, des blocs de schistes métamorphi ques, de grès cristallins, de porphyre, etc. On retrouve des blocs de roches analogues, puis des schistes erratiques et de nombreux cailloux en descendant des Combes à la Rochette.

La vallée de la Trésoncle a été occupée par un glacier qui a également laissé sur les collines voisines des traces de son passage. M. E. Pélagaud a même reconnu les vestiges d'une moraine frontale nettement caractérisée qui barrait cette val-lée à la hauteur du village de Savigny, en s'élevant jusqu'à une hauteur de 40 mètres au-dessus du cours actuel de la Trésoncle. A droite, vers les Moulins, il y a d'épais placards de terrain morainique, et toute la campagne jusqu'à l'embou chure du Peynon est couverte de ce même terrain de transport A mesure qu'on s'approche de la vallée de la Brevenne, on rencontre des blocs de schistes amphibolifères et de granite de plus en plus gros.

A gauche M. E. Pélagaud a constaté que les collines qui entourent Savigny étaient couvertes de petits blocs de même nature. De plus il se trouve aussi de puissants amas de sable dans lesquels le même observateur a découvert des ossements de Rhinocéros.

Tout le plateau triangulaire qui s'étend entre la vallée de la Brevenne et celle de la Turdine jusqu'à l'Arbresle est également couvert de terrain morainique. C'est là que se trouvent les blocs que M. V. Thiollière a étudiés à Persanges, et dont nous avons déjà parlé.

Cette moraine frontale de la Trésoncle paraît s'être unie à la moraine latérale gauche du glacier de la Brevenne et à une moraine frontale du glacier de la Turdine dont les restes affleurent au-dessous de Bully. En effet, c'est là un des points vers lesquels convergeaient ces anciens glaciers qui ont abandonné, près du moulin de Bully et sur toute la colline jusqu'au hameau d'Apinost, des blocs de quartz de diverses natures, des fragments assez volumineux de porphyres, d'amphibolites, de schistes métamorphiques.

Le glacier de la Turdine avait en longueur moins de développement que celui de la Brevenne ; mais il prenait son origine dans le cirque magnifique qui entoure et domine Tarare et qui n'est limité que par les hautes montagnes qui séparent le bassin du Rhône de celui de la Loire, le mont Arjoux (817 mètres), le mont Pellerat (860 mètres), le Boussièvre, le mont Crépier (935 mètres), le signal de Pin-Bouchin (867 mètres), la montagne des Sauvages etc. Lorsqu'on parcourt les environs de Tarare, on comprend vite que cette disposition topographique de la contrée était on ne peut plus favorable au développement d'un puissant glacier.

Nous n'avons pas à en étudier les détails, puisqu'il se trouvait en dehors du cadre de nos travaux ; il nous suffit de dire que ces glaces étaient allées se confondre avec celles des glaciers de la Brevenne et de l'Azergues. Ainsi la moraine de Bully marque un temps d'arrêt dans l'avancement du glacier de la Turdine, se raccordant avec le glacier de la Brevenne.

Près de Saint-Germain et de Nuelles, M. E. Pélagaud a retrouvé une des moraines frontales de la Brevenne, la plus

vaste de toutes. Tout le plateau qui se maintient à la cote de
300 mètres et qui s'étend jusque vers les hameaux de Suc et
de la Colletière, point de jonction des glaciers de la Brevenne
et de l'Azergues, est couvert de matériaux morainiques.

Les blocs y sont même plus gros que dans tout le reste du
bassin de la Brevenne. Ce sont des quartz caverneux, jaspoïdes,
cloisonnées, des fragments de syénite, des porphyres rouges,
des gneiss avec mica noir, des gneiss roses, des quartz avec
tourmaline, des jaspes rouges etc.

En face de la poussée du glacier de la Brevenne sur la
croupe allongée de la colline qui porte le bourg de Nuelles
et les hameaux de la Chevrotte et du Munard, jusque vers
les carrières d'Apinost, il y a d'interminables traînées de gros
blocs. Les plus volumineux cubaient près de 10 mètres.
Mais là, comme dans les vignes du Beaujolais, les cultivateurs
enterrent ces blocs dans le sous-sol, et chaque année ils en
font disparaître un grand nombre pour en débarrasser leurs
champs, de manière que l'aspect du terrain normal se modifie
petit à petit et que les principaux traits du paysage morainique des environs de l'Arbresle s'effacent et perdent leur
plus important caractère.

En aval de l'Arbresle dans la vallée de la Brevenne,
M. Pélagaud a reconnu d'autres dépôts erratiques, de
nouvelles moraines qui s'échelonnent, par intervalles,
jusque vers la gare de Fleurieux et le village de Lozanne.
Ce sont toujours les mêmes dispositions de terrain, les
mêmes groupements de roches. Nous n'avons pas à les décrire en détail. C'est à Lozanne que passaient les glaciers
combinés de la Brevenne et de l'Azergues.

C'est par cette vallée que se sont écoulées les alluvions
glaciaires des trois glaciers que nous avons décrits. Ce
terrain de transport présente donc une masse considérable dont nous avons dû tenir compte dans cette étude mono

graphique, en faisant la description du glacier de l'Azergues.

Nous avons dit qu'elles avaient été forcées de se mettre en équilibre avec les alluvions du glacier alpin et qu'elles s'étaient élevées comme elles à la cote de 300 mètres environ. Ce sont ces alluvions lyonnaises et beaujolaises qui sont étalées sur les plateaux qui s'étendent à l'ouest du Mont-d'Or lyonnais vers Dommartin jusque contre la dorsale de la Tour-de-Salvagny. Plus au sud ce sont les alluvions alpines qui se sont avancées jusque vers les chaînes d'Iseron. Nous n'avons pas à revenir sur ces faits. Après les avoir indiqués nous passerons à l'étude d'un autre groupe de glaciers.

TERRAINS GLACIAIRES DU MONT PILAT ET DE LA VALLÉE DU GIER. — Le mont Pilat forme un groupe de montagnes isolé et parfaitement circonscrit. Il serait donc convenable de faire une monographie complète et détaillée des glaciers qui ont occupé les principales vallées qui divergent de toutes parts de ces sommets les plus élevés.

Mais cette étude est en dehors du cadre que nous nous sommes tracé, et nous ne nous occuperons que très succinctement de ce massif montagneux. Nous ne le ferons que parce que nous croyons que dans les environs de Vienne ses moraines et ses glaciers ont pu se butter contre les bourrelets morainiques du grand glacier delphino-savoisien étalé sur les plateaux et les collines du Bas-Dauphiné.

En outre si on considère le mont Pilat au point de vue de l'orographie générale de l'Est de la France, on voit que cette montagne fait partie de la grande chaîne cébenno-vosgienne, et que malgré la profonde dépression de la vallée du Gier, elle fait la suite des chaînes du Beaujolais et du Lyonnais. Nous n'avons donc pas cru pouvoir négliger d'étudier les anciens glaciers qui ont dû fonctionner sur les flancs est et nord de ce massif montagneux.

Les mêmes raisons qui nous ont engagés à admettre l'existence d'anciens glaciers dans les montagnes du Beaujolais et du Lyonnais, nous ont fait adopter les mêmes théories pour expliquer le transport du terrain erratique du Pilat. D'autant plus que les sommités de cette montagne dépassent en altitude celles des chaînes qui s'élèvent à l'ouest de la vallée de la Saône, et qu'elles atteignent, au crêt de la Perdrix, la cote 1,434 mètres.

Cette différence de niveau de 3 à 400 mètres devait amener une plus énergique condensation de vapeurs d'eau et devait engendrer des névés plus puissants. Tout nous portait donc à croire à l'existence de ces anciens glaciers du Pilat. Il nous semblait même possible que le glacier alpin avait dû franchir la vallée du Rhône et confondre ses moraines avec celles des glaciers qui étaient descendus du Pilat le long des pentes qui dominent le cours du Rhône.

Nous avons donc commencé l'étude de ce groupe de montagnes par les contreforts et les plateaux qui s'étendent entre la vallée du Gier et les hauteurs de Condrieu ; mais nos prévisions ne se sont pas réalisées. Nous avons vainement parcouru les collines de Sainte-Colombe, des Haies, de Longes, de Tupins-Semons, de Condrieu, nous n'avons pu découvrir un seul morceau de roches des Alpes. Les glaciers du Pilat avaient donc repoussé à l'est le glacier alpin, ou bien celui-ci était naturellement resté à une certaine distance du Pilat, de même qu'au nord de Lyon il ne s'était pas approché du Mont-d'Or. Le fait une fois constaté, on pouvait accepter ces deux explications.

La jonction de ces deux groupes de glaciers s'est opérée en amont sur les bords du Rhône à Flévieu, près de Communay, où M. Sc. Gras a étudié un dépôt erratique mixte, composé de roches des Alpes et de roches du mont Pilat et du Lyonnais.

À Pélussin, à Chavanay, nous avons observé des lambeaux de moraines assez épais, dans lesquels apparaissent, au milieu de fragments plus petits, des blocs de granite d'un mètre à un demi-mètre cube. Souvent ces blocs ont été utilisés comme matériaux de construction.

Une moraine importante semble exister à Pavezin (600 mètres). C'est une énorme accumulation de roches, de débris granitiques de toutes grosseurs, confusément entassés. Une sorte de lehm de 3 à 4 mètres d'épaisseur recouvre ce dépôt qui a bien de 6 à 7 mètres d'épaisseur verticale. Le pays tout entier présente l'aspect d'un paysage morainique.

D'autres glaciers occupaient les vallées de Couzon, de Doizieu, de Saint-Paul en Jarret, du Bessat et de la Valla.

Au-dessus de Doizieu, en suivant la route du Planil, on rencontre de nombreux débris erratiques. Une véritable moraine apparaît aux hameaux du Mas et du Soleil. Les blocs sont très abondants, ils sont dispersés dans un dépôt boueux et souvent atteignent le volume d'un mètre.

À Saint-Paul en Jarret et jusqu'à Doizieu, il y a de nombreux blocs de granite, de granite porphyroïde, de gneiss. Un placard de terrain erratique qui s'étale le long du flanc gauche de la vallée doit être une dépendance de la moraine latérale du glacier qui descendait des hauteurs qui s'élèvent au dessus de Doizieu.

Le vallée du Gier a dû également servir de dégorgeoir aux glaciers qui s'écoulaient des vallées secondaires du Pilat et du cirque de Saint-Étienne.

MM. Fournet, Sc. Gras, Drian ont fait connaître depuis longtemps le terrain erratique de cette longue dépression sous le nom de diluvium du Gier.

Nous ajouterons seulement, pour clore cette étude, qu'il faut, comme en Beaujolais et dans le Lyonnais, diviser en deux groupes ce terrain de transport qui se compose de roches sensiblement analogues à celles de la Brevenne, de la Turdine, de l'Azergues, de l'Ardières, etc. et distinctes de celles des Alpes. Dans l'un il faut placer les alluvions sous-glaciaires, dans l'autre les véritables moraines reconnaissables à leurs gros blocs, à leur manque de stratification, à la disposition concentrique de leurs bourrelets.

Malheureusement les galets striés manquent dans les dépôts morainiques de la vallée du Gier; mais, comme nous l'avons souvent répété, l'absence de ce caractère important ne suffit pas pour ébranler notre croyance aux anciens glaciers, lorsque nous trouvons dans une contrée d'autres preuves de leur existence et de leur action.

TROISIÈME SECTION

DES FORMATIONS GÉOLOGIQUES, DES FAUNES, DES FLORES ET DU CLIMAT DE LA PARTIE MOYENNE DU BASSIN DU RHONE, APRÈS LA PLUS GRANDE EXTENSION DES ANCIENS GLACIERS

CHAPITRE PREMIER

TERRAINS SUPERFICIELS DES DOMBES

Du lehm et de son origine. — Définition du lehm, sa composition chimique, son aspect physique, ses caractères distinctifs. — Phénomènes de décomposition. — Faune du lehm, climatologie. — Diluvium rouge de M. Sauvanau et des géologues lyonnais. — Limon jaune des Dombes, terrains blancs, sous-sols imperméables. — Causes de la concentration des étangs sur le plateau des Dombes ; possibilité de leur dessèchement. — Synchronisme des terrains imperméables des Dombes et des glaises des plateaux du Bas-Dauphiné.

DU LEHM ET DE SON ORIGINE. — Les immenses glaciers alpins qui se sont étendus sur le plateau des Dombes ainsi que dans les plaines delphino-lyonnaises étaient soumis à une puissante ablation, et des courants d'eau engendrés par la fonte des glaces devaient laver en partie les moraines superficielles et profondes et entraîner avec eux, en avant du grand glacier, une boue jaunâtre qui provenait de la trituration de toutes les roches transportées par les glaces. Ces eaux boueuses devaient former en aval des moraines frontales de vastes marécages dans lesquels s'opérait une active sédimentation, car ces marais devaient plutôt recevoir une boue très liquide que des eaux tenant seulement en suspension quelques principes terreux. Cet état de choses dura un temps qu'il nous est impossible de déterminer, mais dont nous ne pouvons nier l'importance; car la puissance des moraines frontales de Seillon, d'Ars, de Sathonay, de Caluire, de Four vière, de Sainte-Foy, de Vienne et de Thodure, nous permet en quelque sorte d'en mesurer la longueur.

Dans la nature rien n'est stable; ces anciens glaciers, si largement épanouis, entrèrent dans une phase de retrait; la fonte des glaces devint plus active sous l'influence des causes multiples qui commencèrent à amener dans notre contrée le climat dont nous jouissons, et des eaux boueuses plus abondantes vinrent en se clarifiant augmenter la puissance des dépôts irréguliers dont nous venons de parler.

A l'appui de ce que nous venons de dire, on nous permettra de rappeler un fait: un jour de printemps, après un hiver pendant lequel il était tombé une couche épaisse de neige, nous parcourûmes la partie méridionale des Dombes, et nous vîmes dans certains replis du sol, de grandes accumulations de neige. Nous nous approchâmes pour examiner s'il n'y aurait pas quelques phénomènes intéressants à constater; nous fûmes surpris de l'énorme quantité de terre jaunâtre, de boue que cette neige abandonnait en fondant, et nous ne pûmes nous empêcher de penser à la masse considérable de détritus qu'avait dû laisser sur le sol l'immense glacier rhodano-savoisien au moment de sa fonte.

Cette terre jaunâtre, déposée lentement *en avant et par-dessus les moraines frontales extrêmes* de nos anciens glaciers alpins, constitue pour nous le type le plus abondant, le mieux caractérisé, de la formation géologique qu'on doit appeler *lehm proprement dit.* Nous ne contestons pas que les anciens glaciers ont dû déposer du lehm au-dessus des autres moraines en arrière des moraines frontales dont nous venons de parler, mais nous pensons que le lehm doit former un dépôt plus puissant, plus reconnaissable, vers les limites extrêmes du terrain erratique.

En effet, c'est vers ces points qu'on doit trouver les limons déposés 1° pendant la dernière période d'avancement du glacier, 2° pendant toute la phase durant laquelle il est resté stationnaire, 3° pendant la première période de son retrait.

Remarquons en outre que pendant la longue phase d'avancement depuis les Alpes jusque près de nous, l'ablation de la glace étant peu puissante, justement pour permettre au glacier de progresser, la lévigation des moraines a dû être moins énergique. Le lehm devait se former en moindre quantité.

D'ailleurs, une fois que ce lehm avait été déposé, il ne tardait pas à être mélangé avec les moraines frontales que le glacier écrasait devant lui, pour se combiner avec la moraine profonde sous l'influence du poids et de la progression de la masse de glace. Dans ces conditions il ne pouvait s'effectuer une *formation durable de lehm pur*.

Pendant la période de retrait, les choses se sont passées autrement. L'ablation étant considérable, le volume des eaux de fonte lui fut proportionnel, et ces eaux abondantes, nous dirons presque impétueuses, au lieu de déposer lentement dans des marais, peut-être dans de petits lacs, les produits du lavage des moraines et des glaces, formèrent un grand fleuve et de puissantes rivières qui entraînèrent au loin les sédiments et les charrièrent, en partie du moins, jusqu'à la mer. Cependant des barrages formés momentanément au pied du Pilat ont pu aussi favoriser le dépôt du lehm en amont de cette station.

Cette théorie que nous émettons pour la première fois est la seule qui nous a permis de nous rendre compte de la disposition topographique du lehm.

En effet, le véritable lehm ne forme pas une couche répandue régulièrement sur une surface de pays considérable. Ainsi sur le plateau des Dombes le lehm nous a paru constituer une sorte d'écharpe, de zone curviligne, sensiblement parallèle au développement des moraines terminales des anciens glaciers. En effet, le lehm nous a toujours semblé plus abondant au nord, à l'ouest et au sud du plateau des Dombes, que dans le centre et à l'est.

C'est en dehors de la région des étangs, au delà d'une ligne qui passerait approximativement par le Mas-Rilliez, Mionnay, Saint-Jean de Thurignieu, Rancé, Ambérieux, Saint-Trivier sur Moignans, Châtillon les Dombes, Neuville les Dames et Bourg, que le lehm apparaît avec le plus d'épaisseur et le facies le mieux caractérisé.

Au centre des Dombes ce sont d'autres terrains qui forment le sol végétal, un *limon argileux jaunâtre* et une sorte de silice pulvérulente qu'on appelle le *terrain blanc goutteux des Dombes* (1) dont nous aurons à nous occuper bientôt d'une manière spéciale.

Près de Lyon et au midi du bassin de cette ville, le lehm est réparti de la même manière, c'est au delà ou près des moraines terminales du glacier delphino-savoisien, qu'on voit les plus belles coupes de cette formation glaciaire. Pour s'en convaincre il suffit de visiter Collonges, le bas de Saint-Cyr, Fourvière, Sainte-Foy, Oullins, Saint-Genis-Laval, Vourle, Charly, Feyzin, les hauteurs de Vienne, les environs de Beau-repaire et de Beausemblant en Dauphiné.

Au point de vue de son origine le lehm est donc pour nous un terrain qui résulte du lavage des moraines et des glaces des anciens glaciers et qui a été déposé près et au delà des anciennes moraines terminales, soit pendant la dernière phase d'avancement, soit pendant la première période de retrait de nos glaciers quaternaires. Ce que nous venons de dire se rap-

---

(1) Pouriau. Etudes géol. chim. et agron. des sols de la Bresse et de la Dombes, p. 51. *Ann. de la Soc. d'agric. de Lyon*, 22 janvier 1858.

porte aux glaciers alpins étendus jusque près de Lyon ; mais il
est évident qu'on peut l'appliquer à la formation des terrains
subordonnés aux anciens glaciers du Beaujolais et du Lyonnais, qui ont dû se trouver dans des conditions analogues.

DÉFINITION DU LEHM, SA COMPOSITION CHIMIQUE, SON ASPECT
PHYSIQUE, SES CARACTÈRES DISTINCTIFS. — En précisant de cette
manière l'expression de lehm, nous sommes conduits à séparer de cette formation géologique glaciaire tous les terrains
qui se trouvent près de nous à une cote supérieure à celles
que les anciens glaciers ont pu atteindre. Dans la première
section de ce volume (1) nous avons déjà fait l'application
de ce principe, en cherchant à démontrer que le prétendu
lehm de Saint Didier et de la Roussilière, près Limonest au
Mont-d'Or, qui affleure à 400 mètres d'altitude, n'était qu'un
glissement de marnes liasiques, jaunies par l'oxydation des sels
de fer et souvent durcies par un excès de carbonate de chaux.

Au lieu de continuer à séparer d'autres terrains du groupe
trop arbitraire appelé lehm, nous allons préciser l'aspect et
la composition de ce terrain, et cette définition nous permettra d'opérer plus facilement les éliminations qui nous restent à faire.

D'après MM. Fournet, Drian, Sauvanau, « on donne ordinairement le nom de lehm à une terre jaunàtre, friable, douce
au toucher et composée de sable siliceux, d'argile, de carbonate de chaux et d'oxyde de fer hydraté. Le sable vu au mi-
croscope laisse distinguer du quartz, du feldspath, du mica,
de l'oxyde de fer en grains rugueux avec quelques parcelles
d'apparence serpentineuse et d'autres roches siliceuses Le
carbonate de chaux s'y trouve quelquefois dans la proportion
de 25 0/0 du poids, surtout lorsque le lehm est en place (2). »

(1) Page 15. — Ann. Soc. d'agr , 5ᵉ série, t. 1ᵉʳ, p. 587.
(2) Drian, Minéralogie et pétralogie des environs de Lyon, p. 237.

Nous ajouterons que le véritable lehm à l'état de pureté offre toujours une moindre proportion de calcaire, et nous pensons même que c'est d'après une analyse faite sur un échantillon provenant des plateaux de Saint-Rambert-Ile-Barbe où le lehm glaciaire est mélangé à des marnes de lias, que M. Drian a cité les chiffres qu'il a publiés. Ordinairement le lehm ne renferme que 1, 2, 3, 6, 8 et rarement jusqu'à 10 ou 15 p.%. de carbonate de chaux, et encore faut-il faire observer que dans les parties supérieures de ce terrain il ne reste généralement pas de calcaire, parce qu'il a été entraîné par les infiltrations des eaux pluviales. Les matières insolubles siliceuses peuvent donc s'élever à 85,90 et plus p. %.

Aux substances étrangères citées par M. Drian, nous devons ajouter le fer oxydulé magnétique en grains métalliques excessivement fins. Après une pluie d'orage on n'a qu'à parcourir les chemins creusés dans le lehm, et dans chaque ornière, dans chaque rigole où les eaux sauvages ont coulé, on aperçoit de petites taches gris de fer, brillantes, disposées sur les endroits où la pente a cessé, c'est-à-dire dans les endroits où les eaux n'ont plus eu assez de force pour charrier cette poussière d'une grande densité. Avec un barreau aimanté il est facile de recueillir ces grains de poussière de fer oxydulé.

Nous avons fait ces observations à Vancia, à Collonges, à Saint-Rambert, dans le bas de Saint-Cyr, et·nous avons pensé un moment que la présence de ce fer magnétique suffirait presque seule pour faire reconnaître le véritable lehm d'avec les terrains similaires ; mais nos prévisions ne se sont pas confirmées. Nous avons continué nos recherches et dans le haut de Collonges, dans les chemins qui sillonnent les pentes orientales du mont Ceindre, nous avons retrouvé du fer oxydulé à des niveaux bien supérieurs à ceux que le vrai lehm a atteints. Ce fer provenait donc des marnes du lias

jaunies et prenant l'aspect du lehm. Ces marnes, qui sont
très meubles, se sont souvent déplacées et elles ont toujours
descendu pour se mélanger au lehm placardé sur la base du
Mont-d'Or. A mesure qu'on descend on voit que le fer oxydulé
est plus abondant. Ce minéral existe donc dans les marnes
du lias et dans le lehm, et ne peut servir à distinguer ces
terrains. C'est donc l'altitude et la composition chimique, c'est-
à-dire la proportion de carbonate de chaux et de fer oxydulé
plutôt que la simple présence de paillettes de ce minerai qui
peuvent nous faire reconnaître le véritable lehm. Ainsi au
Mont-d'Or toutes les terres jaunes, placées au-dessus d'un
plan imaginaire, étendu à la cote de 320 mètres, c'est-à-dire
passant au-dessus des moraines terminales de Sainte-Foy et de
Vancia, ne doivent pas être rangées dans le groupe du lehm,
mais doivent être classées à part. En dessous de ce niveau il
y a eu certainement des mélanges de ces deux catégories de
terres. Nous verrons plus loin quel âge on peut donner aux terrains jaunâtres qui affleurent au-dessus de l'altitude de 320 m.

Revenons à l'étude du lehm proprement dit. Ce terrain se
déplace facilement sur les pentes des coteaux, et nous nous
souvenons d'avoir vu, avant l'établissement du chemin de
fer P.-L.-M. et à l'entrée du chemin des *Grandes-Balmes* à
Saint-Rambert, des ruines d'une villa romaine, des fragments
de fresques, des mosaïques, des tuiles à rebords et de grands
ostrea edulis, le *pas d'âne* de la Méditerranée (1), recouverts
par une couche de 3 mètres de lehm. M. Fournet a vu également à Genay des fours romains enfouis sous une épaisse
masse de lehm (2). Mais lorsque le sol est sensiblement plat,
qu'il n'est pas délavé par les eaux venant de points plus
élevés, le lehm peut indéfiniment rester en place, s'il est
recouvert par la végétation. Ainsi cette terre forme un vaste

(1) Collection Falsan à Saint-Cyr au Mont-d'Or.
(2) rian, *ouv. cité*, p. 289.

manteau sur toute la partie méridionale du triangle des
Dombes. Elle recouvrait d'une couche épaisse les bourrelets
des anciennes moraines et s'était maintenue puissamment au-
dessus de la butte de la croix de Bussy, éventrée par une
tranchée du chemin de fer des Dombes, sur le signal du Gras
(320) occupé aujourd'hui par le fort de Vancia, sur les collines morainiques de Mercières, qui devaient servir de redoutes
dans le système de défense contre l'invasion prussienne en
1870-1871. Il nous serait facile de citer d'autres exemples.

Naturellement c'est sur ces points élevés et isolés sur lesquels le lehm n'a subi aucun mélange, aucun déplacement,
que ce terrain offre ses véritables caractères.

Généralement le lehm ne présente aucune stratification ;
on n'aperçoit dans sa masse aucune couche, aucune division
régulière. Des accidents de coloration interrompent seuls et
rarement l'uniformité de ce dépôt, dont la finesse des éléments est toujours et partout la même.

Pourtant à l'ouest de la gare de Saint Clair, près Lyon, de
l'autre côté de la route de Genève, le lehm offre sur un talus
des ondulations très remarquables (fig. 95) qui rappellent celles
du terrain erratique des fossés du fort de Vancia (fig. 96).

Il nous semble que la meilleure manière d'expliquer cette
disposition du terrain est la suivante : ce lehm n'est pas en
place ; il a glissé de plus haut sur une pente accidentée et a
formé plusieurs couches qui ont été plus ou moins durcies
par un peu de calcaire, et qui se sont modelées successivement sur les ondulations du terrain. Plus tard, à la suite de
tassements, des fentes se sont produites ; il s'en est suivi des
éboulements ; les sections de toutes les surfaces gauches des
couches ont été mises à découvert et leurs coupes ont présenté l'aspect que nous leur voyons encore aujourd'hui.

PHÉNOMÈNES DE DÉCOMPOSITION — Comme tous les terrains

meubles, le lehm a subi l'influence décomposante des agents
atmosphériques. Les couches superficielles ont été privées de
leur carbonate de chaux, et très souvent le peroxyde de
fer hydraté, qui colore la terre en jaune d'ocre, perd une
partie de son eau et colore le lehm en rougeâtre. Quelquefois, ainsi que nous l'avons vu dans la tranchée du
chemin de fer des Dombes, vers le pont des Mercières, au sud
de Sathonay, ce terrain rougeâtre forme des lentilles enclavées
dans le lehm jaune ; mais le plus souvent ce changement de
coloration se voit dans les couches superficielles, et c'est ce
qui avait engagé M. Sauvanau (1) et d'autres géologues à en
faire un terrain particulier, plus moderne que le lehm et
qu'ils appelaient le *lehm rouge*. La disposition stratigraphique que nous venons de citer et qui se montre sur une
foule de points suffirait pour démontrer la fausseté de cette
classification. Mais nous devons dire en outre que jamais
M. Fournet, si compétent pour l'étude chimique des roches, n'a
voulu adopter le système de ces géologues. Pour lui le lehm
ne constituait qu'une formation, et ce changement de couleur
n'était qu'un phénomène de *rubéfaction* (2), et nous partageons
entièrement la manière de voir de notre regretté professeur.

Généralement dans le bassin de Lyon on regarde l'expression de *terre à pisé*, comme synonyme de *lehm;* mais le sens
restreint que nous attachons à ce dernier mot nous empêche
d'adopter cette opinion. Pour qu'une terre puisse se durcir
assez par la compression pour former des murs, il suffit qu'elle
renferme une certaine quantité d'argile ; peu importe son
origine géologique et sa place dans l'échelle des formations.

(1) Recherches analytiques sur la composition des terres végétales des départements du
Rhône et de l'Ain, p. 14, Ann. de la Soc. d'agr. de Lyon, 1845.
(2) Sur la rubéfaction des roches, Ann. de la Soc. d'agr. de Lyon, t. VIII, p. 1, 1845.
Considérations générales au sujet du lehm et détails sur le lehm rouge, Bull. Ass. scien*.
de France, n° 95, 22 novembre 1868.
Étude au sujet du lehm et des cailloux diluviens, Influences des pluies et des agents atmosphériques, Ann. de la Soc. des scienc. indust. de Lyon, t. VI, p. 104.

Ainsi dans le Mont-d'Or lyonnais on bâtit aussi bien des maisons avec le faux lehm, avec les marnes jaunies de la Roussilière, avec les terres qui résultent de la décomposition de nos calcaires, qu'avec le véritable lehm glaciaire. A Belley on emploie directement la boue glaciaire. Nous pensons que c'est l'emploi de ces divers terrains pour les mêmes usages industriels qui a occasionné cette confusion dans la classification géologique de ces formations terreuses.

M. Fournet (1) s'est beaucoup occupé de diverses concrétions calcaires qui sont assez fréquentes dans le lehm. Nous en avons déjà parlé à propos du faux lehm de la Roussilière et de Saint-Didier. Nous dirons seulement ici que dans le véritable lehm, qui renferme très peu de calcaire, ces phénomènes de concentration sont très rares et ne s'aperçoivent pour ainsi dire que près des racines de certaines plantes. Pour la production de ce phénomène il a fallu l'intervention d'une action capillaire énergique. Les racines ont fini par pourrir et disparaître, et il ne reste plus à leurs places que des tubes plus ou moins irréguliers de lehm, durci par du carbonate de chaux.

FAUNE DU LEHM. — CLIMATOLOGIE. — Nous avons dit précédemment que le lehm est une formation glaciaire et que ce terrain est surtout développé en avant ou près des moraines terminales de nos anciens glaciers. Voyons maintenant si les découvertes paléontologiques sont venues confirmer ces deux propositions, et commençons par nous occuper de la première.

En 1868 M. Chantre a recueilli dans le lehm de Toussieux un crâne entier et quelques ossements d'Homme. D'après ses études, ces fragments osseux appartenaient à plusieurs

---

(1) Consulter Drian, *Minéralogie et pétralogie*, p. 55, 65, 242, 302.

individus de race dolichocéphale (1). Malheureusement aucun vestige d'industrie n'a été découvert avec ces fragments de squelette, et il peut rester quelques doutes sur l'âge de ces fossiles.

Cependant l'aspect du terrain qui ne paraît pas remanié, donne une certaine authenticité à cette découverte. Ce serait la première fois qu'on aurait signalé des ossements du genre *Homo* dans le lehm du bassin du Rhône.

Dans les vallées du Mont-d'Or, lorsqu'on fait des déblais pour l'exploitation des carrières du lias inférieur, on trouve assez souvent des ossements ou des dents d'*Ursus spelœus* (Blumenbach). Nous avons recueilli dans la carrière Bourdelin, à Saint-Fortunat, un fragment de mâchoire inférieure garni d'une canine appartenant à un individu de très grande taille (2). D'autres ossements ont été déposés dans les galeries du Muséum. Ces débris sont souvent associés à des ossements de Renne, de Mégacéros, de Cheval, de Bœuf, d'*Elephas primigenius* et de *Rhinoceros tichorhinus* (3).

Le fossile le plus remarquable et le plus abondant du lehm est l'*Elephas primigenius*, le Mammouth. Nous ne pourrions citer toutes les localités dans lesquelles on en a exhumé des ossements. M. le Dr Jourdan voulait les faire figurer sur une carte pour ainsi dire spéciale. On en a découvert tout autour de Lyon, à Trévoux, à Anse, à Saint-Germain, à Saint-Didier, à Saint-Cyr, à Rochecardon, au Mont-d'Or, sur toute la partie méridionale du triangle bressan, à Vancia, à Sathonay, à la Croix-Rousse. On ne peut nommer cette station sans rappeler qu'un amas considérable d'ossements d'*Elephas primigenius*, d'*Equus*, de *Bos primigenius*, a été découvert en 1824 dans le jardin de M. Krauls au-dessus de la la Boucle. Cette trouvaille excita la curiosité générale, et les savantes dissertations

---

(1) MM. le Dr Lortet et E. Chantre. Etudes paléontologiques, etc., *Arch. du Muséum de Lyon.*, t. 1er, p. 77. 1874.

(2) Collection Falsan à Saint-Cyr au Mont-d'Or.

(3) MM. Lortet et Chantre, *ouv. cité*, p. 178.

de M. le chevalier Bredin, ancien directeur de l'Ecole vétéri-
naire, purent seules empêcher le public lettré d'alors de prendre quelques-uns de ces ossements pour des restes des
éléphants d'Annibal (1)! MM. Lortet et Chantre viennent
de publier dans les *Archives* de notre Muséum la figure de
la mâchoire inférieure d'un des *Elephas* découverts dans
cette station (2). Dans le talus d'une tranchée du chemin
de fer de Sathonay nous avons recueilli la base d'une défense
d'*Elephas primigenius;* c'est une des plus volumineuses en
diamètre que nous ayons vues (3). Malheureusement cette
belle défense avait été en grande partie brisée par les
ouvriers terrassiers.

On a également signalé le même éléphant à Lyon et tout
autour de la ville, en place dans le lehm ou remanié dans
les alluvions du Rhône et de la Saône. On l'a cité en outre
dans le Bas-Dauphiné, à Décines, à Heyrieux, à Communay, à
Saint Symphorien d'Ozon, à Beausemblant, à Saint-Vallier,
dans le lehm et même à Tullins, remaniés dans les graviers
de la vallée de l'Isère (4).

Après cette espèce nous mentionnerons le squelette d'*Elephas intermedius* que M. le Dr Jourdan a découvert presque
entier, il y a quelques années, dans le lehm de Choulans, au
au pied de la colline de Saint-Irénée, à Lyon.

MM. Lortet et Chantre ont fait monter par M. Révil fils ce
magnifique squelette dont la figure est ci-contre (Fig. 106),
et l'ont fait placer dans les galeries du Muséum de Lyon.

En outre de la figure du squelette entier, nous donnons
celle de la mâchoire inférieure au dixième de sa grandeur.
(Fig. 107.)

Nous ne pouvons oublier de citer, malgré la rareté de ces
débris, l'*Elephas antiquus*, Falconer, espèce plus ancienne

(1) *Archives hist. et stat. du département du Rhône*, 1824-1826.
(2) T. Ier, pl. XVII.
(3) Collection Falsan, à Saint-Cyr au Mont-d'Or.
(4) MM. Lortet et Chantre, *ouv. cit.*

que nous avons déjà signalée dans les sables et les argiles de
Villevert, et dont M. Jourdan a recueilli un fragment de dé-
fense et une molaire dans le lehm de Port-Maçon, près Saint-
Germain, au Mont-d'Or (1).

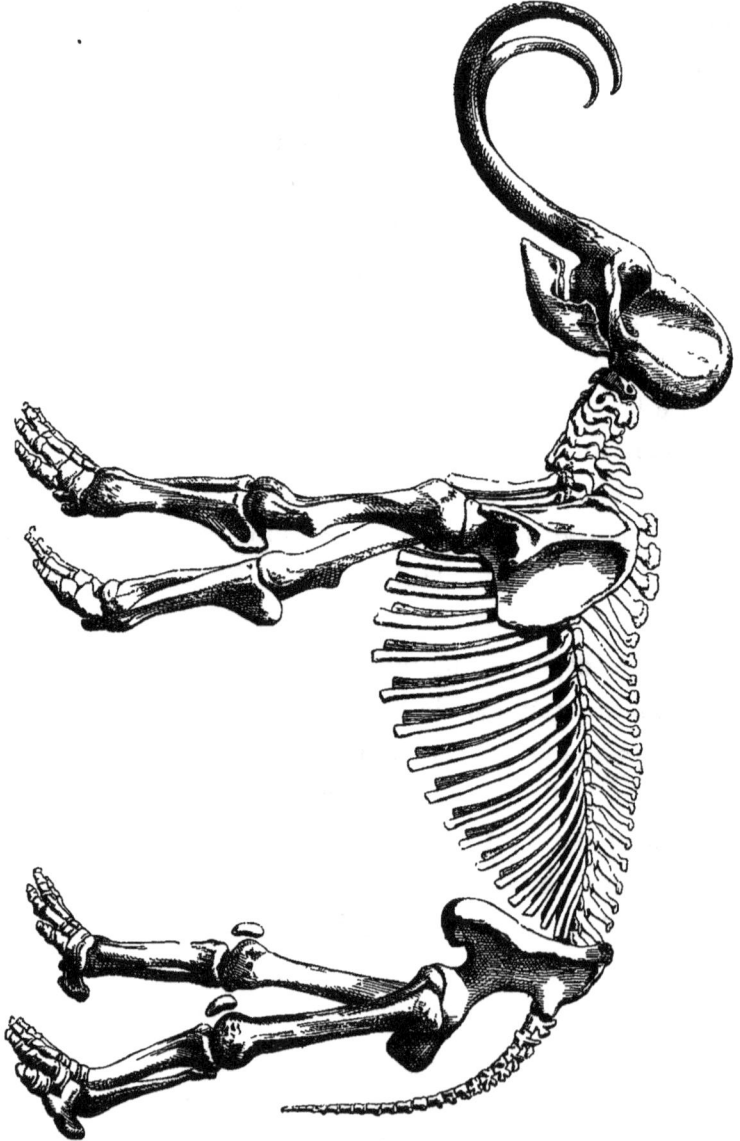

(Fig. 106.)

M. le Dr Jourdan a trouvé dans le lehm de sa propriété de

(1) MM. Lortet et Chantre, *ouv. cité*, p. 79 (pl. PLXVIII, fig. 1 et 2).

Rochecardon au Mont-d'Or la partie droite du maxillaire supérieur d'un *Rhinoceros tichorhinus* (Cuvier) dont voici la figure réduite à l'échelle de 1/4. (Fig. 108.)

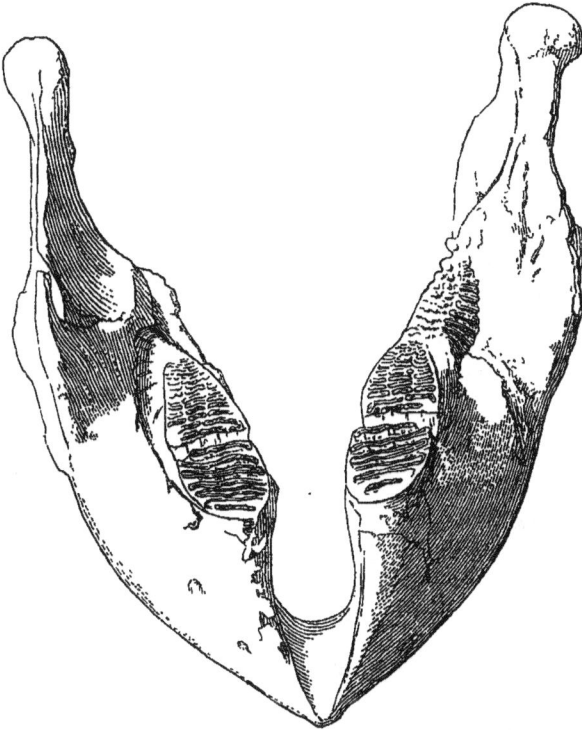

(FIG. 107.)

C'est dans le lehm de Saint-Germain au Mont-d'Or, déposé au-dessus des sables ferrugineux pliocènes, qu'on a recueilli la belle tête d'un *Rhinoceros*, dont MM. Lortet et Chantre ont fait une espèce nouvelle qu'ils ont dédiée à M. le Dr Jourdan, le *Rhinoceros Jourdani*.

Nous ne pouvons citer cette dernière station sans faire une observation sur laquelle on doit insister. Les travaux de déblais entrepris pour l'établissement des voies de garage et pour la bifurcation du chemin de fer de Roanne ont mis à découvert de nombreux et magnifiques débris de mammi-

fères fossiles, mais il faut remarquer que ces échantillons
appartiennent à deux formations géologiques distinctes.
Dans le bas de la coupe on voit apparaître les sables ferrugineux pliocènes, analogues à ceux de Trévoux, et, par
suite de dénudations énergiques qui ont emporté les alluvions
anciennes ou glaciaires, on constate que le lehm repose directement sur les sables pliocènes, sans aucune intercalation
d'autres terrains. Dans cette station il y a donc deux formations géologiques distinctes. En conséquence il ne faut pas
dire : faune de Saint-Germain, mais faune des sables pliocènes de Saint-Germain, ou faune du lehm quaternaire de
Saint-Germain.

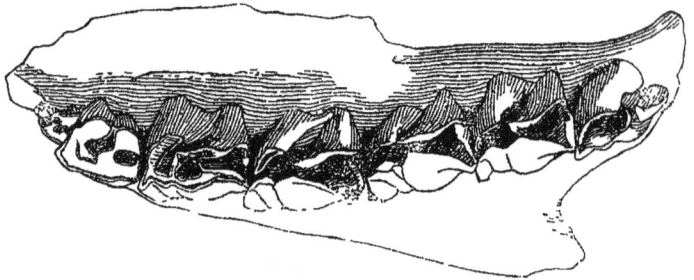

(Fig. 108.)

A la suite de ces grands pachydermes que nous venons
de mentionner, citons le cheval, l'*Equus caballus* (Linné),
qui vivait en grandes troupes dans les espaces laissés libres
en avant des moraines terminales de nos anciens glaciers
et dont on a reconnu de si nombreux débris à Solutré. Ce
cheval du lehm était de petite taille et offrait de nombreux
rapports avec celui de la Camargue.

Un squelette entier a été monté par M. Toussaint et orne
une des salles du Muséum de Lyon.

Dans le lehm de la base du Mont-d'Or, de la Croix-Rousse,
du Bas-Dauphiné, on exhume assez souvent des dents ou des
ossements d'*Equus caballus* pour qu'il ne reste pas de doute

sur la contemporanéité de cette espèce et de cette formation.

Enfin pour clore ce que nous avons à dire sur ce groupe
de mammifères, nous ajouterons à cette série le *Sus scropha*
(Linné), V. *major*, dont un beau crâne (Fig. 109) a été découvert dans le lehm de Saint Didier au Mont-d'Or.

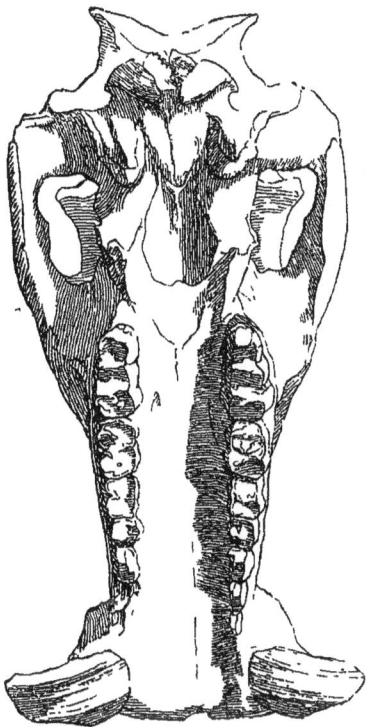

(FIG. 109.)

Ce crâne appartenait à une grande espèce d'ou serait dé-
rivée, d'après M. Rutimeyer, l'espèce beaucoup plus petite du
Sus scropha actuel.

De nombreux débris de ce pachyderme ont été trouvés dans
le lehm du bassin de Lyon (1).

La classe des ruminants est représentée dans le lehm de

_____

(1) MM. Lortet et Chantre, *ouv. cit.*

nos environs par plusieurs espèces que nous allons passer en revue.

Le lehm de Saint-Germain et de Saint-Didier au Mont-d'Or, celui de Fontaines, de la Pape, de la Tour de la Belle-Allemande, de Loyasse, de Saint-Fons, renferme en assez grande abondance des ossements de *Bos primigenius* (Bojanus) associés à des débris de Rennes, d'Eléphants, de Rhinocéros.

Le Muséum de Lyon possède les parties frontales et les axes osseux des cornes d'un *Bison priscus* (Bojanus) (Fig. 110), qui proviennent du lehm de Chaponnay (Isère), et dont nous donnons la figure, réduite à la proportion de 1/10 (1).

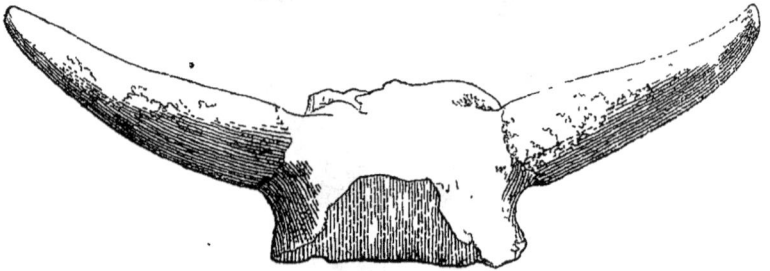

(Fig. 110.)

Des bois, des dents ou des ossements de *Megaceros hybernicus* (Owen), apparaissent fréquemment dans le lehm ou dans les déblais des carrières du Mont-d'Or associés à des débris de *Cervus elaphus* (Linné) (2).

M. le commandant Klein nous a remis pour le déposer au Muséum de Lyon un fragment de bois de *Cervus elaphus* qui avait été extrait des fossés du fort de Vancia, au contact du lehm et de la boue glaciaire.

Le *Cervus capreolus* a été trouvé dans le lehm de Beausemblant (Drôme).

_____

(1) *Archives du Muséum*, t. Ier, p. 28, pl. XIII, fig. 2.
(2) Muséum de Lyon et Collection Falsan à Saint-Cyr au Mont-d'Or.

L'un de nous a recueilli au sud du triangle bressan, au Mas-Rilliez, dans les couches inférieures du lehm, une petite canine assez mal conservée que M. Gaudry a rapportée avec quelque hésitation à cette même espèce.

Nous avons déjà cité (1) les dents de Chamois, *Rupicapra Europœa* et de *Saiga Tartarica*, qui viennent aussi de cette station et qui sont déposées dans une de nos collections (2), et nous rappellerons, d'après M. l'abbé Ducrost et notre ami A. Arcelin (3), qu'on a reconnu des débris de *Saiga* dans les couches les plus anciennes étalées contre le pied de l'escarpement de Solutré et renfermant des ossements d'*Ursus spelœus*, d'*Hyena crocuta*, et d'autres animaux disparus.

Mais un autre *Cervus*, le Renne, *Cervus tarandus* (Linné), se montre assez fréquemment dans les fouilles ouvertes au milieu du lehm de la partie moyenne du bassin du Rhône. Ces animaux vivaient en troupes près de nos anciens glaciers et cherchaient leur maigre nourriture au milieu de leurs moraines terminales. Ils suivirent d'abord les glaciers dans leur mouvement de retraite jusqu'au pied des Alpes, où l'on trouve leurs débris en plus grand nombre (4), et lorsque les glaces eurent abandonné les plaines et les basses vallées, les Rennes, ne pouvant s'adapter au changement de climat qui venait de modifier la face de notre région, se retirèrent au Nord, vers les contrées arctiques.

Nous avons trouvé des bois de Rennes dans le lehm de la tuilerie de la Pape et dans les sables quaternaires du bas de Collonges. On pourrait citer d'autres localités près de Lyon.

On recueille encore dans notre lehm les débris d'un rongeur

---

(1) *Ante*, p. 2 372 ? *Ann. Soc. d'agr.*, 5ᵉ série, t. II.

(2) Collection Falsan.

(3) Les formations quaternaires aux environs de Mâcon, *Matériaux pour l'histoire de l'homme*, 2ᵉ série, t. VIII, p. 112. 1877.

MM. Lortet et Chantre, *ouv. cit.*, p. 74. 1875.

M. A. Gaudry. *Matériaux pour l'histoire des temps quaternaires*, p. 73. 1880.

(4) Lortet et Chantre, *ouv. cit.*, p. 22.

qui se rapporte tout aussi bien que le Renne à une faune des pays froids, c'est l'*Arctomys primigenia* (Kaup), la Marmotte.

En faisant creuser un fossé pour relier le fort de Montessuy au fortin de Cuire, M. Jourdan, fils de l'ancien doyen de la faculté des sciences, a mis au jour une portion de crâne de Marmotte qu'il a déposé au Muséum; d'autres débris de ce rongeur ont été reconnus à Neuville, à Couzon, à Collonges. Enfin dans le vallon de Fontaine-Saint-Martin, chez M. Charles (1), on a découvert un assez grand nombre de débris d'*Arctomys primigenia* appartenant à plusieurs individus.

Sans doute à l'époque de la plus grande extension de nos anciens glaciers, la vallée de la Saône n'était pas aussi profonde qu'à présent, mais néanmoins elle existait et les vallées secondaires ou les vallons qui y aboutissent, étaient en partie façonnés. Celui de Fontaines, qui est creusé dans des sables et des graviers meubles, devait servir de dégorgeoir à une portion des eaux glaciaires.

Sur les flancs nord de ce large vallon, dans des sables plus ou moins remaniés, mais en définitive appartenant, soit aux sables de Trévoux, soit aux alluvions glaciaires pliocènes, des marmottes ont pu établir leurs galeries en aval et non loin du grand glacier. Il n'y a là rien que de très naturel. Remarquons même que ces ossements d'*Arctomys* ont été trouvés sur le côté le mieux exposé de ce vallon. Peu importe si ces sables ont été remaniés ou s'ils ne le sont pas, les marmottes qu'ils renferment doivent être regardées comme contemporaines de celles du lehm de Montessuy. Elles nous donent ainsi une précieuse indication climatologique pour l'histoire de notre pays. D'ailleurs on a recueilli avec ces débris de vertébrés des mollusques fossiles caractéristiques du lehm.

_____

(1) Locard, *Faune malacologique quaternaire des environs   Lyon*, p. 169.

Succinea oblonga, *Helix arbustorum*, espèces qui indiquent un climat plus froid que le nôtre.

MM. Lortet et Chantre citent encore comme fossiles du lehm des ossements de *Saurex....*, *species?* et de *Talpa...* *species?* qui sembleraient être plus forts et plus trapus que ceux des espèces modernes. Mais il peut rester des doutes sur l'âge véritable de ces débris osseux.

Nous clorons cette liste en mentionnant, d'après les mêmes auteurs, le *Nyctea nivea*, la grande Chouette, le Harfang des neiges, qu'on a recueilli nombre de fois dans le lehm et dans les débris de cuisine de Solutré. Cet oiseau, avec le Renne et la Marmotte, qui sont encore aujourd'hui ses compagnons habituels, est une des espèces qui contribuent le plus à donner à la faune du lehm son véritable caractère et à la faire classer avec les faunes des régions froides.

En résumé les vertébrés fossiles découverts dans le lehm du bassin de Lyon appartiennent aux espèces suivantes :

Homo?. . . . . *rr*.
Ursus spelæus, BLUMENBACH. . . . . . . *r*.
Elephas primigenius, BLUMENBACH. . . . . *cc*.
— *antiquus*, FALCONER. . . . . . . *r*.
— *intermedius*, JOURDAN. . . . . . *cc*.
Rhinoceros tichorhinus, CUVIER. . . . . . *c*.
— *Jourdani*, LORTET et CHANTRE. . . *r*.
Equus caballus, LINNÉ. . . . . *cc*.
Sus scropha, v. *major*, LINNÉ . . . . . . *r*.
Bos primigenius, BOJANUS. . . . . *cc*.
Bison priscus, BOJANUS. . . . . *cc*.
Megaceros hibernicus, OWEN. . . . . . *c*.
Cervus elaphus, LINNÉ. . . . . *cc*.
— *tarandus*, LINNÉ. . . . . *cc*.
— *capræolus*. LINNÉ. . . . . . . *c*.
Saiga Tartarica. . . . . *r*.
Rupicapra Europæa . . . . *r*.
Arctomys primigenia, KAUP. . . . . . . *c*.
Saurex... species. . . . . *r*.

Talpa... species. . . . .   *c.*

Nyctea nivea. . . . .   *c.*

Dès qu'on jette un coup d'œil sur la composition de cette série paléontologique, on saisit de suite les rapports de cette faune avec celles des pays arctiques. Ce caractère se retrouve dans la faune contemporaine des autres régions de la France, telles que celles du Périgord, décrites avec tant de soin par M. Lartet, et celles de l'Angoumois, étudiées par M. l'abbé Bourgeois, M. Delaunay, et tout récemment par M. A. Gaudry (1). Là-bas comme ici, on reconnaît des Mammouths, des Rhinocéros à grands poils, des Hyènes, des Ours des cavernes, des Chevaux, des Cerfs élaphes, des Rennes, des Saïgas, des Chamois, etc. Mais on peut étendre plus loin cette étude comparative et on comprend que la froide température qui convenait au développement de ces animaux devait régner sur toute l'Europe, sans parler des autres parties du monde où des faits climatologiques analogues se sont produits à la même époque.

Pour exemple nous ne citons que la faune quaternaire de la Franconie, d'après les derniers travaux de M. Sandberger et nous voyons que les espèces suivantes, qui sont les plus communes dans le lœss de la vallée du Main, *Ursus spelæus,* *Elephas primigenius, Rhinoceros tichorhinus, Equus caballus,* *Bison priscus, Bos primigenius, Cervus tarandus,* abondent également dans le lehm des environs de Lyon

Nous sommes donc entraînés à accepter pour le climat de notre bassin à cette époque les conclusions adoptées par le savant que nous venons de nommer pour celui de la Franconie. En effet, la faune vertébrée semble indiquer d'une manière assez positive que la température moyenne de l'année devait être alors à peu près celle de Saint-Pétersbourg, soit

(1) *Matériaux pour l'histoire des temps quaternaires,* p. 67, 69, 70. 1880.

5° C., par conséquent 6 à 7 degrés plus basse que celle de Würtzbourg, qui est maintenant de 11° et que celle de Lyon, qui est de 12°. M. Sandberger pense également que ce même climat 5° C., devait s'étendre dans toutes les parties de l'Allemagne centrale qui n'étaient pas envahies par les glaciers.

Sur le sol laissé libre par les glaces, il devait s'élever des forêts dont les principales essences étaient des Conifères et des Bouleaux. Ces forêts devaient fournir des aliments à l'Auroch, au Bison, au Mammouth, au Rhinocéros velu, à l'Ours, etc. Les troupeaux de Chevaux devaient paître dans de vastes prairies, et de plus, d'après le grand nombre de débris de Rennes qu'on découvre dans ce terrain, on peut conclure qu'il se trouvait, à côté des forêts, des bruyères, des terrains rocailleux couverts de Lichen et des marécages. La présence d'une quantité d'ossements de canards, de rats d'eau, de gre - nouilles, de crapauds dans le lœss a même engagé M. Sand berger à admettre l'existence d'étangs, de petits lacs dans le régime hydrographique quaternaire de la Franconie.

Nous croyons pouvoir accepter toutes ces déductions du savant naturaliste allemand pour faire comprendre quel devait être l'aspect de notre région lorsque les eaux des anciens glaciers déposaient ce lehm qui renferme de si belles séries de fossiles en partie disparues, et nous pensons que de grandes affinités de climat, de faune, de régime hydrogra-phique, existaient alors entre l'Allemagne centrale et le bassin moyen du Rhône.

Ce calcul d'ailleurs se rapproche beaucoup de celui de M. Ch. Martin (1), qu'on a souvent cité et d'après lequel ce savant a prétendu que si la température moyenne de Genève s'abaissait de 4° et devenait par conséquent de 5°, 56, les glaciers occuperaient de nouveau la plaine de la Suisse.

(1) De l'ancienne extension des glaciers de Chamonix etc. *Revue des Deux Mondes*, t. *XVII.* 1er mars 1847 p. 941.

Il nous reste à examiner si les études paléontologiques que nous venons de faire fournissent des preuves à l'appui de la seconde proposition que nous avons émise au commencement de cet article, à savoir, que le lehm est surtout développé en avant ou près des anciennes moraines terminales de nos gla_ ciers quarternaires.

Pour résoudre ce petit problème, on n'a qu'une chose très simple à faire, c'est de prendre les feuilles de Lyon, Bourg et Saint-Étienne de notre carte, sur lesquelles nous avons tracé les moraines en question, et à chercher les loca lités où ont été découverts les fossiles lehmiens que nous venons d'énumérer : Tullins, Beausemblant, Saint Vallier, Chaponnay, Chandieu, environs de Lyon, et Lyon même, e Mont-d'Or lyonnais, Saint-Germain, la Croix-Rousse, la partie méridionale du triangle bressan, Trévoux, etc. Il sera très facile de voir que toutes ces stations sont *voisines des moraines frontales* du grand glacier delphino-savoisien. C'est, en effet, là que le lehm est le plus abondant, le plus riche. Mais de même que nous avons dit que le lehm n'était pas cantonné exclusivement dans cette région, et qu'il s'en était déposé, mais en moins grande quantité, en deçà de cette limite extrême, nous devons ajouter qu'on a aussi découvert un petit nombre de mammifères fossiles du lehm dans l'espace que les anciens glaciers ont eux-mêmes occupé.

Ainsi on a découvert, mais en moins grand nombre, des ossements de Mammouth ou de Renne dans la vallée des Hôpitaux, en Bugey, dans la vallée de l'Isère, dans le bassin du Léman et dans les vallées de la Suisse ; ces exemples qu'on pourrait multiplier, suffisent pour indiquer notre manière de voir.

Passons maintenant à l'étude du reste de la faune malacologique du lehm.

Nous allons emprunter la liste de ces mollusques fossiles (ou subfossiles) à l'ouvrage que M. Locard vient de faire ré-

cemment paraître sur *la faune malacologique des terrains quaternaires des environs de Lyon.*

M. Locard a recueilli ses échantillons surtout dans le sud
et l'est du triangle bressan, en descendant jusque sur les
bords de la rivière d'Ain. Nous regrettons que notre ami n'ait
pas concentré ses recherches sur le plateau et qu'il ait négligé
la région de l'ouest, où le lehm est si développé ; car nous
sommes persuadés que d'un côté il a été forcé de négliger
toute une région intéressante et que de l'autre, il a été exposé
à faire sur les flancs est du plateau des Dombes des recherches
dans du lehm remanié, où il devait y avoir certainement un
mélange de faune ancienne et plus moderne.

Polydesmus complanatus, FABRICIUS		r.
Succinea oblonga, DRAP. V. *Ragnebertensis.*		cc.
— *Joinvillensis,* BOURGUIGNAT		rr.
Helix rotundata, MÜLLER		ar.
— *pulchella,* MÜLLER		ar.
— *hispida,* MÜLLER. *typus.*		ar.
— *Locardiana,* P. FAGOT		ac.
— *Neyronensis,* P. FAYOT		ac.
— *steneligma,* BOURGUIGNAT		r.
— *Carthusiana,* MÜLLER		r.
— *ericetorum* MÜLLER		r.
— *unifasciata,* POIRET		ac.
— *lapicida,* LINNÉ		r.
— *arbustorum,* LINNÉ		cc.
Bulimus detritus, MÜLLER		r.
— *tridens,* MÜLLER		ar.
Clausilia parvula, STUDER		ar.
Pupa muscorum, LINNÉ		ar.

Mettant de côté les espèces rares, les espèces qui peuvent
être mélangées, remaniées, nous considérerons les espèces
les plus communes que nous avons aussi trouvées nous-
mêmes dans le lehm du plateau et qui nous offrent le plus de
garanties. Nous répéterons donc avec M. Locard que « l'*Helix
arbustorum,* qui est incontestablement l'espèce essentielle-

ment typique de ces dépôts, vit aujourd'hui à des altitudes
s'élevant jusqu'à 2,000 et 2,500 mètres, c'est-à-dire à la
limite normale du développement végétal du Rhododendron ;
l'*H. hispida*, dont les formes dérivées sont si nombreuses et
si variées, l'*H. rotundata*, le *Pupa muscorum*, se retrouvent
jusqu'à 1,500 et 2,000 mètres. Quant au *Succinea oblonga*,
quoiqu'on le rencontre le plus ordinairement à des altitudes
inférieures à 1,000 mètres, nous savons cependant qu'il a été
signalé au Mont-Cenis à 1,915 mètres d'altitude. »

La faune malacologique du lehm des Dombes est donc une
faune des régions froides, une faune qui a pu vivre en face et
près des anciens glaciers.

Pas plus que M. Locard (1) nous n'admettons la distinction
que M. Ch. Tardy a (2) voulu établir dans le lehm du plateau
des Dombes. Le lehm de cette région ne nous a offert que
très rarement et tout à fait accidentellement de petits lits de
cailloux, et nous ne sommes pas disposés à trouver dans ces
faits isolés un motif pour établir deux divisions dans le lehm.
Sans doute M. Tardy a continué à prendre des glissements de
terrains pour des terrains en place. La répartition plus ou
moins irrégulière des *Succinea oblonga* et des *Helix* ne peut pas
servir davantage à créer des distinctions dans le lehm.

Si nous quittons le plateau des Dombes qui nous a servi de
type, pour aller étudier le lehm qui a été déposé sur les flancs
du Mont-d'Or, au-dessous de la cote 320 et qui a pu être mélangé à des terrains d'autre origine, nous trouverons néanmoins une faune offrant des caractères climatologiques analogues.

C'est encore la même faune des régions froides ; les espèces
les plus communes sont celles qui peuvent vivre près des gla-

(1) *Ouv. ci t.* 175.
(2) Aperçu sur la région sud-est du bassin de la Saône, *Bull. Soc. géol. de France*, 3ᵉ série,
t. V, p. 698.

ciers. L'examen des débris malacologiques viendra encore confirmer cette appréciation déjà donnée par l'examen de la faune du lehm des Dombes. Nous allons, comme précédemment, emprunter cette liste à l'ouvrage cité de M. Locard :

Succinea oblonga, DRAP., v. Raynebertensis. LOCARD	cc.
— Joinvillensis, BOURGUIGNAT. . . .	c.
Helix rotundata, MÜLLER.	ar.
— hispida, LINNÉ, typus.	ac.
— — var., Falsania, LOCARD . . .	r.
— — var. Calcica. LOCARD	r.
— Locardiana, P. FAGOT.	ar.
Helix Neyronensis, P. FAGOT.	r.
— steneligma, BOURGUIGNAT.	ar.
— elaverana, J. MABILLE.	ar.
— Carthusiana, MÜLLER.	r.
— arbustorum, LINNÉ. v. intermedia. LOCARD	cc.
— — — v. minor. . LOCARD.	c.
— nemoralis, LINNÉ.	r.
— sylvatica, DRAPARNAUD.	r.
Bulimus tridens, MÜLLER	r.
Clausilia parvula, STUDER	ac.
Pupa muscorum, LINNÉ	c.
Vertigo columella, MARTENS.	rr.
Cyclostoma elegans, MÜLLER.	ar.

En mettant de côté les espèces rares, il nous reste les types suivants : *Succinea oblonga*, deux variétés, l'*Helix hispida*, l'*H. rotundata*, l'*H. arbustorum*, deux variétés, le *Pupa muscorum*, que nous avons cités pour le lehm des Dombes et qui indiquent un climat froid. De plus M. Locard fait remarquer (1) que les espèces montagnardes, celles qui aiment plus particulièrement le froid, telles que la variété *minor* de l'*Helix arbustorum* et le *Succinea Joinvillensis*, sont plus abondantes au Mont-d'Or que dans les Dombes, parce que l'altitude de ce groupe de montagnes, ses dispositions topographiques, de-

(1) *Ouv. cit.*, p. 175.

vaient avoir une influence pour le développement de telles ou telles espèces qui devaient préférer un air plus froid que celui de la plaine.

M. Locard distingue encore la faune du lehm des plateaux du Bas-Dauphiné qui avoisinent la vallée du Rhône et des collines qui longent la rive droite de ce fleuve ; mais, comme il le dit (1), cette faune perd un peu son caractère alpestre ; les espèces des grandes altitudes deviennent rares, par conséquent cette faune est celle qui présente le plus d'analogie avec la faune actuelle et se différencie le plus profondément de la faune du lehm des Dombes et du Mont-d'Or que nous venons d'étudier. Nous croyons donc inutile de donner ici la longue liste de mollusques, plus ou moins fossiles, dressée par M. Locard. Nous pensons plutôt que la terre qui contient ces fossiles a été en partie remaniée et que, à des espèces d'époque glaciaire, se sont associées après coup des espèces plus modernes et récentes. D'autant plus que le géologue cité reconnaît que le lehm de cette région présente des caractères différents de ceux du terrain que nous avons déjà étudié. Ce ne sont plus des masses considérables d'un lehm à éléments fins et argileux, mais plutôt un dépôt sablonneux avec lits de cailloux.

C'est dans cette partie de la vallée du Rhône qu'existait le grand et véritable courant des eaux glaciaires roulant et entraînant des éléments de toutes grosseurs et laissant déposer peu de lehm, ainsi que nous l'avons dit plus haut. Ce terrain est bien plus meuble que le vrai lehm ; le pays est très ondulé, de sorte que les glissements, les remaniements, les mélanges de terrains et de faunes ont dû être très fréquents. Nous ne pouvons donc attacher aucune importance aux caractères de cette faune. Le nombre d'espèces modernes qu'elle

(1) *Ouv. cit.*, p. 178.

renferme ne peut modifier en rien notre opinion sur les affinités de la faune du vrai lehm avec celles des régions boréales ou voisines des glaciers.

Plus au sud, en avant des moraines terminales du Bas-Dauphiné, à Beausemblant, à Beaurepaire, à Hauterive, à Thodure, par exemple, il y a d'épaisses couches de lehm semblable
à celui des Dombes, déposé dans des conditions analogues.
Malheureusement nous manquons de renseignements multi-
pliés et précis sur la faune fossile de ce terrain ; pourtant
nous savons qu'on a découvert très fréquemment dans ce
lehm des ossements d'*Elephas primigenius*, et la présence de
cette espèce importante et caractéristique peut au besoin
nous suffire pour assimiler cette formation glaciaire à celle
des Dombes.

DILUVIUM ROUGE DE M. SAUVANAU ET DES GÉOLOGUES LYON-
NAIS. — M. Sauvanau avait observé dans les montagnes du
Bugey, dans les chaines secondaires de la Savoie, ainsi que
dans le Mont-d'Or lyonnais, que les coteaux et les vallées
étaient entièrement recouverts d'une terre argileuse, *rougeâtre*, à éléments fins, qui s'élevait à toute hauteur, chaque fois
que la disposition des roches lui permettait de rester en place.
Ce géologue crut reconnaître le même terrain dans les couches superficielles du lehm de la Croix-Rousse et de Caluire,
et il assigna à toute cette formation une épaisseur moyenne
de 2 à 6 mètres.

Il réunit donc dans un seul groupe ces divers terrains, et
pour en expliquer l'origine il n'hésita pas à faire l'application
des idées théoriques qui, à cette époque, avaient cours à
Lyon. Il supposa que des eaux diluviennes, boueuses, s'étaient
élevées jusqu'au dessus de la Dent-du-Chat et avaient laissé
déposer les matières terreuses qu'elles tenaient en suspension pour en former un vaste manteau étendu sur toute

la surface du sol qu'elles avaient recouvert. Par conséquent
il crut devoir donner à ce terrain le nom de *diluvium
rouge* pour exprimer son mode de formation et sa couleur (1).
Mais on ne tarda pas à faire des objections à ce système :
M. Thiollière pensa qu'il était difficile de concevoir qu'une
couche composée d'éléments aussi ténus et aussi régulièrement égaux en volumes était le résultat d'un mouvement
des eaux aussi violent que dut l'être celui du diluvium.

Pour faire adopter cette doctrine il y aurait bien d'autres
difficultés à vaincre ; mais nous n'avons pas à entrer dans ces
détails. Nous avons déjà dit bien souvent que c'était la base
elle-même de cette théorie que nous repoussions, et que
rien ne nous avait engagés à admettre l'existence de ces immenses lames diluviennes que, à une certaine époque, on avait
fait ruisseler sur toute l'Europe. Il nous fallait donc chercher
une autre cause, et au lieu de voir dans la formation de
ce terrain un phénomène diluvien, nous aimons mieux regarder le diluvium rouge de M. Sauvanau comme une
simple terre végétale qui se produit chaque jour par la
décomposition et le lavage des roches du sous-sol. Ce ne
sont donc plus des eaux diluviennes qui font intervenir
leur action, mais simplement les eaux pluviales chargées
d'acide carbonique, qui sont les agents de cette formation
incessante et continue depuis le soulèvement de nos montagnes jusqu'à nos jours.

Cette terre, d'un brun rougeâtre, est presque complètement privée de carbonate de chaux, même lorsqu'elle est au
milieu de roches calcaires et qu'elle résulte de leur décomposition. Il n'y a là rien que de très rationnel, et nous imi-
tons la nature lorsque, pour détacher des fossiles siliceux
d'une roche calcaire, du ciret par exemple, nous attaquons

---

(1) *Recherches analytiques sur la composition des terres végétales*, p. 14 et *passim.*

ce fragment de calcaire par de l'acide chlorhydrique étendu d'eau ; le calcaire se change en chlorure de chaux soluble ; par des lavages réitérés on enlève ce chlorure de chaux, et il ne reste au fond du vase dans lequel l'opération a été faite, que les fossiles siliceux et une boue argileuse privée de calcaire, qui ne tarderait pas à se colorer en rougeâtre par l'oxydation du fer qu'elle renferme. L'énergie de l'acide que nous employons remplace l'action du temps, dont la nature dispose largement et qui nous est dispensé si parcimonieusement.

La couche argileuse rougeâtre qui recouvre le Mont-d'Or et les montagnes du Bugey, du Dauphiné et de la Savoie, n'est donc qu'une simple terre végétale encore en voie de formation. M. Benoît (1) est tout porté à croire que c'est un sol qui se forme encore actuellement par la descente des terres et des sables sur les pentes.

Quant aux terres brunâtres et sans calcaire qui s'étendent parfois au-dessus du lehm de la Croix-Rousse et de Caluire, nous avons déjà dit que c'était du lehm épuisé et rubéfié.

Mais cette terre argileuse observée par M. Sauvanau n'apparaît pas seulement dans les montagnes. Toute la Bresse, au nord des Dombes, est également revêtue d'une couche de terre végétale plus ou moins argileuse qui voile indistinctement toutes les formations inférieures. Ce terrain doit aussi correspondre au diluvium dont nous venons de nous occuper et au limon jaune de M. Benoît, que nous aurons bientôt l'occasion d'étudier pour terminer ce que nous avons à dire des sols superficiels des Dombes. C'est encore un produit de la décomposition et du lavage des terrains plus anciens, remaniés soit par des inondations depuis la fonte des glaciers quaternaires, soit par les eaux pluviales.

Nous avons même dit précédemment (2) que la vallée du

(1) Esquisse de la carte géologique et agronomique de la Bresse et de la Dombes, *Bull. Soc. géol. de France*, 2ᵉ série, t. XV, p. 389. 1858.
(2) Chap. xi, p. 336.

Rhône, au moment de la plus grande extension des glaciers, avait bien pu être obstruée près de Vienne par des glaces venant des Alpes ou descendant du mont Pilat. Ce barrage momentané aurait dans ce cas occasionné de grandes inondations dans le bassin de la Saône et pendant leur stagnation les eaux qui occupaient le fond de ce bassin, auraient laissé déposer les limons qu'elles tenaient en suspension. Telle est peut-être l'origine d'une partie de la terre végétale de la Bresse.

LIMON JAUNE DES DOMBES, TERRAINS BLANCS, SOUS-SOLS IMPERMÉABLES. — Nous venons de parler de la généralité de la Bresse ; mais si nous envisageons spécialement les Dombes, nous trouvons encore un terrain particulier auquel M. Benoît a donné le nom de *limon jaune.* C'est un des sols souvent les moins fertiles des Dombes. M. Benoît, qui le confond avec le lehm, a reconnu que ce terrain devient moins siliceux, moins argileux, à mesure qu'on l'analyse en partant du centre de la région à étangs (Villars) pour aller vers le bord occidental du triangle bressan, où il devient assez riche en carbonate de chaux pour constituer de bonnes terres à blé, comme à Ambérieux, Ars, etc... La couleur de ce terrain est normalement un jaune ocreux, uniforme; mais, postérieurement à son dépôt, une action continue et complexe d'infiltration, de décomposition et de décoloration, lui a donné un aspect marbré de blanc et de brun sur un fond jaune. L'analyse de ce fond normal et général montre que c'est un limon à éléments très fins. M. Benoit y a reconnu 70 à 80 p. 0/0 de sables siliceux d'une ténuité plus ou moins grande, 10 à 15 p. 0/0 de silicate d'alumine et de fer, 4 à 7 0/0 de potasse, et des traces de soude et de chaux.

Les marbrures blanches du limon suivent les veines capricieuses d'infiltration ; l'analyse constate qu'il n'y a absolument plus de calcaire ni de fer. Mais celui-ci se retrouve en partie rassemblée en grumeaux plus ou moins friables, en bas des veines blanches ou sur leurs trajets; les gens du pays appellent *têtes de clous* ces petits rognons ferrugineux.

Le limon jaune a toujours fourni, par les lévigations pluviales, les éléments de *l'argile bleuâtre des étangs* qui pour 100 parties contient très variablement 45 à 60 de silice, 30 à 45 d'alumine, 5 à 15 d'hydrate de fer, rarement des traces de calcaire et toujours un peu de potasse (1).

Lorsque les lavages du limon jaune ont été plus énergiques, ce terrain est privé de ses particules argileuses les plus ténues, le sol n'est plus composé que d'un sable fin, siliceux, blanchâtre, dans lequel on voit des têtes de clous en plus ou moins grand nombre.

C'est alors le *terrain blanc goutteux* des Dombes, le terrain le plus pauvre, le plus improductif de cette région, s'il n'est pas amélioré par des engrais ou des amendements.

Ces décompositions des alluvions anciennes se sont produites et se produisent encore dans toutes les localités où affleure ce terrain de transport. Ainsi, d'après notre ami le docteur A. Magnin (2), sur le plateau de l'Aigua, en bas de Dardilly, à l'ouest du Mont-d'Or, le sol est formé par de nombreux galets de quartzite noyés dans une terre fortement argileuse. La prédominance de l'argile donne au sol une compacité, une imperméabilité telles que les moindres dépressions recueillent les eaux pluviales et donnent asile aux plantes hygrophiles. Remplacez ces flaques d'eau par des étangs, et vous aurez une région semblable à celle des Dombes, avec sous-sol imperméable résultant de la décomposition des alluvions glaciaires.

M. Benoît s'est demandé quelle était l'origine du limon

(1 *Ouv. cit.*, p. 339.
(2) *Recherches sur la géographie botanique*, p. 40.

jaune et des terrains qui en dépendent. Nous adoptons sa réponse en la modifiant très légèrement : le limon jaune provient d'une lévigation tranquille et continue de tous les terrains meubles préexistants et atteints par une décomposition très avancée. Nous n'avons fait que substituer le mot *continue* à celui de *brusque*, mis par M. Benoît. Dans le premier chapitre de la seconde section de ce volume, nous nous sommes occupés des phénomènes de décomposition chimique des alluvions des Dombes qui ont été étudiés avec soin par M. Benoît (1), nous n'avons donc pas à y revenir. Nous redirons seulement qu'on doit attribuer l'imperméabilité du sol de la Bresse à étangs ou des Dombes au lavage de la boue glaciaire ou du lehm, et surtout à la décomposition de l'alluvion glaciaire. Peu importe que ce terrain argileux soit le *limon jaune* de M. Benoît ou le *diluvium à quartzites* de M. Pouriau.

Mais la partie supérieure des alluvions glaciaires qui forme le sous-sol des Dombes et qui a été généralement soumise à une décomposition intense qui n'a respecté que les quartzites et les roches les plus dures, constitue à proprement parler la plus importante couche imperméable de cette région marécageuse. M. le professeur Pouriau (2), qui a étudié les sols des Dombes au point de vue plutôt agronomique que géologique, ne cite pour ainsi dire pas une seule fois ce terrain sans lui reconnaître ce caractère, sans joindre à son nom l'épithète d'*imperméable*.

Le fait est que l'argile qui provient de la décomposition des roches attaquables aux acides forme un ciment compacte autour des galets de quartzite, de serpentine, etc (3). Dans ces conditions ce terrain devient un véritable conglomérat, moins dur que les conglomérats à ciment calcaire, mais

---

(1) *Ouv. cit.*, p. 340.
(2) *Études géologiques, chimiques, agronomiques*, etc., p. 50 çà et là.
(3) Ante, 2ᵉ section, ch. 1ᵉʳ, p. 77.

cependant difficile à entamer avec la pioche. Il est alors assez
solide pour former des escarpements à pic le long de chemins
creux, et notre ami M. Prénat, dans son domaine de Mont-
croissant près Villars, au centre des Dombes, a pu faire creu
ser de grandes caves dans cette *couche ferrugineuse à quartzites* sans avoir besoin d'élever des murs de soutènement
pour supporter les plafonds et les voûtes.

CAUSES DE LA CONCENTRATION DES ÉTANGS SUR LE PLATEAU DES
DOMBES; POSSIBILITÉ DE LEUR DESSÈCHEMENT. — Nous venons de
dire que l'imperméabilité du sol des Dombes résulte principalement de la décomposition de la partie supérieure de l'alluvion
glaciaire qui a été transformée en une sorte de conglomérat à
ciment argileux, privé de tout calcaire ; mais alors pourquoi les
étangs sont-ils concentrés sur le plateau des Dombes au lieu
d'être répartis sur toute la Bresse, dont le sous sol est formé
par la même alluvion glaciaire soumise à des compositions
chimiques analogues?

Nous répondons d'abord que les Dombes se trouvant dans la
région la plus élevée, le sous-sol argileux y est presque à découvert, tandis que dans les contrées plus basses de la vallée
de la Saône la terre végétale est plus épaisse et que cette couche perméable doit neutraliser l'effet du sous-sol argileux à
cailloux de quartzite d'ailleurs moins développé. Ainsi nous
avons déjà dit que le véritable lehm s'est surtout déposé au
delà des dernières moraines frontales, c'est-à-dire en dehors
du territoire des Dombes, et que dans cette zone demi circulaire la culture est très riche, la végétation très belle, quoique le lehm repose sur l'alluvion glaciaire décomposée.

Près de Lyon ces faits sont faciles à vérifier. Pour s'en rendre
compte, on n'a qu'à parcourir les communes de Caluire, de
Sathonay, de Rillieux, etc.; l'alluvion glaciaire et la boue à
cailloux striés sont recouvertes par une épaisse couche de lehm,

et cette terre féconde peut se cultiver comme une terre de jardin. Dans ces communes la culture potagère a remplacé la grande culture.

Disons encore que si nous ne voyons pas dans la Bresse, en dehors des Dombes, des couches de lehm, comme nous le définissons géologiquement, du moins nous reconnaissons dans la plupart des stations de cette région basse et doucement accidentée, une couche assez puissante de terre végétale plus ou moins sablonneuse, résultant de la lévigation des contrées voisines ou des anciennes inondations de la Saône et des autres rivières pendant les dernières périodes quaternaires, et que cette terre est moins imperméable que l'argile à quartzites des Dombes.

Faisons une dernière remarque : au point de vue topographique les Dombes constituent un plateau élevé, sillonné par de nombreuses vallées secondaires, qui aboutissent toutes dans les grandes vallées de la Saône, du Rhône et de l'Ain. Le sol étant imperméable, la contrée devait être partiellement marécageuse ; mais au point de vue général, puisque les eaux superficielles pouvaient de toute part trouver un écoulement facile, il ne pouvait s'accumuler sur ce plateau de vastes étendues d'eaux stagnantes, comme on en voit dans la Chautagne et près de Culoz, dans le Bas-Dauphiné, près de Bourgoin, ou bien encore dans la Sologne. La dépression des Échets formait la seule exception à cette disposition générale; et nous avons dit qu'il avait été facile de dessécher en grande partie, au moyen d'une tranchée artificielle, ce bassin primitivement clos de toutes parts. Il serait possible même de compléter ce dessèchement en approfondissant le dégorgeoir de ce marais, si ce travail de déblai pouvait donner un résultat rémunérateur.

A plus forte raison il pourrait en être de même pour tous les étangs des Dombes, qui ont tous été créés de mains d'hommes·

En effet, pendant le moyen âge les Dombes étaient un pays si humide, si malsain, si isolé, si peu peuplé, que les grands propriétaires établirent partout des barrages avec des écluses, afin de combiner la pisciculture avec la culture d'un sol peu fertile. Cette méthode leur parut plus avantageuse que l'emploi des procédés agricoles ordinaires.

Aujourd'hui toutes ces conditions se sont améliorées. Depuis la création de nombreuses routes, depuis l'établissement d'un chemin de fer central et de lignes secondaires, les communications sont devenues très faciles, le bien-être s'est accru, la population est devenue plus dense. Déjà un grand nombre d'étangs ont été desséchés, l'agriculture a fait de nombreux progrès et la terre a acquis une valeur plus considérable.

Tous les étangs communiquant par séries les uns avec les autres et pouvant tous être mis successivement en eaux ou en assec, il est évident qu'il suffirait d'enlever les chaussées de retenue ou simplement de supprimer les vannes pour dessécher tous les étangs des Dombes.

Pour obtenir ce résultat dont on s'est si souvent préoccupé, il n'y a donc pas de difficultés matérielles tenant à la disposition topographique de la région.

Les difficultés qui existent appartiennent à un autre ordre; elles proviennent des exigences plus ou moins bien comprises des intérêts des propriétaires d'étangs et des propriétaires voisins, ainsi que des enchevêtrements de leurs divers droits sur le sol des étangs pendant l'assec ou pendant l'évolage. Nous n'avons donc pas à en tenir compte dans cette monographie géologique.

GLAISES DES PLATEAUX DU BAS-DAUPHINÉ, LEUR SYNCHRONISME AVEC LES TERRAINS IMPERMÉABLES DES DOMBES. — Les alluvions glaciaires du Bas-Dauphiné ont subi les mêmes décompositions chimiques que celles des Dombes. Les quartzites et quelques autres roches insolubles ont seules résisté, et il y a eu formation d'une terre argileuse rougeâtre, privée de calcaire, imperméable. Nous pensons donc qu'on doit réunir au limon jaune, au diluvium à quartzites, les glaises de Chambaran, de Bonnevau et des plateaux viennois, regardées également par M Lory comme formées par l'épuisement en calcaire et par la décomposition des alluvions anciennes composant le sous-sol (1), et nous croyons en outre que ces phénomènes se sont produits pendant la même période depuis le transport des alluvions glaciaires jusqu'à nos jours.

Nous avons exposé précédemment (2) les motifs qui nous engageaient d'ailleurs à classer de la même manière, relativement à l'échelle géologique des terrains, les alluvions glaciaires des plateaux dauphnois et celles du triangle bressan.

(1) *Description géologique du Dauphiné*, p. 629.
(2) 2° vol., 2° section, chap. x, p. 290.

CHAPITRE II

FORMATIONS GÉOLOGIQUES, FAUNES, FLORES ET CLIMATS POSTGLACIAIRES

Derniers creusements de nos vallées, alluvions postglaciaires et modernes. — Ancienneté du niveau inférieur de nos vallées. — Argiles et marnes lacustres des vallées de la Saône et du Rhône. — Marnes lacustres du Bas-Dauphiné. — Argiles lacustres sur une des terrasses de la vallée de la Saône. — Cavernes à ossements, cavernes de Poleymieux. — Éboulis ou groises. — Résumé climatologique ; influence de l'adoucissement du climat sur la faune. — Influence de l'adoucissement du climat sur la flore.

DERNIERS CREUSEMENTS DE NOS VALLÉES. — ALLLUVIONS POST-GLACIAIRES ET MODERNES — Lorsque le grand glacier du Rhône et le glacier delphino-savoisien étaient épanouis sur les alluvions anciennes dont les vestiges forment le triangle bressan et les plateaux du Bas-Dauphiné, les eaux de fonte étaient bien plus claires, moins chargées de sédiments et de débris que celles qui s'étaient écoulées en avant des glaciers pendant leur période de progression. Par conséquent, ainsi que nous l'avons déjà dit (1), ces fleuves et ces torrents sous-glaciaires entamèrent les alluvions qui supportaient les glaciers et s'y creusèrent des lits qui durent changer fréquemment de place à la suite de nombreux accidents.

Ce fut alors que la vallée de l'Ain continua à s'accentuer depuis son débouché en dehors des montagnes du Bugey jusqu'au cours du Rhône. En même temps ce dernier fleuve ravina de plus en plus l'ancien cône de déjection qu'il avait

_____
(1) 2ᵉ vol., 2ᵉ section, ch. XI, p. 342.

transporté avant l'envahissement des glaciers, et creusa successivement dans ces graviers ces vastes dépressions qui sont devenues, petit à petit, les plaines delphino-lyonnaises Pendant la période de recul des glaciers ce travail de déblai devint de plus en plus énergique et une masse énorme de gravier, de sable, de lehm, de sédiments de toutes natures, fut emportée par les eaux grossies du fleuve pour accroître le cône de remblai et le delta de la Camargue, où nous retrouvons toutes les roches de nos alluvions anciennes.

Les alluvions quaternaires, comme du reste les alluvions modernes, se composent des galets, des graviers et des sables remaniés des alluvions anciennes ou glaciaires et de tous les emprunts que les cours d'eau font aux terrains vierges qu'ils parcourent. Même dans les alluvions modernes du Rhône, M. Grisard (1) a recueilli des fossiles miocènes remaniés, le *Nassa Michaudi;* d'autres personnes ont trouvé des polypiers et des fossiles siliceux des formations géologiques du Bugey (2) ou de la Savoie.

Dans les alluvions de la Saône on voit souvent des articulations siliceuses d'entroques provenant des montagnes de la Bourgogne. A ces fossiles se joignent parfois des débris de l'industrie humaine de toutes les époques. Des vestiges de la civilisation romaine y sont très abondants ; ainsi nous nous souvenons que pendant l'établissement du chemin de fer de Paris, un peu en aval de port de Collonges, une drague ramassa dans le gravier, à pleins godets, des monnaies romaines qui furent malheureusement jetées dans le remblai. On ne s'aperçut que trop tard de l'intérêt qu'aurait pu présenter ce dragage. A Lyon, pendant les basses eaux, de nombreux individus lavent les sables pour en retirer des objets antiques. Il n'est même pas rare de recueillir des débris de

---

(1) *Ann. de la Soc. d'agric. de Lyon,* 3ᵉ série, t. V, p. 52. 1861.
(2) Voir la collection de M. Court, à Lyon.

l'industrie préhistorique ; M. Guigue, archiviste de Lyon, nous a dit souvent que les mariniers de Trévoux recherchaient, dans les graviers de la Saône, des couteaux en silex et leur donnaient le nom de *briquets*, selon l'usage auquel il les destinaient.

ANCIENNETÉ DU NIVEAU INFÉRIEUR DE NOS VALLÉES. -- Le creusement de nos vallées fut commencé avant. le dépôt du lehm (1), mais il ne s'acheva progressivement que dans la période postglaciaire, et il est probable qu'à la fin de la série des temps quaternaires, le niveau de ces vallées était approximativement le même que de nos jours, 165 mètres environ. Depuis l'occupation romaine, les lits du Rhône et de la Saône n'ont pour ainsi dire pas varié de hauteur ; le sol de la ville seulement s'est élevé par l'addition successive de diverses couches de remblai. Ainsi l'église d'Ainay occupe la place de l'ancien autel de Rome et d'Auguste, et la position de la crypte nous prouve que le niveau général du sol et celui de nos deux fleuves se sont peu modifiés. On peut faire la même réflexion à propos de la vieille crypte de Saint-Nizier, qui a dû être construite dans des terrains couverts de saulaies, au milieu des lônes de nos cours d'eau, et qui reçoit encore des infiltrations aqueuses pendant les inondations du Rhône et de la Saône. D'ailleurs, notre musée archéologique renferme une quantité de fragments de statues équestres ou colossales en bronze qui ont été découverts dans le lit de la Saône, où on les avait précipités au moment des invasions barbares.

Ces faits, à eux seuls, prouveraient la fixité du niveau de nos fleuves depuis les temps historiques. Nous ne chercherons donc pas à citer d'autres preuves à l'appui de cette thèse.

_____

(1) 2ᵉ vol., 2ᵉ section, ch. XII, p. 337.

Si nous remontons aux époques antérieures, nous verrons que ce niveau était déjà établi depuis longtemps. L'étude des argiles lacustres nous le prouvera clairement.

ARGILES ET MARNES LACUSTRES DES VALLÉES DE LA SAÔNE ET DU RHÔNE. — Aux époques préhistoriques, nos cours d'eaux n'avaient pas la régularité qu'ils ont de nos jours et qu'on entretient si difficilement et à tant de frais pour le Rhône. Leurs lits se déplaçaient souvent, et ces modifications dans les allures de nos rivières devaient engendrer de nombreux marécages dans lesquels se déposait une argile grise et se multipliait une faune spéciale. Précisément ces couches d'argiles grises affleurent dans les environs de Lyon au niveau du Rhône et de la Saône.

Cette rivière recoupe même ces argiles sur une grande partie de son parcours, depuis Châlon jusqu'à Tournus, à Trévoux, à Collonges, à l'Ile-Barbe, à la Caille, à Vaise. L'un de nous a déjà signalé depuis longtemps (1) la station de la Caille, où il a recueilli en outre d'un certain nombre d'espèces malacologiques, un tibia d'*Equus*, des arrière-molaires de *Bos longifrons* (Owen), des fragments de lignites et des graines de *Chara*.

C'est dans ces mêmes argiles que M. Le Grand de Mercey a découvert à la Truchère, vers l'embouchure de la Seille dans la Saône, presque en face de Tournus, un crâne d'homme qui a été décrit par M. le Dr Pruner-Bey dans les Archives du Muséum de Lyon (2) et dont nous reparlerons bientôt sans doute.

Les ossements d'*Elephas primigenius* sont assez abondants dans ce terrain lacustre. M. Jourdan en a mis au jour à Rate-nelle, à la Truchère, à Vaise et dans plusieurs autres loca-

---

(1) Falsan et Locard, *Monographie géologique du Mont-d'Or lyonnais*, p. 339.
(2) T. 1er, p. 67, pl. IX.

lités des départements du Rhône, de l'Ain et de Saône-et-Loire. Il a même eu la bonne fortune de découvrir dans des tourbes intercalées au milieu des argiles grises et affleurant dans la tranchée du canal de Pont-de-Vaux, une défense et une mâchoire inférieure entière d'*un jeune Elephas primigenius* (Fig. 111), que nous donnons réduite à l'échelle de 2/9.

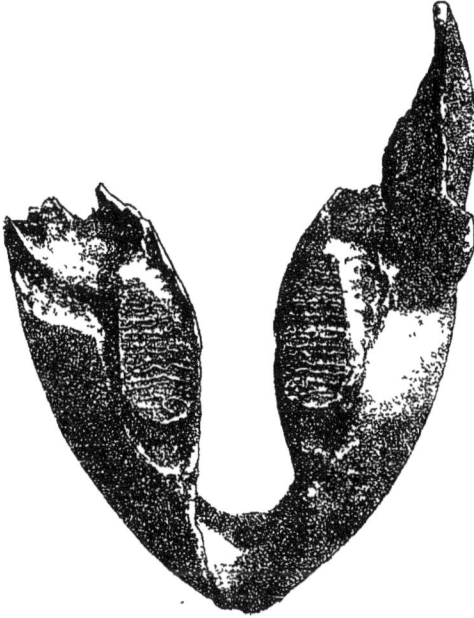

(Fig. 111).

Avec les débris de Mammouth on voit aussi des ossements de *Bos longifrons*, de *Cervus elaphus*, d'*Equus caballus*, enfouis au milieu des argiles grises de la vallée de la Saône (1).

Les lignites, les bois fossiles se retrouvent tout le long de la Saône. Ils sont très abondants au port d'Ouroux, au pont de la Grosne, près de Gigny, à l'embouchure de la Seille, à Tournus, à Trévoux. Dans la collection de la Société linnéenne

(1) Lortet et Chantre, *ouv. cit.*, t. I*er*, p. 63, 66, etc., pl. XII.

de Lyon, il y a un morceau de lignite couvert de fer phosphaté bleu, ou vivianite pulvérulente, et provenant des marnes lacustres de l'Ile-Barbe. D'après M. Arcelin (1), cette vivianiteserait assez abondamment répandue dans ces argiles pour leur donner une coloration bleuâtre.

M. Locard a fait de ces argiles lacustres une étude toute spéciale et a dressé une liste de trente-six espèces de mollusques recueillies dans ce terrain :

Succinea oblonga, DRAPARNAUD.	c.
— *putris*, LINNÉ.	r.
Hyalinia septentrionalis,BOURGUIGNAT . . .	rr.
Helix pulchella, MÜLLER.	ar
Helix costata, MÜLLER	r.
Carychium minimum, MÜLLER	r.
Ancylus lacustris, LINNÉ.	r.
Planorbis albus, MÜLLER.	r.
— *Crosseanus*, BOURGUIGNAT.	ac.
— *nautileus*, LINNÉ.	r.
— *Arcelini*, BOURGUIGNAT.	r?
— *marginatus*, DRAPARNAUD.	ac.
— *vortex*, LINNÉ.	ar.
— *rotundatus*, POIRET.	r.
— *contortus*, LINNÉ.	r.
Limnœa auricularia, LINNÉ.	c.
— *peregra*, MÜLLER.	ac.
— *palustris*, MÜLLER.	ac.
— *truncatula*, MÜLLER.	c.
Bythinia tentaculata, LINNÉ.	cc.
— *similis*, DRAPARNAUD.	ac.
Valvata Alpestris, BLAUNER.	r.
— *piscinalis*, MÜLLER.	cc.
— *obtusa*, STUDER.	ar.
— *Arcelini*, BOURGUIGNAT.	r?
— *minuta*, DRAPARNAUD.	ar.
— *cristata*, MÜLLER.	ar.
Neritina fluviatilis, LINNÉ.	c.
Sphœrium corneum, LINNÉ..	ac.

(1) *Le Maconnais préhistorique*, p. 107.

Pisidium Henslowianum, Sheppart. . . . . . *r.*
— *amnicum*, Müller. . . . . . . *ac.*
— *Casertanum*, Poli. . . . . . . *r.*
— *nitidum*, Jennyns. . . . . . . *ar.*
— *pusillum*, Gmelin. . . . . . . *r.*

« Toutes les espèces de cette faune, à part les *Succinea putris, S. oblonga, Hyalinia septentrionalis* et les *Helix*, appartiennent aux eaux douces, claires et limpides, tandis que les cinq espèces que nous venons de citer sont toutes terrestres, mais vivent volontiers au bord de l'eau, sous les bois morts et dans les hautes herbes. Sur cette trentaine d'espèces aquatiques deux seulement sont éteintes, les *Planorbis Arcelini, Valvata Arcelini;* d'autres, au contraire, comme le *Planorbis Crosseanus, Valvata Alpestris, V. obtusa, V. planorbulina, Pisidium, Henslowianum, P. Casertanum, P. nitidum*, paraissent aujourd'hui étrangères à la région qui nous occupe et ont dû subir un mouvement de rétrogradation vers les régions alpestres ou disparaître par extinction naturelle. Quant aux autres espèces, nous les retrouvons toutes de nos jours, soit dans la Saône même, soit dans ses affluents » (1).

Dans la vallée du Rhône, M. Locard a trouvé à Gerland, en dessous des alluvions modernes du Rhône et au sud de la Guillotière, des affleurements de ces mêmes argiles lacustres· Nous les avons retrouvées à l'extrémité de l'avenue des ponts Napoléon et il est probable qu'elles se relient à celles que M. de Mortillet (2) a observées sur les bords du Rhône, en Savoie, et que M. A. Favre (3) a étudiées sur les rives du lac de Genève, aux Pâquis, et dans lesquelles il a recueilli les espèces suivantes : *Limnœa stagnalis.* Drap., *L. palustris, Paludina impura*, Lam., *Valvata piscinalis*, Lam., *Planorbis carinatus*, Lam., *Pisidium* sp.

(1) Locard, *Faune Malacologique quaternaire*, etc, p. 182.
(2) *Géologie et minéralogie de la Savoie*, p. 271.
(3) *Recherches géologiques*, etc. 1er vol., p. 26.

Nous ne répéterons pas la longue liste de fossiles donnée par M. Locard ; la liste que nous avons reproduite suffit pour nous donner une idée de la faune de ces argiles ; pour plus de détails nous renvoyons les lecteurs à l'ouvrage de l'auteur et nous nous bornerons à résumer ses conclusions : la faune des argiles lacustres de Gerland diffère de la précédente par la présence d'un nombre plus considérable d'Hélices et d'espèces terrestres. Cependant la faune aquatique l'emporte par le nombre des espèces et des individus. Une seule espèce nouvelle apparaît : le *Limnœa Gerlandiana* (Locard), et on ne l'a pas retrouvée ailleurs.

Enfin on y a recueilli, pour la première fois, le *Succinea elegans*, espèce éteinte dans notre bassin et qui se retrouve dans le Jura, région plus froide que la nôtre (1).

Qu'on étudie les argiles lacustres de la vallée de la Saône ou celles de la vallée du Rhône, on arrive toujours à constater une élévation progressive de notre climat depuis la période glaciaire jusqu'à l'établissement du climat dont nous jouissons.

MARNES LACUSTRES DU BAS-DAUPHINÉ. — L'un de nous a encore signalé un autre affleurement de ces argiles lacustres très important, en dessous des prairies de M. Pascal, à Renoudel, commune de la Bâtie-Montgascon (Isère), et a communiqué à M. Locard les espèces dont les noms suivent :

Succinea oblonga, DRAPARNAUD. . . . . *c.*
Planorbis Crosseanus, BOURGUIGNAT. . . . . . *cc.*
    — *albus*, MÜLLER. . . . . *r.*
Limnœa limosa, LINNÉ. . . . . *ar.*
    — *stagnalis*, LINNÉ. . . . . *ar.*
Valvata Alpestris, BLAUNER. . . . . *cc.*
    — *piscinalis*, MÜLLER. . . . . *ar.*
Sphærium corneum, LINNÉ. . . . . *ac.*

(1) *Ouv. cit.*, p. 184.

Pisidium pusillum, GMELIN. . . . . . ˙ . . .   *c.*
—   *nitidum*, JENNYNS (1) . . . . . .   *c.*

Cette faune, exclusivement aquatique, excepté le *Succinea oblonga*, qui vit sur le bord de l'eau, devait se multiplier dans un lac ou des étangs disposés dans les mêmes conditions que ceux que nous venons d'étudier. D'après les renseignements que Mme Pascal a bien voulu nous transmettre et dont nous la remercions, la marne blanche qui renferme ces fossiles est un terrain superficiel assez récent. Avec M. Locard (2), nous n'hésitons donc pas à réunir cette marne aux argiles lacustres des vallées du Rhône et de la Saône, et à la regarder comme une formation datant de la période qui a suivi le retrait des grands glaciers.

Cette faune des argiles lacustres et des marnes blanches du Bas-Dauphiné a des caractères transitoires évidents ; c'est elle qui établit un passage entre la faune glaciaire et la faune moderne ; c'est donc le dernier dépôt quaternaire constitué après le creusement de nos grandes vallées.

ARGILES LACUSTRES SUR UNE DES TERRASSES DE LA VALLÉE DE LA SAONE. — Mais ces argiles lacustres, ou plutôt ces marnes grises, n'apparaissent pas seulement dans le fond de nos vallées, et l'un de nous en a retrouvé un affleurement dans le bas de Collonges, au Trêves-Pâques, sur une des terrasses de la vallée de la Saône, à une cinquantaine de mètres au-dessus du cours de cette rivière. On creusait un puits et en dessous de la terre végétale, et d'une couche de lehm pur de 4^m50 nous trouvâmes dans une marne grise semblable a celle du fond de la vallée de la Saône, l'apophyse coronoïde et le condyle d'une mandibule gauche d'un grand cerf, qui, d'après M. A. Gaudry, pourrait être le *Cervus elaphus*. Du moins, ce

---

(1) Collection Falsan, à Saint-Cyr au Mont-d'Or.
(2) *Ouv. cit.*, p. 185.

fragment osseux appartenait à un cerf moins grand que le
Cervus megaceros et le *C. Canadensis*. Plusieurs coquilles
étaient associées à ce débris fossile : c'étaient les espèces
suivantes, d'après M. Locard :

Succinea putris, LINNÉ.		*c.*
— *oblonga*, DRAPARNAUD.		*c.*
Hyalinia subnitens, BOURGUIGNAT.		*rr.*
Helix pulchella, MÜLLER.		*ac.*
— *hispida*, LINNÉ.		*c.*
— *unifasciata*, POIRET.		*ac.*
Pupa muscorum, LINNÉ		*ac.*

Avec ces fossiles nous avons trouvé, en outre, quelques
cailloux, dont plusieurs avaient été brisés intentionnelle-
ment, et des débris des poteries grossières et fines, enfin des
morceaux de lignite (1).

Il est incontestable que cette couche de 4 m. 50 de lehm
est un terrain remanié qui a glissé par dessus la marne. Cette
marne peut donc, malgré la différence de niveau qui l'en
sépare, se relier synchroniquement aux argiles lacustres des
vallées du Rhône et de la Saône. Seulement la découverte
de ces cailloux brisés, de ces fragments de poteries, de cette
mandibule de cerf fracturée, permet de supposer qu'il y avait
une station préhistorique sur les bords de cet étang.

CAVERNES A OSSEMENTS, CAVERNE DE POLEYMIEUX. — Pendant que les rivières achevaient le creusement de nos vallées et que nos plaines étaient en partie couvertes de marécages, les cavernes de nos montagnes servaient d'abri aux
animaux sauvages. Quelques-unes même furent habitées par
les populations primitives de nos contrées. Nous nous réser-
vons d'étudier ces dernières dans les chapitres suivants, mais

(1) Collection Faisan à Saint-Cyr au Mont-d'Or.

nous dirons de suite quelques mots des simples cavernes à ossements pour continuer nos recherches paléontologiques sur la faune qui s'est développée après la fonte des glaciers.

La plus intéressante de ces cavernes à ossements, sans vestiges de l'industrie humaine, est située dans le Mont-d'Or, à la Rivière, commune de Poleymieux. Elle a été fouillée avec soin par M. le Dr Jourdan et par l'un de nous, il y a plusieurs années (1).

Nous allons donner la liste des fossiles découverts dans cette caverne, telle qu'elle a été publiée plus récemment par M. le Dr Lortet et M. Chantre, dans les *Archives du Muséum de Lyon* (2).

Canis lupus, LINNÉ.	*ac.*
— *vulpes*, LINNÉ.	*ac.*
Hyena spelæa, LINNÉ.	*c.*
Ursus spelæus, BLUMENBACH.	*c.*
Felis spelæa, GOLDFUSS.	*c.*
Elephas antiquus, FALCONER.	*ar.*
Rhinoceros tichorhinus, CUVIER	*r.*
Equus caballus, LINNÉ.	*c.*
Sus scropha, LINNÉ.	*ar.*
Bos primigenius, BOJANUS.	*cc.*
Lepus cuniculus, LINNÉ.	*ac.*
Lagomys, sp?.	*ac.*
Glires, sp?.	*ac.*

Cette caverne d'un accès facile et creusée dans le calcaire à gryphées a dû être occupée depuis très longtemps, ainsi que semble l'indiquer le mélange de faune qu'on y observe. En effet, avec des espèces modernes telles que le *Canis lupus*, le *Canis vulpes*, le *Lepus cuniculus*, nous y avons recueilli l'*Elephas antiquus*, qui est une espèce transitoire entre le pliocène supérieur et le quaternaire, le *Rhinoceros tichorhinus*

_____
(1) Falsan et Locard, *Monographie du Mont-d'Or lyonnais*, p. 395.
(2) *Études paléontologiques du bassin du Rhône*, tirage à part, p. 39.

dont nous avons trouvé si souvent des débris dans le lehm associés à des ossements d'*Elephas primigenius*, et enfin le *Felis spelœa*, l'*Ursus spelœus*, le *Lagomys*.

D'ailleurs ce n'est pas là un fait isolé ; il s'est reproduit dans la plupart des cavernes, dans les fentes des rochers et les brèches osseuses. Nous l'avons observé chaque fois que nous avons suivi des travaux de déblai dans les carrières du Mont-d'Or, à Saint-Cyr, à Saint-Fortunat, au mont Narcel, au mont Verdun, etc.

Eboulis, ou groises. — Comme formation postglaciaire nous avons encore à citer les éboulis qui couvrent les pentes au pied des grands escarpements calcaires des montagnes de notre bassin.

Dans le Mont-d'Or lyonnais ces éboulis sont très peu développés ; on en voit de très grands dans le Dauphiné, la Savoie, le Bugey ; mais parmi les plus remarquables sont sans doute ceux qui bordent à droite et à gauche le chemin de fer de Genève dans la cluse des Hôpitaux, depuis Saint Rambert en Bugey jusqu'à Rossillon. M. Benoît a consacré à leur étude une note qui a été insérée dans le *Bulletin de la Société géologique de France* (1). Pendant les travaux d'exécution du chemin de fer de Genève les ouvriers ont découvert dans une des chambres d'emprunt entre Tenay et Rossillon des ossements et une dent d'*Elephas primigenius* qui ont été remis à M. Benoît.

Comme le fait observer notre ami, l'ensemble de ces éboulis, ou *groises*, date de plusieurs époques et nous admettons avec lui que la formation de tous ces débris a dû être très intense, pendant la période glaciaire ; mais nous différons d'opinion lorsque ce géologue conclut des faits cités que l'*Elephas primigenius* doit être antérieur à l'époque quaternaire ; car

---

(1) 2ᵉ série, XXII, p. 303.

au contraire, dans les environs de Lyon, où les débris de ce pachyderme sont si abondants, nous les observons surtout dans le lehm, terrain quaternaire, synchronique de la fin de la plus grande extension des glaciers. Nous ne pensons pas non plus que la vallée de Saint-Rambert et des Hôpitaux soit restée en dehors des glaciers alpins et qu'elle n'ait pas été remplie par des glaces jurassiennes. Nous avons exposé dans le chapitre IX quelle était notre manière de voir à cet égard, nous n'avons donc qu'à la résumer brièvement. Tout nous porte à croire que cette cluse a été au contraire comblée par des glaces locales sur lesquelles des branches du glacier du Rhône ont dû passer pour s'étendre du plateau d'Inimont jusque dans la Combe-du-Val et du Haut-Bugey. Mais alors comment expliquer la présence de cet éléphant dans les groises des Hôpitaux?

Au moment de la fonte des glaces n'aurait-il pas pu gravir de la plaine sur les montagnes voisines, puis s'égarer et tomber dans une des crevasses de ce culot de glace qui comblait la cluse de Tenay? A cela il n'y a rien d'impossible, et nous aimons mieux admettre cette supposition que celle de M. Benoît qui vient s'opposer à tout ce que nous avons observé en Bugey et près de Lyon. D'ailleurs, depuis le recul des glaciers au delà du Bugey, il s'est passé un laps de temps assez considérable pour expliquer la formation des éboulis qui ont recouvert ces débris d'un *Elephas primigenius*. Nous avons dit aussi dans le même chapitre que les fragments de roches des Alpes qui étaient mélangés en petit nombre aux éboulis calcaires étaient tombés dans les fentes du glacier des Hôpitaux ou avaient été entraînés des plateaux voisins par les eaux de fontes ou les eaux sauvages.

Résumé climatologique. — Influence de l'adoucissement du climat sur la faune. — D'après les calculs de M. Ch.

Martins et de M. Sandberger, la moyenne de la température des parties de notre bassin qui n'étaient pas envahies par les glaces peut être évaluée approximativement à 5° 56 c. ou à 5° c. (et même nous croyons à un peu moins) au moment de la plus grande extension des glaciers alpins. Mais l'étude des faunes de la période postglaciaire nous permet de conclure que depuis la fonte des glaciers, la température moyenne de notre bassin s'est élevée progressivement jusqu'à un certain niveau climatologique qu'elle n'a pas dépassé.

Cette modification climatologique fit d'abord reculer les anciens glaciers et amena une perturbation profonde dans la faune et la flore. Le Renne monta vers le nord avec la Chouette Harfang, avec l'Antilope Saïga.

Le Mammouth et le *Rhinoceros tichorhinus* furent anéantis ; le Chamois, la Marmotte se retirèrent vers les hautes régions alpestres pour faire place à des migrations d'espèces plus méridionales, qui se sont maintenues jusqu'à nos jours dans notre bassin.

Nous avons vu des faits analogues se reproduire pour la répartition des mollusques. Les espèces qui n'ont pas pu s'adapter aux conditions biologiques nouvelles, sont devenues alpestres ou se sont éteintes ; quelques-unes se sont maintenues et d'autres remontant de contrées plus chaudes sont venues lentement enrichir notre faune. Malgré la fixité de notre climat, ces migrations n'ont pas cessé, et nous avons été témoins de l'envahissement du bassin de la Saône par le *Dreissenia polymorpha*.

INFLUENCE DE L'ADOUCISSEMENT DU CLIMAT SUR LA FLORE. — Si nous envisageons le monde des plantes, nous arriverons à des observations identiques. Nous n'avons pas de renseignements précis sur la flore du bassin de Lyon pendant l'époque glaciaire ; mais, comme nous le disions tout à l'heure, (1) cette flore devait fournir assez de substance végétale pour nourrir les troupeaux de pachydermes.

L'adoucissement de la température ne tarda pas à faire sentir son influence sur le groupement et la répartition des espèces. La végétation perdit progressivement son caractère boréal. Il s'établit des migrations de plantes en même temps que celles des animaux. et même dans la production de ce double phénomène, il dut intervenir une influence nouvelle. A mesure que les glaciers fondaient et se retiraient, les familles humaines qui avaient d'abord vécu dans des espaces très limités s'avancèrent à la conquête des régions abandonnées par les glaces. Elles cultivèrent les plantes qui leur étaient le plus utiles et emmenèrent avec elles leurs animaux domestiques.

Il faut donc tenir compte de ces efforts des premiers habitants de notre bassin pour se faire une idée de la faune et de la flore des derniers temps de la période quaternaire ; mais l'influence des modifications climatologiques fut plus puissante que celle de nos premiers ancêtres et des milliers de plantes vinrent successivement se substituer aux flores glaciaires et postglaciaires. La vallée du Rhône, qui aboutissait à des contrées plus tempérées que les nôtres, fut une espèce de grande route par laquelle une foule de plantes purent remonter jusque vers nous, en se propageant de proche en proche ou en laissant transporter leurs graines par les grands courants atmosphériques, ou encore en profitant de plusieurs autres circonstances favorables.

Sans doute les plantes n'ont pas suivi exclusivement cette voie ; mais du moins nous avons pour les migrations par la vallée du Rhône une certitude complète. Ainsi nous voyons

(1) Ante.

encore dans quelques points abrités des collines qui dominent le cours du Rhône ou les rives de la Saône, en amont de Lyon, se développer quelques espèces méridionales dont l'origine est certaine. Nous citerons, d'après le dernier travail de notre ami (1) M. le Dr Magnin, les espèces suivantes : *Cistus salviæfolius, Helianthemum salicifolium, Genista horrida, Leuzea conifera, Aphyllantes Monspelliensis, Orchis rubra,* etc., qui n'ont pu remonter plus haut vers le nord.

Pendant que s'établissait dans notre région une moyenne régulière de température variant de nos jours entre 10 % et 12 % suivant l'altitude, les plantes se dispersaient, se groupaient suivant certaines lois ; ces végétaux n'obéissaient pas seulement à l'influence du climat, ils se laissaient entraîner par leurs affinités pour tel ou tel sol, suivant qu'il renfermait plus ou moins de silice, plus ou moins de chaux.

Lorsque ce travail d'acclimatation et de cantonnement fut terminé, il fut donc possible d'établir plusieurs divisions dans notre flore. Non seulement on vit que la flore des Alpes différait de celle des chaînes secondaires ou des bas plateaux ; mais encore le Dr Magnin, avec les conseils de notre excellent et savant ami M. le Dr Saint Lager, vient de reconnaître que les plantes qui poussent dans les environs de Lyon habitent de préférence les portions de territoires qui leur offrent les principes nutritifs les mieux appropriés à leurs besoins.

Dans le cours de cette monographie nous avons déjà eu l'occasion de faire remarquer l'influence du terrain erratique sur la culture des vignes de la Michaille et sur celle des châtaigniers sur la montagne de Parves et dans quelques montagnes du Bugey. Nous avons même dit que bien souvent pour com-

---

(1) *Recherches sur la géographie botanique du Lyonnais,* p. 23.

prendre du haut d'un point élevé la disposition générale du terrain erratique dans un bassin, nous n'avions eu qu'à étudier les allures de certains végétaux. Depuis longtemps nous avons observé des faits analogues dans le Mont-d'Or lyonnais.

Nous ne pouvons analyser ici le remarquable mémoire de M. Magnin ; nous ne citerons que quelques-unes de ses conclusions qui se rapportent indirectement à nos études.

Ainsi tout le long du plateau de Lyon à Meximieux, où le lehm devient siliceux et ne contient que 3 0/0 et même moins de carbonate de chaux, on voit apparaître des espèces silicicoles, et des espèces calcicoles se développent au contraire sur les sables siliceux de la mollasse de Saint-Fons, parce que les grains de quartz sont cimentés par du calcaire qui représente les 33,92 0/0 de la masse de la roche. Cette flore de Saint-Fons se rapproche donc plus de celle du Mont-d'Or que de celle des Dombes. N'oublions pas de dire que dans ce petit groupe du Mont-d'Or, M. le Dr Magnin a reconnu, d'après la nature chimique des roches sous-jacentes, de nombreux groupements géographiques de plantes.

Les principes développés par M. le Dr Magnin nous semblent tellement rationnels que nous sommes tout disposés à croire que par la seule inspection des espèces végétales qu'il nourrit, on pourrait arriver à différencier le véritable lehm glaciaire des marnes jaunes, qui lui ressemblent.

Telles sont les modifications dans le climat, dans la faune, dans la flore, qui ont amené progressivement l'état de choses qui nous environne aujourd'hui. Mais notre tâche n'est pas finie.

Après avoir ainsi résumé nos recherches sur nos anciens glaciers quaternaires et les études de nos devanciers, nous allons décrire les caractères ethniques et physiques, les mœurs et les industries des populations primitives qui ont habité le bassin du Rhône pendant la période préhistorique.

Puis pour clore cette longue monographie nous énumérerons les efforts qui ont été faits de nos jours afin de préserver les plus beaux blocs erratiques de la destruction barbare qui les menace.

CHAPITRE III

POPULATIONS PRIMITIVES DU BASSIN DU RHONE

Considérations générales. — Age de la pierre. — Période paléolithique. — Série inférieure ou des animaux éteints. — Série supérieure ou des animaux émigrés. — Période néolithique ou des animaux domestiques. — Age du bronze. — Age du fer.

CONSIDÉRATIONS GÉNÉRALES. — Après avoir décrit dans les chapitres précédents les faunes qui se sont développées dans la partie moyenne du bassin du Rhône avant, pendant et après la plus grande extension des glaciers, il nous reste à parler des populations primitives de cette même région.

A quelle époque l'homme a-t-il apparu dans la vallée du Rhône et quels sont les rapports que l'on peut observer entre les plus anciens vestiges de l'industrie humaine et les faunes des dépôts subordonnés aux formations glaciaire?

Nous allons essayer de répondre à cette question complexe en étudiant les découvertes les plus importantes qui ont été effectuées depuis une quinzaine d'années dans la vaste région qui nous occupe.

Les recherches laborieuses et persévérantes de plusieurs savants distingués et nos propres investigations permettent d'affirmer que cette partie de la France a été habitée dès l'aurore de la période quaternaire. De nombreuses observations montrent, de plus, que le sol de cette contrée privilégiée a été

constamment occupé depuis ces temps reculés par des populations diverses dont les traces innombrables et caractéristiques indiquent les différentes phases successives des civilisations préhistoriques qui ont été appelées *âge de la pierre*,
âge du bronze, âge du fer (1).

AGE DE LA PIERRE

Bien que les éléments paléontologiques et les éléments
archéologiques caractérisant ces diverses périodes ne présentent pas partout des rapports d'une constance absolue
dans les détails, les relations qu'ils offrent dans leur ensemble ne sont pas moins évidentes, principalement pour les
temps les plus anciens.

Etant admis, comme nous l'avons montré précédemment,
que le lehm est un dépôt d'origine glaciaire formé en avant
des glaciers ou près des glaciers et que les faunes observées
dans ces dépôts sont par conséquent contemporaines de ce
grand événement météorologique, nous dirons *a priori* que les
vestiges humains associés à des faunes de même composition
que celles du lehm, doivent être considérés comme contemporains de ce même événement.

Il existe dans la partie moyenne du bassin du Rhône un
certain nombre de stations dans lesquelles on observe l'association dont nous venons de parler. Les unes se trouvent
en Bourgogne, les autres dans la vallée du Rhône, en Dauphiné ou en Savoie. Paléontologiquement et archéologiquement, ces diverses stations peuvent être divisées en
deux séries constituant la période paléolithique. La première

(1) MM. Arcelin, Cartailhac, Chantre, Costa de Beauregard, Cazalis de Fondouce, Desor, abb
Ducrost, Falsan, Favre, de Ferry, Ollier de Marichard, de Mortillet, Perrin, Rabut, etc., etc.

est celle dans laquelle on rencontre des armes ou ustensiles en silex taillés en grands éclats, le plus souvent, et
quelquefois retaillés, soigneusement associés à une faune
composée de formes éteintes, telles que le Mammouth, l'Ours
des cavernes, etc. C'est la série inférieure qui doit être sub-
divisée en trois groupes principaux d'après les caractères
archéologiques (1° *Acheuléen*, 2° *Moustiérien*, 3° *Solutréen*).

La seconde série est celle dans laquelle on ne trouve plus
d'animaux d'espèces éteintes et où abondent les animaux
actuellement émigrés, tels que le Renne, le Lagomys, etc.
associés à des débris d'industrie sinon plus perfectionnés,
du moins caractérisés par des types spéciaux (*Magdalénien*).
Cette série supérieure clôt la période quaternaire et ne se
subdivise pas, mais c'est celle qui paraît le plus développée
dans le pays que nous étudions.

Peu à peu le climat se modifie et, alors que disparaissent
de nos contrées les dernières espèces animales contemporaines de la grande extension des glaciers, se montrent les
animaux domestiques accompagnant une nouvelle civilisation
appelée *Néolithique* ou de la pierre polie, et qui, précédant
immédiatement l'importation des métaux, termine la série des
temps préhistoriques auxquels on a donné le nom d'âge de
la pierre.

Période paléolithique ou des animaux éteints et émigrés

Série inférieure ; groupe acheuléen. — Au groupe le plus
inférieur, qui correspond à celui que M. de Mortillet a appelé
Acheuléen à cause de la prédominance à Saint-Acheul du type
qui le caractérise, se rapportent en Bourgogne la station de
Germolles et l'atelier de Charbonnières (Saône-et-Loire).

C'est dans une grotte que M. Méray a trouvé les restes les

plus anciens de l'activité humaine dans notre pays. A d'assez nombreuses haches, taillées à grands éclats, accompagnées de fragments divers de lames et de grattoirs, était associée la faune suivante:

Canis lupus.	Rhinoceros tichorhinus.
— vulpes.	Equus
Hyena spelœa.	Sus
Felis leo.	Bos primigenius.
Ursus spelœus.	Cervus tarandus.
Meles taxus.	Cervus.
Elephas primigenius.	

L'atelier de Charbonnières découvert par M. de Ferry est des plus curieux soit par les types que l'on y rencontre, soit par le nombre des spécimens que l'on peut y recueillir. Bien que l'on n'ait pas signalé de faune dans ce gisement, on n'hésite pas à le placer à côté de la station précédente.

GROUPE MOUSTIÉRIEN. — Au deuxième groupe, c'est-à dire au groupe Moustiérien différant peu de l'acheuléen par la faune, mais caractérisé par le mode de taille des silex, appartiennent les grottes de Vergisson, fouillées par M. de Ferry, celle de Rully, par M. Pérault et l'atelier de Saint-Micaud étudié par M. de Fréminville (Saône-et-Loire), puis la grotte de Soyons (Ardèche) et la partie inférieure de la célèbre station de Solutré.

Dans toutes ces localités, on observera un type constant qui est le racloir taillé d'un seul côté, accompagné de diverses lames. Ces stations ne diffèrent donc que par les faunes dont la composition varie peu du reste.

Dans chacune d'elles on a rencontré les mêmes carnassiers, l'Éléphant, le Renne, le Bison, etc., la même suite d'animaux qu'à Germolles, moins le Rhinocéros, qui paraît ne pas avoir été très fréquent dans la vallée de la Saône.

A Saint-Micaud, M. de Fréminville a découvert les mêmes types de silex taillé, et la faune est peu importante.

Les nombreuses excavations creusées dans le massif calcaire que l'on rencontre sur la rive droite du Rhône, à Soyons, près de Cornas et de Châteaubourg, étaient connues très anciennement, mais jusqu'à ces derniers temps aucune recherche n'y avait été faite.

Il y a quelques années, deux explorateurs pleins de zèle pour les recherches archéologiques, M. le vicomte Lepic et M. de Lubac, ont opéré des fouilles dans six localités : quatre d'entre elles ont fourni des ossements nombreux d'animaux d'espèces émigrées ou éteintes, auxquels étaient associés des ustensiles en silex et en quartzite, analogues à ceux des stations précédentes.

La faune de ces grottes se résume ainsi :

Homo.	*Sus scrofa.*
Canis lupus.	*Cervus elaphus.*
— *familiaris.*	— *Canadensis.*
Hyena spelæa.	— *tarandus.*
Ursus spelæus.	— *capræus.*
Meles taxus.	*Capra ibex.*
Elephas primigenius.	*Bos primigenius.*
Rhinoceros tichorhinus.	— *priscus.*
Equus caballus.	

GROUPE SOLUTRÉEN. — La station de Solutré, le type de ce groupe, a été explorée pour la première fois au point de vue anthropologique, en 1866, par MM. de Ferry et Arcelin. Depuis 1869, M. l'abbé Ducrost y a fait opérer des fouilles considérables, et c'est depuis cette époque que ce gisement paléolithique a été célèbre. Tour à tour MM. Arcelin, de Freminville, de Mortillet, Cartailhac, Chantre et bien d'autres, ont pu y faire de nouvelles études, grâce à la cordiale et bienveillante hospitalité de M. l'abbé Ducrost.

Trois sortes de vestiges permettent d'étudier les traces de l'Homme quaternaire de Solutré : ce sont des débris d'habitations indiqués par des restes de foyers ou rebuts de cuisine, des sépultures et enfin d'immenses amas d'ossements de chevaux. Le point sur lequel ces divers dépôts peuvent être principalement observés est appelé le *Crot-du-Charnier;* il est situé au pied du grand escarpement d'oolithe inférieure qui forme la roche de Solutré et c'est sur les pentes des éboulis de cette montagne disposés en éventail et reposant sur les marnes du lias que sont enfouis les foyers et les sépultures.

Recouverts d'une épaisseur variable d'éboulis depuis la surface jusqu'à quatre mètres, et de forme souvent circulaire, ces dépôts renferment, au milieu de cendres et d'ossements plus ou moins brisés et calcinés, de nombreux débris d'instruments et d'armes en silex et quelquefois en os.

La réunion sur certains points de ces vestiges aussi nombreux que variés, indique l'emplacement des huttes ou cabanes. Les sépultures contemporaines de la station ancienne sont assez rares au Crot-du-Charnier, car depuis la période quaternaire jusqu'à l'époque gallo-romaine et même au delà, les populations de cette contrée y transportèrent leurs morts. Divers objets découverts avec les squelettes ont pu permettre de reconnaître ces diverses civilisations.

Les sépultures primitives sont généralement en relation avec les traces de foyers : les squelettes sont placés dans les foyers non remaniés, et ceux-ci sont toujours accompagnés d'ustensiles d'usage domestique, d'armes ou d'objets de parure; le tout est souvent entouré de pierres plus ou moins plates.

Dans le voisinage des sépultures et des restes d'habitation renfermant des débris nombreux et variés d'animaux, il existe des amas considérables d'ossements appartenant presque tous au cheval, moins brûlés et brisés que ceux des

foyers et généralement agglomérés par un ciment calcaire.
Dans ces amas occupant des surfaces fort étendues, on a
trouvé peu d'objets d'industrie; de belles pièces y ont été pourtant recueillies. Ces brèches renferment les dépouilles d'un
si grand nombre de chevaux qu'il a été évalué à plus de quarante mille ; elles forment une sorte de muraille prismatique
de quatre mètres de long sur trois mètres de haut. Cette muraille s'étend sur une longueur de plus de cent mètres et
coupe sur plusieurs points la station principale du Crot-du-
Charnier qu'elle paraît d'ailleurs circonscrire, vers le sud-est.

Le rapport entre ces amas d'os de chevaux et les foyers, le
mélange enfin des diverses parties du squelette de cet animal,
les traces de carbonisation observées sur plusieurs fragments
et la découverte parmi eux de quelques belles lames de silex
permettent de penser qu'ils ne sont autres que des kiockken-
moeddings, ou débris de cuisine.

Le nombre des espèces dont on trouve les débris dans les
foyers est assez considérable ; en voici la liste avec l'indication de leur abondance relative :

Canis vulpes.	cc	Equus caballus	cccc
— lupus	c	Bos primigenius.	cc
Hyena spelœa	c	Cervus Canadensis.	r
Felis lynx	c	— tarandus.	ccc
— spelœa.	c	— alces	cc
Ursus spelœus	c	Antilope Saïga	rr
— arctos.	r	Arctomys primigenia	r
Elephas primigenius	c	Lepus timidus	cc

On voit par cette liste combien était variée la série des animaux mangés par les hommes de Solutré. Si le cheval faisait
la base de la nouriture de cette population, à en juger par le
nombre immense d'ossements de cet animal accumulés sur
ce point, le Renne était bien ensuite le plus fréquemment
rapporté de la chasse, c'est par milliers que ce cervidé a été

Fig. 112 — Grandeur réelle.

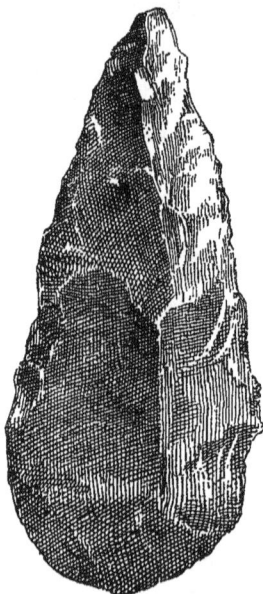

Fig. 114. — Grandeur réelle.

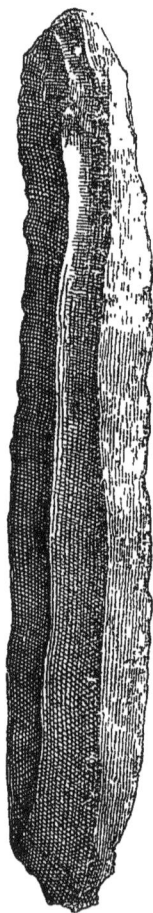

Fig. 113. — Grand. réelle.

Fig. 115 — Grandeur réelle.

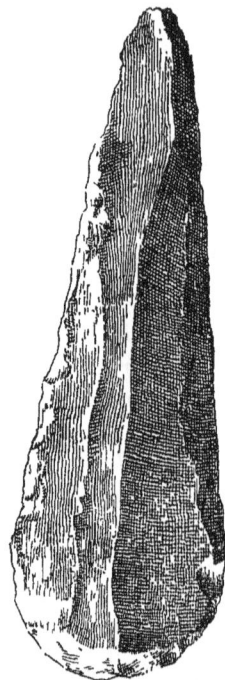

Fig. 116. — Grandeur réelle.

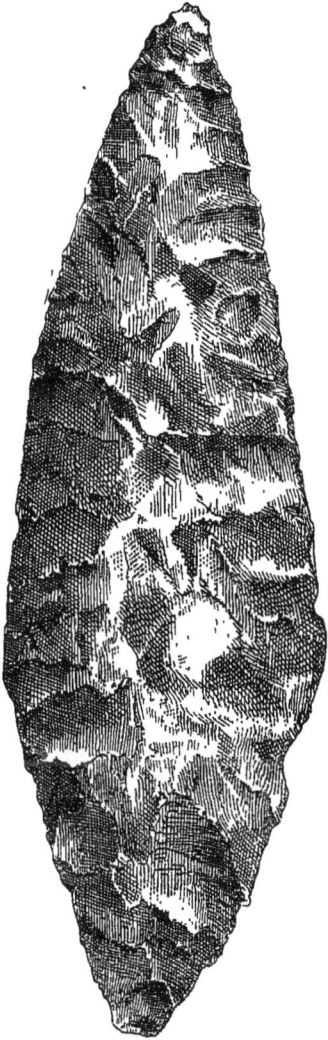

Fig. 117. — Grandeur réelle.

Fig. 118. — Grandeur réelle.

Fig. 119. — Grandeur réelle.

dépecé au Crot-du-Charnier, il n'y a pas de foyer qui n'ait donné les débris d'un grand nombre d'individus.

On remarquera enfin que dans cette faune se trouvent près d'animaux émigrés, plusieurs espèces complètement éteintes, franchement quaternaires et qui, ainsi que nous l'avons dit, ne peuvent pas être séparées, quant à leur âge, de la période glaciaire.

Archéologiquement, cette station de Solutré appartient par son origine aux premiers temps de l'époque quaternaire. On y trouve en effet, des silex taillés affectant les formes dites Acheuléennes et surtout celles du groupe suivant, c'est-à-dire Moustiériennes.

A côté de ces ustensiles ou armes, plus ou moins grossiers, on trouve en abondance considérable des silex taillés dans les formes appelées couteaux, grattoirs, racloirs, perçoirs, lances, flèches, etc. (figures 112 à 119), puis des nucléus et des amas énormes de débris de taille. Parmi ces pièces quelques-unes présentent un type, spécial d'abord à Laugerie-Haute, et découvert ensuite plus abondamment à Solutré et ailleurs : ce sont des lances et des flèches retaillées avec soin des deux côtés et fort analogues, sans être semblables, à certaines pièces communes dans quelques stations néolithiques.

Bien qu'on ait trouvé, ailleurs qu'à Solutré, ce type caractérisant l'époque du plus grand développement de cette station, M. de Mortillet l'a choisi pour type de l'époque pendant laquelle a dû se produire ce développement. Les fouilles de M. l'abbé Ducrost ayant montré que, tandis qu'à l'époque dite du Moustiers, parmi lesquelles se rencontrent quelques types acheuléens, on trouvait à la surface les vestiges d'une industrie et d'une faune rappelant celle de la Magdelaine. Comme c'est entre ces extrêmes que paraît avoir eu lieu le plus grand développement de Solutré, il était juste de séparer cette période spéciale de l'époque précédente et de celle qui a suivi.

Ainsi les plus anciens foyers de Solutré ne donnant que des éclats de silex fort grossiers ne renferment presque que du Cheval et quelques débris de Renne et d'Ours; dans les foyers renfermant des types archéologiques dits solutréens on voit le Renne se développer et apparaître avec l'*Elephas primigenius;* et plus tard, alors que le Renne domine, on entrevoit une modification dans les industries : le silex est moins bien travaillé et le bois de renne commence à être utilisé ainsi que l'os. Comme à la Magdeleine, les représentations animales en pierre et en bois de renne apparaissent ; c'est la fin de l'époque quaternaire qui se prépare.

La première époque correspond pour nous à l'arrivée des glaciers sur le plateau bressan; et la dernière à celle du retrait de la nappe glacée vers le Jura. Nous verrons, en effet, que les autres stations les plus anciennes qui ont été signalées dans le bassin du Rhône et qui paraissent contemporaines du commencement de la station de Solutré, sont toutes situées vers les points extrêmes qu'a atteints le glacier et que, au contraire, celles qui appartiennent à la fin de l'époque quartenaire ne se rencontrent que vers le pied des Alpes et du Jura.

SÉRIE SUPÉRIEURE. — GROUPE MAGDALNÉIEN. — Dans la troisième série, caractérisée par une faune composée de formes actuellement émigrées de nos pays, on doit citer les grottes de la Salpêtrière, du Scé et de Veyrier en Suisse, puis les grottes de la Balme, de Brotelle et de Béthenas (Isère).

Située sur la rive gauche du Gardon, au pied du Pont-du-Gard, la grotte de la Salpêtrière a été découverte et fouillée en 1869 par M. Cazalis de Fondouce.

Ce savant explorateur y a recueilli, associés à des instruments primitifs en os et en pierre, des ossements des espèces suivantes :

Canis vulpes.	Cervus elaphus.
Equus caballus.	Bos primigenius.
Cervus tarandus.	— taurus.

C'est le point le plus méridional du bassin du Rhône où le Renne ait été rencontré jusqu'à ce jour. Comme dans le Périgord, les os et les bois de ce ruminant ont été sculptés et taillés en pointes de flèches, harpons, etc.; plusieurs fragments de la ramure ont même reçu des gravures représentant des plantes, des animaux, tels que le bouquetin. La faune, les débris d'industrie et d'art rencontrés dans cette grotte, l'ont fait rapporter à l'époque de la Magdeleine, époque qui, on le sait, est postérieure à celles que l'on a appelées Solutréenne et Moustiérienne; c'est la dernière étape des temps quaternaires. Dans la plupart des stations de cette époque, on ne trouve plus qu'une faune composée d'espèces émigrées, l'Éléphant a disparu ainsi que l'*Ursus spelœus* et, avec l'industrie de la pierre dégénérée, apparaît le travail de l'os et du bois de Renne. Il est à remarquer enfin que la plupart des localités où il est donné d'étudier cette civilisation, se trouvent situées sur des points peu éloignés des Alpes et qui étaient généralement couverts par les glaciers alors que florissaient les peuplades de Solutré. Tout paraît démontrer que les populations qui les ont habitées n'y sont arrivées qu'après le retrait du glacier jusqu'à des limites peu différentes peut-être de celles des emplacements qu'ils occupent depuis les temps historiques.

La grotte de Scé est située à l'extrémité du lac Léman, près de Villeneuve (1); elle a été fouillée, en 1868, par M. Taillefer. On y a recueilli, avec des outils en pierres taillées, la série suivante de mammifères :

---

(1) Henri de Saussure : *Archives de la biblioth. univ. de Genève*, p. 108, t. XXXVII, Juin 1870.

Homo.	*Capra ibex.*
Canis vulpes.	*Lepus variabilis.*
Ursus arctos.	*Aquila fulva.*
Cervus tarandus.	*Tetraos lagopus.*

La grotte de Veyrier n'est en réalité qu'un abri formé par les blocs éboulés du Petit-Salève, à peu de distance de Genève.

Fig. 119. — Grandeur réelle.   F.g. 120. — Grandeur rée le.

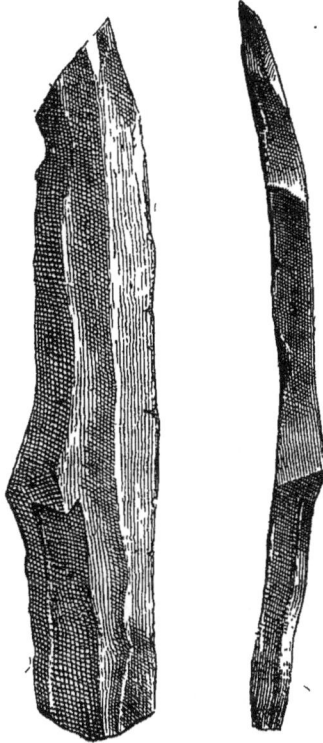

Plusieurs savants parmi lesquels on doit citer MM. A. Favre, Gosse, Taillefert et Thioly, ont fait des recherches sur ce point; les objets recueillis démontrent que ce lieu a été habité par les mêmes peuplades que celles de la grotte de Scé. M. le professeur Rutimeyer, à qui M. Favre a communiqué une série d'ossements de cette localité, en a dressé la liste suivante (1) :

(1) *Archives de la Bibliothèque universelle de Genève*, mars 1868

Homo.

Meles taxus.

Equus caballus.

Cervus tarandus.

   — *elaphus.*

Capra ibex.

Bos primigenius.

Lepus cuniculus.

   — *variabilis.*

Arctomys marmota.

Tetraos lagopus.

Associés aux ossements d'animaux signalés ci-dessus, on remarque des couteaux et racloirs en silex, des os travaillé en poinçons et en spatules, un bâton dit de commandement, percé d'un trou circulaire à l'une de ses extrémités ; sur l'une des faces est gravée une plante indéterminée ; sur l'autre, on reconnait facilement l'esquisse d'un bouquetin.

La grotte de la Balme, située à l'extrémité nord du Dauphiné, est l'une des plus considérables du bassin du Rhône ; les nombreuses galeries creusées dans cette cavité, les stalactites dont sont tapissées ses parois et le lac qui en occupe l'extrémité, attirent chaque année un grand nombre de visiteurs. De Saussure, Bourrit et d'autres savants ont décrit cette localité, classée parmi les sept merveilles du Dauphiné. L'un de nous y fit exécuter en 1865 des fouilles à peu de distance de l'entrée (1). Le sol, formé par les éboulements des parois de la grotte, ressemblait à une brèche ; les tranchées ont fourni les traces de plusieurs foyers, au milieu desquels on a recueilli les débris d'une faune peu considérable associés à des silex taillés en couteaux (figure 119), grattoirs, etc.

Equus caballus.

Sus scrofus.

Cervus tarandus,

   — *elaphus.*

Bison priscus,

Arvicola.

Tetras lagopus.

Le nom de Béthenas a été donné à deux cavités peu pro-

---

(1) **Ernest Chantre :** *Études paléo-ethnologiques. Age de la pierre,* 1867.

fondes creusées dans l'abrupte du plateau jurassique de Châtelans, au-dessus de la ville de Crémieu. L'une est appelée Béthenas inférieure, l'autre Béthenas supérieure. Ce sont les deux premières stations qui ont fourni, dans le bassin du Rhône, des preuves de la contemporanéité de l'Homme et des espèces émigrées ou éteintes. Toutes deux fouillées par l'un de nous (1) en 1864 et en 1865, ont donné l'une, les traces d'un séjour prolongé de l'Homme de l'âge, de la pierre taillée, l'autre une sépulture appartenant à la même époque.

Le sol de la grotte supérieure formant une brèche composée des débris de la roche environnante et des cendres solidifiées par les infiltrations des eaux calcaires, renfermait les ossements des espèces suivantes :

Homo.	*Cervus elaphus,*
Felis.	*Bos primigenius.*
Equus caballus.	*Bison priscus.*
Sus scrofa.	*Arvicola.*
Cervus tarandus.	*Tetrao lagopus*

Les débris de l'industrie de l'âge de la pierre ont été trouvés dans plusieurs amas de cendre, faisant partie de foyers recouverts de grosses pierres ; c'étaient des couteaux, des grattoirs en silex et une grande quantité d'éclats indiquant une fabrication locale (figure 120).

La grotte de Béthenas inférieure (2) est située à quelques mètres au-dessous de l'autre, elle était en partie remplie de limon jaune et de débris de la roche adjacente.

On y a recueilli un couteau en silex et des ossements de *Canis vulpes*, de *Meles taxus*, et plusieurs parties des squelettes de deux hommes adultes. La pièce la plus importante consiste en un crâne entier (figure 121), brachycéphale orthognathe.

(1) Ernest Chantre : *Etudes paléo-ethnologiques. Age de la pierre*, 1867.
(2) Ernest Chantre : *Etudes paléo-ethnologiques. Age de la pierre*, 1868.

Bien que par sa forme générale il puisse être rapproché d'un grand nombre de crânes actuels, il est remarquable par son épaisseur et par la proéminence des arcades sourcilières et des sinus frontaux. Le glabelle et le front sont rejetés sur un plan reculé, ce qui lui donne un aspect dégradé, contrebalancé du reste par une conformation générale plus normale. C'est là l'exagération du type signalé à Engis par Schmerling.

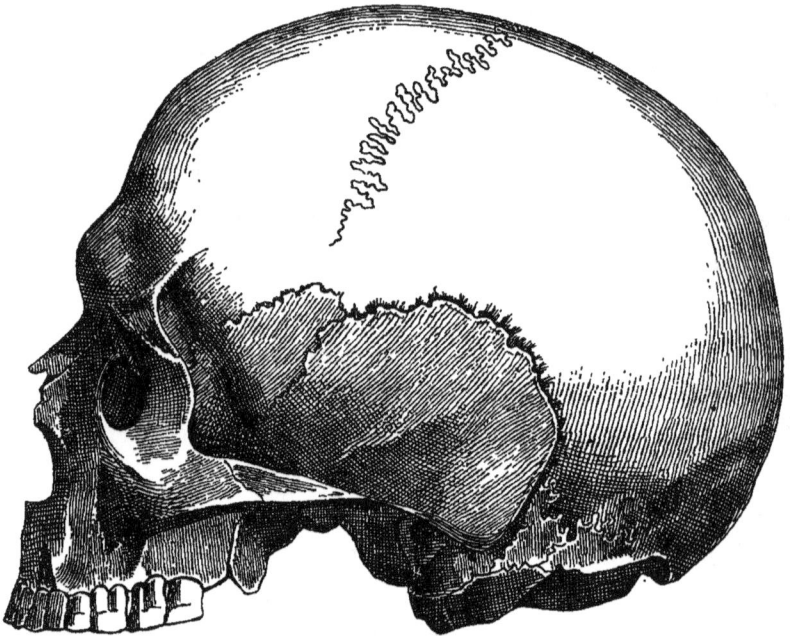

FIG. 121. — Demi-grandeur réelle

Les diamètres maximums du crâne de Béthenas atteignent 186 millimètres en longueur, 147 millimètres en largeur et 136 millimètres en hauteur. La largeur du frontal est de 96 millimètres; la longueur naso-occipitale et la largeur antéro-orbitaire sont de 24 millimètres.

Le maxillaire inférieur de l'autre individu présente un prognathisme symphysaire assez saillant, et la branche montante de cette mâchoire est sensiblement oblique; on peut la rapprocher de la fameuse mâchoire de Moulin-Quignon. Ces ossements ont été décrits primitivement comme appartenant à la période de la pierre polie ; mais de nouvelles observations nous permettent de les rapporter à la période quaternaire.

La grotte de Brotelle est peu importante, elle est située dans l'étroit vallon d'Amby ou de Brotelle, sous le château de ce nom, dans la commune de Saint-Baudille. Fouillée en 1866, cette grotte a fourni les ossements de trois enfants de dix à douze ans. Ils étaient recouverts de cendres contenant, associés à des silex taillés en couteaux et grattoirs, des débris de *Sus scrofa*, *Cervus tarandus* et de *Cervus elaphus*.

Période néolithique ou des animaux domestiques

Peu à peu le climat s'étant modifié, le Mammouth et le Renne ont disparu successivement de nos contrées. Le Renne avait émigré au nord-est, le Mammouth s'était éteint. Alors apparaissent les animaux domestiques dont une partie semble avoir accompagné cette civilisation spéciale dont on retrouve les vestiges dans les habitations lacustres lesplus anciennes, les dolmens et d'autres monuments de cette époque.

Une autre partie de la faune paraît provenir de la domestication d'un certain nombre d'espèces quaternaires, telles que le Cheval, le Bœuf, le Cochon, etc.

Pendant cette seconde période de l'âge de la pierre qui a reçu le nom de Néolithique, la pierre est encore la seule matière employée pour les armes et les ustensiles, mais au lieu d'être utilisée seulement à l'état d'éclats ou de lames plus ou moins grossières, elle est façonnée sur le grès, on la polit ou l'aiguise pour faire des tranchants qui, une fois emmanchés, serviront de ciseaux ou de cognées (fig. 122) pour travailler le bois. D'autre part le silex sera finement retaillé en poignards ou en pointes de flèches.

A cet'e époque apparaît l'invention de la poterie, inconnue jusqu'alors, puis celle du tissage. L'agriculture enfin prend naissance de son côté.

Les cavernes ne sont que temporairement habitées; les populations néolithiques choisissent de préférence les plateaux et les bords des rivières pour établir leurs campements. C'est ainsi que les plateaux du Mont-d'Or lyonnais et de Chassey (Saône et-Loire), les bords de la Saône à Châlon et à Lyon, et les bords du Rhône à la Balme (Isère), ont donné un nombre considérable de vestiges industriels de ces populations. Ce sont des poteries fort grossières, de nombreux éclats de silex dont quelques-uns sont soigneusement retaillés en forme de pointes de flèche, des haches en roche dure polie, et des ossements d'animaux qui avaient servi à leur nourriture. On trouve souvent enfin sur ces emplacements des amas de cendres qui permettent de penser que, sur ces points, ont séjourné des peuplades importantes, et cela pendant longtemps.

Ce n'était pas seulement sur les plateaux et sur les bords des rivières que les populations néolithiques fixaient leurs demeures; une partie, par suite d'un usage dont l'explication n'est pas connue encore, choisissaient les lacs pour construire leurs habitations.

Ce genre de construction dont le vénérable Dr Keller a fait 'a découverte en 1854, au lac de Zurich consistait en une plate-forme établie sur des pilotis enfoncés dans le sol ou retenus par des cailloux apportés du rivage.

Sur cette plate-forme étaient élevées des cabanes, et souvent une passerelle reliait le hameau ou le village à la terre ferme qui était éloignée parfois de cent mètres.

Depuis la découverte de ces villages lacustres au lac de

Zurich, dont les principaux sont ceux de Robenhausen et de Meilen, on en a découvert dans la plupart des lacs suisses, surtout dans ceux de Neufchâtel et de Bienne, puis dans celui de Genève. Dans ce dernier on cite spécialement la station des Eaux-Vives, près de Genève, comme l'une des plus riches et des mieux conservées parmi les palafittes primitives, car on sait que cet usage a persisté, non seulement pendant l'âge du bronze, mais encore pendant le premier âge du fer.

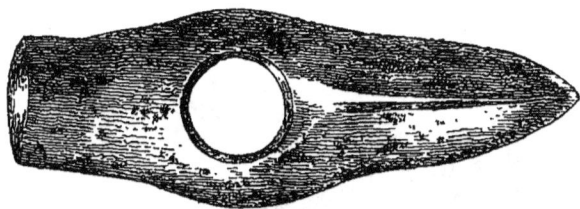

Fig. 122. — Grandeur réelle.

Un seul lac, dans la région qui nous occupe, celui de Clairvaux dans le Jura, a donné des vestiges d'une ancienne bourgade néolithique.

Les fouilles que M. Le Mire a fait opérer dans ce lac en 1870 ont donné de nombreux ossements de Cerf, de Bœuf, de Cochon, etc., associés à des débris de poteries, puis des flèches et des poignards en silex retaillés avec soin, et des haches. Plusieurs étaient encore retenues dans les gaines en bois de cerf dans lesquelles elles avaient été emmanchées.

En dehors de ces gisements spéciaux qui nous montrent le genre de vie de ces peuplades à demi sauvages, on trouve çà et là, sur presque toute l'étendue du bassin du Rhône, d'innombrables vestiges de leurs industries, principalement des pointes de.flèches et des haches en pierres dures polies. La nature des roches choisies est des plus variées, cependant on doit remarquer que ce sont celles du groupe des serpen-

tines et des roches feldspathiques qui sont les plus nombreuses. Ainsi, à côté des serpentines compactes, on verra des
jadéites d'un vert plus ou moins foncé et des fibrolithes ; on
doit citer ensuite certaines roches siliceuses souvent lydien-
nes d'un noir verdâtre appelées chloro-mélanites, puis des
quartzites, des jaspes, quelques basaltes et quelques granites.

Fig. 123.

Il est à remarquer que la plupart de ces roches se trouvent
en galets dans les alluvions de notre région, excepté peut-
être certaines jadéites dont l'existence a été cependant signalée dans les Alpes du Valais.

On sait que ces haches dont on a trouvé des centaines dans
le bassin du Rhône depuis quelques années, ont été attribuées aux Celtes ou aux Romains par les anciens archéologues, et les paysans les ont appelées *pierres de tonnerre*.
Elles passent encore de nos jours pour garantir les maisons
de la foudre, et sont placées comme telles, tantôt sur les toi-
tures, tantôt dans l'angle est des maisons et ras terre. Dans
certaines localités, ces pierres ont conservé encore aux yeux
des crédules, le privilège de guérir les bestiaux, et plus d'une
belle hache conservée dans un vase plein d'eau nous a été
refusée contre plusieurs pièces de monnaie en or.

La galerie d'anthropologie de Lyon possède plusieurs haches trouvées par l'un de nous sur des maisons en réparation et qu'il a fallu payer fort cher à cause des propriétés qu'on leur attribuait. Peu à peu le développement de l'instruction aidant, ces trésors météorologiques ou médicinaux viendront augmenter les richesses paléo-ethnologiques de nos musées.

FIG. 124.

Le souci de donner la sépulture aux morts, qui déjà chez les hommes de Solutré était fort grand, ne devait pas décroître avec le progrès de la civilisation. On voit, en effet, les populations néolithiques choisir pour leurs parents défunts des hypogées dont quelques-uns sont fort remarquables. Là où il n'y avait pas de grottes naturelles, ils leur ont construit des monuments au moyen de grosses pierres; c'est ce que l'on appelle dolmens. Ailleurs, où la pierre manquait, ils ont creusé le sol et ont fait de véritables grottes rappelant la forme des dolmens.

Ces diverses constructions dont l'usage s'est répandu chez nous probablement par le Nord-Est de l'Europe, sont peu nombreuses dans le bassin du Rhône; on ne peut citer que les dolmens de Régnier dans la Haute-Savoie (figures 123 et 124), puis de ceux de Tallard dans les Hautes-Alpes et ceux des environs de Grasse et de Draguignan dans le Var. Ces monuments si fréquents dans l'Ardèche, le Gard, la Lozère, dans toutes les Cévennes, et tout l'Ouest et le Nord-Ouest de la France, sont remplacés dans nos régions rhodaniennes par les grottes naturelles.

Parmi celles qui ont donné les vestiges les plus importants, il faut noter les grottes de Crest et de la Buisse dans l'Isère. Dans la première on a trouvé en 1863, avec des ossements humains, des silex taillés en lames et en grattoirs d'assez grande taille, puis des poinçons en os et des grains de collier également en os.

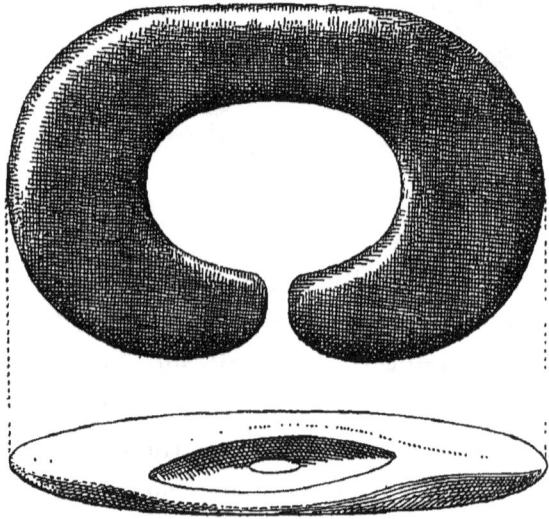

Fig. 125. Grandeur réelle

La seconde, beaucoup plus importante, a été explorée à plusieurs reprises il y a fort longtemps; elle a donné avec des ossements humains d'environ quarante individus, généralement jeunes, de belles lames de silex, des grains de colliers et une sorte de pendeloque en forme de crois-sant (figure 125), le tout en pierre verte et dure assez bien polie; puis une pendeloque en os. A ces objets étaient joints des poteries brisées, une hache emmanchée dans un bois de cerf, enfin de nombreux ossements de Bœuf, de Cheval, de Cerf et de Cochon mêlés à des cendres formant une épaisseur de plusieurs mètres.

Parmi les ossements humains se trouve une sorte de coupe taillée dans un crâne humain et ayant la forme et la dimension d'une cuillère : ne serait-ce pas une de ces rondelles crâniennes provenant d'une trépanation opérée sur l'un des individus inhumés dans cette grotte ?

On sait tout l'intérêt qu'excite ce fait important découvert dans les dolmens de la Lozère. Il est regrettable que l'on n'ait pas pu s'assurer sur les débris des crânes recueillis à la Buisse de la réalité de cette conjecture, surtout maintenant que des découvertes du genre de celles de la Lozère se sont renouvelées sur un grand nombre de points de la France et de l'étranger.

Dans le sud du bassin du Rhône, on a découvert plusieurs grottes sépulcrales, notamment dans le Gard. On y a trouvé avec des flèches (fig. 126, 127 et 128) et des lances en silex, des perles de bronze qui montrent l'arrivée du premier métal.

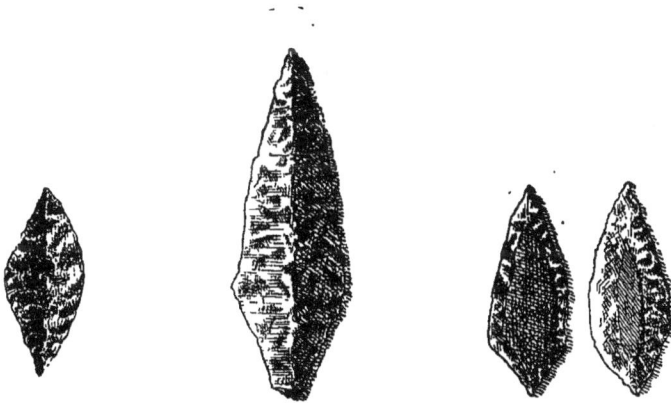

Fig. 126. — 1 2 grand.   Fig. 127. — 1/2 grand.   Fig. 128. — 1/2 grand.

Dans les environs d'Arles, plusieurs grottes sépulcrales creusées dans le calcaire tufeau ont donné des sépultures avec des mobiliers funéraires analogues aux précédents

Dans les dolmens de l'Hérault, du Gard et de toutes les Cévennes, ce mélange est encore plus frappant : une grande partie de ceux qui ont été fouillés ont donné, associés au mobilier funéraire néolithique, quelques objets de bronze, le plus souvent des perles, quelquefois des flèches ou des poignards.

AGE DU BRONZE

Lorsque les populations qui ont élevé les dolmens et construit les premières habitations lacustres (palafittes) reçurent la connaissance du bronze, leurs industries étaient encore bien rudimentaires ; le bois, l'os, la corne et le silex, seules matières employées pour la fabrication des armes et des outils durant la période quaternaire, étaient aussi presque exclusivement utilisés pendant cette seconde période de l'âge de la pierre.

A cette époque, les silex étaient soigneusement retaillés en forme de lances et de pointes de flèches ; les roches de diverses natures sont polies pour fabriquer des haches et quelques autres objets.

Peu à peu le bronze se montre çà et là et les industries se multiplient et se transforment. Ces peuplades qui ont laissé dans leurs tombeaux les quelques pointes de flèches et objets de parure acquis par un trafic probable avec des étrangers, se livrèrent à leur tour à la confection de leurs armes et de leurs ustensiles de nature métallique, c'est-à-dire en bronze, dès que le métal fut en leur possession et qu'ils furent initiés à ce nouveau genre de travail.

A cette période transitoire pendant laquelle les premiers objets en bronze sont arrivés chez les populations néolithiques à l'état de rareté, en succède une autre qui doit être appelée réellement âge du bronze ; c'est qu'en effet, dans la plus grande partie de l'Europe, le bronze est la seule matière qui sert à la fabrication des armes, des ustensiles et des ornements.

Les populations qui ont choisi les lacs pour y construire leurs demeures, reçoivent aussi le nouveau métal, mais alors, non plus sous la forme d'armes ou de bijoux précieux et isolés, mais en pacotilles variées où ils trouvèrent des modèles pour en fabriquer eux-mêmes.

D'importantes séries de moules en bronze, en pierre et en terre, et des amas considérables d'ustensiles, d'armes et d'objets de parures, ainsi que des poteries et des débris de repas ont été retirés des lacs suisses, du lac du Bourget et du lac d'Annecy.

Les nombreuses découvertes qui ont été faites autour de ces constructions sur pilotis prouvent que les populations de l'âge du bronze ont vécu fort longtemps sur ces emplacements lacustres. Tandis que l'on recueillait dans les eaux des lacs, des vestiges innombrables du développement local de l'industrie, on trouvait sur divers cols des Alpes les preuves évidentes d'une importation commerciale dans la découverte de certains dépôts d'objets en bronze neufs et par quantités comparables à de véritables pacotilles de marchands.

Citons entre autres, les cachettes ou trésors de Réalon, de Ribier et Baurière (Hautes-Alpes), composés chacun de plusieurs centaines d'objets usuels fort variés de forme et de destination, tels que des haches, des faucilles et surtout des objets de parure, bracelets, épingles, etc.

Il en est de même d'un certain nombre d'amas de bronzes ouvrés que l'on rencontre fréquemment dans les vallées du Rhône et de l'Isère, ainsi que dans d'autres pays. Ces découvertes ne renferment plus seulement, comme celles des cols des Alpes, des objets neufs ; on n'y voit presque exclusivement que des pièces usées, brisés et paraissant destinées à être refondues; ou encore des pièces déformées par le feu et inachevées. On les a considérées généralement comme des dépôts, cachettes ou ateliers de fonderie. Les fonderies de Larnaud (Jura), de la Poype (Isère) et de Vernaison (Rhône), sont des types de ce genre de dépôts, dans le bassin du Rhône.

Des découvertes analogues à celles dont nous venons de parler ont été faites sur un grand nombre de points en Europe. Indépendamment de l'intérêt que présente leur étude au point de vue de l'histoire générale des populations primitives de notre pays, ils doivent fixer l'attention d'une façon spéciale pour qu'à cette question se rattache étroitement celle de l'importation de la métallurgie en Occident. Un fait capital ressort en effet de l'étude de ces dépôts, c'est la similitude frappante que l'on observe dans leur composition, qu'ils appartiennent au Nord, à l'Est, à l'Ouest ou au Sud de l'Europe. Partout on observe les mêmes caractères qui distinguent ces dépôts des autres découvertes de cette époque. Dans les fonderies de l'Angleterre comme dans celle de l'Italie, de la Scandinavie et des autres parties de l'Europe, on trouve en effet, aussi bien que dans notre région du Rhône, ces mêmes assemblages d'objets brisés et déformés contenus généralement dans des vases en terre. Ces dépôts appartiennent donc certainement à une même civilisation ; mais à quelles circonstances doit-on attribuer ces analogies remarquables qu'ils présentent dans tout les pays, et quelle est leur origine?

On a prétendu que ces amas de bronze provenaient des colonisateurs romains qui échangeaient des instruments en fer contre des bronzes dont ils avaient démontré l'infériorité. La connaissance du fer étant bien antérieure aux Romains, on ne doit pas s'arrêter à cette idée, soutenue encore cependant par quelques archéologues attardés.

Plus avancés que ces derniers, d'autres ont supposé que ce sont les Gaulois eux-mêmes qui ont formé ces dépôts de vieux bronzes lorsque l'emploi du fer s'est répandu.

Les nombreux inventaires de trouvailles que l'un de nous a fait connaître répondent à ces deux théories, aussi inacceptables l'une que l'autre, et démontrent la nécessité de cher-cher une explication dans les faits eux-mêmes. En effet, si l'on étudie ces découvertes, on verra que la plupart renferment des lingots et des culots et qu'un grand nombre présentent des objets inachevés, des moules et autres ustensiles de fondeurs prouvant que le bronze était fabriqué en partie sur place et que toutes ces fonderies appartiennent bien à l'âge du bronze. La présence de moules n'est pas, du reste, indispensable pour prouver l'existence d'une fonderie, car on sait que le plus grand nombre des moulages de bronze n'étaient pas exécutés d'après les procédés qui nécessitent l'emploi de moules en bronze, en pierre ou en terre cuite.

L'attribution de ces dépôts de bronze étant incontestablement établie, il s'agissait de chercher leur origine.

M. Gabriel de Mortillet a pensé que c'était à des industriels nomades, voués à la métallurgie, que l'on devait les fonderies ou cachettes de fondeurs. Les bohémiens actuels ou tsiganes, qui s'en vont encore errant de pays en pays et faisant de la chaudronnerie, donneraient, suivant ce savant archéologue, une idée des fondeurs ambulants de l'âge du bronze, qui auraient d'abord importé l'industrie métallurgique et l'auraient ensuite développée.

A l'appui de cette théorie fort vraisemblable, je rappellerai que, bien que la plupart des armes et des ustensiles de l'âge du bronze présentent des caractères généraux communs qui démontrent une provenance originelle de même source, on

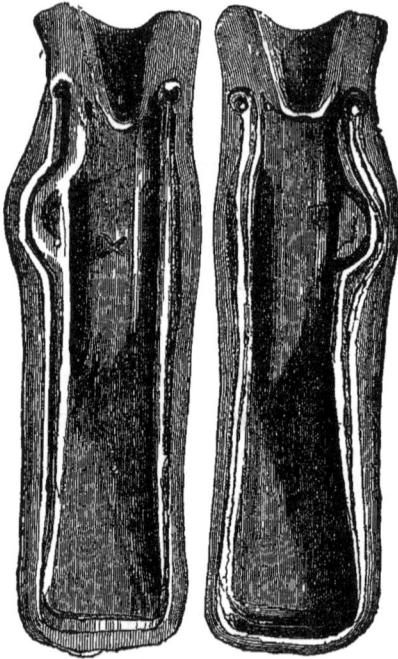

FIG. 129. 1/2 gr nd.

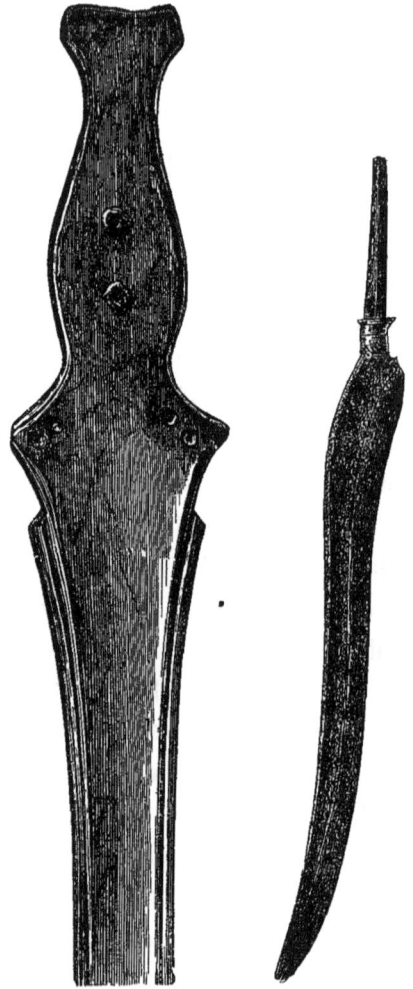

FIG. 133. 1 2 grand.

FIG 134. 1/2 grand.

FIG. 130. 1 4 grand.

FIG. 131. 1 2 grand.

FIG. 132. 1/2 grandeur

peut distinguer dans les divers pays des différences secondaires qui sont suffisantes pour prouver que les fabricants,
nomades d'abord, étaient devenus ensuite à demi sédentai-
res, comme le sont encore de nos jours certaines bandes de
bohémiens dans diverses contrées.

M. Paul Bataillard, qui fait une étude spéciale des bohémiens, et au sujet desquels il a publié d'importants travaux,
est arrivé, en suivant une voie différente, à peu près aux
mêmes conclusions que M. de Mortillet. Pour M. Bataillard,
ce seraient aussi ces mêmes tsiganes, fondeurs de bronze,
qu'il désigne sous le nom de *calderari* (nom roumain), qui
auraient importé le bronze en Occident. Ces nomades, originaires de l'Inde, qui viennent actuellement de la Hongrie et
de la Transylvanie en bandes nombreuses exercer leur industrie dans toutes les parties de l'Europe, auraient très probablement apparu dans l'Occident dès les temps les plus reculés, peut-être même vers l'époque où le bronze s'est répandu
dans nos contrées. On sait que leurs premiers voyages en
dehors des régions danubiennes datent de la plus haute antiquité.

Un résumé rapide des connaissances acquises sur les industries, l'habitation, le mobilier, la nourriture, le vêtement,
la parure, les armes, la sépulture, le culte et le commerce des
populations de l'âge du bronze permettra de saisir la physio-
nomie de cette grande période de l'humanité dans notre pays.

Fondeurs habiles, les hommes de l'âge du bronze ont laissé
des vestiges aussi curieux que nombreux de leur outillage.
Une grande partie de leurs produits ont été fondus sur place ;
l'ornementation en était due tantôt au moulage, tantôt au
burin. L'écrouissage constamment employé, venait compléter le travail de la fonte. Les haches, les faucilles et les couteaux dont les types sont fort nombreux, sortaient inachevés
du moule, le tranchant ne pouvait être obtenu que par le

Fig. 136. 1/2 grand.

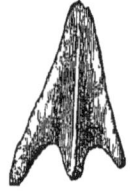

Fig. 137 1/2 grand.

Fig. 138. 1/2 grandeur

Fig. 139. 1/2 grandeur

Fig. 135. 1/2 grandeur

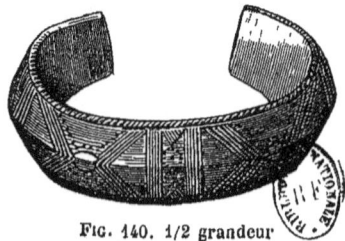

Fig. 140. 1/2 grandeur

martelage. Le laminage et l'estampage ont été pratiqués également par les hommes de l'âge du bronze, mais seulement vers la fin de cette époque. La céramique a pris de son côté un développement surprenant dès l'arrivée du bronze; le tour à polier n'existe cependant pas encore partout; les formes des vases sont variées à l'infini. La plupart présentent un cache d'élégance remarquable.

Généralement ornementés dans le même style que les objets métalliques, les produits céramiques se distinguent nettement de ceux de l'âge du fer et sont extrêmement caractéristiques.

Le tissage prend aussi un très grand essor. Créée à l'époque néolithique, cette industrie se transforme peu à peu, et des tissus capables de fournir des vêtements cousus de formes différentes, commencent à se montrer. On a trouvé dans les palafittes une série de fragments de tissus de lin plus ou moins grossiers, et des pelotes de fils de même nature; ni le chanvre ni la laine n'ont été signalés.

On n'aurait pas de preuves certaines de la présence de ces tissus, que les fuseaux, les fusaïoles et certains peignes d'os en démontreraient l'existence; mais les peaux d'animaux avec leurs fourrures ont dû continuer longtemps encore à être utilisées comme à l'époque précédente par la plus grande partie de la population.

Les aiguilles en bronze et en os que l'on retire en grande quantité de la vase des lacs, présentent des chas assez gros pour que l'on puisse supposer qu'elles ont été employées pour coudre des peaux ou des tissus fort grossiers.

L'agrafe et la fibule viennent enfin affirmer l'existence pendant l'âge du bronze de vêtements de nature résistante.

La vannerie prend une certaine importance, l'osier est tressé en corbeilles et en claies pour l'aménagement des habitations (figure 138)..

La menuiserie devient une industrie véritable avec l'apparition du métal si propice à ses besoins. Les constructions sur pilotis, seules habitations dont le temps nous ait conservé des vestiges, étant singulièrement facilitées par l'introduction des haches et des ciseaux en bronze.

De nature en partie organique, le mobilier a généralement disparu des quelques ruines de cabanes que l'on connaît. Les palafittes seules nous en ont conservé quelques traces; ce sont des débris de claies, de corbeilles en osier, quelques parties de sièges, des auges en bois, des fuseaux, etc., etc.

Parmi les objets de nature inorganique, il faut citer des fragments de fourneaux en terre, des chevets (croissants) en terre et en pierre; puis d'innombrables vases de toute forme et de toute destination : pots et coupes, tasses, plats, lampes, fusaïoles, etc. Les ustensiles métalliques d'usage domestique, sont fort nombreux : la hache, le ciseau, la gouge, le marteau, la faucille, le couteau et l'aiguille, constituent la partie la plus importante du mobilier.

Les moules (fig. 129), les haches (figures 130 et 131), les faucilles (fig. 139), les couteaux (fig. 134), sont partout les objets les plus nombreux tant dans les habitations lacustres que dans les stations terrestres; le rasoir est venu augmenter cette série d'ustensiles vers la fin de l'âge du bronze.

Parmi les objets de parure, ce sont incontestablement les bracelets (fig. 140), les épingles et les pendeloques (fig. 136), qui ont été le plus employés. Ces ornements, fort élégants, dénotent un certain degré de culture artistique.

Les bagues, les pendants d'oreille, les boutons, les pendeloques, plus tard les *torques*, les fibules et les ceintures complétaient l'ornementation du vêtement. La parure paraît avoir été l'une des grandes préoccupations des peuplades de cette époque.

Les armes, si l'on excepte la fronde, le bâton et la flèche (fig. 137), étaient peu nombreuses. La lance, d'un type à peu près uniforme partout, est fort commune surtout dans les stations terrestres. Le poignard et l'épée (fig. 135, et 133), de formes plus variées, armaient souvent les hommes de l'âge du bronze, puisque toute les découvertes en ont donné quelques spécimens.

Les armures dont la structure nécessite un travail plus complet : les casques et les boucliers ne deviennent d'un usage fréquent que vers la fin de l'âge du bronze. C'est seulement alors que le martelage et le laminage indispensables à leur confection ont été connus et pratiqués. Il est probable cependant que les cuirasses et les boucliers faits de cuir ou de bois, ont été en usage de très bonne heure.

On ne saurait rapporter à d'autre objet un certain nombre de petits clous et rivets uniformes dont on trouve de très grandes quantités réunies sur un même point.

Les documents relatifs aux rites de la sépulture et du culte sont assez rares. On ne possède qu'un très petit nombre de tombeaux de l'âge du bronze ; on sait toutefois que l'inhumation et l'incinération étaient également pratiquées. On n'a rencontré jusqu'à ce jour aucune preuve absolue de l'existence d'un culte chez les populations de cette époque ; il est probable pourtant qu'elles ne devaient pas en être complètement dépourvues. La présence dans les palafittes de petites roues en terre ou en bronze analogues à celles des chariots symboliques que l'on a découverts en Transylvanie, en Styrie, dans les régions baltiques et en Égypte permet de penser que là aussi existaient des monuments du même genre pouvant être rattachés à des traditions religieuses.

Les sistres, dont l'origine orientale et le caractère religieux sont incontestables, viennent à l'appui de cette opinion. Un motif d'ornementation, la croix gammée ou swastika, qui apparaît dans les gisements les plus importants vers la fin de la prépondérance du bronze, doit être aussi rangé parmi les documents capables d'éclairer cette question. On sait que ce motif ornemental appartient actuellement au bouddhisme; mais son origine est beaucoup plus ancienne, elle doit être recherchée dans les temps *védiques*. La constatation du swastika et du sistre au milieu des vestiges de l'âge du bronze est donc d un haut intérêt, puisque que l'un et l'autre viennent de l'Inde. Avec l'origine d'un culte probable, ils tendent à indiquer celle de la métallurgie. L'étude de leur répartition dans les pays compris entre l'Inde et la Gaule pourra contribuer à retracer les routes suivies dans son importation. En attendant les résultats de cette enquête, on peut déjà affirmer que le swastika ne se montre en Italie que dans les tombeaux proto-étrusques ou dans les découvertes contemporaines, et qu'il n'apparaît en Gaule qu'à la fin·du règne exclusif du bronze, c'est à-dire à l'époque où une nouvelle influence ci vilisatrice a commencé à s'y faire sentir.

Le climat de l'âge du bronze ne devait pas être sensiblement différent de celui de nos jours ; la faune et la flore devaient, dès lors, être à peu de chose près des mêmes. Les palafittes ont donné des débris végétaux et animaux démontrant ce fait important. La présence du lin et de plusieurs céréales semble annoncer l'aurore de l'agriculture.

La domestication d'un grand nombre d'animaux, commencée pendant l'époque néolithique, s'est également complétée dans l'âge du bronze. Les ossements nombreux de chien, de bœuf, de mouton, de cochon et de cheval, que l'on a recueillis dans un certain nombre de stations, diffèrent peu de ceux des types actuels, quand ils ne sont pas identiques. La découverte de plusieurs mors de cheval démontre d'une façon décisive l'emploi régulier de cet animal.

Le laitage a dû entrer pour une part considérable dans l'alimentation, soit à l'état frais, soit à l'état de fromage. La plupart des palafittes ont donné des vases à fonds troués, semblables à ceux que l'on emploie actuellement pour faire égoutter le lait caillé.

La chasse et la pêche, seules ressources des populations de l'âge de la pierre pour se procurer une nourriture animale, ont joué à peu près le même rôle après l'introduction du métal. Parmi les ossements retirés des palafittes on a reconnu ceux d'un certain nombre d'animaux sauvages vivant encore dans nos pays. La flèche et l'hameçon témoignent par leur nombre relativement considérable de leur emploi journalier ; il en est de même des portions de filets retirées des palafittes.

Après avoir résumé ce qui a trait aux conditions d'existence des populations de l'âge du bronze, voyons quelles étaient leurs relations commerciales. A cette question se rattache le problème important du mode d'initiation des populations primitives du bassin du Rhône à la connaissance des métaux. Il importe en effet de rechercher par quelles voies les premiers importateurs du bronze ont pénétré dans notre pays.

Puisqu'il est admis en général par des anthropologistes que la plupart des découvertes se rapportant à l'âge du bronze répondent, dans toute l'Europe, à un état social bien caractèrisé, et que nulle part la métallurgie n'est le fait du développement local de l'industrie, il est permis de penser que la connaissance du premier métal est due à des importations commerciales dont il faut chercher le point de départ du côté de l'Orient.

Ce mouvement civilisateur présente des caractères constants et à peu près uniformes dans tous les pays ; il dénote ainsi une origine commune ; mais il est loin d'être synchronique d'un bout à l'autre de l'Europe. Il y a eu juxtaposition lente de la civilisation, et son ancienneté paraît être pour chaque ré-

gion, en raison inverse de son éloignement de son point probable d'origine.

Opérée par voie de colonisation et de proche en proche,
l'initiation a pu gagner successivement par un commerce d'é-
change les contrées où l'étain, l'ambre, les fourrures et
peut-être certains produits alimentaires, ont pu en fournir les
éléments principaux.

Les nombreuses découvertes dont nous avons précédemment étudié la composition ont montré plusieurs séries d'importations traçant des réseaux distincts.

Dans la première série le bronze arrive à l'état de rareté
chez les populations sauvages de l'âge de la pierre. Ce fait
fort appréciable dans plusieurs localités du bassin du Rhône,
l'est également dans les autres parties de la France et dans
toutes les régions de l'Occident.

Peu après son début, l'industrie métallurgique s'affirme
partout par l'apparition de cet ensemble d'ustensiles et d'objets
si variés dont nous avons donné l'énumération, et graduellement la nouvelle industrie s'implante dans le pays avec
l'aide d'ouvriers étrangers, et lorsque les indigènes y sont
complètement initiés, les formes primordiales se modifient,
des types locaux se créent, tout se spécialise de plus en plus
dans un périmètre donné, et on arrive à se trouver en face
d'un certain nombre de types dont la constance dans chaque
région permet de constituer des groupes distincts que l'on
peut appeler des provinces. C'est ainsi que dans l'espace relativement restreint du bassin du Rhône, on observe plusieurs
types de haches, les uns caractérisant la région voisine de la
Suisse, c'est-à-dire le Jura et la vallée moyenne du Rhône,
tandis que d'autres paraissaient spéciales à la partie inférieure
de cette région voisine de la Méditerranée.

L'étude comparative des divers types caractérisant chaque région a permis d'esquisser la marche de la métallurgie

d'Orient en Occident. Si en effet, après avoir recherché dans
le bassin du Rhône les points sur lesquels on rencontre, par
exemple les haches plates et certains petits poignards à rivets,
on tente de relier ces divers points, on arrive à trouver des
réseaux se dirigeant vers l'extrémité de la Méditerranée en
passant par les îles (Sardaigne, Chypre), et le sud de l'Italie.

Partie probablement de l'Inde, la métallurgie paraît avoir fait
une assez longue étape en Asie-Mineure; de cette région, où
nos types primitifs se trouvent en grand nombre, le courant
se serait répandu dans les contrées voisines, dans les îles de
l'archipel grec, en Italie, puis en Hongrie et vers le Nord.
Tandis que l'importation première s'opérait par les côtes de
la Méditerranée chez nos populations néolithiques, l'industrie
prospérant en Italie devait se répandre au dehors, et, franchis
sant les Alpes, elle pénétrait en Gaule où elle s'est développée
notamment dans les palafittes de la Suisse et de la Savoie
jusqu'au moment où une influence nouvelle apparaissait
comme précurseur du fer appelé à remplacer le bronze.

Cette influence nouvelle caractérisée surtout par certains
objets, tels que le rasoir, la fibule, le *torques*, la spirale,
les représentations animales dans les motifs ornementaux
qui deviendront de plus en plus fréquents à l'âge du fer, se
montrent dans plusieurs stations et principalement dans quelques palafittes des lacs du Bourget, de Bienne et de Neuchâ
tel.

Si maintenant on cherche le point de départ de cette
nouvelle influence industrielle et artistique, c'est non plus
vers le sud du bassin du Rhône, comme pour la première importation du bronze, mais du côté des Alpes qu'il faudra dii i-
ger ses investigations.

A cette nouvelle période de transition, les relations établies
pendant l'âge du bronze ne devaient pas s'interrompre. A
mesure qu'elle perfectionnait ses industries, sous l'influence

de la civilisation de l'orient de la Méditerranée, l'Italie continuait à envoyer des produits métallurgiques nouveaux soit
vers l'Occident, soit vers le Nord. C'est à cette époque que se
développait la civilisation qui a laissé les nécropoles de Villanova, de Gallasseca et d'Hallstatt. De ces points sont arrivés
probablement ces usages et ces types nouveaux qui ont modifié le goût et le genre de vie des hommes de l'âge du bronze
du bassin du Rhône, jusqu'au moment où le fer est venu
supplanter le bronze d'une façon décisive.

AGE DU FER

Le fer, ce métal devenu si précieux dans les temps modernes par les qualités que la science a su lui donner, après
avoir été précieux par sa rareté pendant l'âge du bronze, n'a
pas apparu subitement.

Venu incontestablement après le bronze, le fer, qui devait
ouvrir une ère nouvelle à l'humanité, ne s'est substitué au
bronze que graduellement dans la fabrication des ustensiles et
des armes, et de nombreuses découvertes viennent affirmer
que ce n'est que fort lentement qu'il s'est introduit.

De même qu'à la fin de l'âge de la pierre, le bronze a pénétré peu à peu et n'a transformé qu'à la longue l'industrie et les
usages, de même, ainsi qu'il résulte de l'étude des tumulus,
des nécropoles et de quelques palafittes, le fer n'a été utilisé
que par gradations successives.

Dans les palafittes de Mœringen, au lac de Bienne et dans
plusieurs autres palafittes des lacs suisses, ainsi que dans
celles du lac du Bourget, où l'industrie du bronze a atteint son
maximum de développement, on peut observer cette trans-

formation lente, et l'on peut vraiment entrevoir cette transition de l'emploi du bronze à celui du fer.

Dans ces stations, le bronze est encore la matière employée pour fabriquer les ustensiles et les armes. Le fer y apparaît dans des conditions exceptionnelles et ne laisse pas encore présager les applications multiples dont il est susceptible; mais à côté de lui se montrent pourtant des indices d'une influence spéciale exercée par une civilisation étrangère et plus avancée. Cette influence étrangère, remarquable dans la régions de Hallstatt, en Tyrol, à Gallasseca, à Villanova en Italie et ailleurs, est caractérisée par l'adoption de certains usages, de quelques objets et de quelques motifs d'ornementation qui n'avaient apparu vers la fin de l'âge du bronze que d'une façon exceptionnelle.

Les vestiges de cette nouvelle civilisation se retrouvent dans le bassin du Rhône dans les intéressantes nécropoles des Alpes et les innombrables tumulus de la Suisse, du Jura, de la Franche-Comté et de la Bourgogne, enfin dans quelques palafittes. Parmi les usages dont l'introduction coïncide avec l'arrivée du fer dans nos pays, il faut citer tout d'abord ceux qui se rapportent au rite funéraire ; c'est à ce moment en effet qu'ont été créées les grandes nécropoles et les tombes dans lesquelles l'inhumation est le mode de sépulture le plus usité.

Dans l'ordre archéologique proprement dit, il faut noter l'adoption et même, on doit le dire, le grand développement des rasoirs, des fibules, des *torques*, des bracelets fermés et à enroulement, des ceintures et autres objets faits de plaques minces de bronze laminées et repoussées; puis la verroterie, etc.; dans l'ordre artistique, les représentations animales, la spirale, la croix simple ou gammée, l'introduction définitive enfin des ustensiles et armes en fer qui se transformeront peu à peu et deviendront de plus en plus nombreuses.

Les vestiges de la première époque du fer se rencontrent

dans le bassin du Rhône sur un grand nombre de points et dans des circonstances assez diverses; mais ce ne sont presque toujours que les sépultures qui permettent de les étudier. Dans les Alpes françaises, comme dans celles de la Suisse et du Tyrol, on rencontre de très importantes nécropoles qui n'ont attiré l'attention des archéologues que depuis fort peu de temps. L'un de nous a fait connaitre il y a quelques années, le résultat de ses recherches spéciales sur ce sujet.

Dès ce jour on peut diviser les nécropoles des Alpes en quatre grands groupes.

1° Groupe de la vallée de l'Ubaye ou de Barcelonnette (Basses-Alpes);

2° Groupe de la vallée de la Durance et du Queyras (Hautes-Alpes);

3° Groupe de la vallée du Drac et de l'Oisans (Isère);

4° Groupe de la Maurienne et de la Tarantaise (Savoie);

Le permier groupe, celui de la vallée de Barcelonnette, le plus considérable peut-être de tous, a été étudié depuis un grand nombre d'années par M. le docteur Ollivier, de Digne. Cet archéologue a recueilli dans ces tombeaux une série remarquable de spécimens de bracelets, de fibules et d'ornements divers, tels que : boutons, chaines, colliers, etc.

En 1859, M. Charles Chappuis, professeur à la faculté des lettres de Besançon, ayant reçu du ministre de l'instruction publique une mission dans le but de rechercher le passage d'Annibal, fut frappé de la quantité énorme de documents se rapportant à une autre époque que celle qu'il venait étudier. Ce savant a publié ses observations et y a joint plusieurs planches représentant quelques-uns des objets recueillis par M. le docteur Ollivier et d'autres observateurs.

M. Chappuis a reconnu dans la vallée de l'Ubaye plus de vingt localités ; citons entre autres : Saint-Vincent, la Bréole, Jausiers et Sanières près de Barcelonnette Saint-Pons, la

Grande-Sérenne sur Saint-Paul, les Thuiles, le Lauzet, Glei-
solles, Tournoux, Saint-Paul, Méolans, Chastelet sur Saint-
Paul, le hameau de Maurin, Faucon, Fours, Martel, Moulane,
Laverq, Lans, la Frache près Saint-Pons, Sains-Ours, le hameau
de Meyronnès, au champ de Durane, le Guienier, Larche,
Villard-d'Abas, etc.

Toutes ces localités ne sont pas également considérables ;
le plus grand nombre n'ont fourni que des sépultures isolées.
Jausiers et la Grande-Sérenne seules peuvent être considérées
comme d'importantes nécropoles, M. Chappuis a donné dans
son travail la description du mobilier funéraire d'un grand
nombre de ces sépultures.

Le deuxième groupe, comprenant la vallée de la Durance
et le Queyras, a été jusqu'à présent moins exploré que le précédent, mais il est plus intéressant tant par sa richesse que
par les fouilles qui y ont été opérées. Dans la vallée de la Durance, M. Chappuis a signalé une série de sépultures, notam-
mment à Savines, à Aigoire et à Pontis, arrondissement
d'Embrun. Dans la même vallée, à Freyssinière, M. le pasteur
Tournier a recueilli un *torques* magnifique en argent qui, bien
probablement, provient d'une sépulture détruite.

On doit citer enfin la remarquable nécropole de Peyre-Haute
dans les environs de Guillestre.

C'est à M. Tournier que l'on doit la connaissance de cette
station et de la plupart des documents que l'on possédait sur
ces régions élevées où nous avons entrepris des fouilles
méthodiques.

Cette nécropole est située sur le chemin du col de Vars, qui
relie le haut de la vallée de l'Ubaye à celle de la Durance. Elle
occupe un mamelon isolé de 3 hectares environ formé d'une
ancienne moraine.

Ce point, l'un des plus importants des Alpes, présente le
type le plus complet de ce genre de nécropole, mais il a été ra-

vagé en partie, il y a une dizaine d'années, par les habitants du pays.

Les premières fouilles que nous avons entreprises en compagnie de M. Tournier ont été opérées sur 200 mètres carrés environ. Les tombeaux au nombre de plusieurs centaines étaient construits en blocs erratiques n'atteignant pas plus d'un mètre cube ; ils se trouvent à une profondeur de 3 à 5 mètres, tous étaient à inhumation. Une seule tombe, la plus riche, a donné un squelette complet qui a pu être exposé au Muséum de Lyon. Le crâne de cet individu, une femme probablement, quoiqu'en assez mauvais état, montre une dolichocéphalie développée.

Le corps avait dû être enseveli dans un grand manteau : des traces nombreuses de tissus qui paraissent être de la laine et qu'il n'a pas été possible de conserver, recouvraient la plus grande partie du squelette.

Une rangée de quarante-six boutons coniques et à bélière reposait de la tête aux pieds sur la partie médiane du corps.

Une grosse fibule à plaque discoïdale, type spécial aux nécropoles alpines des deux premiers groupes, était placée au sommet de la tête ; une chaînette la reliait à une sorte d'agrafe gisant à droite du crâne. A côté se trouvaient deux petites pendeloques, l'une ronde, l'autre spatuliforme. Au cou était placé un collier composé de neuf perles d'ambre rouge de la grosseur moyenne d'une noisette, dix-sept perles en verre bleu et onze perles en bronze.

Sur la poitrine, à la hauteur de la huitième côte, reposaient deux fibules à spirale, en bronze, puis une autre garnie de pâte blanche ; sur le ventre s'en trouvait une autre, en fer, en partie décomposée.

Au bras enfin, étaient placés trente-quatre bracelets à tige plate en dedans, annelée sur le dos et garnie de coches ; six

à l'avant-bras et vingt au bras droit, trois à l'avant-bras et
et cinq au bras gauche.

Les mobiliers funéraires des autres sépultures renfermaient,
l'une, trois bracelets, un collier fait d'une chaînette à
anneaux ronds et des débris de petites appliques provenant
sans doute d'un bouclier ou cotte de mailles, semblable à
celle que l'on a recueillie à Hallstatt ; l'autre contenait un collier à peu près semblable au précédent et trois petits bracelets ; c'était la sépulture d'un enfant de dix à douze ans. Plusieurs sépultures ouvertes avant nos fouilles, et dont les produits étaient encore entre les mains des habitants du pays, ont
donné d'assez beaux bracelets à gros bourrelets, des chaînettes,
des crotales et des fibules.

Le troisième groupe, celui de l'Oisans, a été beaucoup moins
exploré ; c'est par des découvertes dues au hasard que l'on
connaît les sépultures qui y ont été signalées. Jusqu'à ce jour
elles n'ont donné que des bracelets semblables à ceux des nécropoles des autres groupes, mais il est probable qu'ils étaient
accompagnés de quelques autres objets qui ont été négligés
par les auteurs des découvertes.

On cite parmi les localités qui ont fourni quelques spécimens
de cette civilisation : le col d'Ornon, le mont de Lans, Senox,
la Motte-d'Aveillan (Isère), etc.

Le quatrième groupe, celui de la Maurienne et de la Tarantaise, a été étudié avec grand soin.

En Maurienne, à Albiez-le-Vieux, une sépulture importante,
dépendant peut-être d'une nécropole, a donné des objets
fort intéressants qui sont actuellement au musée archéologique de Lyon : ce sont des bracelets de même type que ceux
des sépultures dont nous avons déjà parlé, puis des crotales,
des boutons, des fibules et de grandes épingles recourbées.

Parmi les autres localités de cette région qui ont fourni des
sépultures analogues, on cite Lans-le-Villars, Saint-Jean-d'Ar-

ves, Mont-Denis, Montrond, Saint-Martin la Porte, Saint-Sorlin d'Arve, Saint-Jean de Maurienne, etc.

La Tarantaise est encore plus riche : Saint-Martin de Belleville et surtout Saint-Jean de Belleville, ont offert de remarquables nécropoles.

MM. Borel et Costa de Beauregard ont fait dans cette localité des fouilles importantes vers 1864 : onze tombeaux ont été
ouverts, la plupart ont donné de superbes collections de bracelets de bronze, des fibules de formes variées et richement dé-
corées, enfin de splendides collections de graines d'ambre en
nombre considérable.

Les types des objets découverts dans ces sépultures sont, à
part quelques exceptions, très voisins les uns des autres.

Ainsi le bracelet mince ou simple anneau orné de coches
sur le dos se trouve dans toutes les stations.

La fibule à spirale est également partout commune.

Le crotale découvert en Maurienne se trouve aussi à Peyre-
Haute.

Certaines sépultures présentent cependant des particularités. Ainsi, la grande fibule discoïdale et le brassard à spirale,
sont propres à la région des Hautes et Basses-Alpes, de même
que quelques boutons ou appliques. L'ambre a été trouvé
dans la plupart des localités fouillées avec soin ; nulle part
pourtant il n'a été observé en aussi grande quantité qu'à
Saint-Jean de Belleville.

Un caractère commun à toutes ces sépultures, c'est l'absence
absolue des poteries, si nombreuses dans les nécropoles d'Italie et du Nord de la France, qui se rapportent à cette époque,

Si maintenant on compare les formes qu'affectent les objets renfermés dans les sépultures isolées ou dans les nécropoles alpines, ainsi que les motifs d'ornementation dont ils
sont pourvus, avec des analogues pris à l'étranger et dans les
autres parties de la France, on verra que, dans leur ensemble.

les types des Alpes doivent être comparés à ceux de Hallstatt ; mais, dans les détails, ils présentent des différences telles qu'une assimilation absolue doit être rejetée.

Aucun tombeau alpin n'a donné des ustensiles, outils ou armes ; partout les objets de parure et presque invariablement le bracelet et la fibule, accompagnés de quelques chaines ou pendeloques, composent le mobilier funéraire.

Ils se rapprochent enfin par quelques objets tels que les bracelets de la plupart des tumulus de la Franche-Comté, du Jura, de la Suisse et de la Haute-Savoie auxquels ils sont relient par un assez grand nombre de sépultures de même genre que celles que nous venons de citer. Les sépultures plus importantes de la Haute-Savoie sont celles de Gruffy, de Faurges, Ringy, Maxilly, Mégère, etc., etc

On a fait connaître depuis longtemps les sépultures de Sion et celles des environs de Lausanne, de Fribourg et des autres parties de la Suisse.

Les tumulus, sortes de tertres recouvrant des sépultures en petits groupes et non en grande agglomérations comme les nécropoles des Alpes se rencontrent dans le bassin du Rhône par milliers, surtout dans le Jura, la Franche-Comté et la Bourgogne.

Peu de pays ont été plus explorés que ceux qui nous occupent; la solution d'un problème assez important pour l'histoire nationale excitait, il y a à peine quinze ans, la sagacité des archéologues, car il s'agissait de savoir où était l'emplacement de l'Alésia de César.

Or, le département du Doubs possédant comme celui de la Côte-d'Or, une localité offrant quelques chances, suivant les historiens, de fournir la solution du problème, la plus grande activité fut déployée de part et d'autre.

Il en est de même des tumulus de la Franche Comté dont le groupement en nombre considérable sur quelques plateaux en particulier sur celui d'Alaise les avait fait considérer comme des sépultures des combattants qui ont succombé autour d'Alésia.

Les fouilles dont quelques-uns des quarante mille tumulus de cette région ont été l'objet, ont prouvé que la plupart de ces sépultures appartenaient à des populations bien antérieures à l'époque de César. Les mobiliers funéraires qu'elles renferment montrent des restes de populations paisibles, car on n'y a presque jamais trouvé d'armes ; c'étaient donc des cimetières et non d'anciens champs de bataille.

Il est difficile de comprendre en effet un champ de bataille d'une longeur de plus de 50 kilomètres où l'on trouve partout sous des monticules sépulcraux les restes de corps déposés avec soin. Dans tous aussi on ne remarque jamais rien qui rappelle la précipitation et le désordre qui doit forcément présider à des inhumations faites dans de pareilles circonstances.

Un fait curieux ressort de ce rapide historique de l'origine des fouilles des tumulus de la Franche-Comté, du Jura et de la Bourgogne, c'est que la plupart d'entre elles ont été opérées dans le but de découvrir les traces des armées qui combattaient sous Alésia. Dans les Alpes, les cimetières avaient été étudiés en partie dans le but de retrouver le passage d'Annibal, dans la Bourgogne et dans la Franche-Comté il fallait retrouver celles de César.

C'est donc à l'archéologie théorique que sont dus les premiers résultats acquis dans la connaissance de ces monuments; mais s'il est juste de le reconnaître, il ne faut pas oublier que c'est seulement depuis que la méthode scientifique a prévalu dans ce genre de recherches, que l'on a pu tirer parti de ces premières observat'ons. C'est grâce à de nouvelles fouilles bien dirigées et froidement observées, que l'on a pu interpréter avec fruit les documents anciennement recueillis.

Les tumulus de la Franche Comté ont été fouillés en partie

par les soins de la Société d'émulation du Doubs, la plupart présentent un intérêt considérable.

MM. Castan, Vuilleret et plusieurs autres archéologues distingués ont donné de 1858 à 1865 des rapports très circonstanciés sur les résultats de leurs recherches et les produits des fouilles ont été soigneusement classés depuis dans le Musée de Besançon.

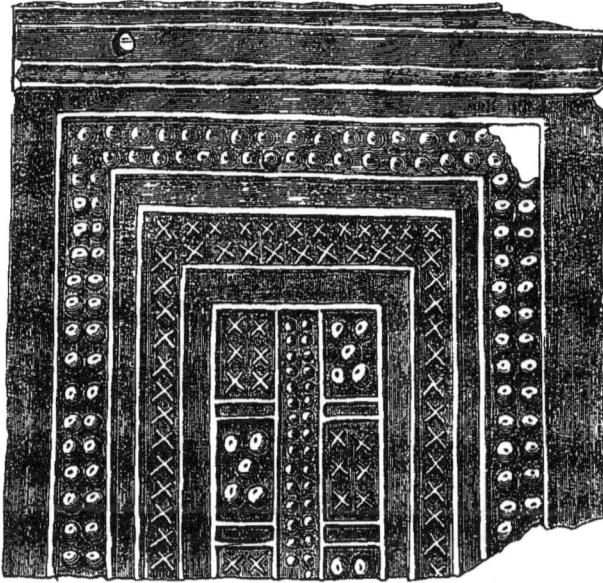

Fig. 141 — 1/2 grandeur.

Les tumulus de la Franche Comté sont situés surtout dans la région d'Amancey. Autour de cette localité qui a fourni elle-même d'importantes sépultures, sont groupées plusieurs séries dont les plus remarquables sont celles de Refranche, Flagey, Saraz, Alaise, Cademène, Quingey, Lavans, Fertans, Amondans, Servigney, etc.

Les tumulus du Jura ont été fouillés par un plus grand nombre de personnes, et peut-être avec plus de méthode que

ceux de la Franche-Comté, leurs voisins. Plusieurs ont donné
aussi des renseignements plus complets.

C'est principalement avec des subventions de la Société
d'émulation du Jura, que MM. Clos, Zéphirin, Robert, Tou-
bin et quelques autres amateurs dévoués à l'archéologie juras-
sienne ont ouvert depuis plusieurs années quelques centaines de tumulus. On peut en voir les résultats dans
le remarquable musée de Lons-le-Saunier, créé et classé
scientifiquement avec un soin au-dessus de tout éloge.

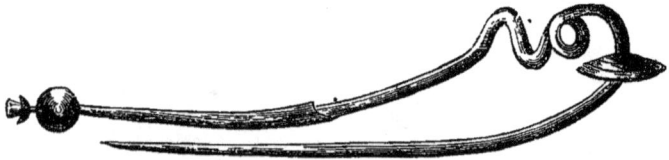

Fic. 142.— Grandeur réelle.

Les tumulus les plus importants du Jura sont situés dans
les environs de Salins, sur le plateau des Moydons, et dans la
forêt de ce nom, où l'on peut voir des tombelles, à Ivory,
Chilly, la Châtelaine, etc.

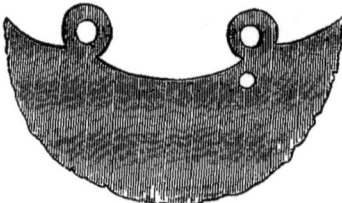

Fic. 143.— 1/2 grandeur

Fic. 144.— 1/2 grandeur

Dans d'autres directions, on doit citer les tumulus de Plan-
che-sur-Arbois, Champagnole, Crançot, Rosaye, Conliège,
Blye, Clairvaux, Gevingey, Voiteur, Corvessiat, etc., etc.
La plupart de ces tumulus, ceux du plateau des Moydons
principalement, se relient d'une façon complète avec ceux de
la Franche-Comté.

Les mobiliers funéraires de ces tumulus varient peu dans leur composition : partout on y rencontre des bracelets et des fibules en bronze, en nombre plus ou moins grand, mais de formes se rapportant à deux ou trois types seulement. Dans presque tous on trouve de nombreuses pendeloques de formes très variées, des ceintures (fig. 141) et des brassards en feuilles de bronze mince, estampées, plus ou moins ornées, des fibules (fig. 142), des *torques*, souvent des grains de collier en verroterie et en ambre ; enfin de gros brassards en jayet et plus rarement des épées en bronze.

Fig. 145. — 1/2 grand.

Le fer n'apparaît qu'exceptionnellement sous forme de fibules et d'épées : celles-ci présentent alors des types spéciaux qui ne se rencontrent que dans de semblables milieux.

La grande série des tumulus de la Franche-Comté se relie à celle de la Bourgogne par ceux de la Hautes-Saône, parmi lesquels on peut citer ceux de Gy et de Bucey-les-Gy, explorés par M. Quivogne et celui d'Apremont, des plus remarquables, étudié par M. Perron.

Dans la Bourgogne, les tumulus de Créanecy, d'Aulnay, de Meloisey, ceux du bois d'Ivry, d'Auvenay, puis ceux du bois de Langres, du Magny-Lambert, du Meuley à Chambais, etc., etc., dans la Côte-d'Or, ont été explorés et décrits par plusieurs savants distingués, notamment par M. Flouest, qui en a fait ressortir tout l'intérêt.

Dans la basse Bourgogne, on doit citer les tombelles d'Igée dans Saône-et-Loire et celles de Saint-Bernard dans l'Ain, les premières étudiées par M. de Freminville, les autres par M. Guigue.

Dans ces divers groupes de tumulus, les caractères de la civilisation de cette époque du premier âge du fer rappellent toujours dans leur ensemble comme ceux de la Franche-Comté et du Jura, ceux des grands types de Hallstatt et de Villanova; mais plusieurs présentent quelques faits nouveaux démontrant une antiquité un peu moins grande que celle des nécropoles des Alpes ou des tumulus voisins de cette région.

Alors que l'inhumation est exclusivement employée dans les nécropoles alpines et dans la plupart des tumulus du Jura, l'incinération semble avoir été en usage également en Bourgogne. Dans ces sépultures, les ustensiles et les outils en bronze ne sont pas plus fréquents que dans les autres; les ornements et objets de parures présentent quelques analogies. Les bracelets filiformes, les fibules et les colliers sont à peu près les mêmes partout, mais les pendeloques diffèrent de forme; les ceintures en feuilles de bronze et les brassards, si communs dans le Jura, la Franche-Comté et la Suisse, ont disparu. On rencontre au contraire des bracelets et des *torques* en fer, puis des épées de même métal dont les types rappellent leurs analogues en bronze.

C'est dans ces tumulus que se trouvent les rasoirs qui (fig. 143 et 144 avaient apparu à la fin de l'âge du bronze; quelques-uns sont copiés en fer de même que les épées, mais la plupart sont encore en bronze. Dans ces mêmes tumulus et surtout dans ceux de Magny-Lambert, apparaissent les sceaux ou cistes en bronze. L'origine italienne de ces objets démontre cette influence étrangère dont il faut chercher le point de départ dans le Tyrol et dans les centres proto-étrusques tel que Bologne.

Peu à peu, sous l'influence de cette civilisation nouvelle et grâce au développement des industries locales, les progrès deviennent de plus en plus manifestes et le fer devient prépondérant.

C'est alors que florissaient les populations qui ont laissé les palafittes de la Tène, du lac de Neuchâtel et la station de la Tiefnau, près Berne, puis quelques tumulus de notre région du bassin du Rhône où se montre le fer sous forme d'armes et d'objets de parure. Bientôt apparaît la monnaie et les organisations sociales se perfectionnent en Gaule au point de constituer des provinces capables de lever des légions pour défendre leurs territoires et d'étendre leurs incursions guerrières jusque de l'autre côté des Alpes. Mais nous arrivons aux temps historiques, à cette époque sur laquelle César a le premier donné des notions, discutables sans doute, mais lues cependant et commentées avec enthousiasme par nos histo - riens.

Avant de terminer ce chapitre spécial, consacré aux popu - lations primitives du bassin du Rhône, il nous reste à parler des caractères anatomiques des hommes de ces périodes lointaines qui ont successivement habité notre sol depuis la fin de l'époque tertiaire jusqu'à l'aurore des temps historiques.

A l'âge de la pierre la plus primitive nous voyons l'Homme de la vallée de la Seille, dont on a trouvé un crâne complet associé à des ossements de Mammouth, présenter le type brachycéphale. Ce crâne est très grand, très large et sa face est relativement étroite et petite, les orbites sont carrés et petits.

Sur les vingt squelettes qui ont été retirés de Solutré, un petit nombre paraît seulement appartenir à l'âge de la pierre moustiérienne ou solutréenne ; pour les autres on est encore incertain sur leur âge.

Les crânes qui sont considérés comme les plus anciens sont rangés dans la catégorie des sous-dolichocéphales, c'est-à dire mixtes entre les brachycéphales et les dolichocéphales. Le crâne de la grotte de Béthenas, appartenant au dernier temps de l'époque paléolithique, est un vrai brachycéphale avec des arcades sourcilières très prononcées.

A cette époque, on le voit, les types étaient déjà fort mélangés dans le bassin du Rhône. De la période néolithique nous n'avons qu'un petit nombre de crânes pouvant indiquer le type des populations de cette époque, mais d'après les découvertes opérées dans les régions voisines de la nôtre et la constance des caractères qu'ils présentent, on peut penser qu'il appartient aux brachycéphales.

La prédominance de l'incinération dans les usages funéraires à l'âge du bronze et la rareté des sépultures à inhumation à cette époque n'a pas permis encore de recueillir dans notre région des renseignements sur les caractères crâniologiques des populations qui ont reçu les premières le bronze et qui l'ont adopté en remplacement de la pierre.

Au sujet des caractères anatomiques des populations de l'âge du fer, époque pendant laquelle les sépultures par inhumation dominaient, on est un peu mieux renseigné. La plupart des crânes retirés des nécropoles ou des tumulus appartiennent au type dolichocéphale.

A côté de ce fait important, s'en présente un autre des plus intéressants, c'est celui de la rencontre de trois crânes déformés, un dans les tumulus de Voiteur et deux dans celui de Corveissiat.

Cette déformation dite macrocéphale est assez prononcée

dans ces crânes. Elle est tout artificielle et était produite
par des moyens de compression qui agissaient de manière à
allonger la tête. De là le nom de macrocéphale, c'est-à-dire
tête allongée, donné par les Grecs aux peuples qui avaient
l'habitude de se déformer ainsi le crâne.

Cette déformation, qui n'existe plus dans nos pays, a été
étudiée avec grand soin par les anthropologistes. On la retrouve
depuis le Caucase aux environs de Tiflis, où l'un de nous a
pu en recueillir récemment une belle série, jusqu'au sud-
ouest de la France. Aux environs de Toulouse et dans certaines parties de la Normandie, un usage analogue a persisté
jusqu'à nos jours.

Entre le Caucase et les Pyrénées, un grand nombre de
points ont donné des traces de cet usage. Hérodote a fait
connaître le premier les macrocéphales du Caucase, et Hipo-
crate ceux de la Crimée. Depuis, on en a retrouvé sur les
bords du Danube, en Allemagne, en Suisse, en Savoie, et ceux
que nous avons découverts il y a quelques années, viennent
relier cette chaîne dont il manque encore bien des anneaux,
mais qui permet cependant d'entrevoir et l'origine de cet
usage et l'époque relative à laquelle nos populations du premier âge du fer l'ont reçu de l'Orient. Dans le plus grand
nombre des cas, les crânes déformés ont été recueillis isolément et leur découverte n'a pas d'autre intérêt que celui
qu'ils présentent par eux-mêmes; tel n'est pas le cas de
ceux du Jura et de ceux de Tiflis : les uns et les autres
ont été trouvés dans des sépultures associés à d'autres sujets
dolichocéphales, accompagnés de mobiliers funéraires remontant les uns et les autres au premier âge du fer. S'il n'est pas
possible de démontrer, quant à présent, que les populations
du Jura sont originaires ou viennent du Caucase méridional,
on peut cependant admettre que l'usage de se déformer la tête,
celui des fibules et de quelques autres objets de parures leur

est venu de cette région, fait qui ne paraît pas aussi vraisemblable pour l'importation de la métallurgie du bronze.

Le tableau rapide que nous venons de dérouler des populations primitives du bassin du Rhône, nous montre, malgré
l'incertitude d'un grand nombre de faits, un ensemble déjà
assez complet pour nous permettre de nous faire une idée de
l'état des peuplades qui les premières ont foulé le sol de notre belle région et de celles qui leur ont succédé pendant les
longues périodes qui ont précédé les temps historiques. Il
satisfait notre besoin de lumière sur l'homme et le monde en
substituant aux légendes et aux chaos des croyances anciennes des vues simples et exactes.

Grâce aux découvertes modernes, nous pouvons suivre pas à
pas dans ce passé obscur les débuts misérables de l'humanité
et le perfectionnement lent et graduel de l'industrie, qui devait nous conduire aux splendeurs de la civilisation moderne.

Successivement l'Homme des bords de la Saône et du
Rhône, contemporain de celui de la Somme et de la Vezère,
perfectionna ses armes et ses outils en même temps que la faune
et le climat se transformaient. Après avoir vu les glaciers se
développer, ces populations en suivirent le retrait vers les
Alpes à mesure que la faune et le Renne surtout, se retiraient
avec eux.

Graduellement l'état météorologique du bassin du Rhône
devenant ce qu'il est de nos jours, de nouvelles populations
sachant polir la pierre et fabriquer la poterie, arrivèrent avec
des animaux domestiques et des usages nouveaux.

C'est alors que s'élevèrent les habitations lacustres et les
dolmens. Les échanges devinrent plus faciles, plus fréquents,
et il s'établit des relations avec des populations éloignées,
peut-être même jusqu'en Orient.

A la fin de l'époque néolithique, les peuplades des palafittes et des dolmens avaient atteint un degré de civilisation

déjà notable, et on s'explique comment le bronze et la métallurgie ont pu pénétrer chez ces populations.

Arrivés lentement par voie d'échange, les premiers objets de bronze furent d'abord des objets fort précieux ; peu à peu, apprenant des industriels nomades le moyen de fondre le bronze et de fabriquer eux-mèmes leurs armes et leurs outils, ces peuplades firent prospérer leurs industries et quand le fer apparut à son tour, pour détrôner le bronze, il y eut un moment de transition industrielle comme celui qui se produisit à l'arrivée du bronze, pendant l'âge de la pierre.

L'apparition du fer est marquée par l'importation de plusieurs usages indépendamment de l'adoption du métal nouveau, et peu à peu son emploi devint de plus en plus prépondérant jusqu'à l'arrivé des temps historiques.

Il serait d'un grand intérêt de savoir en combien de siècles l'homme a pu arriver de l'état le plus primitif, tel que nous le montrent les vestiges fournis par les dépôts quaternaires, jusqu'à la période moderne. Un grand nombre de calculs ont été tentés, mais bien que quelques-uns aient paru concluants à ceux qui, pour faire prévaloir leurs théories, se refusent de croire aux découvertes indiscutables de la science et cherchent, comme ils disent, à « rajeunir l'humanité », nous déclarons n'en avoir pas rencontré encore qui nous satisfassent. Ce que l'on peut dire, c'est qu'il paraît probable que c'est vers le xive siècle avant notre ère, que le fer a fait son apparition en Europe, c'est à-dire dans lès établissements du Bolonais et du Tyrol, certainement bien postérieurs à nos palafittes de l'âge du bronze.

On sait en effet que c'est au xive que vivait Meren-Phta Ier, successeur de Ramsés II et que d'après un monument de Karnak il fut attaqué par une coalition de peuples parmi lesquels se trouvent les Lyciens, les Sicules et des populations que l'on a cherché à assimiler aux anciens Étrusques.

On voit par ce fait à quelle haute antiquité on peut faire remonter les populations de l'âge du bronze, celles de la pierre et par conséquent la date de l'invasion des glaciers de notre pays. Il n'est donc pas possible de répondre scientifiquement à cette question que l'on nous pose si souvent : *à combien d'années faites-vous remonter l'extension des glaciers dans la partie moyenne du Rhône ?* Nous ne pouvons que répondre que cet événement météorologique s'est accompli vers la fin de la période tertiaire et qu'entre cette époque et les temps historiques il s'est écoulé un nombre de milliers d'années qu'il sera peut-être possible d'évaluer plus tard, mais que nous ignorons encore quant à présent.

Il y a vingt ans, le passé préhistorique de l'homme était à peine soupçonné ; la science, indécise et muette, nous laissait encore nous égarer au milieu de notions erronées ou de croyances puériles ; vingt ans ont suffi pour nous arracher à cette ignorance. Déjà les faits acquis permettent de tracer de grandes lignes pouvant nous diriger dans de nouvelles recherches.

CHAPITRE IV

MESURES DIVERSES POUR LA CONSERVATION DES BLOCS ERRATIQUES

Respect accordé aux blocs erratiques pendant les périodes primitives. — Influence du progrès de la civilisation sur la destruction des blocs erratiques. — Premiers efforts pour garantis les blocs ; initiative de la Suisse. — Appel aux Suisses par MM. Favre et Soret. — Action de la France, bassin du Rhône. — Plateau central, Vosges, Cévennes, Pyrénées.—Projet d'une carte pour la France entière — Wurtemberg, Bavière, Suède, Italie, etc. etc. Académie des sciences. Commissions pour la conservation des blocs erratiques. — Nécessité de procéder par voie d'expropriation. — Ministère de l'instruction publique, Commission des monuments historiques, Sous-Commission des monuments mégalithiques et des blocs erratiques. — Inventaire des blocs à conserver dans la partie moyenne du bassin du Rhône.

RESPECT ACCORDÉ AUX BLOCS ERRATIQUES PENDANT LES PÉRIODES PRIMITIVES. — A mesure que les grands glaciers quaternaires se retirèrent vers les Alpes et les sommets de la chaîne cébenno-vosgienne, les populations primitives de la vallée de la Saône, se trouvant trop à l'étroit dans l'espace laissé libre entre les diverses moraines frontales, cherchèrent à agrandir progressivement le pays de leurs chasses et de leurs explorations. Elles se lancèrent à la conquête des régions nouvelles que les glaces venaient d'abandonner. La lutte pour l'existence devait être rude au milieu de ces contrées où l'on rencontrait à chaque pas les traces récentes d'un des plus grands phénomènes géologiques ; la vie devait être laborieuse autant que pénible et restait soumise à de cruelles incertitudes, sur un sol bouleversé, couvert de débris erratiques et sillonné par les torrents sous-glaciaires. L'âme devait être accessible aux émotions les plus étranges, aux superstitions les plus bizarres. Les énormes blocs erratiques qui se dressaient çà et là au milieu de ce chaos, semblaient avoir été apportés par des êtres fantastiques pour servir de jalons aux guerriers et aux chasseurs pendant leurs lointaines excursions. Plus tard, les tribus les prirent pour les limites sacrées de leurs territoires. Alors ces imposantes masses de pierre furent entourées d'une sorte de vénération, et le respect qu'on leur accordait fit partie du culte des religions primitives et grossières.

On grava sur leurs faces des signes mystérieux dont la signification nous est encore pour ainsi dire inconnue, et ces signes, ces écuelles, ces bassins, ces rigoles se retrouvent sur quelques blocs erratiques dans presque toutes les contrées de l'Europe et jusque dans l'Inde et le centre de l'Asie.

En Suisse, en Allemagne, ces étranges monuments préhistoriques sont très nombreux.

M. Desor en cite également en Scandinavie, dans la Grande-Bretagne (1). Il vient d'en découvrir dans les montagnes de la Ligurie (2). On en voit aussi en France, en Bretagne, dans l'Ardèche, et nous en avons figuré trois dans cette monographie.

L'un de nous se propose de faire bientôt une étude plus complète des pierres à écuelles de la partie moyenne du bassin du Rhône, mais pour le moment, il nous suffit d'établir que les blocs erratiques étaient souvent les objets d'une espèce de culte, de vénération et de dire que ces antiques coutumes se sont souvent perpétuées jusqu'à des époques rapprochées de la nôtre.

---

(1) *Mélanges scientifiques, cinquième mémoire* . Les pierres à écuelles.
(2) *Bolletino di paletnologia italiana.* Anno 5, n. 5 e 6, p. 68, 1879.

Ces blocs étaient donc sacrés ; personne ne pouvait les détruire, et ceux qui n'étaient pas revêtus de ce caractère religieux étaient respectés quand même.

INFLUENCE DES PROGRÈS DE LA CIVILISATION SUR LA DESTRUCTION DES BLOCS ERRATIQUES. — Les peuplades préhistoriques vivant dans des huttes, des grottes ou des abris ne trouvaient aucune utilité à exploiter les blocs erratiques ; d'ailleurs la faiblesse, la pauvreté de leur outillage ne leur aurait pas permis de briser ces énormes fragments de roches dures. Mais il n'en fut pas toujours ainsi.

Le perfectionnement des outils marcha parallèlement avec les progrès de la civilisation et la multiplicité des besoins. Les débris erratiques de petites dimensions furent employés dans beaucoup de localités comme matériaux de construction, lorsqu'on ne pouvait en trouver de meilleurs, et plus tard, on se livra à une véritable exploitation des gros blocs erratiques pour en retirer des pierres de taille, chaque fois que la contrée ne pouvait en fournir de meilleures. Petit à petit les blocs erratiques perdirent leur ancien prestige. On oublia leurs légendes ou bien ces légendes ne suffirent plus pour les protéger. On crut qu'ils étaient dénués de tout intérêt, et, si on ne pensa pas à les exploiter, on voulut au moins en débarrasser les champs où ils gisaient pour ne laisser inculte aucune parcelle d'un terrain dont les progrès de l'agriculture augmentaient toujours la valeur vénale. Alors, au lieu de briser ces blocs, on se contentait de les enterrer, ou bien encore on réduisait ces blocs en menus fragments pour en ferrer les routes ! Près de Trévoux, plusieurs blocs ont été ainsi utilisés pour l'établissement des grands chemins de Sainte-Euphémie, et en Suisse on les employait souvent à cet usage (1).

(1) *Appel aux Suisses.* etc., p. 3, 1867.

Quoi qu'il en soit, chaque jour les blocs erratiques disparaissent et les principaux traits du paysage morainique d'une
foule de contrées s'effacent de plus en plus. Ainsi le Mont de-
Sion, dans la Haute Savoie, est presque complètement dépouillé des nombreux et magnifiques blocs que Deluc y avait
admirés, et *cette guerre d'extermination* a fait disparaître
presque tous les blocs de protogine qui ornaient les flancs
est du Salève. En Dauphiné, de nombreux fragments erratiques ont été brisés. En Dombes, ils ont presque tous eu le
sort de la *Pierre-Vieillette*, qui a servi de matériaux pour
construire les soubassements d'une grande ferme qui s'élève
sur une colline à l'ouest du marais des Echets. Dans les environs de Belley on a détruit les blocs erratiques avec le
même acharnement, et même plusieurs blocs que nous avons
mentionnés sur notre inventaire n'existent plus aujourd'hui,
par exemple, le gros bloc de grès anthracifère qui gisait près
de la Commanderie de Virignin et des blocs de phyllade noire
qu'on voyait naguères à Lassigneux et aux Ecuriaz.

Près de Lyon, à Saint-Genis-Laval, un magnifique bloc de
calcaire jurassique supérieur, que M. Bonnet avait voulu faire
transporter au parc de la Tête-d'Or, a été brisé et a servi à
construire le soubassement d'une maison, avant que nous
ayons pu le dessiner et le marquer sur nos catalogues. M. l'ingénieur P. Gensoul nous en a indiqué d'autres qui ont également disparu dans la plaine à l'est de Lyon. Nous pourrions
considérablement allonger cette triste liste et enregistrer les
destructions d'un nombre indéfini de blocs !!

Dans le Lyonnais et le Beaujolais, c'est par centaines que
les vignerons les ont enterrés.

PREMIERS EFFORTS POUR GARANTIR LES BLOCS, INITIATIVE DE
LA SUISSE. — Cette destruction aussi barbare qu'inintelli-
gente prenait de telles proportions que les blocs erratiques

étaient menacés d'une disparition complète; mais quelques savants s'émurent à la vue de ces actes de vandalisme, et se préoccupèrent des moyens de garantir la conservation des plus beaux blocs qui avaient été épargnés. Déjà, de Saussure, à son retour de Provence, n'avait pu s'empêcher de déplorer l'exploitation des blocs erratiques d'Auberives, en Dauphiné, pour la construction d'un pont. Il regrettait de voir disparaitre ainsi les derniers vestiges d'un phénomène géologique des plus curieux et des plus récents. Ce regret portait un germe qui devait lentement se développer et largement s'épanouir quelques dizaines d'années plus tard.

On finit par comprendre que les gros blocs erratiques avaient une importance scientifique spéciale en dehors de la valeur industrielle des matériaux qu'ils pouvaient fournir.

Ainsi en 1853 le Grand Conseil du canton du Valais céda à titre de don national à Jean de Charpentier, l'illustre auteur de l'*Essai sur les glaciers*, deux gros blocs erratiques de Monthey, l'un appelé la *Pierre-à-Muguet* et l'autre la *Pierre-à-Dzo*, « voulant donner à ce géologue éminent un gage de la reconnaissance publique pour l'intérêt qu'il porte au Valais et pour les services qu'il lui a rendus (1). »

En 1875, l'héritière de Jean de Charpentier transmit à la Société vaudoise des sciences naturelles ses droits sur les blocs qui avaient été cédés à son père.

Cette donation de deux blocs erratiques omme gage de la reconnaissance publique prouve que la lecture des ouvrages de J. de Charpentier avait établi un nouveau courant dans les idées et que déjà, il y a une trentaine d'années, on commençait à comprendre l'intérêt que présentait la conservation des blocs erratiques.

Cette impulsion une fois donnée, ce mouvement scientifi-

---

(1) M. Renevier, prof. Notice sur les blocs erratiques de Monthey (Valais). *Bull. de la Soc. Vaudoise des sc. nat.*, n° 78, vol. XV, p. 105; 1877.

que devait rapidement progresser et prendre des proportions imposantes. Mais le point de départ était en Suisse.

Dans le canton de Neuchâtel qui est parsemé de ces gran des pierres, sorties de la vallée du Rhône, le club jurassien fit l'inventaire des blocs erratiques. Beaucoup de ces blocs furent déclarés *inviolables* et ce mot fut gravé à leur surface. Quelques gouvernements et quelques conseils municipaux prirent à cœur la conservation des blocs erratiques les plus remarquables, et en disposèrent quelques-uns pour en faire l'ornement des promenades publiques. Enfin dans le canton de Genève des personnes pour ainsi dire étrangères à à l'étude de l'histoire naturelle achetèrent quelques blocs in téressants pour en assurer la conservation.

Dans le département de la Haute-Savoie les choses se pas sèrent différemment. MM. A. Favre et Soret furent chargés de désigner les blocs qui méritaient d'être conservés. Ils en désignèrent environ 120 dans la vallée de l'Arve et les mar quèrent en y faisant graver un F majuscule, la première let tre du mot France, et ces deux savants après avoir adressé un rapport au président de la Société géologique de France et à Son Exc. M. le ministre de l'intérieur, reçurent de M. le préfet de la Haute-Savoie, la promesse que l'administration ferait respecter ceux des blocs désignés qui étaient situés dans le domaine de l'État ou sur les biens communaux (1).

APPEL AUX SUISSES PAR M. FAVRE ET M. SORET. — Mais tous ces efforts étaient isolés, il fallait les centraliser pour leur donner une plus grande énergie et chercher à les multiplier. M. A. Favre proposa donc à la Société helvétique des sciences naturelles, réunie à Neuchâtel en 1866, de s'occuper d'une manière spéciale de la conservation des blocs erratiques et

---

(1) M. Studer. *Appel aux Suisses pour les engager à conserver les blocs erratiques*, p. 4.

de dresser une carte de la distribution de ces blocs en Suisse. Cette proposition reçut un bienveillant accueil, et la Commission géologique suisse se chargea de protéger et d'encourager cette œuvre patriotique en invitant tous les citoyens à y contribuer suivant leur possible : l'année suivante, son président M. Studer présenta à la Société helvétique des sciences naturelles réunie à Rheinfelden, le 9 septembre 1867, un rapport dans lequel nous avons puisé les renseignements que nous venons de donner, et qui était un *Appel aux Suisses pour les engager à conserver les blocs erratiques.* Le rapport contenait un *Projet relatif à une carte de la distribution des blocs erratiques en Suisse* présenté par MM. A. Favre et Soret. Pour opérer ce travail considérable ces deux savants réclamaient le concours des membres de la Société helvétique des sciences naturelles, des géologues, des membres des sociétés d'histoire naturelle cantonales, des membres du Club-Alpin, des ingénieurs, des forestiers, des instituteurs, des arpenteurs, en un mot de toutes les personnes qui, par leurs occupations journalières pouvaient être à même de fournir des renseignements utiles pour indiquer avec précision le gisement des blocs erratiques de la Suisse.

Plusieurs fois M. Favre nous a permis de suivre les progrès de sa carte ; nous avons admiré le soin avec lequel il la dressait et nous sommes persuadés que lorsque ce magnifique travail sera publié, il méritera les éloges unanimes du monde savant.

Action de la France. — Bassin du Rhône. — Mais les travaux de de Saussure, de MM. Benoît, Lory et de plusieurs autres géologues avaient appris à M. Favre que les limites de la Suisse n'étaient pas celles du terrain erratique sur le versant occidental des Alpes et que cette formation glaciaire s'étendait jusque vers Lyon et le Bas-Dauphiné. Le savant

géologue genèvois désira donc qu'on entreprit dans l'Est de
la France un travail qui serait pour ainsi dire la suite de celui qu'il avait commencé en Suisse et qu'on dressât une carte
du terrain erratique de la partie moyenne du bassin du Rhône.

En 1868, M. A. Favre exprima ses désirs à M. A. Falsan et
lui fit l'honneur de l'engager à les réaliser. Pour remplir la
tâche qu'il avait acceptée après beaucoup d'hésitations, ce
dernier voulut s'assurer le concours de son ami, M. E. Chantre, et la publication de cette monographie de nos anciens
glaciers est leur réponse à la demande de M. Favre. M. Benoit, M. Lory, M. l'abbé Vallet et d'autres amis avaient joint
leurs encouragements et leurs conseils à ceux de M. Favre, et
nous nous mîmes à l'œuvre en comptant sur l'appui de
M Belgrand et ensuite de M. Daubrée, qui voulut bien continuer d'accorder à notre travail l'intérêt que son savant ami
lui avait toujours témoigné. Inutile de mentionner ici les divers mémoires ou rapports que nous avons écrits durant le
cours de nos recherches et que nous avons résumés dans le
premier volume de cette monographie ; nous aimons mieux
remercier une dernière fois collectivement toutes les personnes
qui ont bien voulu nous prêter leur collaboration et auxquelles nous avons déjà adressé particulièrement le témoignage
de notre gratitude.

Plateau central, Cévennes, Vosges, Pyrénées. — Mais
nous n'étions pas seuls à étudier le terrain erratique français.
Pendant que nous cherchions à ajouter quelques développe-
ments aux travaux de M. Benoît, de M. Lory et de leurs pré-
décesseurs, M. E. Collomb qui s'était depuis longtemps illus-
tré avec M. Hogard par leurs études sur les anciens glaciers
des Vosges, décrivait en collaboration avec M. Ch. Martins,
l'ancien glacier de la vallée d'Argelès (Hautes-Pyrénées) (1)

_____

(1) *Mémoire de l'Académie de Montpellier*, t. VII, p. 47, 1867.

et ce dernier savant publiait dans les comptes rendus de l'Académie des sciences (1) la description du glacier quaternaire qui avait occupé le cirque de la vallée de Palhères dans la partie orientale du massif granitique de la Lozère.

Déjà M. Ch. Martins avait étudié les diverses moraines de la vallée du Vernet dans les Pyrénées Orientales (2).

De son côté, M. Julien, continuant les recherches de M. Delanoue (3) appelait l'attention des géologues sur le terrain erratique des vallées du Cantal et de la chaîne du Mont-Dore (4) et décrivait les anciens glaciers des vallées de l'Allagnon, d'Allanches, etc.

PROJET D'UNE CARTE POUR LA FRANCE ENTIÈRE. — En dehor de ces recherches partielles et isolées, M. Delesse voulut entreprendre un grand travail d'ensemble sur le terrain erratique de la France entière et, sur la proposition de M. Rey de Morande, il adressa un rapport à M. le président de l'Association scientifique de France sur les mesures à prendre pour réunir les documents qui seraient nécessaires pour dresser une carte des blocs erratiques de France. L'Association scientifique serait chargée de recueillir les éléments de ce travail auquel devraient participer les membres résidant dans chaque province. Ultérieurement l'administration interviendrait pour prendre une mesure générale afin d'assurer la conservation des blocs erratiques. (5)

Malheureusement, cet effort est resté sans résultats à nous connus, et nous verrons bientôt que plusieurs années se sont écoulées avant la réalisation partielle de ce louable projet.

---

(1) t. LXVII, séance du 9 novembre 1868.
(2) *Mémoires de l'Académie des sciences et lettres de Montpellier.*
(3) *Bull. de la Soc. géol. de France*, t. XXV, p. 402, 1868.
(4) *Des phénomènes glaciaires dans le plateau central de la France, en particulier dans le Puy-de-Dôme et le Cantal*, Paris, 1869.
(5) *Bull. de l'Ass. scient. de France*, 12 avril 1868, n° 63, p. 227.

WURTEMBERG, BAVIÈRE, SUÈDE, ITALIE. — A l'étranger, le
terrain erratique était aussi l'objet d'importantes études. En
Suisse, une foule d'observateurs secondaient les travaux de
MM. A. Favre et Sorel, ou publiaient les résultats de leurs
recherches d'une manière indépendante et personnelle.

Dans le Wurtemberg, M. Steudel étudiait le phénomène erratique au nord du lac de Constance et faisait paraître un catalogue des blocs erratiques les plus intéressants de la Souabe
supérieure (1).

En Bavière, M. le professeur Zittel (2) et M. le capitaine
Stark découvraient les anciens glaciers de la Bavière. Les savants allemands, anglais, suédois (3), participaient à ce mouvement scientifique et faisaient paraître d'importants mémoires sur les phénomènes glaciaires anciens qui s'étaient manifestés dans les contrées qu'ils habitaient.

Dans la Haute-Italie les moraines des glaciers tertiaires et
quaternaires faisaient l'objet de savantes discussions. Nous
n'avons qu'à citer les travaux de M. de Mortillet, de MM. Gastaldi, Stoppani, qui sont connus de tous les géologues.

ACADÉMIE DES SCIENCES. COMMISSION POUR LA CONSERVATION
DES BLOCS ERRATIQUES. — En France, l'impulsion donnée ne se
ralentissait pas, M. Trutat se livrait à de consciencieuses études sur le terrain erratique des Pyrénées, photographiait les
principaux blocs de ces montagnes, en dressait un catalogue,
et nous, nous achevions notre carte des anciens glaciers de
la partie moyenne du bassin du Rhône.

M. Daubrée, directeur de l'École nationale des Mines, nous
fit l'honneur de présenter notre carte et de lire un rapport

---

(1) Archives des sciences de la bibli.univ. Juillet 1867, t. XXIX.
(2) A D. Sitzungsber, d. math.-phys. Cl. der Akad. d. Wiss. München, 1874, 3.
(3) Erdmann. Exposé des formations quaternaires de la Suède, in-18° Stokholm, 1868 avec
cartes.

sur nos travaux à l'Académie des sciences (1), dont il était alors président. Peu après, l'Académie (avril 1878) institua dans son sein et sous la présidence de M. Daubrée, une Commission spéciale, chargée de prendre les mesures nécessaires pour assurer la conservation des plus importants blocs erratiques de France. Elle nous nomma ses délégués pour opérer dans le bassin moyen du Rhône.

Sur la demande de M. Daubrée l'un de nous dressa un catalogue des blocs sur lesquels il était convenable d'appeler l'attention de l'Académie.

Ce catalogue une fois dressé, nous devions, dans notre circonscription, engager les propriétaires des blocs à les céder à l'État par un acte de donation sous seing privé (2).

NÉCESSITÉ DE PROCÉDER PAR VOIE D'EXPROPRIATION. — Nous fîmes un grand nombre de démarches, mais nous obtînmes peu de résultats et nous ne pûmes faire céder à l'État qu'un nombre insignifiant de blocs.

Généralement nous eûmes à lutter contre un mauvais vouloir que rien ne put vaincre, car la plupart du temps on ne se rendait pas compte de l'importance que les blocs pouvaient

---

(1) *Comptes rendus de l'Académie des sciences*, t. LXXXVI, n° 9, 4 mars 1878.

(2)   PAR-DEVANT M*

n comparu

M.

Lequel a, par ces présentes, fait donation entre-vifs, à l'État français, sauf acceptation par le Ministre compétent duement autorisé,

De (tel terrain) et du bloc erratique qui se trouve sur ce terrain,

Ainsi que le tout s'étend, se poursuit et comporte, sans aucune exception ni réserve.

L'État aura la pleine propriété et jouissance du bloc faisant l'objet de la présente donation, à compter du jour de l'acceptation définitive de la présente donation.

Le donateur sera déchargé de toutes les charges relatives à ces biens, à compter du même jour.

L'État sera subrogé tant activement que passivement à compter dudit jour dans tous les droits de M.   donateur.

Cette donation est faite aux conditions suivantes :

1° L'État conservera à perpétuité le bloc donné à titre de *monument scientifique;*

2° L'Académie des sciences sera spécialement et exclusivement chargée par l'État de la conservation de ce bloc erratique *(monument historique)* et elle en aura seule la surveillance.

3° Les frais nécessités par cette conservation seront à la charge de l'État.

avoir au point de vue scientifique, ou bien on s'en exagérait la valeur. Même lorsque nous proposâmes de les acquérir moyennant une certaine somme, on ne put conclure le marché.

Ainsi l'un de nous ne put acheter pour l'Académie le magnifique bloc de Montarlier (1) malgré les instances de M⁰ Ecochard, notaire à Belley, qui s'était offert gracieusement pour rédiger l'acte séance tenante. Ce superbe témoin de l'extension du phénomène glaciaire reste donc exposé aux fantaisies ignorantes de son propriétaire, qui en a déjà fait exploiter la moitié comme matériaux pour construire de mauvais murs de clôture.

En Dauphiné, celui de nous deux qui voulut faire céder à l'État le volumineux bloc de la Mule-du-Diable (2) n'eut pas plus de succès. L'affaire se présenta d'abord dans les meilleures conditions, et le propriétaire s'empressa de consentir à accompagner jusque chez le notaire voisin le délégué de l'Académie pour faire dresser l'acte de cession à l'État; mais, chemin faisant, il demanda à son compagnon de route le jour où l'on ferait enlever le bloc qu'il consentait à céder.

Comme il s'agissait d'un bloc de gneiss de plus de 600 mètres cubes, la question quoique imprévue, était un peu embarrassante.

La réponse fut négative, car il était évident que tout l'intérêt de ce bloc serait en partie perdu si on le changeait de place, et que d'ailleurs ce déplacement serait même impossible.

Mais le paysan ne voulut plus entendre raison; la convention fut rompue ; il refusa de faire la donation promise et voulut rester maître de son bloc, afin de le détruire quand il voudrait en débarrasser son champ.

---

(1) Ante, t. Iᵉʳ, p. 141-142. *Ann. Soc. d'Agr.* t. VII, p. 773-774, 1874.
(2) Ante, t. Iᵉʳ, p. 251-252. *Ann. Soc. d'Agr.* p. 136, 1877.

Le récit de ces deux tentatives infructueuses peut suffire pour faire comprendre les difficultés de notre mission, mais nous pourrions en exposer bien d'autres.

D'ailleurs, lorsque nous trouvions chez les possesseurs de blocs plus de bonne volonté, une meilleure entente de l'intérêt scientifique attaché aux blocs, il nous devenait impossible de lutter contre les résistances des notaires qui pour défendre leurs clients et les empêcher de créer des servitudes dans leurs domaines, les persuadaient de repousser toutes nos propositions, sans s'inquiéter le moins du monde de la conservation ou de la destruction de ce qui n'était à leurs yeux que d'insignifiantes masses de pierre, ne servant qu'à gêner les travaux de la culture.

Dans ces conditions il devenait impossible de mener à bonne fin cette entreprise scientifique. Il fallait en revenir aux conseils qui nous avaient été donnés par M. Ducruet, doyen des notaires de Lyon, qui nous avait fait comprendre que le moyen le plus simple pour assurer la conservation des blocs erratiques consisterait à en faire déclarer l'*utilité publique*.

L'article 545 du Code civil ne définit pas, ne limite pas les cas où une propriété privée est nécessaire à l'intérêt public, et la loi de 1841 se borne à organiser la procédure à suivre pour la déclaration de l'utilité publique et la fixation de l'indemnité due aux propriétaires expropriés.

Les études scientifiques ont sans doute un caractère d'utilité publique. La conservation des blocs erratiques dans les localités où ils existent actuellement peut donc être considérée comme nécessaire à la science géologique. Cette nécessité une fois reconnue peut motiver la déclaration d'*utilité publique* d'exproprier le sol sur lequel ils reposent et d'en assurer la conservation. L'appréciation de cette utilité devrait être soumise au Conseil d'État par l'Académie des sciences qui a pour mission le développement de la science.

Ministère de l'instruction publique, Commission des mo numents historiques. — Sous-Commission des monuments mégalithiques et des blocs erratiques. — Pour vaincre les obstacles qui s'opposaient à la conservation des plus beaux blocs erratiques il fallait donc recourir à une mesure énergique générale; il fallait faire classer ces blocs comme *Monuments scientifiques* et faire intervenir directement l'admi nistration supérieure pour arriver sûrement à les garantir contre toutes chances de destruction. M. Daubrée s'adressa alors au ministère de l'instruction publique et des beaux-arts. M. le sous-secrétaire d'État, E. Turquet, adjoignit à la *commission des monuments historiques* une *sous-commission* dite *des blocs erratiques et des monuments mégalithiques* chargée d'en dresser l'inventaire dans la France et l'Algérie (novembre 1879).

L'un de nous fut délégué dans le bassin du Rhône pour s'occuper des monuments mégalithiques et l'autre des blocs erratiques.

Ce dernier se hâta de faire un nouvel inventaire des blocs les plus remarquables de la région et d'écrire un rapport sur la question, afin de fournir au ministre de l'instruction publique la possibilité de demander d'urgence les indemnités motivées pour les expropriations, après un avis favorable de la Commission du budget.

On a donc lieu d'espérer qu'en procédant de cette manière on pourra facilement arriver à une solution sérieuse de cette intéressante question, pour laquelle M. Daubrée n'a rien négligé; mais il faut attendre la résolution adoptée par les Chambres.

Inventaire des blocs erratiques a conserver dans la partie moyenne du bassin du Rhône. — Afin de compléter ces documents qui permettent de suivre les différentes phases par lesquelles a passé la question de la conservation des blocs erratiques, et pour faire connaître les blocs erratiques qui nous ont paru les plus intéressants à sauvegarder, nous allons publier ci-dessous l'inventaire que nous en avons dressé et que nous avons fait présenter à M. le Ministre de l'instruction publique.

Dans cet inventaire, les blocs sont classés par départements et par arrondissements.

Nous indiquons dans l'article de chaque bloc : 1° le nom de la commune et celui du hameau ou de la station où se trouve le bloc; 2° les renseignements divers sur ce bloc; 3° le nom du propriétaire; 4° le nom de l'observateur; 5° le numéro du volume et de la page où le bloc est décrit.

DÉPARTEMENT DE LA HAUTE-SAVOIE

Arrondissement de Saint-Julien

1. Viry la Favorite. Gros bloc alpin en partie exploité et à demi enfoui dans le sol. — Cédé à l'État par M. le docteur Bondet, professeur à la faculté de médecine de Lyon.

2. Entre l'Éluset et Vers, à l'est de la route, au bord d'un petit chemin, bloc de granite de 15 mètres de longueur sur 12 mètres de largeur. ? . (M. Favre, Ier vol., p. 24.)

3. Vers, sur la crête du mont de Sion, au Champ-des-Pierres, un bloc de granite de 216 mètres cubes. ? (M. A. Favre, Ier vol., p. 25.)

4. En venant de l'Éluset, après avoir dépassé les Maisons-Neuves, à gauche de la route de Saint-Julien à Frangy, un bloc de gneiss à moitié enterré dans le sol. Longueur 5 mè-

tres, hauteur 5 mètres. Un poirier a poussé sur ce bloc. ? .
(M. Falsan, Ier vol., p. 26.)

5. Mont de Sion, aux Côtes, nombreux blocs volumineux.
Divers. (M. Falsan, p. 27.)

6. Vers, au Touvet, nombreux blocs ayant une circonfé-
rence de 10 à 12 mètres. Divers. (M. Favre, p. 27.)

7-8. Cernex, la Motte, sur le mont de Sion, à la Mouille,
un bloc de granite de 26 mètres cubes. Mathieu Philippe, au-
bergiste.

— Au Châtelard, un bloc de quartz de 10 mètres de
pourtour sur 2 mètres de hauteur. ? . (M. Favre, p. 28.)

9. Chenex, entre la Joux et Chenex, sous Bavan, un bloc
schiste talqueux de 10 mètres de pourtour et de 2 mètres de
hauteur. ? . (M. Favre, 28.)

10. Valleyry, un bloc de micaschiste quartzeux de 1,440
mètres cubes, en exploitation et appelé la *Pierre-Sourde*. ?
(M. Favre, p. 29.)

11. — Près d'une parcelle appartenant à M. Chautemps
un bloc gneiss de 330 mètres cubes. (M. le docteur Jourdand,
p. 29.)

12. Savigny, dans les champs nombreux blocs erratiques
l'un d'eux a 17 mètres de pourtour. Divers. (M. Favre, p.
32.)

13. Chaumont, à Malpas, un bloc de phyllade de 80 mètres
cubes, appelé la *Grosse-Pierre*. ? . (M. Chantre, p. 34.)

14 Aizery, sur la colline au nord-ouest de la plaine des
Rocailles, la *Pierre-du-Bois-d'Yves*, hauteur moyenne 4 mètres,
longueur 15 mètres 50 c., largeur 5 mètres 50 c. (M. A. Favre.
Recherches géologiques, t. Ier, p. 153.)

15. Le Sappey, près du sommet de la colline de Bornes, au
lieu dit le Pas-du-Cheval, un bloc de protogine portant deux
empreintes qui rappellent vaguement la forme d'un fer de
cheval. (A. Favre (1). *Recherches géol.*, t. Ier, p. 154.)

16. Au sud du ruisseau de la Faulaz, à une lieue de l'église, un magnifique bloc de protogine de 30 à 40 pieds de hauteur. (M. A. Favre, *ouvrage cité*, t. Ier, p. 298.)

17. SCIENTRIER, plaine des Rocailles entre les hameaux du Crédo et de Porte, un gros bloc de calcaire dont une partie saillante forme un abri. Ce bloc est appelé la *Perra Balmea*, la *Pierre Balme*. (M. Revon, *La Savoie avant les Romains*, p. 10.)

18. REIGNIER, vers le hameau de Saint-Ange, plusieurs blocs erratiques ont été disposés en dolmen qu'on nomme la *Pierre-des Morts* ou la *Pierre-aux-Fées*. (M. Revon, *ouvrage cité*, p. 14.)

19. SAINT-CERGUES, dans les vignes à côté du ruisseau de la Chandouze, plusieurs blocs erratiques qui ont servi à construire un dolmen appelé les *caves* ou la *Maison-des-Fées*. (M. Revon, *ouvrage cité*, p. 17.)

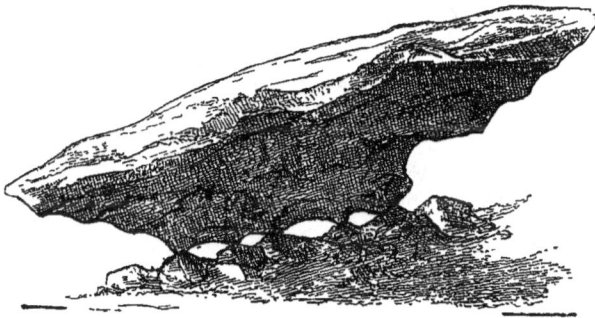

20. FILLINGES, à Buisson-Rond, sur la pente méridionale

(1) Les plus beaux blocs de la vallée de la vallée de l'Arve ont été catalogués et marqués d'un F majuscule par MM. Favre et Soret pour être conservés et protégés par l'administration préfectorale de la Haute-Savoie. Nous n'en citons que quelques-uns parmi les 120 signalés par ces deux savants. Ces blocs seront décrits dans le magnifique ouvrage publié bientôt par MM. Favre et Soret sur les anciens glaciers et le terrain erratique de la Suisse.

des Voirons, un bloc de gneiss de 1 mètre 50 c. de hauteur
sur 13 mètres 70 c. de longueur, appelé la *Pirra-à-Chanta-*
peu, la *Pierre-à-Chantepoulet*. (M. Revon, *ouvrage cité*, p. 53.)

21. LA MURAZ, sur la pente occidentale du Grand-Salève, un
des plus gros blocs de protogine, portant le nom de *Pierre-de-*
Saint-Martin; longueur 5 mètres 63 c., largeur 4 mètres 50 c.,
épaisseur moyenne 1, mètre 30 c. On prétend y voir les empreintes des pas et du bâton de saint Martin. (M. Revon,
ouvrage cité, p. 55.)

22. REIGNIER, au nord sur le bord du Foron, la *Pierre-au-*
Diable, bloc de protogine de 1 mètre de hauteur sur 7 mètres
de longueur, offrant des rainures que l'on croit avoir été im-
primées par les jambes de Satan. (M. Revon, *ouvrage cité*,
p. 55.)

23. THOIRY, hameau d'Ogny, la *Pierre-des-Fées* (M. Revon,
ouvrage cité, p. 56.)

24. BONNE ET LUCINGE, entre ces deux communes à la
Feuilleuse, un rocher granitique, long de 8 mètres, large de
de 5, présentant une rigole circulaire. Ce bloc est appelé la
Pierre-aux-Fées. (M. Revon, *ouvrage cité*, p. 56.)

Arrondissement d'Annecy

25. Lovagny, près des Gorges-du-Fier, le bloc alpin appelé la Roche des Fées. ? (M. Ad. Joanne, p. 45).

26. Saint-André, hameau de Chavannes, un bloc de gneiss d'une centaine de mètres cubes, appelé la *Pierre-du-Gros-Car*. ? (M. Falsan, t. Ier; p. 42. t. II, p. 215.)

27-28. Desingny, hameau de Quincy, deux blocs de protogine de 24 et 27 mètres cubes, appelés *Pierres-de-Liesse* ou *de Réjouissance*. M. Monnot de Bossy. (M. Chantre, t. Ier, p. 40.)

29. Argonnex, pente méridionale de la colline des Crets, un bloc où l'on croit reconnaître des empreintes de pieds et de mains (M. Revon, *ouvrage cité*, p. 54.)

Total : 29 blocs à conserver, au minimum, plus les blocs marqués par MM. Favre et Soret.

Arrondissement de Bonneville

30. Petit-Bornand, près du hameau de Termine, à Saxia une pierre branlante ou tournante. (M. Revon, *ouvrage cité*, p. 53.)

31. La Roche, à l'ouest de Bonneville, un gros rocher partagé en deux par une fissure de 2 mètres 50 de diamètre et ayant servi de refuge ; ce rocher s'appelle la *Pierre-Dangerouse*. (M. Revon, *ouvrage cité*, p. 11.)

32. Magland, sur la rive gauche de l'Arve, dans un bois entre les Meuniers et la Vulpillière, la *Pirra-aux-Fayes* de 25 mètres de long sur 20 mètres de large et 12 mètres de hauteur. (M. Revon, *ouvrage cité*, p. 55.)

33. Les Houches, au lieu dit le Prazuzin, les deux *Pierres-*

aux Fées qui ont chacune 8 mètres de longueur, 5 mètres de largeur et 8 mètres de hauteur.(M. Revon, *ouvrage cité*, p. 56.)

34. COMBLOUX, en descendant le bois de sapins du Peray à 400 mètres de l'église on voit la plus prodigieuse accumulation de blocs de protogine qu'on puisse admirer à quelque distance du Mont-Blanc. Ce chaos de rochers s'appelle les *Pierres-aux-Fées*. Plusieurs blocs à légendes mériteraient d'être conservés. (M. Revon, *ouvrage cité*, p. 55.)

35. Près BONNEVILLE au sommet du Brez il y a deux bloc de protogine l'un d'eux appelé autrefois la *Pierre à Fruit* est connue aujourd'hui sous le nom de *Bloc-Favre*. (M. A. Favre, *Recherches*, etc., t. Ier, p. 145.)

Total des blocs à conserver.   ?

Arrondissement de Thonon

36. BALLAISON, à l'extrémité du plateau du Châtelard la *Pierre-à-Martin* en gneiss erratique.(M. Revon, *ouvrage cité*, p. 55.)

Total des blocs à conserver.   ?

DÉPARTEMENT DE LA SAVOIE

Arrondissement de Chambéry

37. CHINDRIEUX, vigne des Teppes. Un bloc de 10 mètres cubes.   ? (M. Falsan, t. Ier, p. 39 ; t. II, p. 213).

38. CHANAZ, à gauche du chemin du Bourg à Landar, dans une vigne, un bloc de gneiss de 6 mètres cubes déjà en partie exploité.   ?   . (M. Falsan, p. 114.)

39. APREMONT, au Severt, bloc de micaschiste de 40 mètres cubes.   ?   . (M. Chantre, p. 107.)

40, 41, 42, 43. Montagnol, au pas de la Fosse, trois blocs de granit de 8 mètres cubes, un bloc de grès anthracifère de 12 mètres cubes. La commune. (M. Chantre, p. 108.)

44. Montagnole, vers le Savon, un bloc de granit de 16 mètres cubes. La commune. (M. Chantre, p. 409)

45. Saint-Baldophe, un bloc de grès carbonifère de 16 m. c. La commune. (M. Chantre, p. 109.)

46. Vimines, route de Chambéry, un bloc de calcaire blanc de 40 m. c.   ?   (M. l'abbé Vallet, p. 111.)

47. Saint-Christophe, au fond de la vallée de Couz, près de l'entrée du tunnel des Echelles, un bloc de schiste chloriteux de 72 m. c. M. Millioz. (M. l'abbé Vallet et M. Chantre, p. 112.)

48, 49. La-Motte-Servolex, à Villard-Perron, deux blocs de grès carboniférien de 30 mètres cubes. M. Bonnet. (M. Chantre, p. 112.)

50. La-Motte-Servolex, à Villard-Perron, un bloc de grès carboniférien de 48 mètres cubes, appelé la *Pierre de-Varde-lour*. M. Rosset. (M. Chantre, p. 112).

51. Le Bourget, au nord des Raffous, sur le bord de la route du Mont-du-Chat, un bloc perché de brèche triasique de 12 mètres cubes.   ?   . (M. Perrin, p. 113).

52. Traize, sur le flanc de la montagne, un bloc de phyllade de 18 mètres cubes.   ?   . (M. l'abbé Vallet et M. Chantre p. 418).

53. Loisieux, à la Combe, un bloc de dolomie de 160 m. c ?   . (M. Chantre, p. 119.)

54. — Aux Vullions, un bloc de brèche triasique de 24 mètres cubes appelé la *Pierre de Cussel*. M. Cotarel Nizier. (M. Chantre, p. 119.)

55-56. — Gerbaix, à la Latte, un bloc de granit de 10 mètres cubes, appelé le *Cheval-Gris*. La commune. (M. Chantre, p. 120.)

— LOISIEUX, un autre bloc de calcaire de Vimines appelé le *Gros Buisson*, il cube 300 mètres. ? . (M. Chantre. p. 120.)

57. AYN, près du hameau de Guillot, un bloc de micaschiste de 40 mètres cubes. ? . M. Chantre, p. 120.)

58. GERBAIX, aux Verriers, un bloc de grès carboniférien de 45 mètres cubes. ? . (M. l'abbé Vallet et M. Chantre, p. 120.)

Total : 22 blocs à conserver, au minimum

Arrondissement de Saint-Jean-de-Maurienne

59. MONT-DENIS, un bloc à écuelles appelé la *Pirra du Carro*, la *Pierre de l'angle* (M. F. Truchet, *Revue savoisienne*, 20me année, n° 10, 31 octobre 1870.)

Total des blocs à conserver : ? .

DEPARTEMENT DE L'AIN

Arrondissement de Gex

60. VESANCY, route de Divonne, un bloc de talcite de 105 mètres cubes. ? . (M. Benoît P. 2.)

61. DIVONNE, Arbère, un bloc de gneiss de 20 mètres cubes, appelé le *Galet de Gargantua*. La commune (M. Chanel, p. 3)

62. DIVONNE, Arbère, un bloc de conglomérat anthracifère de 15 m. c., appelé la *Boule de Gargantua*. La commune. (M. Chanel, p. 3.)

63. DIVONNE. Arbère, un bloc de gneiss de 45 mètres cubes, bloc à légende. M. François Grenier. (M. Chanel, p. 4.)

65. — Un bloc de gneiss de 22 mètres cubes, appelé la *Pierre du Borné* ou de la *Fontaine de Goliath* ? . (M. Chanel, p. 5.)

66. Divonne, Près des marais, un bloc de 50 mètres cubes, appelé la *Pierre des Marais*. ? . (M. Chanel, p. 5.)

67. Thoiry. Un bloc de gneiss de 16 mètres cubes. La commune (M. Chanel, p. 5.)

68. — Un bloc de quartz de 40 mètres cubes appelé la *Meule*. M. Richard. (M. Chanel, p. 5-6.)

69. — Un bloc de schiste talqueux de 37 mètres cubes, bloc à écuelles, appelé *Pierre-à-Samson*. La commune. (M. Chanel, p. 6.)

70. — Combe de la Grosse-Pierre, un bloc de roche du Valais de 20 mètres cubes. La commune. (M. Chanel, p. 7.)

71. — Un bloc de schiste talqueux de 25 mètres cubes connu sous le nom de *Crottet* ? . (M. Chanel, p. 7.)

72-73. — Allemogne, un bloc de protogine de 120 mètres cubes appelé *Gros-Piram*, un autre porte le nom de *Petit-Piram*. M. David. (M. Chanel, p. 7.)

74. — La Fenière, un bloc d'amphibolite de 9 mètres cubes appelé le *Serpentin-de Parges* M. Jean Tournier. (M. Chanel, p. 7-8.)

75. Collonges, au nord de l'ancienne gare, dans les vignes, un bloc de quartzite de 15 m. c. ? . (M. Favre, p. 9.)

76. — Fort l'Ecluse, un bloc de talcite de 5 m. c. ? . (M. Favre, p. 10.)

77. — en bas du fort l'Ecluse, au bord du Rhône, un bloc de protogine de 24 m. c. ? . (M. Chantre, p. 11.)

Total, 18 blocs à conserver au minimum.

Arrondissement de Belley

78. Culoz, colline du Jan, un bloc de phyllade de 62 m. c. appelé le *Leva-Naz*. Le génie militaire. (M. Falsan, p. 21.)

79. Passin, côté droit du chemin de Poisieu à Passin,

à 50 mètres du pont, un bloc de quartzite de 3 m. 40 c. (M. La-
vigne, p. 58.)

80. Cuzieu,, sur les confins des communes de Virieu-le-
Grand, de Saint-Martin de Bavel et de Cuzieu, un bloc de
phyllade de 250 m. c.   ?   . (M. Falsan, p. 126.)

81. — Communal de Bins, hameau de Vollien, un bloc
perché de grès houiller de 9 m. c. appelé la *Pierre-des-Fées*.
La commune. (M. Falsan, p. 128.)

82. Parves-Nattages, à gauche du chemin de Poisson et
non loin du chemin de Nant à Parves, dans un pré entre deux
châtaigniers, un bloc de phyllade de 45 m. c.   ?' . (M. Falsan, p. 137.)

83. Parves, sur la crête de la montagne, plusieurs blocs. ?
(M. Falsan, p. 139.)

84. Virignin, au midi de Montarfier, un bloc de phyllad;
noire de 378 m. c. Le sieur Saint-Jean. (M. Falsan, p. 141.)

85. Murs, sur une pente, à 80 mètres de la route n° 92, et
à 250 mètres à gauche de la nouvelle route, un bloc de grès
siliceux de 7 m. c.   ?   . (M. Carillon, p. 167.)

87. Belley, aux Ecuriaz, trois blocs de phyllade brisés de
120 m. c. à 300 m. c. M. Jean Chatelin. (M. Falsan, p.
145 146.)

88. Arbignieu. Thoys, propriété de Mme Falsan-Jordand, un
bloc de grès anthracifère d'un mètre c., couvert d'écuelles et
appelé la *Boule-de-Gargantua*. (Cédé à l'Etat par Mme Falsan,
p. 147, t. II, p. 256.)

89. Collomieu, communaux au nord-ouest du lac d'Arbo-
reiaz, un bloc de brèche triasique de 6 m. c., appelé la
Pierre-Perdrix. La commune. (M. Falsan, p. 151.)

90. Inimont, montagne de Lachat, un bloc de grès houiller
de 2 m. c., le bloc le plus élevé du Bas-Bugey. ? . (M. Falsan, p. 156.)

91. — Flanc ouest de la montagne de Lachat, en bas

du chemin, un bloc de quartz de 40 c.   ?   . (M. Falsan,
p. 157.

92. LOMPNAS, sur le chemin de Lompnas à Ordonnaz, près
de la croix de Luidon, un bloc de brèche triasique de 20 m. c.
   ?   . (MM. Falsan et Chantre, p. 163.)

93. ARANDAZ, dans le bois, sur le côté droit de la route
d'Arandaz à Couz, un bloc de 6 m. 50 servant de limite entre
les bois d'Arandaz et ceux de Mme Ferrant d'Indrieu. (M. Lavi-
gne, p. 164.)

94. SOUCLIN, près du sommet du Talabois, dans un champ
appelé le *Champ-de-la-Pierre*, à gauche du chemin du Bessey
à Souclin, un bloc de grès houiller de 10 m. c.   M. Jacob,
ancien maire de Souclin. (MM. E. Benoît et Falsan, p. 171.)

Total : 15 blocs à conserver.

Arrondissement de Nantua

95. BILLIAT, en bas des Gorges du Paradis, un groupe de
plusieurs blocs de 10 à 15 m. c. de roches des Alpes   ?   .
(M. Benoît, p. 17.)

96.   —   Mont-Jean, un bloc de talcite de 3 m. c.   ?   .
(M. Benoît, p. 16.)

97. LALLEYRIAT, à Burlandier, un bloc de 5 m. c.   ?   .
(M. Chanel, p. 64.)

98. LE POIZAT, au bief de la Dame, un bloc de brèche triasique de 12 m. c. (M. Chanel, p. 66.)

99. VIEUX-D'IZENAVE, Talipiat, près du moulin Badadan, un
gros bloc de talcschiste enfoui en partie dans le sol et plusieurs autres blocs.   ?   . (MM. Prénat et Falsan, t. Ier, p. 78,
t. IIe, p. 246.)

100. VOLOGNAT-LA-PRAIRIE, une pyramide de petits blocs
erratiques cédée à l'Etat par M. Prénat. (T. IIe, p. 248.)

101. Volognat, sur le mont Berthiand, plusieurs petits blocs à réunir en pyramide. ? .(MM. Benoit et Falsan, p. 81.)
Total : 7 blocs à conserver.

Arrondissement de Trévoux

102. Fontaine-Notre Dame, colline des Bruyères, un gros bloc de granite porphyroïde en majeure partie exploité et enterré, ce bloc est appelé la *Pierre-Vieillette*. Plusieurs autres blocs sont enfouis dans la colline. ? . (M. Falsan, p. 216).

103. Le Mas-Rilliez, aux Echets, chambre d'emprunt du chemin de fer des Dombes, nombreux blocs de calcaire à faire dresser en pyramide. La Compagnie des Dombes. (M. Falsan, p. 216.)

104. Rillieu, chemin du Mas-Rilliez, bloc de phyllade supportant le pied d'une croix. ? . (M. Falsan, p. 276.)

105. Vancia, deux blocs sont placés à l'entrée du fort. (M. Falsan, p. 272.)

106. Civrieux, à 150 mètres du chemin de Pouilleu, au nord du chemin de Civrieux à Massieux, un bloc de gneiss. enterré. ? . (M. Falsan, p. 219.)

107. Rancé, dans le champ de la *Pierre-Brune*, un gros bloc de granite porphyroïde en partie exploité, mais cubant encore près de 100 mètres. M. de Murard. (M. Falsan, M. Guigue, p. 220.)

108. Marlieux, sur la crête de l'étang de Vavril, près de la route nationale n° 83, k. 35-36, bloc de granite en partie enfoui. ? . (M. Perré, p. 209.)

109. Birieu, au sud de Montcroissant, un bloc calcaréo-siliceux, M. Prénat l'a cédé à l'Etat. (P. 205.)

110. Villars, ferme le Large, un petit bloc alpin. ? . (M. Prénat, p. 206.)
Total : 9 blocs à conserver.

Arrondissement de Bourg

111. DOMPIERRE-DE-CHALARONNE, plusieurs blocs de grès et de calcaire noir. ? . (M. Chantre, p. 227.)

112. MONCEY, près de l'église, un bloc de gneiss de 70 centimètres cubes, placé à l'extrémité des moraines. ? . (M. Falsan, p. 231).

113. SERVAS, domaine de Lyonetas, tranchées du chemin de fer, un bloc de 1 m. c. (Falsan, p. 210.)

114. BOURG, forêt de Seillon, près de la tranchée du chemin de fer, plusieurs blocs à réunir en pyramide. (MM. Benoit, Falsan, p. 212.)

Total : 4 blocs à conserver.

DÉPARTEMENT DE L'ISÈRE

Arrondissement de Grenoble

115. GRENOBLE, la Tronche, dans les vignes, un bloc volumineux de grès anthracifère. ? . (M. Lory, p. 318.)

116. SAINT-PIERRE-DE-CHARTREUSE, au chalet de Valombrey, blocs de protogine de 2 à 3 m. c. Forêts de l'Etat. (M. F. Reymond, p. 325.)

117. — Un bloc de granite porphyroïde de 7 m. c. La commune. (M. Chantre, p. 324.)

118. MIRIBEL, sur le plateau où est la chapelle, un bloc de brèche triasique de 24 m. c. ? (M. Chantre, p. 328.)

119. SAINT-NICOLAS-DE-MACHERIN, plusieurs blocs de grès anthracifère de 40 à 50 m. c. M. de Foras. (M. Chantre, p. 340.)

120. La Buisse, au Vert, un bloc de grès anthracifère de 48 m. c. M. Jean Delphin. (M. Chantre, p. 342.)

121. Saint-Julien de Raz, A l'Ayat, trois blocs de grès anthracifère de 150, 36 et 50 m. c. ? . M. Billou-Bruyas. (M. Chantre, p. 342.)

122. — Près du pavillon des dominicains et du Bret, un bloc de schiste talqueux de 192 m. c. M. Jean Patacos et Rosset. (M. Chantre, p. 343.)

123. — Au-dessous du Garel et près de la fontaine du Bret, deux blocs de grès anthracifère de 27 et 80 m. c. M. Auguste Rivière. (M. Chantre, p. 343.)

124. Saint-Nizier, en allant à Pariset et surtout vers l'Habert Rey, grouper quelques blocs ou garder un des blocs cubant une sixaine de mètres. Divers. (M. F. Reymond, p. 352.)

Total : 11 blocs à conserver.

Arrondissement de la Tour-du-Pin

125. Sermérieu, à Aulouise, un bloc de gneiss de 40 m. c. La commune. (M. Chantre, p. 177.)

126. Saint-Baudille, à la Combe de Vertbois, un bloc de quartzite de 5 m. c. appelé la *Pierre-du-Mariage*. La commune. (M. Chantre, p. 190.)

127. Soleymieux, à Couvaloup, un bloc de calcaire nummulitique de 48 m. c. M. Joseph Blanc. (M. Chantre, p. 193.)

128, 129. Trept, aux Roches, deux blocs de brèche triasique, l'un appelé la *Pierre-du-Bon-Dieu*, cube 240 mètres ; l'autre appelé la *Pierre-du Diable*, cube 112. La commune. (M. Chantre, p. 195.)

130, 131. Moras, à Frétignier, un bloc de brèche triasique de 20 m. c., une autre de granite de 13 m. c. M. Faure. (M. Chantre, p. 199.)

132. Vénérieu, hameau de Montplaisant, un bloc de brèche

triasique connu sous le nom de *Pierre à -Femme* (bloc à légende) cube 70 m. c. La commune. (M. Chantre, p. 199.)

133. Panossas, entre les Ailles et le Signal, un bloc de
brèche triasique de 72 m. c. appelé la *Grotte du-Renard.*
M. Joly. (M. Chantre, p. 237.)

134. — Entre les Ailles et le Signal, un bloc de brèche
triasique de 18 mètres cubes. M. Bourgeois. (M. Chantre, p.
236.)

135. — Boirieux, un bloc de brèche triasique de 32 mètres cubes.M. Bonnardel. (M. Chantre, p. 236.)

136. Frontonas, hameau de Massonas, au bas de la colline,
un bloc de grès de 70 mètres cubes. M. de Montenard.
(M. Chantre, p. 228.)

137. — ʼ Massonas, un bloc de brèche triasique de 16 mètres cubes. M. Lacombe. (M. Chantre, p. 238.)

138. Merlas, dans un petit bois qui domine la Pivotière,
un bloc de serpentine de 64 mètres cubes. La commune.
(M. Chantre, p. 239.)

139. — A la Chapelle, un bloc de quartzite de 48 mètres cubes, appelé la *Pierre à Mata*, bloc à légende. M. Gros.
(M.Chantre, p. 329.)

140. — Au-dessus du hameau des Mertières, non loin de
la Croix des Mille-Martyrs, au milieu d'un groupe de blocs un
bloc de brèche triasique de 36 mètres cubes. La commune.
(M. Chantre, p 329.)

141. Flachères, au Perrier, un bloc de brèche triasique,
de 4 mètres cubes. ? . (M. Chantre, p. 336.)

142. Le Pin, à la Montagne, limite de la commune de Pala
dru, un bloc de grès anthracifère de 12 mètres cubes. La
commune. (M. Chantre, p. 333.)

Total : 18 blocs à conserver.

Arrondissement de Vienne

143. CRACHIER, aux Marinières, un bloc de schiste chlo--
riteux de 125 mètres cubes. La commune. (M. Chantre, p.
181.)

144, 145. LE COLOMBIER, à la Rivoire, deux blocs, l'un de
calcaire métamorphique de 24 mètres cubes, l'autre de diorite
de 12 mètres cubes. M. Jean-Marie Merle. (M. Chantre, p.
241.)

146. — A Saugnieux, un bloc de quartz de 4 mètres
cubes, entouré d'autres blocs plus petits. M. Pierre Marousse.
(M. Chantre, p. 242.)

147 — Au village, un bloc de calcaire cristallin de 15
mètres cubes. Hospice de Frontonas. (M. Chantre, p. 242.)

148. SATOLAS, dans le village un bloc de schiste chloriteux
de 10 mètres cubes. M. Chevalier. (M. Chantre, p. 242.)

149. — Près du cimetière sur le bord du chemin, un bloc
de schiste chloriteux de 10 mètres cubes. M. Gauthier.
(M. Chantre, p. 243.)

150. — Dans le village, plusieurs blocs de granite ou
de gneiss, de 10 mètres cubes. M. Remilliet. (M. Chantre,
p. 243.)

151. — Dans le village, près du cimetière, un bloc de
gneiss, de 30 mètres cubes. M. Remilliet. (M. Chantre, p. 243.)

152. — Haut de Bonces, un bloc de gneiss de 30 mètres
cubes. M. de Belcize. (M. Chantre, p. 243).

153. DÉCINES, au nord de la route, un bloc de granite appelé la *Pierre-Fille ou Frite* et orné de trois écuelles : volume
7 mètres cubes, ancien menhir. M. Pallard. (M. Chantre,
p. 244.)

154. LA VERPILLIÈRE, aux Granges. La *Pierre de-Milliet,*

bloc de brèche triasique de 60 mètres cubes. M. Baconnier. (M. Chantre, p. 248.)

155. Saint-Quentin, vers le four à chaux, un bloc de gneiss de 60 mètres cubes, les hospices de Grenoble qui ont promis de le conserver. (M. Chantre, p. 249.)

156. Artas, au Revolet, un bloc de schiste chloriteux de 128 mètres cubes. ? . (M. Chantre, p. 252.)

15. — Au Revolet, un bloc de schiste chloriteux, appelé la *Pierre de la Mule-du-Diable* de 624 m. c. M. Bresse. (M. Chantre, p. ?52.)

158. Chatonay, au Rugeon, un bloc de quartzite de 24 mètres. (M. Chantre, p. 338.)

159. Faramons, aux Roches, bloc de grès anthracifère et de brèche triasique de 4 mètres cubes. La commune. (M. Chantre, p. 379.)

Total : 17 blocs à conserver.

Arrondissement de Saint-Marcellin

160. Montaud, en s'élevant vers la Dent de Moirans, on voit dans un champ un bloc de gneiss amphibolique de 50. m. c. ? . (M. F. Reymond, p. 359.)

161. Tullins, hameau de l'Elinard, au-dessus de Tullins, un bloc d'amphibolite de 27 mètres cubes. M. Fays, dit Bernardin. (M. Chantre, p. 362.)

162. — Propriété Perret, deux blocs de grès anthracifère et d'amphibolite de 3 mètres cubes environ. M. Perret a promis de les conserver. (M. Chantre, p. 3?2.)

163. Morette, sur le coteau dit de la Blache, un bloc de poudingue anthracifère de 32 mètres cubes. M. Blanc. (M. Chantre, t. Ier, p. 363 ; t. II, 285.)

164. — Hameau de Fougères, un bloc de poudingue

anthracifère de 24 mètres cubes, appelé la *Pierre-Charcot*.
M. Vernin-Perriot. (M. Chantre, t. Ier, p. 363, t. II, p. 382).

165. BEAUCROISSANT, chemin de Beaucroissant au couvent
de Parménie, dans le bas de la forêt, un bloc de grès anthracifère appelé la *Pierre-Pucelle* et orné de quelques écuelles.
La commune. (M. Chantre, t. Ier, p. 363, t. II, p. 284.)

165. THODURE, ravin du Favot, bloc d'amphibolite appelé
la *Pierre-Morier* et cubant 24 mètres. (M. Chantre, t. Ier, p.
380, t. II, p. 299.)

167, 168. — Ravin du Favot, un bloc de quartzite de
45 mètres, un autre de diorite de 90 mètres cubes. (M. Chantre,
t. Ier p. 381, t. II, p. 299.)

Total : 9 blocs à conserver.

DÉPARTEMENT DU RHONE

Arrondissement de Lyon

169. CALUIRE. Chambre d'emprunt du chemin de fer des
Dombes Nombreux blocs calcaires à élever en pyramide. La
Compagnie du chemin de fer des Dombes. (M. Falsan, p. 281.)

170. LYON. L'ancien des plantes, quelques blocs déjà
dressés en pyramide. La ville. (M. Falsan, p. 284.)

171. SAINTE-FOY, autour du fort, nombreux blocs. Le génie
militaire. (M. Falsan, p. 296.)

172. — Sur la route de Lyon à Sainte-Foy, en dessous
du fort, nombreux blocs à élever en pyramide. ? (M. Falsan, p. 296.)

173. SAINT-GENIS-LAVAL, les Barolles, chez M. Laboré, un
gros bloc de granite porphyroïde appelé la *Pierre-Souveraine*. M. Laboré. (M. Falsan, p. 300.)

174. — Dans le bourg, à la croisée du chemin des Ter-
reaux et de celui de Pierre-Bénite, un gros bloc en partie

brisé de granit appelé la *Pierre Saint-Jacques*. La commune.
(M. Falsan, p. 304.)

175. — Sur le dos de la colline de Beauregard, plusieurs blocs à élever en pyramide. Divers. (M. Falsan, p. 301.)

176. MILLERY. Sur la partie la plus élevée de la colline vers la croix Maladière, plusieurs petits blocs à réunir en pyramide. Divers. (M. Falsan, p. 306.)

Total : 8 blocs ou groupes de blocs à conserver.

Arrondissement de Villefranche

177. ARNAS, une ferme du château de Longsard, dans une cour, un bloc de grès de 2 m. c. servant de table ? (M. Falsan, p. 416.)

178. CHARENTAY, hameau de Chene, vers le chemin du ruisseau de Nerval, bloc de grès de 2 m. c. La commune. (M. Falsan, p. 411.)

179. DURETTE RÉGNIÉ, sur le dos de la colline, nombreux blocs de grès à grouper en pyramide. Divers. (M. Falsan, p. 407.)

Total : 3 blocs ou groupes de blocs à conserver.

En résumé, les blocs ou groupes de blocs erratiques à conserver se répartissent de la manière suivante :

RÉCAPITULATION

Département de la Haute-Savoie		36
Arrondissement de Saint-Julien	24	
— de Thonon.	1	
— de Bonneville	6	
— d'Annecy	4	
A REPORTER.		36

Mais nous devons ajouter que nous n'avons donné cet inventaire qu'en choisissant les blocs les plus intéressants parmi ceux qui sont mentionnés dans le catalogue général qui forme le premier volume de cette monographie, et de plus nous faisons observer qu'on aurait pu joindre à cette liste celle des 150 blocs marqués par MM. A. Favre et Soret, ce qui aurait porté déjà le total au nombre de 329 blocs environ. Il reste encore de nombreuses observations à faire en dehors des limites que nous nous étions tracées dans le champ de nos études, et pour ces observations nouvelles on pourra compléter par des suppléments ce premier inventaire. Mais déjà cette liste suffit pour faire comprendre combien il importe de prendre le plus promptement les mesures nécessaires pour préserver de la destruction qui les menace ces précieux témoins de l'ancienne extension des glaciers alpins jusque sur les collines lyonnaises.

Nous espérons donc que les Chambres, sur les propositions qui leur seront faites à leur prochaine rentrée, d'après l'initiative de M. Henri Martin, sénateur, président de la *sous-commission d'inventaire des monuments mégalithiques et des blocs erratiques de la France et de l'Algérie*, par M. Daubrée, membre de l'Institut, vice-président pour les blocs erratiques, et par M. G. de Mortillet, directeur du musée de Saint-Germain, vice-président pour les monuments mégalithiques, voudront bien voter la loi et accorder les allocations nécessaires pour assurer la conservation des blocs erratiques les plus intéressants. On sauvegarderait ainsi les plus ancienslinéaments de notre histoire primitive.

ADDITIONS ET NOTES RECTIFICATIVES

Note A. — P. 15 et 19.

Prétendu lehm de la Roussilière et de Saint-Didier au Mont d'Or. — A l'appui de la théorie que nous émettons dans cet article, nous pouvons citer encore un exemple qui fera mieux comprendre les rapports qui, selon nous, existent entre les marnes du lias modifiées et certains terrains jaunâtres qu'on serait tenté de prendre au premier abord pour du lehm. A l'est du Paillet et de la Barrie, commune de Dardilly, à la Basse-Garde, à la croisée de la route de Paris et du chemin d'intérêt commun n° 23, dans le fond d'un vallon (364 mètres), on voit un terrain semblable à celui de la Roussilière et du plateau de Saint-Didier, même grain, même couleur, mêmes accidents de solidification calcaire. Or, en haut du flanc de ce vallon, on voit affleurer le lias inférieur recouvert par des lambeaux de marnes liasiques, et ces marnes restées en place sont en grande partie jaunies; leurs fossiles eux mêmes sont teintés en jaune par l'hydroxyde de fer. Si bien que ce terrain, même en place, prend l'aspect du faux lehm de la Roussilière. Mais il faut ajouter qu'en dehors de ces lambeaux de marnes restées sur le lieu de leur dépôt, une masse énorme de ce même terrain s'est écoulée, a été entraînée par les pluies dans le fond du vallon de la Basse-Garde pour y constituer ce faux lehm dont nous venons de parler et qui est déposé à plus de 50 mètres au-dessus du lehm des Dombes (364—310= 54 mètres). L'origine de cette terre jaunâtre, plus ou moins durcie, ne saurait être douteuse; on peut en quelque sorte suivre le trajet qu'elle a parcouru depuis son point de départ, c'est-à-dire depuis les affleurements liasiques qui dominent la colline au pied de laquelle elle repose.

Les faits se sont donc passés dans cette station comme à la Roussilière et à Saint Didier ; seulement il est plus facile de s'y rendre compte de la marche du phénomène et de se convaincre que les marnes du lias, sous l'influence des agents atmosphériques, ont pu se transformer en un terrain analogue au lehm sous certains rapports, mais plus riche en carbonate de chaux, et par conséquent plus apte à se solidifier.

Note. B. — P. 150 et 376

Longueur du glacier quaternaire du Rhone. — C'est à tort que nous avons donné à l'ancien glacier du Rhône cette longueur de 460 kilomètres, qui est celle parcourue par les eaux du fleuve. Le glacier, en formant de vastes nappes qui comblaient toute la vallée d'une chaîne latérale à l'autre, ne pouvait suivre toutes les sinuosités du thalweg, mais plutôt une direction moyenne dont le développement devait être beaucoup plus court. Ainsi sur notre coupe longitudinale du glacier du Rhône, depuis le Haut-Valais jusqu'à Lyon, nous n'avons attribué à ce glacier qu'une longueur de 395 kilomètres (p. 379).

Cependant nous devons faire remarquer que les glaces de la rive gauche du Valais, c'est-à-dire celles qui ont pénétré en France, au lieu d'accompagner celles de la rive droite jusque vers le Rhin, n'ont pas suivi le cours du Rhône en dehors des montagnes du Bugey et se sont dirigées plutôt vers Châtillon et Bourg au N.-O., que vers Lyon. Or Bourg est à une plus grande distance que Lyon du point de départ du glacier, mais cette différence ne suffit pas pour établir une égalité entre le développement en long du glacier quaternaire du Rhône et le cours du fleuve jusqu'à Lyon.

Note C. — P. 167

Couleur caractéristique des blocs erratiques. — Au milieu d'un pays dont toutes les roches sont calcaires et de couleur blonde, le regard des anciens habitants n'a pu être que très impressionné par la couleur brune et sombre des blocs erratiques. On a donc imposé depuis longtemps à ces fragments de roches un nom en rapport avec cette impression.

Nous avons déjà dit dans le premier volume (p. 78, 114, 130, 140) que dans le Bugey on appelle les blocs erratiques: *Pierres bleues, Cailloux bisets* et le plus communément *Pierres bises.* Cet adjectif *bise* est le féminin de *bis*, comme dans pain *bis*, et veut dire *gris, sombre, brun.* Dans la vallée de la Saône et du Rhône, autour de Lyon, on nomme *Bise* le vent du nord qui donne à tout le paysage une teinte *sombre, noirâtre.*

Il est intéressant de voir que dans la Suisse romande les blocs erratiques portent une désignation analogue à celle qu'on leur a donnée en Bugey et qu'ils s'appellent *gris* ou *grisons* (1).

Note D. — P. 176

LIMITE SUPÉRIEURE DES SURFACES POLIES PAR LES ANCIENS GLACIERS. — Depuis longtemps de Saussure a été frappé du contraste qui existe entre les sommets des hautes montagnes des Alpes et leur base, les cimes étant, suivant son expression, *terminées par des créneaux à angles vifs et par des formes hardies et prononcées*, tandis que la base est arrondie et uniforme. Mais l'illustre voyageur n'essaya pas de donner une explication de ce phénomène. Hugi fit des observations analogues près du glacier de l'Aar, et crut trouver la cause de ce contraste dans une différence de la nature du granite qui forme la base ou le sommet des montagnes qui dominent ce glacier; théorie qui n'a pas été confirmée par l'observation.

En 1841 M. Desor en faisant l'ascension du Juchliberg dont les créneaux sont si accusés, lorsqu'on les regarde de l'hospice du Grimsel, constata qu'il n'existait aucune différence minéralogique entre les arêtes dentelées et les surfaces arrondies qui les supportent. L'explication donnée par Hugi n'était donc qu'une erreur; il fallait en chercher une autre, et M. Desor (2) eut l'honneur d'en trouver, le premier, une très rationnelle. Après un examen attentif des lieux et des réflexions synthétiques sur l'ensemble du phénomène, il reconnut que la limite supérieure des surfaces polies

(1) Desor : *Le phénomène erratique dans les Alpes*, p. 4, *Jahrbuch des Schweizer Alpen-Club;* 1re année, 1864.
(2) *Aperçu du phénomène erratique des Alpes. Jahrbuch des Schweizer Alpen Club:* 1re année 1864. p. 15.

ou moutonnées devait indiquer le niveau auquel s'étaient élevés les anciens glaciers, tandis que les cimes dentelées avaient conservé leurs silhouettes anguleuses parce qu'elles étaient restées au-dessus de l'action de ces mêmes glaciers.

Les résultats obtenus près du glacier de l'Aar se généralisèrent bientôt. On en obtint de semblables dans la vallée de la Reuss et dans celle de Chamounix, ainsi que dans la Haute-Engadine, le versant méridional des Alpes et dans presque toutes les vallées des Alpes. La coupe que nous publions (p. 176) prouve que les faits ont été interprétés de la même manière dans le Haut-Valais par notre ami Anselmier, dix ans après que M. Desor eut formulé sa théorie.

Mais ce n'est pas seulement dans les hautes vallées des Alpes qu'on trouve la confirmation des idées du savant professeur de Neuchâtel, nous avons constaté l'évidence d'une disposition analogue dans les montagnes qui entourent Culoz. Là, comme en Suisse, il est facile de retrouver le niveau supérieur des anciens glaciers en reconnaissant à première vue la limite qui sépare les formes arrondies des contours dentelés des montagnes calcaires du Colombier, de la Dent-du-Chat et de la Dent-de-Nivolet (t. I, p. 23, 46, 115 ; t. II, p. 208, 232, 377).

Note E. — P. 180

THÉORIE DE LA PERSISTANCE DES LACS. — La persistance des lacs au milieu des alluvions anciennes ou glaciaires a pour nous une telle importance et nous semble prêter un appui si solide à la théorie glaciaire, que nous croyons devoir reproduire ici les pages dans lesquelles M. Desor l'a nettement et pour la première fois formulée pour combattre la théorie de l'*affouillement* proposée et défendue par MM. Gastaldi et de Mortillet :

« Il nous reste maintenant à expliquer, dit-il (1), comment il se fait que les lacs des Alpes ont pu persister, sans être comblés par les dépôts erratiques. Il est évident que ce ne peut être que par l'effet d'une cause générale, qui doit être la même pour tous les lacs. Or cette cause n'est autre que la glace elle-même. S'il est vrai qu'à une certaine époque les glaciers s'élevaient aussi haut que nous constatons des polis et des burinages ; si,

---

(1) *Aperçu du phénomène erratique dans les Alpes*, extrait du *Jahrbuch des Schweizer Alpen-Club*, Ire année, p. 34.

sur le versant sud des Alpes, ils passaient par-dessus le Monte-Cenere qui est tout moutonné à son sommet, il faut qu'à la même époque ils se soient étendus fort loin, qu'ils aient envahi toutes les vallées adjacentes et par conséquent aussi comblé les lacs Major, de Lugano et de Côme, comme l'attestent d'ailleurs les moraines qui se voient à l'extrémité de ces lacs. Les lacs une fois comblés, tout le cortège erratique a pu passer par-dessus la glace qui les occupait et qui, dans certaine mesure, lui a peut-être servi de véhicule. Quand plus tard les glaces disparurent, les bassins des lacs se sont trouvés plus ou moins intacts. Mais il est permis de supposer que, protégée comme elle l'était au fond de ces réservoirs pour la plupart très profonds, la glace y a disparu plus lentement que sur les coteaux environnants. Des torrents considérables entraînant des matériaux nombreux, ont pu passer par-dessus ces culots de glace et déposer leur fret sous forme de gravier et de galets, plus ou moins stratifiés, le long des rives et jusqu'à l'extrémité des lacs, formant ainsi cette ceinture d'alluvion ancienne qui est la même à la naissance et à l'extrémité des lacs, ainsi que le long de leurs bords.

« Si ce dépôt alluvionnaire est recouvert quelque part de moraines, on devra en conclure qu'il est survenu ici aussi une nouvelle crue des glaces, qui aura passé par-dessus l'alluvion, sans trop la déranger, comme nous avons supposé que les choses se sont passées aux environs de Genève et d'Utznach.

« Que si l'on nous demande maintenant comment il se fait que les torrents qui ont dû s'échapper des glaciers à toutes les époques, n'ont pas comblé les lacs avant que les lacs ne les atteignissent, nous répondrons que s'il a existé un débit d'eau à toutes les époques, ce débit a cependant dû être proportionnellement plus faible pendant les époques d'avancement, attendu que, dans ces conditions, la fonte a dû être moins abondante, en même temps qu'une partie beaucoup plus considérable de l'eau était employée à la transformation de la neige en glace.

« En second lieu, nous savons qu'il existe à l'origine de tous les lacs alpins une grande zone qu'on suppose avoir été comblée par les rivières qui y débouchent : ainsi au lac de Genève l'espace entre Bex et le Bouveret, au lac Majeur, entre Bellinzona et Locarno, et surtout dans la grande plaine alluviale du Rhin, en amont du lac de Constance. Or rien ne nous prouve que ces dépôts ne remontent pas en partie à cette époque d'avancement des glaciers. »

Note F. — P. 320

Plaines du Bas-Dauphiné. — Alluvions anciennes ou glaciaires. — Lorsque nous avons écrit ce chapitre, nous avions lu des extraits et des citations du savant travail de M. l'ingénieur A. Surell intitulé : *Étude sur les torrents des Hautes-Alpes*. Mais nous ne connaissions pas la suite de cet ouvrage rédigée par M. Ernest Cézanne, ingénieur des ponts et chaussées (1).

Le chapitre xi, l'*ère torrentielle*, nous a particulièrement intéressés, et nous sommes heureux de trouver la confirmation des idées que nous avait inspirées la seule observation des lieux, dans une des conclusions du savant ingénieur, lorsqu'il écrit ces lignes : « *Les alluvions de la Bresse* sont donc, sans contestation possible, un cône dont le modelé remonte à la période glaciaire et à l'ère torrentielle » (2).

En dehors de cette satisfaction personnelle, c'est pour nous un devoir de justice de réparer un oubli involontaire et d'attribuer à M. Ernest Cézanne la priorité de sa théorie des grands cônes de déjection barrant la vallée du Rhone.

Nous nous sommes également rangés de son avis pour attribuer au glacier du Rhône le transport des alluvions anciennes des Dombes, mais nous ne pensons pas que le cône de l'Isère ait été plus grand que celui du Rhône. Nos recherches nous ont convaincus du contraire.

A l'appui de cette théorie du barrage des vallées par des cônes de déjection, nous citerons encore un article de M. Heim, inséré dans le volume de cette année du Club Alpin suisse. D'après cet auteur les eaux de plusieurs lacs de la Haute-Engadine, tels que ceux de Sils, de Silvaplana, etc., seraient retenues non pas par des moraines transversales, comme dans les Vosges et la Haute-Italie, mais simplement par des cônes de déjection. Ces cônes de déjection sont formés par des torrents qui, après avoir parcouru des vallées latérales, viennent pousser leur ballast à travers la vallée principale et retiennent ainsi captives les eaux de l'Inn (3).

---

(1) M. le professeur Desor nous a rendu un véritable service en nous signalant le 2 mai 1880, cette œuvre remarquable, et nous l'en remercions.
(2) *Étude sur les torrents*, etc., t. II, p. 338.
(3) Note communiquée par M. le professeur Desor, 1880.

Note G. — P. 322

ALLUVIONS ANCIENNES OU GLACIAIRES. — Encore aujourd'hui le Rhône est en quelque sorte un fleuve sous-glaciaire, puisqu'il est en grande partie alimenté par les eaux de fonte des glaciers alpins, et que par conséquent le volume de ses eaux est plus considérable l'été que l'hiver. Mais pour comparer la puissance érosive du fleuve quaternaire et celle du fleuve actuel, il faut en même temps chercher le rapport qui existe entre la masse des glaciers actuels du bassin du Rhône et le développement énorme des glaces quaternaires.

Or aujourd'hui, aux sommets élevés qui dominent le bassin de notre fleuve, on ne compte que 316 petits glaciers plus ou moins étendus et couvrant une surface de 1,037 kilomètres carrés (1), tandis que l'ancienne mer de glace du Rhône quaternaire s'étendait depuis l'extrémité du Valais jusqu'à Bourg, Lyon, Thodure, sur une longueur de près de 400 kilomètres, et une largeur de 100 kilomètres dans les plaines des Dombes et du Dauphiné ; souvent son épaisseur était de 1,000 mètres environ. Il est facile de comprendre en face de ces chiffres, même sans préciser davantage le calcul, que les eaux de fonte de ce prodigieux amas de glace étaient un agent bien capable de ronger l'ancien cône de déjection et de le creuser au niveau des plaines du Bas-Dauphiné.

Note H. — P. 331

INFLUENCE DE LA DORSALE DE LA TOUR DE SALVAGNY SUR LA DISPOSITION DES ALLUVIONS ANCIENNES AU NORD-OUEST DE LYON. — Le bourrelet de schiste et de gneiss qui unit la base du Mont-d'Or à celle de la chaîne d'Izeron et qui se maintient à un niveau supérieur à celui que les alluvions anciennes ont pu atteindre, s'est opposé à l'écoulement des eaux de la Saône et de l'Azergues contre les montagnes du Lyonnais et a séparé nettement les alluvions anciennes du Beaujolais des alluvions anciennes

(1) Fraisse, *correction du Rhin*, cité par M. E. Cézanne, *Étude sur les torrents*, etc., t. II, p. 253.

des Alpes qui ont contourné la saillie du Mont-Ceindre au sud pour aller recouvrir les terrasses gneissiques et granitiques du Lyonnais jusqu'à Charbonnières, Saint Genis-les-Ollières, Craponne, etc.

Pendant la période du creusement de la vallée de la Saône, après le dépôt de ces alluvions, cette dorsale se présentant comme un barrage en travers de cette vallée, força les eaux de la Saône et de l'Azergue à contourner le flanc nord du mont Verdun jusque vers Saint-Germain au Mont-d'Or, où elles coulent encore aujourd'hui. C'est à l'action de cet immense remous qu'on doit attribuer le creusement de la vaste plaine des Chères, entre Anse, Chazay-d'Azergues, Trévoux et Saint-Germain au Mont-d'Or ; car il est évident que cette dépression n'a pas toujours existé et que les alluvions qui constituent le plateau des Dombes ont dû primitivement s'étendre jusque contre la chaîne calcaire de Chazay, de Lucenay et d'Anse.

En étudiant ainsi l'allure orographique de nos roches anciennes et secondaires, il est facile de se rendre compte de la disposition générale des alluvions anciennes au nord-ouest de Lyon et de la séparation des alluvions du Beaujolais d'avec celles du Lyonnais.

Note 1. P. 333

PROFONDEUR DU CREUSEMENT DE NOS ANCIENNES VALLÉES AU MOMENT DE L'ARRIVÉE DU GLACIER ALPIN A LYON. — CONTEMPORANÉITÉ DE L'HOMME PRÉHISTORIQUE DE LA VALLÉE DE LA SAONE AVEC LA PLUS GRANDE EXTENSION DES GLACIERS. — Nous avons trouvé quelques blocs erratiques roulés sur les pentes de la rive droite de la vallée de la Saône à Collonges et à Saint Rambert, à un niveau plus élevé que celui du fond de la rivière actuelle, et nous avons pensé en écrivant le chapitre XII de la deuxième section de notre second volume que l'altitude à laquelle sont déposés ces blocs roulés, pouvait nous indiquer à quelle profondeur la vallée de la Saône avait été creusée avant l'arrivée du glacier alpin jusque vers Lyon. Mais aujourd'hui à la suite de nouvelles observations et de nouvelles études, nous pensons que nous devons regarder comme trop élevée cette cote de 220 mètres que nous avions primitivement adoptée. En effet ces blocs aux angles émoussés de Collonges et de Saint-Rambert, tout aussi bien que ceux d'Auberives et du Bas-Dauphiné (1) ont pu avoir été roulés et entraînés bien en avant du glacier alpin par des torrents sous-glaciaires, lorsque la vallée de la Saône n'avait pas atteint son creusement définitif au milieu des alluvions anciennes ou glaciaires.

D'ailleurs ce qui nous confirme dans notre présente manière de voir, c'est que le terrain erratique avec blocs, la boue glaciaire normale à cailloux striés, apparaît à un niveau inférieur à la cote de 220 mètres sur plusieurs points des environs de Lyon : en bas de la montée du chemin de Saint-Genis à Vourles, dans la vallée d'Oullins, dans le quartier Saint-Paul, etc., aux cotes de 190 mètres, 200 mètres approximativement. Or, nous ferons remarquer que les points cités ne sont pas disposés près du thalweg de la vallée de la Saône, mais à une certaine distance. Nous sommes donc en droit de supposer que la vallée avant l'arrivée des glaciers a été creusée au-dessous du niveau de 190 mètres.

Ce fait une fois établi, nous ajoutons que rien ne nous empêche d'admettre, contrairement à l'opinion de notre savant ami, M. Arcelin (2), que la colline de Charbonnières en Mâconnais qui a servi d'atelier pour la taille des silex de Solutré et qui ne domine la Saône actuelle que de 20 mètres (20 m. + 170 m. = 190 a pu être occupée par les hommes de l'âge de la pierre *de suite après le creusement de la vallée de la Saône au milieu des alluvions anciennes ou glaciaires, et avant le moment de la plus grande extension des glaciers alpins.* Pendant l'obstruction de la vallée de la Saône, à Lyon même, par les glaces qui ont franchi la crevasse de Pierre-Scize pour déborder par-dessus le plateau de Fourvière (3), la colline de Charbonnières a été momentanément submergée. Une fois que ce barrage de glace a été rompu et emporté à Lyon, les populations préhistoriques du Mâconnais ont pu occuper de nouveau la colline de Charbonnières et y reprendre la taille des silex.

De tout ce que nous venons de dire nous concluons que l'homme a pu être dans notre contrée le *contemporain de la plus grande extension des glaciers alpins.*

D'ailleurs on admet que l'homme préhistorique de la vallée de la Saône a vécu avec l'*Elephas primigenius*, le Renne et toute une faune qui se retrouve dans le lehm, terrain que nous avons dit (4) avoir été principale-

(1) *Ante*, p. 309.
(2) Anthropologie. Extrait de la *Revue des questions scientifiques*, avril 1880, p. 26-27.
(3) Falsan, *Histoire géologique du Rhône et de la Saône à leur passage à Lyon. Lyon scientifique*, 1er août, 1er septembre, 1er octobre 1880.
(4) *Ante*, p. 411.

ment déposé pendant que se formaient les moraines frontales les plus extrêmes, les plus avancées. On a donc un double motif pour penser que ces populations primitives ont été témoins de l'extension de ces grands glaciers.

Note J. — P. 3 5 9

Moraines éparpillées de l'ancien glacier des Dombes. — Le grand glacier rhodano-savoisien, en se dilatant sur le triangle bressan, gagna en surface ce qu'il perdit en épaisseur, de telle sorte que ses moraines superficielles, au lieu de former des traînées régulières, *s'éparpillèrent* sans ordre et ne purent engendrer à l'extrémité de leur parcours de puissantes moraines frontales aux reliefs très accentués. Ce phénomène se produit chaque fois qu'un glacier s'épanouit dans une vallée plus large ou surtout dans une plaine.

Citons pour exemple le glacier de Morteratsch étudié par Tyndall (1). A mesure que ce glacier s'avance, il perd sa vitesse et s'étale latéralement de manière à ce que la moraine médiane se dilate de plus en plus. Il devait en être de même pour l'ancien glacier des Dombes. Après avoir franchi les défilés des chaînes secondaires, les glaces perdirent rapidement leur vitesse à mesure qu'elles s'épanchaient au nord vers Châtillon et Bourg, et leurs moraines s'étalèrent de plus en plus. En effet depuis Ars jusqu'à Bourg nous n'avons vu aucune moraine aussi nettement constituée que celles des environs de Lyon ou de la vallée de la Côte-Saint-André, telles que celles de Sathonay, de Sainte-Foy ou de Thodure.

(1) *Les glaciers et les transformations de l'eau,* p. 93.

FIN

TABLE DES MATIÈRES

DEUXIÈME SECTION

DES ANCIENS GLACIERS DE LA PARTIE MOYENNE DU BASSIN DU RHONE ET DES TERRAINS QUI EN DÉPENDENT

TROISIÈME SECTION

DES FORMATIONS GÉOLOGIQUES, DES FAUNES, DES FLORES ET
DU CLIMAT DE LA PARTIE MOYENNE DU BASSIN
DU RHONE, APRÈS LA PLUS GRANDE EXTENSION DES ANCIENS
GLACIERS

ADDITIONS ET NOTES RECTIFICATIVES

LYON. — IMPRIMERIE PITRAT AÎNÉ, RUE GENTIL.